嫦娥四号着陆器

玉兔二号月球车

"两器一星"示意图

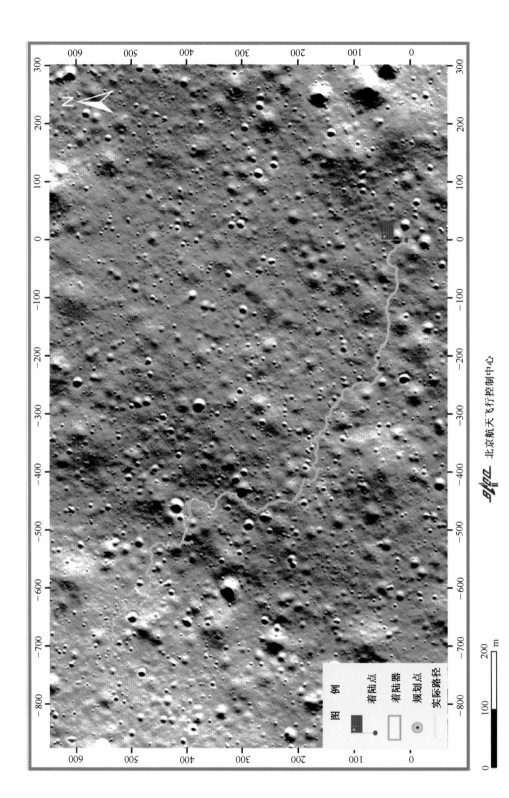

玉兔二号月球车巡视路径

国家出版基金项目
NATIONAL PUBLICATION FOUNDATION

嫦娥四号工程管理

刘继忠　唐玉华　等　著

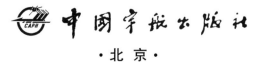

中国宇航出版社

·北京·

图书在版编目（CIP）数据

嫦娥四号工程管理 / 刘继忠等著. -- 北京 ：中国
宇航出版社，2023.12
　ISBN 978-7-5159-2201-0

　Ⅰ．①嫦… Ⅱ．①刘… Ⅲ．①月球探测器－工程管理
－中国 Ⅳ．①V476.3

中国国家版本馆CIP数据核字(2023)第022638号

责任编辑 张丹丹　朱琳琳　　　　**封面设计** 王晓武

出　版 发　行	**中国宇航出版社**			
社　址	北京市阜成路 8 号　**邮　编**　100830	**版　次**	2023 年 12 月第 1 版 2023 年 12 月第 1 次印刷	
	(010) 68768548			
网　址	www.caphbook.com	**规　格**	787×1092	
经　销	新华书店	**开　本**	1/16	
发行部	(010) 68767386　　(010) 68371900	**印　张**	24.5　　**彩　插**　5 面	
	(010) 68767382　　(010) 88100613（传真）	**字　数**	612 千字	
零售店	读者服务部　　　(010) 68371105	**书　号**	ISBN 978－7－5159－2201－0	
承　印	北京中科印刷有限公司	**定　价**	128.00 元	

本书如有印装质量问题，可与发行部联系调换

航天科技图书出版基金简介

航天科技图书出版基金是由中国航天科技集团公司于 2007 年设立的，旨在鼓励航天科技人员著书立说，不断积累和传承航天科技知识，为航天事业提供知识储备和技术支持，繁荣航天科技图书出版工作，促进航天事业又好又快地发展。基金资助项目由航天科技图书出版基金评审委员会审定，由中国宇航出版社出版。

申请出版基金资助的项目包括航天基础理论著作，航天工程技术著作，航天科技工具书，航天型号管理经验与管理思想集萃，世界航天各学科前沿技术发展译著以及有代表性的科研生产、经营管理译著，向社会公众普及航天知识、宣传航天文化的优秀读物等。出版基金每年评审 1～2 次，资助 20～30 项。

欢迎广大作者积极申请航天科技图书出版基金。可以登录中国航天科技国际交流中心网站，点击"通知公告"专栏查询详情并下载基金申请表；也可以通过电话、信函索取申报指南和基金申请表。

网址：http：//www.ccastic.spacechina.com

电话：（010）68767205，68767805

《嫦娥四号工程管理》

编　委　会

主　任　　刘继忠

成　员　　赫荣伟　　金志强　　樊洪湍　　李本琪

　　　　　李　剑　李春来

编　写　组

组　长　　刘继忠

副组长　　唐玉华

成　员　　张　哲　　周国栋　　简抗抗　　戚铁磊

　　　　　刘天昭　　黄晓峰　　张洪波　　吴学英

　　　　　熊　亮　　陈岳松　　郭　强　　程　博

　　　　　张　聪　　武玉峰　　柳振民　　程　承

　　　　　陈　诚　　赵凤才

前　　言

　　星空浩瀚无比，探索永无止境。2019 年 1 月 3 日，嫦娥四号探测器安全着陆在月球背面南极-艾特肯盆地预选着陆区，实现人类首次月球背面着陆并巡视探测，在国内外产生了巨大影响，多项国际大奖纷至沓来：英国皇家航空学会授予嫦娥四号团队 2019 年度全球唯一团队金奖，这是该学会成立 153 年来首次为中国团队颁奖；国际宇航联合会授予嫦娥四号任务团队"世界航天奖"；月球村协会颁发"优秀探月任务奖"等。

　　我们研制队伍在深受鼓舞的同时，也在思考，为什么嫦娥四号任务可以获得国际高度一致的认可？是因为我们做了别人没有做，或者别人想做而没有做的事情？我们为什么敢想敢做世界上没有做过的事情？要降落在地形复杂的月球背面，并且在拉格朗日点放置一颗卫星进行中继通信，这么复杂的系统工程为什么能够圆满、完美实施？在有限时间内，如何突破系列关键技术，保证计划、质量、经费的协调统一？与很多国家或国际组织开展了富有成效的国际合作，如何保证相互理解、协同推进、顺利实施？等等。的确，回顾嫦娥四号不平凡的决策和研制历程，分析探月工程实施以来，从嫦娥一号到嫦娥五号连续成功的实施经验，有很多工作理念、方法值得提炼总结，这些理念方法也将为其他工程实施提供借鉴和帮助。

　　为做好提炼总结工作，我们组织研制队伍、邀请工程专家进行多次研讨，分析工程实施中有效的一面，也查找存在不足的一面。既从系统、价值、文化等顶层去反思，也从具体的工作、案例去提炼；既分析工程实践，也努力把科学、技术与工程融合起来研究；既从技术层面探讨技术管理，也从系统层面分析系统科学等。我们几易书稿，反复推敲，先从书的整体概貌和工程理念出发，研究组织体系、需求管理，总结整个工程过程的策略和方法；再从具体工程研制过程提炼管理方法、体系和理念，不断总结、不断完善。本书从 2019 年年底开始编写，历时 4 年有余，付梓成册，希望能为广大读者和重大科技工程的管理人员和技术人员提供参考。

　　本书共 8 章，第 1 章工程理念，主要讲述探月工程系统思想、价值导向和工程文化；第 2 章工程管理体系，从组织体系、寿命周期、决策体系、执行体系、支撑体系、监督体系、制度体系和资源保障体系等多维度进行总结；第 3 章工程需求管理，包括需求识别、分析和确认等；第 4 章工程研制管理，从计划、技术、质量、风险、应急、综合等方面进行了梳理总结；第 5 章科学目标实现管理，包括可实现性、科学数据、实现效果、管理机制等；第 6 章同位素热/电源协同创新管理，包括组织模式、研制过程、安全监督、使用过程、应急等；第 7 章开放合作项目管理，包括国际合作项目管理和技术试验项目管理等；第 8 章工程整体效益，概括了工程取得的科学成果、工程技术成果、生态效益、成果转化应用、社会效益和国际影响等。

　　本书是集体智慧的结晶，各位作者付出了艰苦努力。在撰写本书过程中，卢亮亮、陈鹏、张玮等参与了前期资料搜集整理工作；田少杰、石萌、金霄等参与了修改过程的组织协调和部分材料整理工作；唐显、侯旭峰、杨亚鹏、陈圆圆、秦少鹏等为同位素热源创新管理提供了相关素材。在本书成稿过程中，探月与航天工程中心党委书记关锋、副主任葛平为本书的撰写提供了指导。中南大学陈晓红院士团队徐选华、安庆贤、王傅强、胡维、詹敏等参与了第 2 章内容的撰写。宗伟庚、太萍等工程专家在本书研讨过程中提出了很多宝贵意见和建议。在此，向参与本书整理、讨论以及在撰写过程中给予指导的各位同事和专家表示衷心的感谢。

特别感谢航天科技图书出版基金对本书出版给予的资助和大力支持，感谢中国宇航出版社彭晨光在本书编辑、出版过程中提供的竭诚帮助。

本书源于重大科技工程参与者的亲身实践，提炼总结具有很大的挑战性。由于作者水平有限，本书疏漏和不足之处在所难免，敬请广大读者批评指正。

作　者

2023 年 1 月

目　　录

第 1 章　工　程　理　念

　　探索未知世界是人类发展永恒的动力，认识茫茫宇宙是人类的不懈追求。探月工程经过近 20 年的发展，取得了六战六捷的佳绩。2020 年 12 月，嫦娥五号任务返回器携带 1731g 月球样品在内蒙古四子王旗安全回收，标志着探月工程"绕、落、回"三步走战略圆满收官。

　　习近平总书记指出："理念是行动的先导，一定的发展实践都是由一定的发展理念来引领的。发展理念是否对头，从根本上决定着发展成效乃至成败。"自绕月探测工程立项以来，探月工程始终把"探索宇宙未知、服务人类文明"作为使命担当，服从国家政治和发展大局，以"出成果、出经验、出模式、出人才"为目标，着力打造重大科技工程典范，不断推动我国乃至世界深空探测事业的发展。随着工程的不断推进，探月工程理念不断丰富发展，形成了以使命和愿景为牵引，以系统思想、价值导向、工程文化为核心的工程理念（见图 1-1），为探月工程的圆满成功奠定了坚实基础。

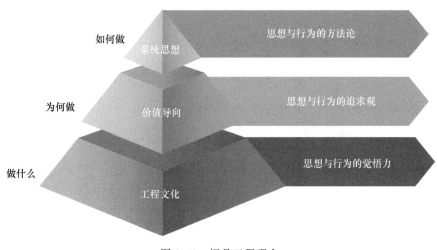

图 1-1　探月工程理念

1.1　系统思想

　　嫦娥四号工程是探月工程的重要组成部分，通过设计并实施人类首次月球背面软着陆这一高目标探索任务，推动了科学技术创新，开拓了探月工程新领域、新方案，实现了科学、技术与工程的深度融合，获得了丰富的科技成果。通过国内外开放共享，推动了科学普及和国际合作，提升了工程的社会影响力，增强了我国在相关领域的国际话语权，进一步发展和完善了探月工程管理理念。

　　探月工程是复杂的系统工程，其实施过程必须要有科学、正确的系统思想作为指导。

系统思想是将探月工程看作相互联系、相互作用的有机整体，从而用整体的、全局的、联系的观点看问题、做事情，以期达到最佳工程效果。探月工程的实施树立了继两弹一星、载人航天之后我国航天事业的第三个里程碑，有继承也有发展，同时具备鲜明的工程特点和时代特色。嫦娥四号工程是人类科技史上的突破性壮举，在总体方案设计、发挥系统优势、继承传统技术、创新技术攻关、开展国际合作方面，具有鲜明的特色，凝结成了指导任务成功的系统思想。

1.1.1　梦想与使命相契合

1.1.1.1　飞天揽月、探索未知是中华民族千年梦想

人类自诞生之日起，仰望璀璨的星空，就对浩繁的宇宙充满了好奇与憧憬。同时，留在心头的就是"我是谁，从哪来，到哪去"的疑惑。人们心心念念，想看清宇宙真实的样子，就是想找到这终极问题的答案。纵观人类文明几千年的发展历程，本质上就是不断发展和提高生产力，以寻求这一问题的答案。

自古以来，月亮就激起了人类无限的遐想，产生了各种神话传说、艺术作品和风俗传统。华夏民族赋予月亮诗意的赞美和丰富的遐想，常以月亮寄托相思之情、抒发惆怅之感。"嫦娥奔月""玉兔捣药"的美丽传说（见图1-2），"明月几时有？把酒问青天"等脍炙人口的经典咏月诗篇，经几千年观察形成并不断发展的中国传统农历等，是中华民族灿烂文明的重要组成部分。

图1-2　嫦娥奔月

千百年来，人类一直利用一切手段认识、探索月球和更远的深空。从早期的裸眼观测到后来利用望远镜观测，再到如今的飞抵探测，月球探索一直展现着人类追逐梦想、勇于探索的精神。西方经过文艺复兴和宗教改革运动之后，对太阳系行星的看法发生了根本性变化，它们不再是神秘莫测的超自然力量来源，而是可以被人类科学认知的对象。1609年，意大利物理学家、天文学家伽利略制造出第一台天文望远镜，为人类研究天体运行提供了强大工具。

1687年，牛顿发现万有引力定律，使人类可以利用观测数据，计算出"隐藏在黑暗中的"行星，并进一步观测比照，发现了更多星体。1944年，德国发射的V2火箭成功进入太空，成为进入太空的第一个人造物体。1957年，苏联发射的人类第一颗人造地球卫星（见图1-3）进入地球轨道，开启了人类太空探索时代。1961年，苏联将人类首位宇航员（见图1-4）送入地球轨道，实现了人类梦寐以求的飞天愿望。

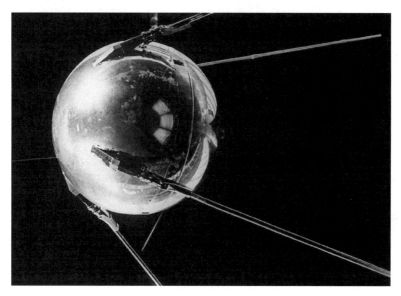

图 1-3　人类第一颗人造地球卫星

图 1-4　人类首位宇航员加加林

之后，美国、俄罗斯等航天强国陆续实施了火星、金星、木星、水星等太阳系行星及更远空间的探测，不断拓展着人类的探索空间（见图1-5）。

图1-5　旅行者1号

随着观测和探测的不断深入，科学家推断每一个恒星系都至少有一颗行星，而整个银河系中的恒星数量大约在1000亿～4000亿，在可观测的宇宙中像银河系这样的星系至少有1000亿个。人类逐渐认识到宇宙广袤无垠，自己居住的地球只是沧海一粟。通过对宇宙不断而深入的探索，在解决各种复杂难题过程中，促进了科学技术与工程的不断革新，带动了人类生产生活的进步和对宇宙认知的持续刷新，进而不断推进人类文明进程。

在人类文明发展的历史长河中，中华民族在科学技术与工程领域曾长期走在世界前列，为近代科学技术及工业的快速发展创造了条件。后续由于闭关锁国，科学思维、科学水平逐渐落后于西方，差距越来越大，以致遭受列强的凌辱。新中国成立70余年来，在现代科学技术起步比欧、美大幅落后的情况下，中国共产党领导中国人民，取得了举世瞩目的成就，"两弹一星"、载人航天、探月工程等谱写了壮丽篇章（见图1-6～图1-7）。现在我国经济快速发展，科学技术逐步跻身世界前列，作为世界大国，我们已经有能力也应该为世界科技发展、人类文明进步做出更大贡献。

关于宇宙、天体、生命的三大本源性科学问题，是影响人类文明永续发展的核心课题。开展太空探索，一方面是为了"跳出地球看地球"，在探索过程中看清地球的过去与未来，从时空的角度、宇宙的维度审视我们的家园和文明；另一方面，在探索过程中将不断拓展人类认知疆界，开拓新的科技领域，获取更大、更广、更远的生存空间，获得的科学知识、研发的技术成果将用于改善人类的生活。同时，太空探索取得的成就也将进一步增强人类的信心和进取精神，提升应对各种考验和挑战的能力。

根据目前的探测结果，月球具有丰富的矿物资源，比如可用于核聚变发电的氦-3，是地球总储量的数十倍，有望成为人类未来重要的清洁能源库；月球有特殊的自然环境，无大气，地质构造稳定，是基础科学实验，特殊生物制品、特种新型材料试验和生产的"得天独厚"的场所；月球的位置资源特殊，可在月球上实现对地球长时间、大尺度观测，以及对空间天文的长期稳定观测；月球背面洁净的电磁环境是观察太阳、宇宙电磁辐射，

图 1-6　我国首颗人造地球卫星东方红一号

图 1-7　我国首次探月任务嫦娥一号

探索宇宙起源的理想场所；月球也是未来走向更远深空的前哨阵地（见图 1-8）。

"探索浩瀚宇宙，发展航天事业，建设航天强国，是我们不懈追求的航天梦。"中华民族正走在伟大复兴的征途上，科技进步，经济发展，国力日益强盛。开展月球探测是当今我国依靠自主创新、实现跨越发展的重要领域，也是中华民族为构建人类命运共同体贡献中国智慧、中国方案、中国力量的重要举措。

1.1.1.2 率先踏足月背，肩负揭示月背奥秘的崇高使命

月球是人类开拓空间的新领域，是国家利益新的战略制高点，是各国科技实力的竞技场。月球探测高度体现国家意志，是其科学技术发展水平和现代文明的重要标志，更是综合国力的集中体现，对提高国家的国际地位和影响力具有重要意义。月球探测有助于提高人类对于宇宙及自身生存环境的认知，促进空间地质学、比较行星学、空间物理学等新兴

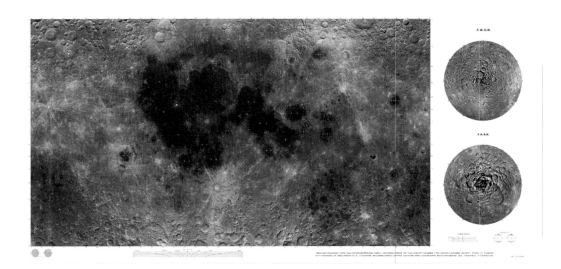

图 1 - 8　我国首次月球探测工程全月球影像图

学科、交叉学科和基础学科的快速发展。相比于近地航天，月球探测具有探测距离远、飞行时间长、测控难度大、自主性要求高等特点，对工程技术提出了更高的需求，极大地激发了科技创新，带动了远程通信、高精度控制、高效特殊能源、特种材料以及人工智能等高新技术的跨越发展。

2004 年，我国正式实施月球探测工程。2007 年 10 月，嫦娥一号成功发射升空，圆满完成任务目标，2009 年按预定计划受控撞月，完成了我国探月工程"绕、落、回"第一步"绕"的战略目标。2010 年 10 月，嫦娥二号顺利发射，完成对嫦娥三号预选着陆区的详勘，实现日地 L2 点的科学探测，远赴深空对图塔蒂斯小行星进行飞越探测，圆满并超额完成各项既定目标。2013 年 12 月，嫦娥三号探测器成功在月球正面软着陆，实现了月面就位和巡视探测，圆满完成了我国探月工程"绕、落、回"第二步"落"的战略目标。2019 年 1 月 3 日，嫦娥四号探测器实现国际首次月球背面软着陆。上述工程任务的实施，使我国掌握了月球探测的关键技术，获得了大量科学探测成果，建立了较为完善的工程体系，培养了一支优秀的深空探测工程和科学研究队伍。总体来看，我国探月工程虽然起步晚，但起点高，投入少，但科学产出多，任务次数少，但涵盖内容全，整体能力快速发展。目前，我国已跻身于月球探测的国际先进水平行列。

嫦娥三号任务取得圆满成功之后，原本作为嫦娥三号备份任务的嫦娥四号如何处置成为争论焦点。

20 世纪 90 年代中期以来的第二轮月球探测高潮中，主要航天国家和组织共开展了 13 次探月活动，月球仍是 21 世纪主要航天国家的关注热点。美、俄、欧、日、印等航天大国或机构均制定了月球探测计划，其中着陆计划均设定为月球正面。

2015 年，国家航天局组织全国多领域专家，从目标和可行性等方面，经过多次深化论证和多个方案反复比较，确定了嫦娥四号任务开展人类首次月球背面软着陆巡视探测的目标。

人类探测器从未到达月背表面，对其进行科学探测具有重要意义。首先，由于受到月球本身的遮挡，月球背面没有来自地球无线电信号的干扰，月夜期间还屏蔽了强烈的太阳射电辐射，这种独特的无线电环境，使其成为开展频率低于 10MHz 的射电天文观测的理想场所，这在地球上是难以实现的。开展低频射电观测，将在太阳风激波、日冕物质抛射和高能电子束的产生机理等方面取得原创性成果。其次，月球背面与正面的地质特征存在巨大差异，月球背面的斜长岩高地可能形成于月球岩浆洋的分异结晶，保存了最古老的月壳。对月球背面开展形貌、物质组成、月壤和月表浅层结构的就位综合探测，将获得月球最古老月壳的物质组成、斜长岩高地的月壤厚度等重要成果，将对月球的早期演化历史产生新的认识。最后，由于月球背面始终背对地球，探测器无法与地面测控站直接通信，探测实施难度大，美、欧也曾论证去月背探测，但始终未能成行，因此，实施月球背面探测需要拓展思路，创新方案，从而带动相关领域的技术突破，促进国家科技进步。

　　总之，嫦娥四号开展月球背面着陆探测（见图 1-9），是一次开拓性壮举，在国际探月征程上树立了新的里程碑，进而带动相关科学的进步和对月球认知的提升。

图 1-9　嫦娥四号月球背面探测示意图

　　嫦娥四号任务的目标是：在嫦娥三号的基础上，改进着陆器和巡视器，新研地月中继通信卫星，实现在地月 L2 点对地、对月的测控和数传中继，实现国际首次人类探测器的月球背面软着陆和巡视勘察；开展低频射电天文、着陆区地质特征等探测和研究，填补国际空白；同时，国际科学家多形式参与合作，开创了"以我为主、多方参与"的月球等深空探测领域合作新模式。

　　嫦娥四号任务开拓了人类从未涉足的领域，工程的实施克服了地形未知、环境未知、技术等方面的困难，进一步带动我国新能源、新材料、智能控制、空间探测器轨道设计与控制等技术进步。同时，月球背面得天独厚的地质学探测和天文学观测价值，又将长期带动月球与行星科学的发展。

　　嫦娥四号工程的实施，向全世界充分展示了我国的综合国力，体现了当今我国月球探测技术水平。月背与地球之间通信方式的创新，到达月球背面的能力，展示了中国智慧、中国方案,体现了我国在空间探索方面的实力。新技术、新材料的应用,必将带动我国科技的进一步发展,也将为更好地开发利用月球资源奠定更深厚的技术基础。对月球和行星科学的新认知,激发了科学家和广大青少年强烈的探索热情,也必将为空间科学、空间技术、空间应用的发展及构建人类命运共同体贡献中国力量。

1.1.2　继承与创新相结合

继承是指一个对象直接或间接使用另一个对象的属性和方法。继承可以简化对事物的描述,提高重用性,降低研制费用。创新是指在人类物质文明、精神文明等一切领域、一切层面上淘汰落后的思想和事物,创造先进的、有价值的思想和事物的活动过程。通过创新可以提高科学技术水平以及工程的带动性和展示度。嫦娥四号作为备份星,在充分利用已有条件的基础上,经充分优化设计,实现了诸多创新突破,在社会公众和国际社会中产生了强烈反响。

1.1.2.1　"嫦娥三姐妹"为嫦娥四号奠定基础

嫦娥四号任务实施前,我国探月工程已先后完成了嫦娥一号、嫦娥二号、嫦娥三号及月地高速再入返回飞行试验等任务。

嫦娥一号实现绕月探测。嫦娥一号于 2007 年 10 月 24 日在西昌卫星发射中心成功发射(见图 1 - 10),在 200km 环月轨道上绕月飞行,获取了我国首幅月面图像和 120m 分辨率全月球立体影像图,以及月球表面 14 种元素的含量和物质分布特点等大量科学探测数据,圆满完成了任务。2009 年 3 月 1 日,嫦娥一号受控硬着陆月球,在轨工作 494 天,实现了 38 万千米的远程测控通信,证明我国掌握了绕月探测技术,初步构建了月球探测的航天工程体系。

图 1 - 10　嫦娥一号卫星

嫦娥二号为嫦娥一号备星,在首次绕月探测成功后,原国防科工委组织专家开展论证,确定嫦娥二号作为探月工程二期"落"的先导,开展着陆区详察,同时开展技术试验任务。嫦娥二号卫星(见图 1 - 11)于 2010 年 10 月 1 日成功发射,在 100km 环月轨道上,对全月球进行了高精度立体成像,获得 7m 分辨率全月球影像图;择机降至 15km 的近月轨道,验证了着陆降轨控制技术,获得了优于 0.5m 分辨率的着陆区局部影像图,为嫦娥三号成功在月面着陆奠定了基础。嫦娥二号完成既定月球探测任务后,开展了技术试验。2011 年 8 月,嫦娥二号飞抵距地球 150 万千米的日地 L2 点,开展了环绕探测;2012

年12月，飞抵距地球700万千米处，与4179号（图塔蒂斯）小行星交会飞越，国际首次获得了该小行星的高清图像。实现了用一颗卫星对月球、日地L2点和小行星的多目标探测，即"一探三"。本次任务使我国成为继美、欧之后第三个实现对日地L2点探测，继美、日、欧之后第四个实现小行星探测的国家。同时技术试验的远距离测控通信也验证了我国初步建成的喀什深空站等深空测控网的功能和性能，为嫦娥三号月面着陆巡视探测等后续任务实施奠定了基础。

图 1-11　嫦娥二号卫星

嫦娥三号探测器于2013年12月2日成功发射，飞行轨道如图1-12所示。13天后在预定虹湾区精准着陆，着陆器与"玉兔号"月球车成功分离、两器互拍，并分别开展了月面巡视探测和就位探测，圆满完成落月任务。目前着陆器平台已在月面工作近10年，仍在正常运行，刷新了国际月表探测的最长时间纪录。嫦娥三号突破了地外天体全自主避障的软着陆技术，结束了人类无人探测器盲降月球的历史；采用月球$1/6g$低重力下核热源的能量控制技术，保障了探测器在-190℃极低温环境下的长时间月夜生存；实现了在月球上同时开展"测月、巡天、观地"科学探测，获取了大量宝贵的原始科学数据；首次研制建设了天线口径达66m的大型地面深空测控通信网（见图1-13），实现了我国深空测控距离由几十万千米到数亿千米的重大跨越。

为降低月面采样返回任务风险，2014年10月24日成功发射再入返回飞行试验器，进行月地高速再入返回飞行试验（见图1-14）。利用推进舱携带返回器送入远地点绕过月球的大椭圆轨道，飞越月球后，在月地返回轨道距地球5000km高度释放返回器。返回器采用"半弹道跳跃式再入"方式高速返回地球，在内蒙古预选着陆区精确着陆。推进舱

图 1-12　嫦娥三号飞行轨道示意图

图 1-13　深空测控 66m 口径天线

则返回地月 L2 点附近进行环绕探测，开展技术试验。高速再入返回飞行试验验证了近第二宇宙速度月地精确返回技术，在为嫦娥五号采样返回任务奠定基础的同时，也为地月拉格朗日点探测任务轨道设计进行了初步验证，为相关任务实施提供了借鉴。

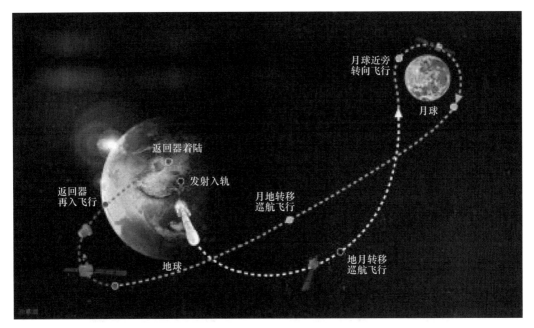

图 1-14　月地高速再入返回轨道示意图

在上述工程成功实施基础上，嫦娥四号工程具备了坚实的地面发射、测控、测试、数据接收处理等基础设备设施和测控通信、轨道设计、月球着陆、月面探测等技术基础。同时，嫦娥四号作为嫦娥三号备份星，探测器平台和部分单机产品与嫦娥三号任务同时制造完成。在嫦娥三号任务圆满成功后，研制队伍随即转入嫦娥四号工程研制。因此嫦娥四号是在探月工程实施近 10 年基础上，充分继承了前期工程的地面设施、月球探测技术、产品和人才队伍的基础，为嫦娥四号低成本、短周期顺利实施创造了条件。

1.1.2.2　"月球背面"使命指引嫦娥四号开拓创新

月球背面是科学家梦寐以求的未知区域，但由于月球本身自转的周期和绕地球公转的周期相同，那里总是背对着地球。人类探测器若登陆月球背面，则无法与地球测控站直接进行通信。再加上月球绕地球旋转，它又像个忠贞巡回的卫士，守卫着地球，用身体拦住了大部分来自太空撞向地球的物体，致使自己满目疮痍，造成月球背面地形坑坑洼洼、崎岖复杂（见图 1-15 和图 1-16）。月球背面探测既有机遇，又面临着诸多的挑战。要想嫦娥四号成功实施，现有的经验和基础难以实现，必须大胆开拓创新。

经过充分调研和对比分析论证，嫦娥四号任务决定实施两次发射：研制"鹊桥号"中继星（见图 1-17），采用长征四号火箭先发射至距地球约 45 万千米、距月球背面约 7 万千米的地月 L2 点，使其既能与地球通信，也能和月球背面的探测器进行通信，完成月球背面探测器与地球测控站之间的通信转发。为使工程效益最大化，还安装了与荷兰联合研制的超长波探测器，以及以中山大学为主研制的角反射镜，开展科学探测、激光测距研究。改进嫦娥三号备份探测器平台，重新制定着陆和巡视探测方案，使其能够适应狭小着陆区安全着陆的地形变化，以及着陆过程中无测控支持的自主安全控制需求。

图 1-15　嫦娥四号探测器拍摄的月球背面影像图

同时，面对远距离中继通信可靠性要求，现有地球中继卫星天线难以满足增益要求，又受到所选火箭运载能力限制，中继天线需要做得既轻而通信能力又强，还要经受住地月 L2 点的近 230℃ 温度变化带来的天线平整度考验。任务团队创新研制了国内最大口径 4.2m、可折叠的伞状金属丝织网天线，并经过地面严格的高低温循环试验验证，确保了中继星入轨后中继通信安全可靠，这也成为嫦娥四号月球背面着陆探测成功的关键。

在嫦娥四号月面探测任务中，由于长月夜带来的能源供给困难，国际上还没有实测到连续的月球昼夜温度交替变化规律，因此任务团队提出利用同位素电源，在月夜为探测器提供能源，以获得连续温度变化数据的方案。而同位素电源为国内首次研制，在技术上受到国外战略性封锁，没有现成的经验可以借鉴，研制难度很大。又由于同位素电源所用钚-238 材料具有放射性，其使用安全性受到极大关注。因此，同位素电源除了在技术上要实现创新外，还要创新管理模式。一系列安全规范的制定及严格的技术评审和试验验证，为同位素电源空间安全可靠应用保驾护航，使嫦娥四号获得了月球背面连续温度变化数据。

在科学探测研究方面，嫦娥四号任务除保留原配置的物质成分和地质探测载荷外，还增加了利用月球背面特殊电磁洁净环境开展天文观测、研究宇宙起源的新载荷——低频射电频谱仪，中子与辐射剂量探测仪、中性原子探测仪等月面环境探测载荷，以及生物科普试验、激光角反射器等技术试验载荷，取得了多个国际原创性科学成果，极大地丰富和提升了人类对月球科学和行星科学的认知。

1.1.3　整体与部分相协调

整体和部分是客观事物普遍联系的一种形式，既对立又统一。在同一事物中，整体是

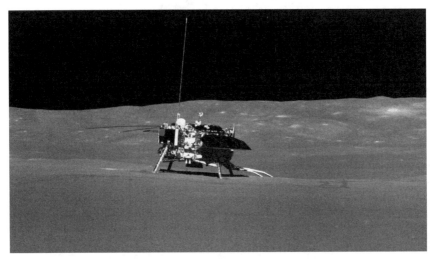

（a）嫦娥四号着陆器在月面上(玉兔二号月球车拍摄)

（b）玉兔二号月球车在月面上行走(嫦娥四号着陆器拍摄)

图 1-16 嫦娥四号着陆器和玉兔二号月球车月面影像图

由部分构成的。整体和部分相互依赖，相互影响，不可分割。整体的性能、状态及变化会影响到部分的性能、状态及变化；反之亦然。在一定条件下，关键部分的性能会对整体性能、状态起决定性作用。当各部分以有序、合理、优化的结构形成整体时，整体功能就会大于各部分功能之和。这是因为，整体是由相互作用的各部分所构成的，整体的存在不仅依赖于部分的存在，还依赖于各部分之间的相互作用，正是各部分之间的相互作用形成了有机统一的整体。从整体出发，优化局部，立足整体，重视关键局部，才能实现整体

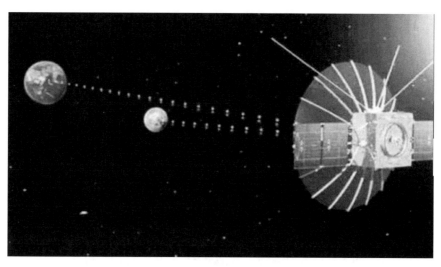

图 1-17　鹊桥中继星中继通信示意图

最优。

1.1.3.1　以服务国家战略为出发点，找准任务定位

习近平总书记在接见嫦娥三号参研参试代表时强调："科技创新是提高社会生产力和综合国力的战略支撑，必须把科技创新摆在国家发展全局的核心位置，坚持走中国特色自主创新道路，敢于走别人没有走过的路，不断在攻坚克难中追求卓越，加快向创新驱动发展转变。"《中华人民共和国国民经济和社会发展第十三个五年规划纲要》提出"创新、协调、绿色、开放、共享"的五大新发展理念，并提出强化科技创新引领作用……推动战略前沿领域创新突破……强化宇宙演化、物质结构、生命起源等基础前沿科学研究。同时随着世界格局变化及我国综合实力的提升，十八大以后我国的外交策略逐渐从"被动应对"向"积极作为"转变，从"接受者""应对者"向"建设者""塑造者"转变。特别是习近平总书记提出的"一带一路"发展倡议，充分体现了人类命运共同体理念。

探月工程是国家战略的重要组成，而嫦娥四号任务又是探月工程的组成部分，更是国家重大科技工程，肩负着带动科技发展、填补国内空白的重任。嫦娥四号任务围绕国家"十三五"发展规划的战略目标，落实国家"创新驱动发展战略"，成为国家经济和社会发展的重要支撑，以及五大新发展理念的践行者和先驱者。在创新方面，嫦娥四号找准任务定位，敢于走别人没有走过的路，在没有任何经验可以借鉴的情况下，毅然决定去人类从未到达的月球背面，在人类探月史上树立了一个新的里程碑，取得了多项月球背面探测的原创性科学成果，为人类科学技术进步做出了重大贡献。在协调方面，在前期已经取得的探月成就和经验的基础上，技术上取得了上升式发展，同时作为后续月球科研站的先导，又先期验证了相关关键技术，使探月工程各阶段任务相互衔接、相互协调，形成科学合理和可持续发展态势。在绿色方面，坚持人与自然和谐相处，优化方案设计，减少推进剂消耗；优化研制阶段划分，提高投入产出比；优化试验矩阵，减小试验规模，减少试验次数。在开放和共享方面，嫦娥四号首次尝试重大工程面向国际开放，搭载 4 个国家的 4 个科学载荷，全部实现在轨科学探测，并取得了科学探测成果，使更多的国家成为人类首次月球背面探索的参与者，增强了国际合作与交流，体现了我国航天大国的胸襟与风范，获得了国际社会的广泛赞誉，为我国政治外交提供了强有力的支撑。

1.1.3.2　基于总体最优的各系统相互协调

系统工程是为更好地实现系统整体的最优，对系统的整体与部分、结构与逻辑、信息与决策以及动力与控制等进行分析研究的科学方法，运用各种组织管理技术，使系统的整体与部分之间关系协调、相互配合，实现总体的最优运行。系统工程与一般工程技术的区别是：系统工程不仅仅研究物质系统，也研究非物质系统，如教育、文化等。

嫦娥四号工程作为一个复杂巨系统，由若干个系统和分系统、子系统组成。嫦娥四号工程包括工程总体、探测器系统、运载火箭系统、发射场系统、测控系统、地面应用系统。工程各系统既各自独立，又互相衔接、相互配合，在工程总体的统一组织、集成、管理和协调下，以总体最优为目标，确保各系统的优化，以及系统间接口的正确性和匹配性，从而确保工程大系统的完备性和可靠性。

嫦娥四号任务轨道初步设计按嫦娥三号的轨道进行预计。但进行详细设计后发现，由于发射窗口原因，探测器远地点较嫦娥三号有很大变化，由原来的 38 万千米调整为 42 万千米。若仅从运载火箭系统分析，CZ‑3B 在发射嫦娥三号状态下发射嫦娥四号，入轨精度难以达到精准完成后续着陆任务的要求。为此，运载火箭系统需增加一级导引控制等改进方案，并对进度、经费都有较大影响。火箭系统进行较大技术状态更改，相当于一个全新的状态，也会为工程实施带来风险。为使火箭变化最小，对工程总体与探测器系统和运载火箭系统进行多次详细测算，在完成总体指标的前提下，优化了探测器系统与运载火箭系统指标，并开展了创新性设计。经过几轮迭代，最终确定火箭只进行组合导航滤波优化设计和惯组优选，无须更改设计方案，并且通过小量地面验证即可保证探测器入轨精度达到指标要求。通过总体权衡、两个系统的协调与让步，以及总体与系统优化设计，确保了大系统在风险和经费约束上方案最优。

1.1.4　科学、技术与工程协调发展

科学是人类探索研究宇宙万物及其变化规律的知识体系的总称，是对世界的认识要素，解决自然界"是什么""为什么"等问题。技术是改造世界的手段，实现对自然物和自然力的利用，解决变革自然界"怎么做"的问题。工程是为实现特定目的创造新的"人工自然"，并运行直到退役的全过程活动，是关于"做什么"的学问，是科学与技术的综合应用，将头脑中的观念形态的东西转化为现实，是改造世界的实践。三者既相互区别，又密切相关，不可分割，都反映了人对自然的能动关系及其成果，如图 1‑18 所示。科学活动是以发现为核心的人类活动，它使那些完全脱离于人的天然自然转化成人识自然；技术活动是以发明为核心的人类活动，它使人识自然演变成人化自然，使一种新的人工自然诞生成为可能；工程活动是以建造为核心的人类活动，它使造福于人类的人工自然物成为现实。科学、技术和工程是连接人与自然的重要桥梁，三者相互融合、协调发展，才能创造出最佳的实施效果。

1.1.4.1　科学探索需求带动工程技术进步

在嫦娥四号工程论证过程中，在讨论探测器往哪里去、去干什么的时候，就已经是在为科学服务了。在论证之初，通过多科学目标比较，最终确定让嫦娥四号到月球背面南极

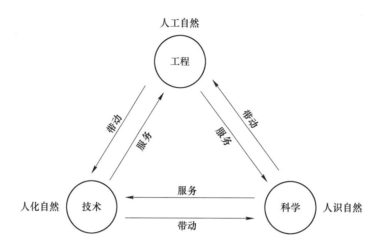

图 1－18　科学、技术与工程的关系

-艾特肯这一月球最古老盆地中开展物质、结构、环境探测及低频射电天文观测，以进行月球演化历史、比较行星学及太阳系起源等科学研究。而当提出这些科学探索需求时，这只是一个梦想或愿望，因为仅仅依靠我国现有的月球探测技术，或者只利用现有的嫦娥三号备份探测器平台，很难实现这一目标。且从国际探月历史看，还没有哪个国家实现过这一"壮举"。美国和欧空局曾经探讨过类似的设想，但都由于技术能力问题没有实施。

　　面对科学家的翘首以盼以及月球背面国际首次科学发现原创性成果的驱动，嫦娥四号团队选择走别人没有走过的路，用新的技术突破和创新来推动这一目标的实现。首先要解决的是月球背面探测器与地球测控接收站之间的通信问题，通过首次在地月 L2 点设置中继星来实现，这就涉及中继星一系列技术创新，包括通信卫星方案设计、中继通信天线方案及研制验证、地月 L2 点转移轨道和环绕 L2 点使命轨道设计以及轨道维持等。其次要解决月球背面崎岖复杂地形安全自主着陆和巡视问题，需要新的再入轨道策略和月球车巡视导航策略来实现。再次，为实现科学研究目标，还要配置相应的探测设备，即有效载荷，特别是低频射电天文观测载荷。由于地面和近地难以探测低频电磁波，因此无应用需求，无成熟载荷可配置，必须新研，这就涉及该载荷的一系列技术突破，包括载荷方案、探测天线方案及探测器平台噪声抑制或处理等。最后，嫦娥四号"两器一星"入轨后，由于在月球轨道或表面上还有嫦娥五号再入返回飞行试验任务的轨道舱、嫦娥三号着陆器、"龙江号"微卫星等多个器/星，存在测控资源紧张的问题，通过增加地面测控站监测、测控资源统筹优化调配和飞控计划科学合理制定来解决，从而实现工程大系统高效有序运行。

　　同时，科学目标的实现，也将带来新的科学探索需求，进一步带动新的工程建造和技术研发，促进人化自然和人工自然的不断进步。

1.1.4.2　工程技术创新为科学发现提供机遇

　　科学解决理论问题，技术解决实际问题。如果说科学是认知世界，技术则是变革世界。现代社会，自然科学理论发展的挑战越来越大，发现新的理论需要新的工具、工程。只有通过技术进步、工程实施，到达人类未到达的地方，或采用新的技术，提高分析精细化程度，才能有新发现、新发展。因此科学的发展离不开技术、工程的创新，工程与技术创新为科学发现提供机遇。

嫦娥四号任务获得的科学进展，离不开先进技术的应用。如实现月球背面探测的各种载荷技术，特别是低频射电探测技术的发展，将获得地球上难以探测到的低频射电信号，为研究宇宙初期的演化提供信息，从而可能掀开宇宙奥秘的一角。但嫦娥四号着陆器的强本地噪声将是影响这一探测任务的最大障碍。由于着陆器平台已完成研制，若采取噪声隔离措施，则需要很大的技术状态更改，既影响产品可靠性，也需要较高的经费投入。经综合评估，要求载荷本体采取有效的降噪措施和噪声去除的数据处理技术，而这些技术的应用，将为低频射电探测做出积极贡献，推动宇宙科学发展。中性原子探测仪、中子及辐射剂量探测仪等国际合作载荷的应用，将为在月表开展中性原子和中子等粒子探测提供手段，获得月表环境科学认知，在丰富我国科学探测成果的同时，也为后续载人登月工程的环境分析、改善航天员月面生保方案提供借鉴。此外，红外光谱仪的探测数据受到太阳光入射角的影响，载荷设计师采用数据处理方法，校准了数据偏离度，为科学家进行数据分析提供了借鉴，从而可以更准确地判断物质组成。

1.1.5　合作共赢，体现大国担当

随着改革开放的不断深入，我国经济取得了突飞猛进的发展，综合国力不断提升，目前已经位列世界第二大经济体，在国际舞台上具有举足轻重的地位。中国的发展离不开世界，世界的发展也离不开中国，中国已经有能力，也应为世界的发展做出更大贡献。嫦娥四号任务从方案论证开始，就践行合作共赢的理念，与多个国家或组织，开展了多方面的合作，在共同推动科技进步的同时，也增强了人文交流。

1.1.5.1　开放合作，提升国际影响力

党的十八大以来，习近平总书记高瞻远瞩，创新提出人类命运共同体理念。这一理念不仅适用于经济领域，更适用于开放共享的各个领域。特别是联合国提出太空资源（包括太空位置、物质和环境）是全人类的共同财富，面对没有国界的太空，更加应该应用这一理念。

嫦娥四号工程是我国高水平月球探测工程，代表人类首次涉足月球背面，大大提高了人类对月球和宇宙的科学认知。这既是中国为人类文明进步贡献的机遇，是实现引领世界的一次挑战，也是与更多国家一起携手创造奇迹的一次重要实践。工程领导小组从国家战略大局出发，秉持习近平总书记构建人类命运共同体理念，在探测器资源紧张的情况下首次开放部分资源，在工程实施之初就确定了"面向社会开放、开展国际合作"的指导思想。

在嫦娥四号工程实施过程中，国家航天局面向国际社会广泛征集科学载荷项目，向多个国家发布合作意向书，得到了10多个国家的积极响应。经可行性论证、方案审查等环节，遴选确定了中国-荷兰低频射电探测仪、中国-瑞典中性原子探测仪、中国-德国月表中子与辐射剂量探测仪、中国-沙特月球轨道微型成像仪等4台国际合作载荷。在政府层面签订了合作备忘录，在工程层面签订了技术实施协议。中方配备精干的科学技术团队，与外方科研团队建立了紧密联系，形成了顺畅的沟通机制，遇到技术和进度风险，共同协商解决，协同推动载荷研制，在奋进中增进了友谊，双方的交往也促进了我国与各合作国

的文化交流。

嫦娥四号任务发射时，为体现合作精神，在发射探测器的 CZ-3B 火箭整流罩上印上了中国和 4 个合作国家航天机构的标识，增强了双方的共荣感。任务期间，各合作载荷在轨实现了正常开机，并获得了有效的探测数据。针对沙特载荷获取的阿拉伯地区第一幅月球影像，国家航天局举办了隆重的发布仪式，双方合作意愿进一步加深。针对荷兰、德国、瑞典载荷开机不久获得的初步科学数据，国家航天局专门举办了数据交接仪式，合作双方进一步增加了互信。

嫦娥四号任务积极的国际合作，不失时机地体现了我国探月工程技术水平，展示了大国实力，也增强了我国在深空探测与科学领域的话语权和影响力。

1.1.5.2 共研共探，推进月球科学发展

在嫦娥四号任务中，中继星上搭载的中-荷低频射电探测仪，在地月 L2 点开展了低频天文观测；着陆器上搭载的中-德月表中子与辐射剂量探测仪，开展了月面中子及辐射环境探测；巡视器上搭载的中-瑞中性原子探测仪，开展了月面中性原子探测；"龙江号"微卫星上搭载的中-沙月面成像微型成像仪，在环月轨道上开展了月球地形探测。

在载荷研制过程中，中外双方深度交流，互相学习借鉴，合作研制。在轨运行期间，中外双方加强沟通，共同制定载荷开机探测计划，面对在轨出现的问题，如针对中子与辐射剂量探测仪在轨工作多日后其电源模块性能指标降低、低频射电探测仪在轨展开卡滞及向中继星传输探测数据造成中继星多次复位等问题，双方载荷技术团队及中继星研制队伍、飞控实施人员积极配合，多次研讨分析问题原因，追根究源。中方团队在外方异地试验验证支持下，严格按照中国航天的"双五条"归零标准，进行问题分析处理，提出有效解决措施，经妥善在轨试验验证后，继续开展科学探测。

各合作载荷数据经中方数据接收处理后，均通过载荷中方首席专家，第一时间转发外方科学技术团队，双方共同开展科学研究，共同撰写研究论文，取得了多项原创性科学成果，共同推动了月球科学的进展，携手推进了人类文明进步。

1.1.6 推动社会参与，工程效益最大化

嫦娥四号任务是一项国家重大科技工程，也是一项复杂的系统工程。重大科技工程要求科学技术上既要有创新性，又要有引领性和带动性，而系统工程则既关注科学技术的发展，也重视工程实施带来的管理创新、人文发展和社会效益等辅助效应，从而实现工程效益最大化。

在嫦娥四号任务实施过程中，按照工程领导小组确定的"激发探索热情，鼓励大众创新，面向社会开放"的原则，积极拓展社会参与方式，经过充分分析论证和工程系统优化设计，在运载火箭和"两器一星"上充分挖掘"剩余价值"，用于社会搭载试验项目。

国家航天局联合教育部、中国科学院、中国科学技术协会、共青团中央委员会，面向全国大、中学生（包括港、澳、台）开展了嫦娥四号搭载科普载荷创意设计征集活动，鼓励大、中学生积极参与，共收到 200 多份科普项目创意。经过多轮专家评审筛选，考虑到科学意义、科普价值、工程可实现性，最终确定将重庆大学牵头的生物科普试验载荷搭载在着陆器上，在月面密闭环境下开展生物发育和生长试验。一粒棉花种子在月球上发了芽，并长出两片叶子（见图 1-19）。其图像一经面世，立即引起了巨大轰动，科普载荷

的搭载得到了科学普及，取得了良好的社会反响。同时通过载荷的高难度技术突破，带动了相关技术的发展，激发了社会大众尤其是青少年的科学梦想和参与太空探索的积极性。

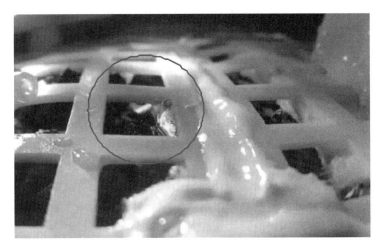

图 1-19 在月面长出的首片叶子

工程还利用发射中继星的 CZ-4C 运载火箭，搭载发射了哈尔滨工业大学师生研制的微卫星，实现自主奔月和环月超长波天文观测，并与世界各地天文爱好者开展了通信试验，产生了广泛的社会影响；利用中继星搭载了中山大学师生研制的激光角反射器，开展超远距离激光测距试验，并通过其配套地面激光测距台站的改造和建设，利用美国和苏联月球项目在月面部署的激光反射镜，精确测定了地月距离，其成果在权威期刊上发表，赢得了国际社会的广泛赞誉。

嫦娥四号任务搭载项目的实施，极大地丰富了主任务的科学成果，并在不同领域，推动了相关技术的发展，与主任务相辅相成，相得益彰，取得了良好的社会效益，极大地提升了工程的社会价值。

1.2 价值导向

价值观是基于人的思维感官做出的认知、理解、判断或抉择，是人认识事物、辨别是非的一种思维或取向。价值导向就是为完成共同目标，工程系统团队在多种具体价值取向中将其中某种取向确定为主导的追求价值的过程。作为复杂的工程系统，有几千家单位、数万人参与，价值导向对于完成工程建设起着非常关键的作用。在嫦娥四号工程实施中，形成了以国为重、追求超越、崇尚科学、整体最优的价值导向。

1.2.1 以国为重

嫦娥四号工程是国家重大科技工程，关系到国家经济实力、科技实力、民族凝聚力，是国家道路、国家意志、国家力量、国家精神的重要体现，是服务国家政治外交的重要载体。研制团队充分认识工程的战略意义和战略价值，胸怀国之大者，把国家利益放在第一位，把国家意志作为最高目标，将思想、观念、行为等统一到以国为重的价值观，以工程实施提升综合国力，彰显中国实力，凝聚民族复兴伟力，支撑大国外交。

1）确保工程成功，实现国家战略。研制团队深知，工程的任何闪失，都将给国家造成重大损失，产生重大不利影响，甚至造成工程系统的终止。苏联 N1 运载火箭是为载人登月研制的重型火箭，由于连续四次发射失利，不仅使火箭的研制终止，也使整个载人登月计划终止，输掉了与美国载人登月的竞争。因此，工程目标明确以后，总体、系统、子系统等工程参与者都围绕成功这一主题，集思广益，集智攻关。对于工程难点，大家一起克服，共同担当。对于技术不成熟的产品，业内外专家积极参与，去分析、研究、试验，共同攻关；对于风险大的项目、操作，采取多手段、多方法解决，并制定有针对性的故障预案；对于出现的问题，严格按"双五条"归零，并对其他项目出现的问题进行举一反三等。成功是一切工作的前提和基础，只有成功，才能体现出工程的历史价值和社会价值。

2）追求多维效益，服务国家大局。任何工程系统都有其主要目的和目标，其圆满完成代表从工程本身角度取得了成功。但是同时系统本身又是它所从属的一个更大系统的组成部分，这就决定了要为更大的系统做出贡献。嫦娥四号工程由工程总体及系统、子系统等自上而下的架构构成，其从属的更大系统是国家社会运行系统，再往上则从属于人类命运共同体这一庞大系统等。因此在完成已明确的目的和目标的情况下，通过工程系统管理，结合工程实际，追求经济价值、社会价值、人文价值等多维效益是工程的本质意义所在。例如火箭有一定的运载能力余量，不利用好这些余量就意味着损失，而利用好余量，则意味着增加任务的目的和目标，也增加了风险和难度。工程团队主动服从国家大局，自觉克服复杂性增加带来的困难。例如，增加了哈尔滨工业大学的微卫星编队月球探测项目，为高校进行科学研究和人才培养创造了条件。又如，开展了科学载荷的国际合作，既增强了国家之间人民和文化的交流，也节省了研制费用，提高了科技水平。

1.2.2　追求超越

社会文明总是在不断超越中前进的。无论是从大陆时代向航海时代、从航海时代向航空时代、从航空时代向航天时代，以及从航天时代向深空时代的大跨越，还是在每一个时代的无数次超越，都是由某（几）个人、某个（多个）地区、某个（多个）国家在多要素驱动下引领发展的。我国的探月工程在美、苏已成功实施 30 年后启动，虽然起步晚，但起点高，并一直在追求卓越、敢于超越中发展。

（1）追求自我超越

探月工程的发展历程就是在不断超越自己的奋斗中前进的。嫦娥四号任务面临很多未知，如何到达月球背面？如何进行可靠通信？如何准确着陆预选区？作为国际月球探测的空白，面临着太多的未知和风险。任务团队不畏艰难，公式一遍遍推，难点一遍遍试验，问题一遍遍分析，困难没有压倒前进中的探月人。

（2）追求工程卓越

虽然经历了嫦娥一号、二号、三号的成功，我们的技术不断超越，但整体能力还处于学习跟踪国外技术阶段，超越国际水平一直是探月人的追求和愿望。在嫦娥四号工程论证阶段，基于前期的认识、经验、基础，挑战性提出了国际上首次进行月球背面探测的方案。别人成功实施过的，主要看自己的能力能否成功实施；别人没有实施过的，就要看自己的胆量和智慧。2015 年，在国际会议交流中，我国首次提出将在月球背面软着陆开展巡视探测，并欢迎国际同行参与合作。当时，有的怀疑我们的能力，有的担心被我们超越。嫦娥四号的最终成功，用行动证实了我们的能力，赢得了国际同行的尊重，为后续开展大国外交和国际合作奠定了基础。

（3）追求持续发展

作为一个复杂的工程系统，周期长、耗费大、风险高，在论证实施时，要把握好时代的特点，其中可持续性是很重要的因素。如果一项工程的技术和目标有超越，但很难持续，就称不上是一项成功的工程。从我们的探月工程实践可以看出，从探月一期到探月三期，就是一个步步衔接、可持续的工程系统，是一项不断超越自我、进而超越他人的工程（见图 1-20）。"阿波罗"计划实施了载人登月，创造了历史奇迹，实现了人类走向太空的超越，对于美国的社会、经济、技术的发展以及国际地位的提高有很大的战略意义。但是由于后续的工程意义不清晰，目标不明确，导致工程终止，造成了工程系统的不可持续，丧失了持续发展的机会。

	嫦娥一号	嫦娥二号	嫦娥三号	嫦娥四号	嫦娥五号
发射时间	2007年10月24日	2010年10月1日	2013年12月2日	2018年5月21日(中继星) 2018年12月8日(探测器)	2014年10月24日(高速再入返回试验) 2020年11月24日(嫦娥五号)
发射地点	西昌	西昌	西昌	西昌	西昌、文昌
运载火箭 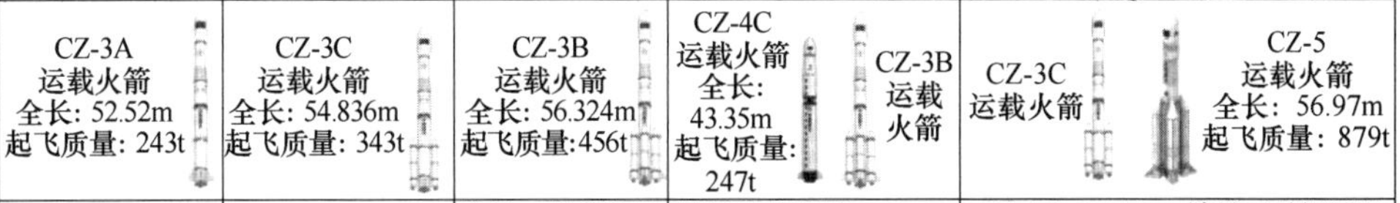	CZ-3A 运载火箭 全长: 52.52m 起飞质量: 243t	CZ-3C 运载火箭 全长: 54.836m 起飞质量: 343t	CZ-3B 运载火箭 全长: 56.324m 起飞质量: 456t	CZ-4C 运载火箭 全长: 43.35m 起飞质量: 247t　CZ-3B 运载火箭	CZ-3C 运载火箭　CZ-5 运载火箭 全长: 56.97m 起飞质量: 879t
探测器 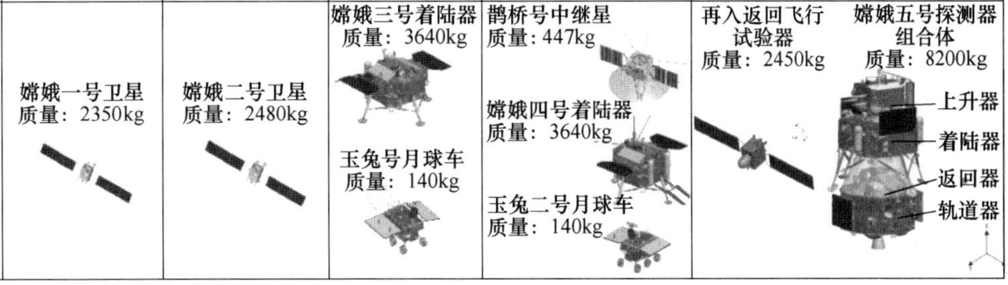	嫦娥一号卫星 质量: 2350kg	嫦娥二号卫星 质量: 2480kg	嫦娥三号着陆器 质量: 3640kg 玉兔号月球车 质量: 140kg	鹊桥号中继星 质量: 447kg 嫦娥四号着陆器 质量: 3640kg 玉兔二号月球车 质量: 140kg	再入返回飞行 试验器 质量: 2450kg　嫦娥五号探测器 组合体 质量: 8200kg 上升器 着陆器 返回器 轨道器

图 1-20　探月工程三步走及历次任务

1.2.3　崇尚科学

嫦娥四号工程是复杂的工程系统，是探索未知、寻求科学新发现的工程，其复杂性要求在组织上要科学决策、在管理上要科学实施、在研制中要科学应对、在运行中要科学研究。

（1）科学决策

无论是工程论证还是工程实施，有大量的选择需要决策，因此必须把握事物的内在科学规律。为保证探月工程的科学性，采取了不同的科学决策方法，包括定性决策方法（例如专家评审法、民主集中决策法等）、定量决策方法（例如线性数学规划法、概率分析法、排队法、库存分析法、试验验证法等）以及定性与定量相结合的决策方法。

（2）科学实施

在复杂系统的发展进程中，影响进程的要素很多，且要求动态调整，要素之间的关系也不断变化，因此在要素及要素关系管理过程中，要采取科学的方法，不断进行工程管理创新，抓住主要矛盾或矛盾的主要方面。科学实施的方法包括里程碑法、网络图分析法、信息闭环反馈法和质量检查法等。

（3）科学应对

在复杂系统研制过程中，必须以科学的态度对待每一个数据、每一步操作，要建立相关数学模型，开展计算分析，进行科学验证。对于系统风险，要利用 FMEA/FTA 等方法进行风险识别并采取有效措施。对于出现的问题，要严格按照"双五条"进行归零，特别是要弄清楚问题的机理。对于残余风险，要制定不同层级的应对预案，并通过仿真、调试演练等优化预案的合理性、有效性。

（4）科学研究

复杂工程系统往往是科学、技术与工程密切融合的。工程系统离不开科学和技术的运用，同样，工程系统也为科学进步和技术发展提供助推力。嫦娥四号工程的科学目标是探索宇宙自然的演化规律，为科学家进行科学研究提供平台和保障。因此在工程的全寿命周期内，科学家与工程师一起论证、一起实施、一起操作、一起研究，共同为实现科学目标协同工作。

1.2.4 整体最优

一个工程系统虽然由很多人、很多单位来实施、运行，但工程系统的目的性、目标性，决定了无论是领导者、管理者还是工程师、科学家，无论是处在系统上下游的哪一个层级，都需要把一个工程系统作为一个整体去实施和运行。

（1）整体优化

工程系统包括很多组成部分，例如探测器系统包括总体及结构子系统、控制子系统、动力子系统、热控子系统、载荷子系统等。在研究探测器系统时，首先要统筹各子系统之间的关联，使探测器系统的整体性能最优，实现整体优化，在此基础上，开展一个个子系统（要素）的研究。同样，工程总体是探测器等各系统的上一级系统，同样需要结合国家战略及利益相关方期望，寻求工程总体的优化。

（2）局部优化

整体优化是自上而下的优化过程，局部优化则是自下而上的集成过程。局部优化的前提是服从整体的要求，在此基础上进行局部的设计和优化。局部设计水平先进和能力强，同样也会为整体优化提供良好的条件。需要注意的是，局部存在着局部利益，往往存在"只见树木"和"眼前利益"的片面性，局部与局部之间、局部与整体之间的关系处理不好，将带来流程不畅、合作不顺等问题，甚至带来系统设计的漏洞和潜在隐患。所以上游系统要为下游系统做好服务，尽早明确目标和工作要求，提供资源并及时协调工程实施中的困难和难题；下游系统要实事求是反映系统的状态和问题，为上游系统决策和监督提供支持，并严格服从上游系统的决策。

（3）基于"人/工程/环境"的更大系统平衡

工程活动最重要的特征是创造新的"人工自然"，即"造物"或者改变"自然物"，工程活动的主体是"团队"人，最终是为了"社会"人，因此工程活动的价值就是"人/工程/环境"在更大系统上保持平衡。嫦娥四号工程在论证、实施、运行等全寿命周期内，注重人、工程与环境的关系，通过工程管理，确保地球的生态环境安全，保护地外天体的环境，同时通过技术进步、科学认知，进一步拓展"社会"人的关于生存空间和环境的知识，服务于人类文明。

1.3　工程文化

工程文化是探月工程在实践过程中，逐渐形成的理念、价值、精神的外在表现，是对探月人群体的精神状态、价值追求的内在反映，是管理思想、控制模式和制度规范的具体体现，也是未来团队在工程实施中所继承的行为准则和创新载体。工程文化是任何工程都客观存在的一种特质，无论认不认可、关不关注，工程文化总是伴随着整个工程，并影响整个工程的实施，对工程起着潜移默化的作用。中国航天在 60 余年的发展历程中，始终注重文化的修养和锤炼，"两弹一星"精神、载人航天精神、探月精神等中国航天精神使每一代航天人能够真切地感受和铭记老一辈航天人的爱国情怀、拼搏进取、坚强意志、奉献品格和英雄气概，给后人以无穷的力量来发挥聪明才智，克服困难，面对挑战，这个力量就是文化，代代相传，并不断发扬光大。

嫦娥四号工程在继承和弘扬航天文化的基础上，不断创新和升华，培养并锤炼了以探月精神、价值导向、制度规范为核心，以总体文化、系统文化、产品文化为内涵的嫦娥工程文化，如图 1-21 所示。

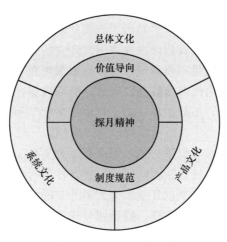

图 1-21　工程文化架构

1.3.1　总体文化

航天工业系统在国内较早运用系统工程方法开展技术活动和组织管理。随着人们对系统工程的思维和理念的不断深入，逐渐形成了航天系统工程自身的特点和规律。中国航天创造了一套航天系统工程的有效方法，并以此指导航天人的行为，规范航天人的科研生产实践活动，到 20 世纪 70 年代中期已初步形成了具有中国航天特色的系统工程。总体是系统工程方法实践的核心，总体部门是系统工程方法实践的主体，总体文化是系统工程方法实践的灵魂。探月工程的实践，形成了大局、和谐、开拓、求真、共赢的总体文化，如图 1-22 所示。

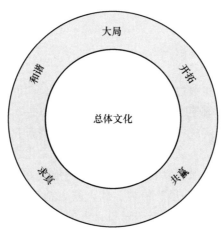

图 1-22　总体文化架构

1.3.1.1　始终把服务国家政治、服从经济社会大局摆在首位，形成科技强国、航天报国的大局文化

（1）航天梦托举中国梦

千年飞天梦想，百年民族复兴。中华民族是富有梦想和创造力的民族，千百年来，我们创造了辉煌灿烂的文明，近代以来也经历了波澜壮阔的体制改革和经济建设，取得了人类历史上罕见的伟大成就。现在我们国家在中国共产党的领导下，各项事业繁荣发展，包括航天工程在内的重大工程成果不断涌现，全社会都聚焦在"两个一百年"奋斗目标和中华民族的伟大复兴。航天人之所以能够克己奉公、夙兴夜寐，正是因为始终把握党和国家事业的发展大局，砥砺前行，不断刷新一个个"中国高度"和"中国纪录"。

（2）服务于大国外交

习近平总书记指出，现在我们正面临百年未有之大变局。国际形势风云变幻，新的国际秩序加速转换，航天科技领域既是各国之间的"竞技台"，也是"协作台"。作为国家综合国力重要组成部分，其科技水平也日益影响大国外交的开展。一位老华侨曾说：祖国的卫星打得多高，我们的头就能抬得多高。嫦娥四号任务的实施，因在国际上首次实现月球背面软着陆，而赢得了国际社会的尊重。自主创新的航天科技水平提升了我国国际地位和国际影响力，拓展了航天领域多层面国际合作的有利局面，使我国在外交平台拥有更多的话语权。

（3）航天强国支撑科技强国

航天工程是一项高科技、高集成、高难度的系统性工程，是衡量一个国家综合科技水平的重要组成部分，也是一个国家综合国力的具体体现。新时代背景下，习近平总书记发出了"探索浩瀚宇宙，建设航天强国"的伟大号召，中国探月人不忘嘱托，矢志报国，托举嫦娥四号实现人类探测器首次着陆月球背面，开展就位探测和巡视探测，持续产出创新性科学成果。我国在探月工程领域逐步从"跟跑"到"并跑",并在部分领域实现"领跑",嫦娥四号工程是我们从"航天大国"迈向"航天强国"的重要一步。

1.3.1.2 始终用系统思维、系统工程方法指导工作,形成同心同德、联动攻坚的和谐文化

（1）全国各战线同心同德、共襄大业

嫦娥四号任务实施期间,全国人民密切关注、殷切期盼,亿万人民"托举嫦娥",形成了国家大力支持,全国各战线大协作和同心同德、联动攻坚的大协同文化。这也是中国特色社会主义新型举国体制巨大优势的又一体现,进一步提升了中华民族凝聚力和向心力。例如,在月球车征名活动期间,收到数百万人次的投稿,任务成功后,收到全国各地人民的来信祝福。

（2）探月工程各系统密切配合、大力协同

中国探月工程由国家航天局牵头实施,探月与航天工程中心为工程大总体单位,由火箭系统、探测器系统、发射场系统、测控与回收系统、地面应用系统等构成。任务期间,各系统密切配合、大力协同,有需求共同商议,有问题共同解决,圆满实现了工程各阶段任务,火箭发射、飞行控制、中继通信、载荷工作、月球车行驶以及后续科学成果分析等顺利实施,高效开展。

（3）探月人通力合作、扎实履职

探月人立足岗位工作,通力合作,扎实履职,注重岗位工作创新,兼具团队精神和集体意识,在工程实施过程中拧成一股绳,劲儿往一处使,在具体工作中彰显出优良的合作观和担当作为的过硬作风。嫦娥四号任务发射实施前夕,面临多地作战的形势,工程总体打破处室和岗位界限,成立多个工作组,以及发射场临时党支部和青年突击队,战斗在一线,冲锋在一线。

1.3.1.3 始终贯穿继承与创新,形成勇于探索、敢为人先的开拓文化

（1）备份星承担新使命

嫦娥四号是嫦娥三号的备份星,在嫦娥三号已经实现月球着陆的情况下,由工程师、科学家、管理者等组成的团队,对嫦娥四号的使命进行了严密论证。在嫦娥三号任务实施的基础上,创新性提出着陆月球背面,并经工程领导小组审核,按程序报批,于2016年1月正式立项实施。中国航天人追求超越,敢为人先,选择到达前人没有到达过的地方,探索前人没有触及过的领域,实现了国际首次月球背面软着陆、国际首次地月中继通信,突破了月球背面的诸多未知以及通信考验等关键技术,创造并不断刷新着人类探测器在月球背面工作的纪录。

（2）科学上取得多项创新性成果

嫦娥四号任务着陆区域选择在地质条件复杂的南极-艾特肯盆地冯·卡门撞击坑,该地理单元为已知的太阳系最大的撞击坑,对研究月球深部物质组分具有重要科学价值。截至2022年6月,各科学载荷累计获取183GB探测数据,开展了不同光照条件下原位光谱探测试验,获得了月壤和石块的光谱数据;获取了巡视路径的高分辨率地形地貌影像、浅表层结构;测量了月表高能粒子辐射剂量及太阳风与月壤的相互作用,并首次在月球表面捕捉到一次太阳高能粒子事件。经过近两年的研究,科学团队在着陆区地形地貌、巡视区浅表层结构和物质组成、月表空间环境等方面取得了重要进展,相关成果发表在《国家科学评论》《天文研究与技术》《Nature》《Science》《Geophysical Research Letters》等国内外权威期刊，提升了人类对月球的认知，为人类进一步了解月球起源以及地质演变做出了中国贡献。

1.3.1.4 始终以精准为标准，以责任担当为准绳，形成严慎细实、落实到位的求真文化

（1）科学施策，"深挖一锹"

在工程目标和科学目标的设定及重大工程决策部署上，做到了深入论证，从局部到整体，由形式到内涵，由当下到未来，在研究问题和具体工作中多想一层，"深挖一锹"，做到理解深入、认识透彻、考虑全面、适应未来。作为探月工程四期的先期任务，嫦娥四号的实施验证了探月工程四期部分关键技术。此外，取得的月表辐射环境的一手探测数据为未来我国实施载人登月提供了科学支撑。

（2）严格对标，扎实履职

"用心"体现着探月人的责任担当，是严慎细实工作作风的具体表现。在嫦娥四号任务各个阶段进行科学的任务分解，明确要求，紧密跟踪，定期督办，确保决策部署能够落实到一线。实行"双想"机制，即事前做预想，事后做回想，分析潜在风险，拿出防范措施。工程总体坚持宏观把控与微观着力相结合，既把握整体工程进展的视角，将五个系统的工作任务进行整合，又列明计划，实行矩阵化管理，确保各项工作利用系统工程方法联动开展。研制过程中遇到难题时，各个战线互相理解、互相支持，事事有着落，事事有回音，事事成闭环。

（3）勇于担当，追求卓越

面临复杂而艰巨的任务，勇挑重担，主动作为，敢于突破常规，锐意进取，托举嫦娥四号实现多项世界首次。对质量问题严格落实"定位准确、机理清楚、问题复现、措施有效、举一反三"五条归零措施，从头查找问题，确保问题真正归零，不带问题进入下一个阶段。在轨道设计、载荷搭载、科学探测规划、月球车行驶路线方面，相关方严密规划，吃透技术，精心操作。着陆月球背面四年以来，着陆器及月球车工作正常，这是嫦娥四号产品设计、工艺、质量、地面操作等工作追求超越的充分体现。

1.3.1.5 始终以建设"人类空间命运共同体"为宗旨，形成开放合作、共同发展、和平利用宇宙空间的共赢文化

（1）立足于人类社会可持续发展

中国人的月球探索事业立足于"人类命运共同体"而衍生出的"人类空间命运共同体"理念，是我国对外事务在空间探索领域的具体体现。我们以探索宇宙未知、服务人类文明为使命，坚持开放、合作、共赢，同世界航天同仁一道，携手为探索宇宙奥秘、服务人类社会可持续发展做贡献。

（2）坚持"共商""共建""共享"原则

在嫦娥四号任务中，中国本着"共商""共建""共享"原则，广泛与世界各国开展国际合作，其中与瑞典、德国、荷兰、沙特阿拉伯开展了富有成效的科学载荷合作，并建立管理和科学团队，共同推进合作项目实施；建立联合科学家团队，共同进行科学研究，开创了探月工程国际合作的新局面。中国探月在国际航天领域日益展现新的作为，为后续工程国际合作的开展积累了经验，探索了模式。

（3）开展多种形式、多个层次国际合作

随着我国探月工程的顺利实施，在国际合作方面也日益具有吸引力，后续任务的载荷征集也已开始，很多国家表示了合作意向。我们愿意同世界各国、组织机构开展多种形式、多个层次国际合作，包括战略规划对接，概念联合研究；开展任务对接，进行功能层面合作；开展技术对接，进行产品层面的合作；开展科学目标对接，进行科学载荷层面合作；开展数据对接，进行科学联合研究等。

1.3.2　系统文化

　　构成整体的局部、总体的系统是工程系统"承上启下"的关键环节，其系统的理念、实施的质量、弘扬的文化关乎总体的效能，也影响下游子系统、单位的工作质量。嫦娥四号工程各系统在特定的工程背景下形成了具有特色的"以目标为核心、以新取胜、以人为本、以质取信"的系统文化，如图1-23所示。

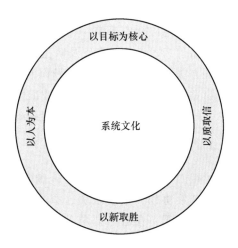

图1-23　系统文化架构

1.3.2.1　以目标为核心的集成文化

　　系统观念，即从全局出发，立足国家和社会的全局，统一筹划，形成一个宏观统一、有机协调的综合整体，处理好需要与可能、任务目标与条件的关系。既要积极进取，又要量力而行，循序渐进。嫦娥四号工程系统具有鲜明的层次性，每一层次都有"集成"和"被集成"双重特性。"集成"体现了本层次的系统优化，并且为下一层次提供服务和支持，"被集成"则体现出对上一层次的集成优化提供支撑，并服从上一层次的要求。各层次的相互支撑，确保了系统集成的最佳实现。探月人始终把国家利益放在首位，志存高远、甘愿奉献，不断增强神圣的使命感和责任感，以爱国之情、报国之志、效国之行，共同筑就航天伟业，造福中华民族和人类文明，树立了中国探月品牌、中国探月形象、中国探月人的精神风貌。

1.3.2.2　以新取胜的创新文化

　　嫦娥四号各系统团队始终坚持以新取胜的创新文化，研究制定"超越自我"的发展规划。嫦娥四号是探月工程二期的第二次任务，也是探月四期的先导任务。基于创新文化明确了嫦娥四号任务目标是人类没有到达过的月球背面，地月中继通信等很多技术在国际上是首次尝试；同时，嫦娥四号的圆满成功，又进一步锻炼了年轻化的人才梯队和科学家团队，收获了创新的、敢为人先的成果，为后续工程的实施奠定了工程、科学、技术、人才和物质基础，为人类深空探索事业做出了贡献。

1.3.2.3　以人为本的组织文化

　　嫦娥四号任务具有系统复杂、技术密集、风险高、研制周期长等特点，遇到的不仅仅是科学、技术、工程问题，核心是人的问题。成千上万的研制人员、数量众多的协同单位、难以计数的生产设备等各方面组织协调，需要建立一种新的组织管理机制，用新的思想、技术方法进行研究、开发和运用，这是任务顺利实施的前提和基础。

　　嫦娥四号任务的管理采取以人为本的组织方式，通过高效的行政协调和组织，用尽可能少的投入，在尽可能短的时间内取得尽可能多的成果。尊重和关爱员工，提倡团队精神、上下平等和亲密合作，建立起组织与员工互信、共赢的平台，在深空事业的发展中实现员工个人的全面发展；同时也关注行业外大众的需求，通过交流会、科普工作、共同参与等组织方式，在工程任务成功的同时，也推动了人的发展。

1.3.2.4　以质取信的精品文化

嫦娥四号工程系统复杂、投入大、影响广，其任何环节的失败都会带来巨大的损失。研制团队始终以"质量第一"作为工作的出发点，贯穿于研究工作、设计工作、试验工作、产品生产、运行操作以及队伍建设、条件保障、文化建设等方面，不断创新质量管理和保证方法，完善航天工程型号研制的质量保障体系。坚持以国家利益和创造价值为中心，自觉承担社会责任，信守职业准则，持续改进，追求完美。这体现了系统工程的基本理念、体系与科学方法，也是运用系统工程实施科学管理的有益探索。

1.3.3　产品文化

嫦娥四号任务涉及数以万计的零部件，上千家单位高效协作、集智攻关、以质取胜，保证产品零缺陷上天，在各承研单位、协作单位中形成了具有特色的"零缺陷、零疑点、零失误、零故障"的产品文化，如图 1-24 所示。

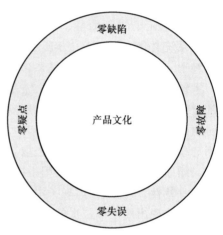

图 1-24　产品文化架构

1.3.3.1　零缺陷：确保产品的设计无缺陷

零缺陷思想是被誉为"全球质量管理大师"的克劳斯比在 20 世纪 60 年代初首次提出的，中心思想是一次就把事情做好。同一时期，针对航天型号技术复杂、质量与可靠性要求高的特点，周恩来总理提出了"严肃认真、周到细致、稳妥可靠、万无一失"的"十六字"方针，成为航天产品质量管理工作的指导思想。作为探月重大专项工程，嫦娥四号工程对于增强中华民族的凝聚力和展示中国的综合国力具有十分重大的意义，受到党中央和全国人民的高度关注，只能成功，不能失败。

嫦娥四号任务以精品理念为引领，始终以严格把关、质量至上为引领，形成了严慎细实、精益求精的精品文化，确保了复杂工程未出现问题。嫦娥四号任务在嫦娥三号任务基础上又有诸多技术创新，无论是产品设计还是产品制造，都要求不仅要"做出来"，而且要"做好"。在产品全寿命周期，要切实做好"三提前""二吃透"工作。"三提前"指提前预想困难风险、提前制定办法措施、提前做好准备工作，确保实现"一次成功"的目标。"二吃透"包括吃透需求，吃透技术。吃透需求就是要把战略需求、任务需求、功能需求、性能需求、环境需求理解完整，并与任务提出方沟通无歧义，不能有漏项、错项；吃透技术就是要把技术理论方法吃透，把原理弄明白，把约束条件分析清楚，不能有丝毫"差不多"的想法。

1.3.3.2　零疑点：确保产品的开发和生产过程无疑点

质量管理全过程是运用系统工程不断创新的循环过程，是按功能体系将系统顶层的指标、要求，逐级分解落实，通过产品的设计、制造、试验和验证，达到一定技术要求后，再提供上一级系统进行集成，直至实现系统顶层要求的逐级集成的一系列创新过程。全过程经过不同层次和规模的检查，采取"检验""回想"等工作方法，对产品进行一种全过程"考核"。

嫦娥四号任务一是以"可信"为底线，在全过程不断进行考核验证，有效确保了产品质量的全程受控、不带问题上天。通过不同的环境试验来考验产品在低温、高温、振动、冲击、噪声、辐射、真空、模拟月表重力等条件下的性能，通过各种综合、匹配的试验来检验仪器设备之间、分系统之间的相互匹配与相容性。二是在产品研制过程中，设计上采取设计、校正、审核三级审签，并明确责任；在生产上，采取检验、照片取证、超差代料、提高一级审签、透明审查等方法，保证生产环节质量；在试验上，通过大纲审查、试验岗与设计岗共同参与以及数据分析等，保证试验的充分性、合理性。三是组建质量与可靠性专家和软件专家分阶段对各系统的研制工作进行现场抽查；组织第三方独立评估，并对发现的问题及时整改、闭环、监督。四是在研制过程每一个阶段开展"回想"工作，从每一个岗位、人员开始，直至系统和总体；开展"回头看"，是把设计、生产、试验等全过程存在不合理、不充分、不匹配的情况再分析、再审视甚至再设计，对于提出的任何建议，都要认真分析并明确结果。对出现的质量问题按"双五条"标准严格归零，并且严格按照有问题不能转阶段、不带问题上天的原则，坚定解决问题的决心和信心。

1.3.3.3　零失误：确保总装、试验等过程零失误

嫦娥四号任务充分识别 AIT 过程的关键点和风险点，加强过程操作前的确认和把关工作，保证关键过程实施不发生低级失误事件；落实过程强制检验点的控制措施，严格过程记录、多方确认、拍照等措施，确保总装实施到位、大型试验状态受控；开展推进系统量化极性测试，确保测试记录可追溯；加强数据判读和测试充分性、覆盖性检查，开展纵向、横向和联合比对的"三比"工作，继承设备还要与嫦娥三号进行比对；对综合测试中的事件、工作模式、时序等的覆盖性进行检测，确保测试的充分性和有效性。

针对系统级大型试验，试验总体完成试验安全点、风险识别充分性、故障预案的可实施性等审查；试验承担方完成试验场地、试验设备等确认，做好试验过程的实施工作；各参试单位做好产品试验状态确认、试验过程中的数据判读比对，确保试验状态受控、充分有效，试验过程无人员操作失误导致的事故。

1.3.3.4　零故障：确保产品交付后及在轨服务无故障

探月工程是一个大规模复杂系统，技术专业面广，接口众多，要通过研究、设计、试制、试验反复迭代过程，才能形成。在飞行中，一旦出现故障，很难维护，也无法处理。因此，确保零故障运行成为产品文化的重要组成部分。

为确保嫦娥四号产品长期无故障运行，在确保设计无缺陷、产品开发和生产无疑点的基础上，采用"三设计、三验证"的工作方法，不断反思可能的故障来源、危害及处理措施，保证万无一失。一是开展可靠性设计和验证。通过对系统所面临的环境和影响产品可靠性要求的分析，利用 FMEA、FTA 分析技术以及有限元分析方法、软件复杂度分析方法、潜通路分析方法等，开展可靠性设计；利用可靠性模型进行可靠性分析，开展可靠性验证试验、增长试验、强化试验等验证技术，提高产品的本质可靠性。二是采取冗余或隔离设计。针对系统的关键环节或核心部件，采取冗余设计，以实现故障的吸收；采取隔离设计，及时诊断各环节故障，保证整个系统的正常运行；同时要针对冗余、隔离设计进行有效验证，制定验证方案，防止出现伪冗余、伪隔离。三是开展预案设计与验证。作为复

杂的工程系统，对可能的故障必须引起足够的重视，只有加强防备才能避免故障发生，或即使发生，也能采取有效的处置措施。嫦娥四号工程建立了故障预案库，并在总结历史及其他工程的经验教训中不断完善；同时，加强预案的演练和验证，保证一旦出现故障，及时进行纠正，以防出现不可挽救的产品损坏。

产品是构成复杂工程系统的实体单元，是系统成功的关键因素。任何产品的故障，都将带来整个系统的损失。因此产品文化的核心是质量文化，确保产品在全寿命周期内无故障运行。嫦娥四号工程的组成复杂性、运行长期性、操作自主性，要求坚持立标准、立质量、出精品的质量理念，严格落实质量标准规范，践行零缺陷、零疑点、零失误、零故障的质量文化，保证交付的产品自己放心、上级（用户）放心。

第 2 章 工程管理体系

根据嫦娥四号工程任务特点和实际，为保证嫦娥四号研制工作按计划、高质量完成，构建了嫦娥四号工程管理体系框架，如图 2-1 所示。在体系框架内对各项工作有序进行管理，确保嫦娥四号工程安全和高质量完成。管理体系各部分之间既相互影响、相互依赖又相互协同，形成一个有机复杂巨系统。

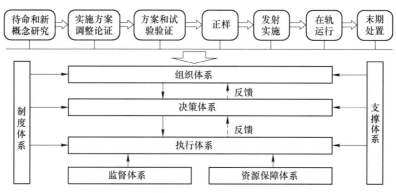

图 2-1 嫦娥四号工程管理体系框架

通过对嫦娥四号任务的概念研究和实施方案论证，确定了嫦娥四号工程全周期范围及内容，明确了待命和新概念研究、实施方案调整论证、方案和试验验证、正样、发射实施、在轨运行和末期处置等七个阶段划分及工作计划，制定了工程中的关键技术攻关节点和里程碑考核节点，并根据工程实际进展情况，进行动态调整，满足工程研制需要，达到了嫦娥四号工程预期目标。

2.1 工程组织体系

工程组织体系主要由决策层、执行层组成，又辅以监督组织和支撑组织。决策层主要指工程领导小组，由相关部委或部门主要领导组成。

执行层主要包括工程任务指挥部、工程总体（含工程两总系统）、五大系统及相关分系统和单机承担单位。

监督组织包括计划、经费、质量和热/电源研制等专业或过程监督专家组。

支撑组织主要包括产品保证、质量、独立评估等专业检查评估专家组以及相关支撑单位。

各组织的具体构成及职责将在后面相关章节详细介绍。

2.1.1 工程组织架构

嫦娥四号工程组织架构如图 2-2 所示。

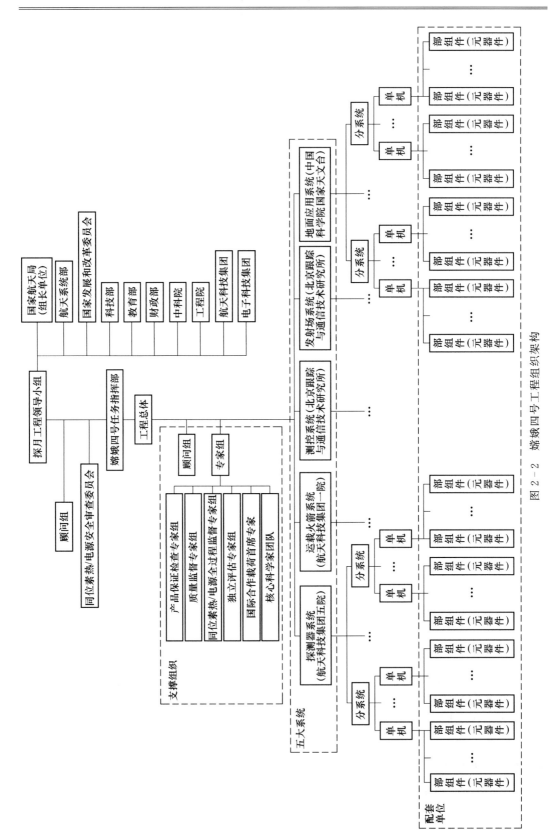

图 2－2　嫦娥四号工程组织架构

2.1.2 工程系统组成

国家航天局结合工程特点及需求，建立了工程系统。总的来说，嫦娥四号工程由工程总体和探测器系统、运载火箭系统、测控系统、发射场系统和地面应用系统五大系统组成，五大系统的工作在工程总体统一组织下完成，如图 2-3 所示。

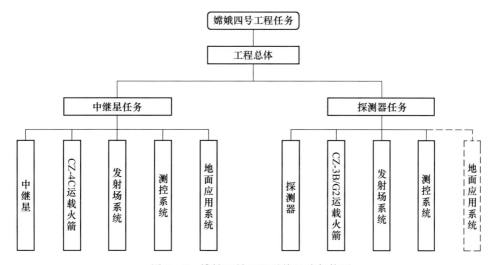

图 2-3 嫦娥四号工程系统组成架构图

探测器任务中，月球背面探测器的数据是通过中继星转发，并不直接对地，因此地面应用系统（科学数据接收系统）采用虚线方式表达。

工程总体统一对中继星任务和探测器任务进行设计，并设立专门机构（探月与航天工程中心）进行任务的组织实施和协调管理，负责工程的实施方案论证组织、工程技术方案制定、工程全过程全要素的组织实施以及工程国际合作、相关政策法规研究及制定等。各系统主要责任如下：

（1）探测器系统

负责探测器系统（含着陆器、巡视器和中继星）总体方案设计、研制、总装及系统集成验证试验；负责中继星在地月 L2 点稳定运行，提供中继，要求寿命为 3～5 年；负责探测器飞抵月球背面安全软着陆并巡视探测，要求巡视器寿命为 3 个月，着陆器寿命为半年。

（2）运载火箭系统

承担运载火箭的方案设计、总装测试，负责将探测器和中继星按计划窗口送入预定地月转移轨道。探测器和中继星任务分别使用了长征三号乙（CZ-3B）运载火箭和长征四号丙（CZ-4C）运载火箭。

（3）测控系统

负责按照嫦娥四号任务需求开展测控系统改造建设方案的制定，完成改造建设并验证执行任务能力；对运载火箭、中继星与探测器飞行及月面遥操作任务进行测量与控制。

（4）发射场系统

负责针对嫦娥四号任务需求，制定发射场改造建设方案，完成改造建设并验证执行任务能力；提供运载火箭系统和探测器系统发射前测试环境及发射保障，并按计划窗口完成运载火箭发射。嫦娥四号两次任务均选用了西昌卫星发射中心。

（5）地面应用系统

负责根据嫦娥四号任务需求开展地面应用系统改造建设方案的制定，完成改造建设并验证执行任务能力；开展探测器系统科学探测规划制定，有效载荷在轨监测及科学数据接收、处理、存储及分发。

2.2 工程寿命周期

嫦娥四号工程寿命周期管理是在继承了探月工程形成的基本架构基础上，结合任务特点对寿命周期的阶段定义等进行了调整，以适应嫦娥四号工程任务实际、高效组织、顺利实施，圆满完成工程任务。嫦娥四号工程寿命周期包含两个重要过程：工程论证过程和工程实施过程，如图 2-4 所示。

2.2.1 工程论证过程

论证过程包括待命和新概念研究阶段、实施方案调整论证阶段。

在工程论证过程中，开展使命任务分析，并进行初步方案研究、实施方案论证，同步开展经济性分析，在关键决策点上实施一系列任务评审，包括使命任务概念评审、实施方案评审，最终做出立项审批决策，进入工程实施过程。一般而言，在做好工程实施执行准备之前，工程不能进入实施执行阶段。

2.2.1.1 待命和新概念研究阶段

嫦娥四号探测器原为嫦娥三号备份平台，相关产品在嫦娥三号生产过程中一并生产，在嫦娥三号执行任务过程中，一直处在待命状态。为保证任务工程可持续发展，发挥备份作用，同步开展嫦娥四号新任务目标的初步探讨。

嫦娥三号月面着陆巡视探测任务圆满成功后，随即开展了嫦娥四号新任务概念研究。工程研制队伍提出了月球正面其他区域、月球背面等多个设想，并进行了初步比较论证。通过综合考虑创新性和可实现性等因素，经工程两总讨论研究，提出嫦娥四号将开展月球背面探测，以此为目标开展实施方案论证。

2.2.1.2 实施方案调整论证阶段

2014 年国家航天局正式成立嫦娥四号实施方案论证专家组，深入开展实施方案的论证工作。紧紧围绕月球背面着陆巡视探测，开展工程科学目标及载荷配置、各系统方案及技术经济可行性论证，经过多轮迭代及大系统接口优化设计，最终确定采用地月 L2 点中继通信的月球背面着陆实施方案。实施方案由牵头部门征求领导小组各个成员单位意见后，会同财政部委托第三方评估机构，开展技术和经费评估，提出评估意见。经领导小组审议通过后，上报《嫦娥四号任务实施方案调整的请示》。2016 年 1 月 6 日，获得中央同意实施的批复。国家航天局会同财政部正式印发立项通知，开启工程研制。

2.2.2 工程实施过程

嫦娥四号任务自 2016 年 1 月正式实施后，工程总体和各系统开展关键技术攻关，进

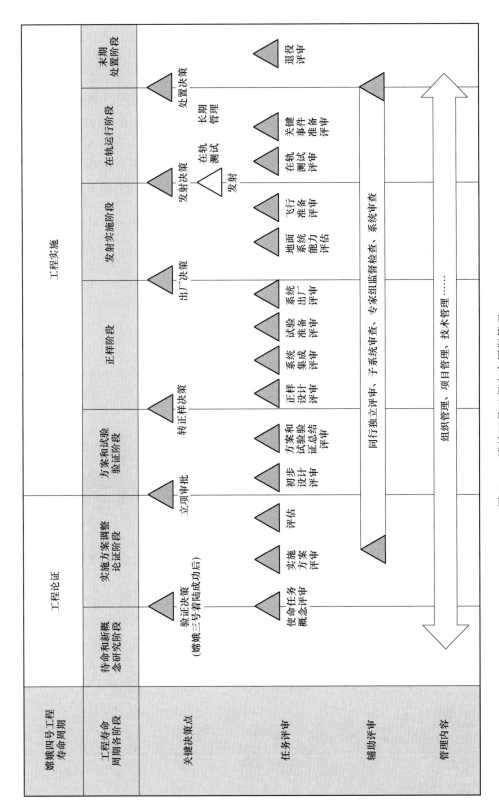

图 2 - 4　嫦娥四号工程寿命周期管理

行可靠性设计和分析，完成各阶段设计和试验验证，各系统接口匹配，技术状态明确，正样设计正确，满足批复要求。工程实施过程包括方案和试验验证阶段、正样阶段、发射实施阶段、在轨运行阶段和末期处置阶段等五个阶段。

2.2.2.1　方案和试验验证阶段

由于嫦娥四号任务由中继星任务和探测器任务两部分组成，故分别对两大任务进行方案设计与试验验证。探测器任务的方案设计与验证阶段为 2016 年 1 月－2016 年 7 月，主要目标是完成探测器优化改进设计及新增产品的研制试验，并进行探测器转正样评审。中继星任务的方案设计与验证阶段为 2016 年 1 月－2017 年 8 月，主要目标是完成中继星电性产品的研制、交付及相关测试；完成中继星与运载火箭、测控、地面应用系统间接口初步验证；完成新研设备鉴定产品的研制；完成中继星转正样评审。

方案和试验验证阶段

确定系统间接口关系

- 坐标系定义；
- CZ－3B 运载火箭与探测器技术接口；
- CZ－4C 运载火箭与中继星技术接口；
- 发射场系统与探测器系统技术接口；
- 发射场系统与运载火箭系统技术接口；
- 测控系统与探测器系统技术接口；
- 测控系统与运载火箭系统技术接口；
- 测控系统与地面应用系统技术接口；
- 地面应用系统与探测器系统技术接口。

进行多系统联合大型地面试验

- 天地测控对接试验；
- 天地应用对接试验；
- CZ－4C 运载火箭与测控对接试验；
- CZ－4C 运载火箭与中继星机械接口对接试验；
- CZ－4C 运载火箭与中继星电磁兼容试验；
- 中继星任务 1∶1 天地无线联试；
- 探测器任务 1∶1 天地无线联试；
- 巡视器遥操作演练；
- CZ－4C 发射场合练。

任务评审

- 初步设计评审；
- 试验验证总结评审。

2.2.2.2　正样阶段

探测器任务的正样阶段为 2016 年 7 月－2018 年 8 月，主要目标是完成着陆器、巡视器正样产品研制、试验，待命出厂；制定系统间接口控制文件、飞行任务大纲等总体技术文件；完成器箭、器地测控和应用对接试验；完成飞行任务演练和遥操作演练；完成探测器、运载火箭出厂评审及进场准备。

中继星任务的正样阶段为 2017 年 8 月－2018 年 3 月，主要目标是完成正样产品的研制与交付；完成正样星总装、综合测试；完成正样星 EMC、力学、真空热等环境试验；完成 CZ－4C 运载火箭飞行任务演练；完成中继星、运载火箭出厂评审及进场准备。

正样阶段

探测器任务

- 完成着陆器与巡视器联合测试；
- 完成着陆器与巡视器 EMC 测试；
- 完成器箭机械接口对接分离试验；
- 完成力学试验；
- 完成天地测控对接；
- 完成与中继星对接；
- 完成着陆器、巡视器热试验；
- 完成与同位素热/电源（RHU/RTG）安装对接；
- 完成巡视器遥操作演练；
- 完成软件落焊及回归测试；
- 完成 1∶1 无线联试；
- 完成出厂评审；
- 进场。

中继星任务

- 完成正样产品齐套；
- 完成平台产品总装；
- 完成星箭机械接口对接；
- 完成正样综合测试及 EMC；
- 完成力学试验；
- 完成星地应用对接；
- 完成天地测控对接；
- 完成热真空试验；
- 完成 1∶1 无线联试；
- 完成出厂评审；
- 进场。

· 任务评审

- 正样设计评审；
- 系统集成评审；
- 任务准备评审；
- 系统出厂评审。

2.2.2.3　发射实施阶段

本阶段包括分别对中继星和探测器进行发射，并到达任务目标工作区域。

中继星的发射阶段为 2018 年 4 月－2018 年 5 月，主要目标是完成中继星、运载火箭在发射场技术区、发射区的有关工作；完成发射状态设置，待命发射；完成中继星的飞行控制任务和在轨测试工作，地面数据接收正常。

探测器的发射阶段为 2018 年 9 月－2019 年 1 月，主要目标是完成着陆器、巡视器和 CZ-3B Y30 火箭在发射场的测试、发射及飞行控制，完成着巡组合体在月球背面着陆和两器分离，地面接收数据正常。

发射阶段

中继星任务
- 中继星发射任务成功判据及判定准则；
- 中继星飞行任务要点；
- 中继星发射任务放行准则；
- CZ-4C 运载火箭发射中继星任务测试发射流程；
- 中继星飞行控制要点；
- 中继星在轨测试大纲。

探测器任务
- 探测器发射任务成功判据及判定准则；
- 探测器飞行任务要点；
- 探测器发射任务放行准则；
- 同位素源发射场操作流程及辐射安全防护要求；
- CZ-3B 运载火箭发射嫦娥四号探测器任务测试发射流程；
- 探测器飞行控制要点；
- 探测器在轨测试要点。

任务评审
- 测控系统能力评估；
- 地面系统能力评估；
- 飞行准备评审；
- 中继星在轨测试评审；
- 探测器在轨测试评审。

2.2.2.4　在轨运行阶段

在轨运行阶段分为在轨测试和长期管理两个阶段。在中继星、着陆器和巡视器发射后，需要持续对其进行在轨测试。着陆器、巡视器的在轨测试，从发射开始至着陆月面、两器分离后完成相关测试工作，转入科学探测模式；中继星和巡视器的在轨测试，从发射开始至完成中继通信功能测试，转入日常中继通信模式。

嫦娥四号任务中继星和探测器分别于 2018 年 5 月 21 日和 2018 年 12 月 8 日成功发

射，并分别按计划稳定运行于地月拉格朗日 L2 点和安全着陆在月球背面预选着陆区，顺利完成巡视器和着陆器分离，通过了两器平台和科学载荷的测试后，转入长期管理阶段，开展长期科学探测和技术试验。

为确保"两器一星"的长寿命在轨安全稳定运行，顺利开展科学探测，获取丰富的科学数据，产出更多的重大科学成果，制定了《嫦娥四号任务在轨长期运行阶段飞控实施工作管理办法》。按照巡视器是否在标称寿命期内，将巡视器长期管理阶段的飞控工作分为"重要任务阶段"和"一般任务阶段"实施。工程总体成立嫦娥四号任务长期管理办公室，负责组织长期管理阶段的飞控管理工作。

长期管理阶段各相关机构和系统包括：任务长期管理办公室、测控通信指挥部、测控系统、探测器系统和地面应用系统等，按照责任分工开展相关工作。其中，任务长期管理办公室负责组织嫦娥四号任务核心科学家团队和地面应用系统"两器一星"运行状态确认，制定科学探测和飞控实施计划；建立日常沟通协调机制，组织开展必要的协调工作等。测控通信指挥部负责审议确定"两器一星"的科学探测飞控实施方案和中继星轨控实施方案，定期组织"两器一星"在轨状态评估。测控系统牵头开展长期管理全阶段的测控通信指挥部相关工作，监视"两器一星"工作状态等。

重要任务阶段各相关组织和系统在飞行控制中心集中办公，以会议形式开展沟通和交流。一般任务阶段，工程总体、探测器系统和地面应用系统在各自单位待命，重大控制、重大故障时在飞行控制中心集中办公。

探测器系统负责重要任务阶段"两器一星"平台、有效载荷等运行管理数据的判读，监视其运行状态，对控制计划及注入数据进行校核和会签；一般任务阶段，在巡视器月昼工作期间对巡视器在轨状态进行确认，重大控制、重大故障时提供技术支持；负责中继星轨控飞控实施方案的复核等。

地面应用系统负责制定"两器一星"科学探测计划和有效载荷运行计划，编制有效载荷控制指令和注入数据，完成有效载荷运行管理；接收科学探测数据，进行本地存储和备份；对科学探测数据进行处理、管理和解译，开展科学应用研究；受工程总体委托，管理科学探测数据并按规定分发数据产品。

在轨运行阶段

着陆器在轨测试项目

- 结构与机构分系统；
- 着陆缓冲分系统；
- GNC 分系统；
- 推进分系统；
- 着陆器数管分系统；
- 一次电源分系统；
- 测控数传分系统；
- 热控分系统；
- 定向天线分系统；
- 总体电路分系统；
- 有效载荷分系统；

- 搭载载荷；
- 有效载荷工作参数调整；
- 对地测控链路；
- 中继链路；
- 器间链路；
- 科学数据；
- 工程参数测量设备。

巡视器在轨测试项目

- 移动分系统；
- 结构与机构分系统；
- GNC 分系统；
- 综合电子分系统；
- 电源分系统；
- 测控数传分系统；
- 热控分系统；
- 有效载荷分系统；
- 有效载荷工作参数调整；
- 中继链路；
- 科学数据；
- 遥操作。

中继星在轨测试项目

- 结构与机构分系统；
- 热控分系统；
- 电源分系统；
- GNC 分系统；
- 推进分系统；
- 星务分系统；
- 测控分系统；
- 天线分系统；
- 中继通信分系统；
- 科学与技术试验载荷分系统；
- 科学数据。

着陆器与巡视器和中继星长期管理

- 中继星使命轨道飞行；
- 着陆器探测；
- 月面巡视；
- 数据接收、处理、管理和发布；
- 科学研究。

> **任务评审**
> • 在轨测试总结评审；
> • 关键事件评审。

2.2.2.5　末期处置阶段

当嫦娥四号任务结束后，进入末期处置阶段。该阶段的主要活动是对完成使命任务的系统实施退役处置，分析所有反馈数据和样本，并对运行结束的嫦娥四号任务进行退役评审。

其中，中继星在寿命期结束后，进行寿命期处置关键评审。若系统正常，推进剂允许，可进入拓展阶段，继续执行拓展任务；否则，或在拓展期内，出现异常或推进剂不足以支持后续中继工作，通过地面控制，进行变轨，使其转向高轨或飞向深空。着陆器、巡视器在标称寿命期后，若经测试产品正常，则可进入"一般任务阶段"，进一步拓展探测工作和科学观测。在拓展过程中，如果检测出现了异常，并且载荷不能进行正常探测，则进入末期处置阶段。通过地面控制，确定着陆器状态和巡视器位置及状态，进行断电，停止工作。

在嫦娥四号任务开展的全过程中采用基线管理，即在上述工程的立项阶段、正样阶段、发射实施阶段、在轨运行阶段、末期处置阶段等分别设置功能基线、分配基线、产品基线、任务基线、运行基线和处置基线等，只有上一阶段达到基线标准方能进入下一阶段开展项目活动，由此来保证产品和工程质量达到预期要求。

2.2.3　工程计划

嫦娥四号实施两次发射任务，包括中继星任务和探测器（包含着陆器和巡视器）任务，先后在西昌发射中心发射。首先采用长征四号丙（CZ-4C）运载火箭发射中继星，中继星进入使命轨道稳定运行后，再采用长征三号乙（CZ-3B）运载火箭发射探测器，在地面测控支持下，完成地月转移和环月飞行，自主完成动力下降和软着陆，通过中继测控通信，开展月球背面就位和巡视探测，在月夜开展月表温度探测，实现工程目标。

工程研制以探测器系统研制为主线。由于着陆器和巡视器平台继承了嫦娥三号技术，因此，探测器任务研制由方案阶段直接进入正样研制。根据新任务要求增加部分新研产品，开展鉴定件研制和试验。探测器任务包括方案阶段（2016 年 1 月－2016 年 7 月）、正样阶段（2016 年 8 月－2018 年 8 月）、发射实施阶段（2018 年 9 月－2019 年 1 月）、在轨运行阶段（2019 年 1 月－末期处置）在内的 4 个阶段。其中，主要计划节点包括：

1）2016 年 7 月，完成方案设计；
2）2016 年 9 月，新研产品转初样，已研产品进行恢复；
3）2017 年 2 月，新研产品完成鉴定件研制及试验工作，转正样；
4）2017 年 4 月，新研产品完成正样件交付，已研产品完成交付；
5）2017 年 5 月，完成总装；
6）2018 年 8 月，完成出厂评审；
7）2018 年 12 月，实施发射；
8）2019 年 1 月，着陆月球背面预选区。

中继星任务包括方案设计与验证过程（2016 年 1 月－2017 年 8 月）、正样阶段（2017 年 8 月－2018 年 3 月）、发射阶段（2018 年 4 月－2018 年 5 月）、运行阶段（2018 年 5 月－末期处置）在内的 4 个阶段。新研的中继星承担着探测器与地面通信中继服务的任务，需经历方案和试验验证、正样阶段研制流程，并与 CZ-4C 运载火箭、测控系统、地面应用系统进行大系统接口对接，主要计划节点包括：

1）2016 年 7 月，完成方案设计；

2）2017 年 7 月，中继星转正样；

3）2018 年 3 月，完成中继星出厂评审；

4）2018 年 5 月，实施发射；

5）2018 年 8 月，完成中继星运行评估任务。

2019 年 1 月 3 日，探测器实施动力下降，安全着陆在月球表面预选区域，并完成着陆器和巡视器分离。

2019 年 1 月 11 日，完成两器互拍，并发回图像，嫦娥四号任务取得圆满成功。

在嫦娥四号研制中，我国开放了载荷资源，提供搭载平台，与沙特阿拉伯、德国、荷兰、瑞典等国家开展了科学载荷国际合作，征集了哈尔滨工业大学微卫星项目、重庆大学微型生物科普载荷、中山大学激光测距载荷等科学技术试验载荷。长期运行管理期间，嫦娥四号获取的相关数据将移交给各方，开展相关科学研究和技术试验，加深人类对月球环境、宇宙空间、太阳活动等方面的认识和了解。

2.3　决策体系

决策是指对是否进行某一行动做出决定，贯穿管理活动的全过程。基于系统理论、运筹学、计算机科学、行为科学等综合运用，决策已经形成了较为成熟完整的理论体系，包括决策的主体、目标、过程与方法。工程决策同人们生活中的判断选择相似却又不同，它更理性、科学和复杂，其决策过程包括收集信息、反复考察论证、方案选择、可行性研究等，最终决定工程启动。因此决策可以定义为：以特定目标为导向，采用科学的手段和方法，通过收集相关信息，对备选方案进行分析、比较和选择的过程。

探月工程决策是探月工程管理活动的重要组成部分，是围绕探月工程问题的解决而开展的一系列决策活动。本节从探月工程本身的角度去审视决策的主体、目标、形式和方法，对整个工程系统的所有决策问题进行深入研究和剖析，形成系统化的决策体系。

2.3.1　决策目标

探月工程管理决策的总体目标是形成全方位资源整合机制，全面完成嫦娥四号工程的研制和生产任务，实现嫦娥四号工程的经济和社会效益最大化。嫦娥四号工程的研制工作是多单位生产资源的有机整合。探月工程管理决策涉及科学、技术、政治、经济和社会等多种因素，其要素构成了决策准则。在对决策准则综合考量的基础上，对各个可行方案进行评估和选择。在决策目标中选择一个或几个主要目标，或者在各个目标中寻找平衡点。这些决策的目标包括工程目标、科学目标等。

2.3.1.1　工程目标

工程目标既是最核心的，也是最艰巨的，需要科技工作者把所有的科技研发设计具体地转化为工程技术，并将航天器发射到目的地，在外层空间顺利运行开展工作。探月工程重大专项领导小组经过多次磋商研讨后，综合考虑国际前沿、科学价值、经济和技术可行性等因素，确定了嫦娥四号的工程目标，具体如下：

1) 研制月球中继通信卫星，突破高增益天线研制、地月 L2 点中继星轨道设计、轨道维持及天线高精度指向等技术，突破国际首次地月拉格朗日 L2 点的测控通信及中继星通信。

嫦娥四号探测器实现人类首次月球背面软着陆并开展巡视探测。由于月球的自转周期和绕地球的公转周期同步，月球始终只有一面朝向地球，在地球上无法看到月球背面，在月球背面着陆的探测器也无法与地球直接通信，因此要实现月球背面软着陆探测，必须首先解决通信问题。地月 L2 点位于地月连线的延长线上，与地球、月球的位置相对固定。中继星在地月 L2 点附近可进行长期环绕飞行，在最大限度地减少推进剂消耗的情况下，对月球背面进行连续观察。因此，发射一颗环绕地月 L2 点的中继星，即可建立地球与月球背面探测器的中继通信链路，从而有效支持月球背面着陆探测任务。

2) 研制月球着陆器和巡视器，突破月球背面软着陆、同位素热/电源研制及实验、低频射电频谱探测等技术，实现国际首次月球背面软着陆和巡视探测。

着陆器和巡视器基本继承了嫦娥三号的状态，并根据新的任务需求进行了适应性改进，主要包括：针对月球背面地形条件调整了着陆导航控制策略；针对中继通信的新需求更改了测控通信分系统软硬件；针对新的科学目标和国际合作需求调整了有效载荷配置。特别地，为进一步深入认识月球特性，获取第一手工程参数，着陆器将开展月夜期间月壤温度测量。

2.3.1.2　科学目标

科学目标是指航天器运行期间应该并能够开展的科学探测活动。嫦娥四号工程的科学目标具体如下：

(1) 月基低频射电天文观测与研究

利用月球背面独特的无线电环境，嫦娥四号对银河系的低频大尺度辐射特性进行研究，通过长期观测，描绘银河系较高分辨率射电巡天图像，联合地面观测阵列，开展地-空间的低频射电天文空间干涉测量技术试验，揭示行星低频射电爆发的成因机制，为在射电波段观测系外行星提供基本线索和参考依据。通过对太阳射电低频段爆发观测研究，揭示太阳高能粒子的加速机制和传播特征，提高对灾害性空间天气事件的预报水平。

(2) 月球背面巡视区形貌和矿物组分探测与研究

月球表面的地形地貌不仅是月球演变表层结果的综合体现，也是月球与外界接触、受外界干扰和撞击的直接对象和产物，很多内部信息都可以从月表地形地貌特征和组合特征中提取。月球背面巡视区月表的地形地貌和矿物组分探测是开展月球科学研究必要的基础信息，撞击坑是月球表面显著的地貌特征，通过对典型撞击坑的形态、结构、光谱特征等进行深入调查，为成坑机制、撞击效应和演化历史提供丰富的信息。月球南极-艾特肯（SPA）盆地内月坑与月海撞击坑明显，退化程度低，完整性好，其形成、演化、地貌和地球化学特征与其他地区都有明显差异。因此，SPA 盆地被认为是研究月球深部物质组成的重要窗口。嫦娥四号任务选择 SPA 作为着陆区，也是考虑了该区域物质组成和地质演化的独特性。

（3）月球背面巡视区浅表层结构探测与研究

月球正面与背面的地质特征存在巨大差异，其成因是月球科学研究的重大难题之一。SPA 盆地直径 2500km，深 12km，是月球上最古老、最大和最深的撞击坑。巨大的撞击坑有可能露出下月壳，甚至月幔的物质，因此对于认识月球的深部物质组成具有重要意义。SPA 盆地叠加了大量不同年代、不同形态的撞击坑或撞击盆地，这有助于解释或暴露月球更深层的构造和成分。撞击坑或盆地的形态与撞击点的月壤厚度、岩性以及撞击形成年代直接有关，能提供月球早期演化历史的证据。对月球背面巡视区开展月表浅表层结构及内部结构探测，获得月球背面的月壳厚度以及核-幔边界等重要成果，不仅可以清楚地认识月球的状态、结构和组成，还可以为月球的起源与演化研究提供最可靠、直接的证据，使人们对月球早期演化历史有了新的认识。

（4）实验性开展月面中子辐射剂量、中性原子等月球环境探测研究

利用嫦娥四号着陆器月表中子辐射剂量探测仪和中性原子探测仪探测数据，获得月表高能粒子辐射环境谱、月表中性原子能谱结构和反照率。月表中子辐射剂量率比空间站内部高 1～2 倍，辐射剂量当量高 1 倍左右，证实了初级银河宇宙射线撞击月球表面，产生了反照质子。这些成果为开展太阳风与月表微观相互作用研究提供重要支撑，促进对月表辐射风险的认知，为未来月球航天员所受月表辐射危害估算及辐射防护设计提供重要参考。

2.3.2　决策体系总体结构

嫦娥四号工程管理是基于全寿命周期管理，运用系统工程方法和行政管理手段相融合，来协调、配置复杂系统中各种相互关系、相互依存的资源，从而保证实现目标的活动。探月工程的决策是不断地从外界环境及内部的进展中获取信息，从而做出科学合理的评价和决策。嫦娥四号工程管理的实质就是一系列的决策，并通过管理评价对前一阶段管理的实际情况进行修正和优化。管理决策的核心是基于方案可行性论证、方案与试验验证、正样设计、发射实施、在轨运行、科学研究到末期处置等的全过程，在技术、计划、组织、进度、质量和风险等方面进行高效科学的分析判断活动。

嫦娥四号工程作为一项国家战略科技工程，以满足科学、技术、政治、经济和社会发展的综合需求为目的，具有高度的战略意义。其工程任务具有特殊性，并且需要多领域协作，工程决策一般采用专家组、领导小组、国家决策以及执行决策的四元群决策机制。四元群决策层级结构如图 2-5 所示。

其中，专家组由航天技术、空间科学、工程管理等不同领域的专家组成，对工程实施过程中关键环节方案设计的准确性、产品研制过程中存在的技术问题等，提出决策方案和建议。领导小组在首次绕月探测工程即嫦娥一号任务期间，由国务院发文成立，主要职责包括审定工程任务总要求、审定工程任务转阶段及发射运行、协调配置关键资源以及对专家组提出的决策方案进行优化。国家决策是领导小组经过认真审议工程规划及工程立项的相关工作后上报中央，由国家进行最终决策。执行决策是落实国家对嫦娥四号工程的处置

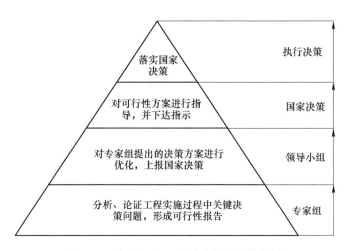

图 2-5　探月工程四元群决策层级结构图

决策，围绕科学目标和工程目标，协调工程实施的各个部门开展系列处置工作，保证嫦娥
四号工程的顺利开展。具体的决策流程如图 2-6 所示。

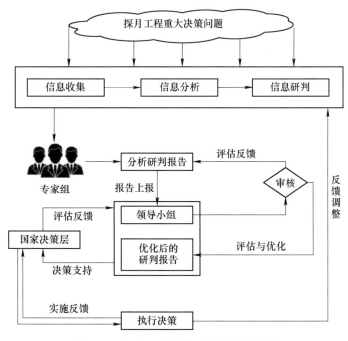

图 2-6　探月工程关键环节决策流程图

2.3.2.1　专家组

探月工程涉及学科多、技术门类广，是一项具有多学科性、多结构性、多分支性和综
合性特征的复杂系统工程，既涉及机电一体化、自动控制、无线电通信、信号处理、网络
通信、计算机软硬件技术等高新技术，也与天体化学、地质学、天文学、空间科学等基础
科学密切相关。建立专家组，对全寿命周期的决策有很强的辅助作用。其主要职责是评估
工程实施的必要性、紧迫性以及目的、目标和方案；针对工程研发过程中的技术指标进行

初步分析，提出可行性建议；对产品研制过程中存在的技术问题，提出决策方案和建议；对工程实施过程中关键环节方案设计的准确性等进行独立分析和评价，并制定分析和评估报告等。专家组通过对工程实施过程各个关键环节的分析，形成分析研判报告，并上报领导小组。专家组一般由战略科学家、工程技术专家、行星科学家、经济学家等组成。

为应对探月工程实施过程中重大突发事件的应急处置，嫦娥四号工程建立了重大突发事件识别和处置机制，并将事件划分为不同的级别。突发事件等级的准确确定至关重要，如果高度紧急情况只是做了低度应急准备而延误时机，就会导致事件的扩大和升级。相反，如果针对低度紧急情况而动员了高度紧急情况才需要的资源和能力，就会造成巨大的浪费。专家组要针对紧急突发事件应急预案、突发事件分级以及采取的应急响应和应对措施，提出咨询和评价意见。

2.3.2.2　领导小组

嫦娥四号工程管理要对参与工程的众多单位资源全面整合、人员全面协调，形成有形资源和无形资源的相互转化，建立全方位的资源整合机制，从而确保整个工程有序协调地推进。领导小组在接收到专家组提供的分析研判报告后，开展评估和优化，形成最终的可行性报告，上报国家进行决策。探月工程重大专项领导小组在整个工程过程中发挥着重要的作用，具体职责如下：

（1）落实中央精神，审议工程规划及工程立项相关工作，报中央决策

嫦娥四号工程是探月工程重大专项的重要组成部分，对国家的政治地位、经济建设、国家安全、科技发展至关重要，对我国航天事业发展有着十分重要的意义。为此，为落实探月工程"绕（绕月探测）、落（物体登月）、回（物体登月并采样返回地球）"三步走规划，探月工程重大专项领导小组需要对工程方案和科学目标进行科学的论证，并以高效的管理、有力的措施，迅速组织精兵强将扎实推进探月工程的论证，包括探月工程重大专项的工程目标和科学目标，需要攻克的关键技术、项目经费预算，以及我国已经具备的条件等，形成了一套完整的论证报告，为立项决策提供综合、全面的基础依据。

（2）审定工程任务总要求，作为工程执行的依据

探月工程是在新型举国体制优势下攻坚克难的一项航天重大工程，实现嫦娥四号工程在科技上的重大突破，必须从国家发展战略、工程技术和科学目标、社会效益三个方面充分认识嫦娥四号工程的重要性。嫦娥四号工程需要总结以往工作的成功经验，创新管理、高效组织、目标明确、突出重点、开放合作、动力强劲，深入实施创新驱动发展战略，努力构建协同开放的深空探测科研创新体系。探月工程重大专项领导小组经过多轮论证，审定了嫦娥四号工程研制的总要求。通过顶层规划和系统管理，充分发挥项目的综合效益，进一步增强风险意识，消除任务开始时的不确定性，做好组织实施工作，确保进度严格按照节点进行。

探月工程重大专项领导小组经过反复论证，审定了嫦娥四号工程圆满成功判据、成功判据、基本成功判据和部分成功判据。其中圆满成功判据是探测器在中继星支持下安全着陆在月球背面预定区域，着陆器和巡视器正常分离并相互拍照，载荷开机正常工作，探测数据正常传回地面。成功判据是探测器在中继星支持下安全着陆在月球背面预定区域，着陆器和巡视器正常分离。基本成功判据是探测器在中继星支持下安全着陆在月球背面。部分成功判据是探测器安全着陆在月球表面。

（3）审定工程任务转阶段及发射运行

嫦娥四号工程的研制阶段主要分为方案和试验验证、正样研制、发射实施、长期运行和末期处置等 5 个阶段。其中，方案设计阶段是在可行性论证的基础上，编制研制技术流程和研制设计流程，组织方案设计评审，根据评审结果确认功能基线，以及设计总体方案和分系统方案，明确关键技术指标和要求。确定大型地面试验和飞行试验初步方案，提出产品保证要求和标准化要求等。同时，明确科学载荷初步配置，开展科学载荷的方案设计。经由探月工程重大专项领导小组审定后，形成工程科学目标和有效载荷配置方案。

为规范探月工程研制管理秩序，探月工程重大专项领导小组对工程研制的不同阶段进行审定，通过对不同阶段的逐步递进，反复迭代，综合验证，确保系统整体性能优化和技术指标的实现，从而实现嫦娥四号的工程目标和科学目标。

（4）协调配置关键资源

探月工程成员单位有国家发改委、科技部、教育部、财政部、中国科学院、中国工程院、航天科技集团等相关部委和部门。探月工程重大专项领导小组负责对嫦娥四号工程开展实施中的众多单位资源整合，充分利用有关科研院所的研发力量，并对各单位关键资源进行高效配置，形成各优势资源间相互协调和转化，以保证探月工程目标的实现。

（5）审定工程实施中的重大事项

探月工程重大专项领导小组负责对探月工程实施中的重大事项进行审定，主要包括审定探测器和运载火箭的试验和测试，审定发射区的测试和技术装备情况，检查探测器和运载火箭的对接情况等。以"零缺陷、零疑点、零遗憾"为工作目标，狠抓发射场总装、机构、火工品、加注、转运、同位素源等 6 类风险识别与控制工作，各项工作严格按技术流程、计划流程、产品保证流程、技术安全流程实施。

为确保探月工程的成功完成，探月工程重大专项领导小组对工程中的重大事项进行严格的审定和把控，通过对重大事项的反复论证和综合验证，保障工程总体的高质量，从而确保嫦娥四号任务的圆满完成。

2.3.2.3　国家决策

在探月工程实施过程中，国家决策层全程指导探月工程决策的各项重要活动。一般而言，国家主要领导人或决策机构的主要官员是最高决策人，可以在法律赋予的职权范围内根据形势需要调动一切必要的国家和社会资源，对涉及探月工程的重大问题拥有最终决策权。根据中央对嫦娥四号工程任务的指示和领导小组上报的探月工程项目分析论证报告，国家级决策层针对探月工程的重要战略部署、工程目标、科学目标、工程实施中的关键环节以及工程实施过程中可能会遇到的问题等，提出反馈意见。领导小组根据国家级决策层的意见，进行改进或落实。

在处置探月工程项目实施过程中的突发事件时，根据突发事件的等级评估，对事件的发展趋势及可能造成的影响进行衡量，国家级决策层根据事件的严重程度、可控性、所需动用的资源、影响区域的大小等因素综合考虑，及时启动应急预案，确保危机的及时有效处理。国家级决策层对人员和物资资源进行调度和配备，监督、敦促相关的应急小组按照预案和方案实施处置，并根据探月工程实施中突发事件发展演变过程中反馈的新情况，不断调整应对方法，做出新的决策和指示。

2.3.2.4　执行决策

执行决策是执行机构落实国家及各决策机构对探月工程项目的各项处置决策，保证探月工程有序稳定的推进。同时，执行机构作为嫦娥四号工程的一线处置力量，需及时反馈工程开展过程中的实时情况和实际处置效果，为领导小组和国家级决策层提供真实有效的决策依据。在探月工程寿命周期的不同阶段，嫦娥四号工程执行决策的主体是不同的，并且主体的职责也不尽相同。专家组主要职责是对工程方案进行论证评估，并对实施过程中的重大问题提出决策咨询意见。两总系统是嫦娥四号工程实施中的骨干力量，工程两总和五大系统两总根据决策授权，分别负责工程实施中工程大系统及探测器系统、运载火箭系统、发射场系统、测控系统和地面应用系统重大事项的决策。工程进入发射实施阶段时，成立工程任务指挥部，统一领导嫦娥四号工程任务的发射实施。

在探月工程实施中发生重大突发事件后，国家级决策层根据事件等级启动相关应急预案，执行决策主体根据事态严重级别和具体类型进行安排和调度，及时、有效地进行处置、控制事态。本着快速反应、协同应对、统一指挥、分级负责等相结合的原则，执行决策主体在事发现场开展处置工作，及时对嫦娥工程重大突发事件的发展形成有效控制，为进一步事件处置提供必要的保障。在应急管理结束后，执行决策主体对事故开展调查，查明事故发生的经过、原因、人员伤亡情况及直接经济损失，认定事故的性质、事故责任、处理建议、事故防范和整改措施等，形成事故的最终调查报告，并对突发事件处置进行总结评估，对应急处置行动、应急资源和效果提出加强和改进的意见，为应急预案的修订、完善和提高应急能力创造条件。

2.3.3　决策内容和技术

2.3.3.1　决策内容

（1）工程论证过程

工程论证过程包括需求论证和实施方案论证两个阶段，两个阶段既有区别又相互融合，是一个互相迭代的过程。嫦娥四号工程需求论证是对项目立项实施必要性及可行性的判断，形成任务活动报告。工程实施论证阶段是在确定任务需求后，对嫦娥四号工程研制的技术指标进行初步分析，提出可行性方案，完成可行性论证报告，并通过可行性论证评审。

在嫦娥四号工程论证过程中，牵头单位首先进行工程论证工作策划，领导小组成员单位通过会商和文件会签形式，沟通确定是否进行工程的论证，并明确论证要求。为保证论证相关方覆盖性，领导小组成员单位派专家参与整个论证工作。工程论证形成后，牵头部门先与领导小组成员单位分别进行沟通，征求对论证方案的意见。牵头部门针对各单位提出的意见，进一步修改完善后，与财政部门一起，就技术方案可行性和经济可行性委托第三方评估机构，对实施方案进行评估。按照评估意见进行修改后，报领导小组审议。领导小组根据探月工程实施理念，从战略角度判断是否符合科学技术发展规律、是否符合国家发展战略、是否具有创新性和国际先进性、是否具有科学技术的带动作用、是否符合技术发展趋势等，从技术角度和科学角度判断技术方案是否可行、国家经济支撑是否可承受、是否充分考虑国际合作及社会影响力等，对实施方案进行评议，最终决定是否上报国家进行立项审批。

（2）工程实施过程

在工程论证的基础上，按照所选定的技术途径和方案，突破关键技术并开展工程实施。

在工程立项实施后，领导小组主要是对工程实施各重大节点进行决策，决定是否转入下一阶段工作。在探月工程任务中，工程各阶段一般根据探测器的研制流程，分为方案阶段、初样阶段、正样阶段、发射实施阶段、在轨长期运行和末期处置阶段等。在方案转初样阶段，领导小组通过会议形式，集中听取各系统方案设计及攻关情况汇报，从方案设计是否合理、主要技术攻关是否完成等方面，对下一阶段实施风险进行权衡后，通过集中评议决定是否转入初样阶段。在初样转正样阶段，领导小组通过会议形式，集中听取各系统初样研制试验情况汇报，从初样阶段工作完成情况及试验验证是否充分等方面，决定是否转入正样阶段。在正样转发射实施阶段，领导小组通过会议形式，集中听取各系统正样研制及大系统联试情况汇报，从正样阶段飞行产品研制和验证情况、地面建设及能力评估情况、大系统联试情况、后续实施风险分析及应急措施是否充分等方面，决定是否转入发射实施阶段。转入发射实施阶段后，进行分级决策。在发射准备阶段，授权发射场指挥部和飞行控制指挥部进行现场决策。如果发射准备完成，进入发射程序前，发射场指挥部提出发射申请，由任务指挥部研究审定，并报工程领导小组最终决策。

2.3.3.2　决策技术与方法

影响决策结果的目标从来都不是单一、独立的，尤其是嫦娥四号工程这样一个涉及多技术、多单位、多资源的复杂系统工程，决策结果必然受到多种目标的影响和相互制约。因此，需要选择合适的决策模式，以免引起决策结果的重大偏差。决策模式一般包括决策主体的确立、决策权力的划分以及决策方法等。完善的决策模式能够保证对决策问题的充分剖析，保证决策程序中每个阶段的顺利进行，从而保证决策结果的质量。工程的复杂度决定了决策模式的多样性，不同的组织结构、决策主体等都会影响决策模式的建立和选择。基于嫦娥四号工程的特殊性和复杂性，通常采用基于专家论证的联合决策模式。专家论证模式是科学决策与政府意志的一种有效结合。嫦娥四号工程在启动之前，根据嫦娥四号工程涉及的科学、技术、经济、环境和人员等相关问题，基于专业领域、单位代表性和工程实施阶段性三维模型，建立嫦娥四号工程论证专家组。论证组专家来自多个领域，如航天工程总体、航天器总体设计、自动控制、网络通信、信号处理、能源和空间科学等；在单位代表性上，论证组专家来自科研院所、高校、企事业单位、政府部门等；在工程实施阶段性上，表现为寿命周期的不同阶段中论证组专家的动态调整。遴选出来的专家不仅要专业基础深厚、经验丰富，还要具有高度的使命感和责任感。论证专家的职责是通过科学的手段和方法对嫦娥四号工程目标、科学目标以及重大决策问题进行精确的分析和有效解决，提出具有科学性的可行性方案，并呈递各决策相关审核。

决策技术和方法是指适用于某种决策活动并且起指导作用的范畴、原则、理论和手段的总和。其本质是采用科学合理的方式对决策事项的实现手段，形成可行性的解决方案，解决决策问题。嫦娥四号工程决策涉及多个决策目标，它们之间具有内在联系和相互作用。如何能够认清这些影响目标在决策中的比重，并符合嫦娥四号工程决策目标，最终通过有效途径计算或者估算这些比重，是决策方法的具体内涵。嫦娥四号工程复杂程度高，包含对嫦娥四号工程可行性研究、规避经济风险、协调多方资源等多种实际问题，工程决策的压力大，造成工程决策的难度增加。因此，如何科学地选择和使用合理的决策方法是嫦娥四号工程决策中的重要一环。

常见的决策方法有很多，而且不同的决策问题有不同的决策方法，其中较为经典的决策方法有层次分析法、不确定性决策方法、多目标决策方法、群决策方法等。在传统经典方法的基础上，考虑到重大工程决策的特殊性，嫦娥四号工程决策采用基于 4M（Multi - objective、Multi - attribute、Multi - stage 和 Multi - agent）的群决策技术和方法。

（1）多目标（Multi - objective）

为实现嫦娥四号工程在科技上的突破，必须从国家发展战略、工程目标和科学目标、社会效益三个方面充分认识探月工程的重要性。探月工程的总体目标是形成全方位资源整合机制，全面完成工程目标和科学目标，实现工程的经济和社会效益最大化。由于探月工程管理决策涉及经济、技术和管理等多种因素，在工程论证和工程实施过程中，往往需要将任务目标层层分解，从工程总体到系统、分系统、子系统等。需要注意的是，在目标分解过程中，要根据下属系统的特点，将多目标进行整合优化，减少下属系统任务目标的难度。当然这本身也是决策过程，要避免出现目标冲突、模糊等问题。

（2）多属性（Multi - attribute）

嫦娥四号工程决策目标的选择是建立在对决策属性综合考量的基础上，决策属性由决策过程中影响决策结果的属性构成，不仅包括人、财、物、技术、信息和知识 6 个基本要素，也包括计划、组织、质量、进度等影响工程决策的多种因素。嫦娥四号是技术挑战大的复杂系统，具有技术难点多、产品状态多、指标要求高、研制模式新等特点，并伴随着高度的工程风险。因此，在开展工程决策时，需要结合嫦娥四号工程项目与产品的特点、运行环境、研制程序、参研单位和队伍的经验与能力状况，充分正确识别各种风险因素。

（3）多阶段（Multi - stage）

在探月工程任务中，工程各阶段一般根据探测器的研制流程，分为方案阶段、初样阶段、正样阶段和发射实施阶段等。这种决策实质上是一个前后紧密关联的具有链状结构的多阶段过程，通常采用决策树的方法开展工程决策。根据工程的各个阶段，领导小组对每个阶段的状态变量进行分析，寻找各个阶段的联系。通过对工程发展规划、工程目标、科学目标和工程方案等科学的多轮论证，对工程实施各重大节点进行决策。选择出每个阶段的最优方案，从而决定是否转入下一阶段。

（4）多主体（Multi - agent）

探月工程技术难点多，涉及自动控制、网络通信、信号处理、空气动力、遥感等高技术领域，以及行星科学、天文学等科学领域。为攻破如此复杂的高技术难点与前沿科学需求，需要合理配置探月工程这个复杂大系统中各种相互联系、相互依存的资源，因此在探月工程技术突破和重大问题决策时，通常采用多主体协同的群决策方式，从而保证不断地做出科学合理的评价和决策。群决策是集中群体成员的智慧、发挥群体优势、根据群体的意见来做决策。它是指具有不同知识结构组成、运用科学理论和手段、可以互相启迪、具有丰富知识的信息综合体共同发挥群体智慧解决问题。由于嫦娥工程涉及多重不确定性，既包括外部环境的不确定性、决策信息的不确定性，也包括诸多的决策风险，需要众多不同领域专家提供智慧参与决策。因此，群体成员的选择就显得特别重要，是群决策成败的关键。嫦娥四号工程的特殊性决定了决策群体成员必须具有权威性，对工程情况有很深的了解，具有丰富的经验。

由于嫦娥工程决策环境具有高度复杂性，而且影响因素众多，伴随而来的是各种危险因素不断增加，同时，面对探月工程如此重大的决策问题时，决策主体的心理行为容易受到波动，因此，嫦娥四号工程项目在开展群决策时，需对项目开展过程中的众多影响因素进行分析，确定影响决策的重要因素，并对各种风险因子进行识别。在此基础上，群决策专家通过对各类决策信息的分析、研判和论证，形成可行性研判报告，并上报国家级决策层。经过国家级决策层的指导和反馈进行修改和论证，形成最终的可行性研判报告，供国家决策。具体的决策流程如图 2-7 所示。

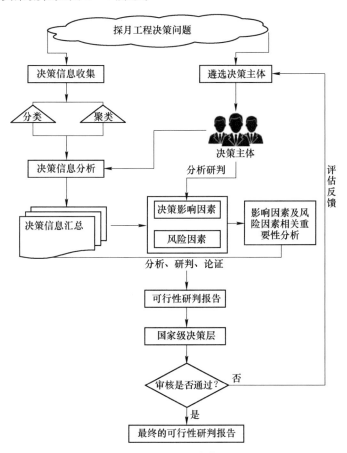

图 2-7　探月工程群决策流程图

以基于 4M 的群决策技术和方法为主线，根据嫦娥四号工程的决策目标和工程任务的多阶段特征，灵活结合层次分析法（ANP）、专家法、决策树等，对各类决策信息进行分析、研判和论证，确定关键影响因素的重要性，并识别嫦娥四号工程重大决策过程中的风险因素，提出风险管理措施和方案，最终形成科学的决策方案和研判报告。

2.4　执行体系

嫦娥四号工程执行体系由目标体系、过程体系和组织体系三个子体系构成。

（1）目标体系

目标反映了组织努力的方向和潜在结果，是使组织行为归一化的保障。若执行体系无法让组织行为和个人行为指向工程的战略目标，这样的执行体系必然是无意义的，甚至是一种损耗和浪费。因此，组织执行力的建设首先要建立"战略目标体系"，以提高战略目标的能见度。作为国家重大工程专项，嫦娥四号工程构建了科学的目标体系，涵盖了总体工程目标、科学目标以及各系统目标。嫦娥四号的总体工程目标是在 2019 年年初实现月球背面着陆，开展月面就位和巡视探测，项目所有行动均围绕这一核心目标进行。其中，总体工程目标指将所有科技研发设计转化为工程技术，科学目标指航天器进入外层空间后能够开展科学探测活动，而搭载项目目标指开展系列相关试验，取得试验结果。再将总体目标进一步细化为系统目标，由五大执行系统负责实现。其中，探测器系统的目标是保证两器一星的成功研制与平稳运行；运载火箭系统的目标是研制运载火箭，将探测器和中继星顺利送入地月转移轨道；发射场系统的目标是建造、测试发射环境，完成运载火箭发射；测控系统的目标是完成整个飞行过程的测量控制任务，包括对运载火箭、中继星与探测器飞行及月面遥操作任务的测量与控制；地面应用系统的目标是完成"两器一星"的有效载荷运行以及科学探测数据的接收、存储、备份及分发。

（2）过程体系

组织行为是指组织中不同个体的行为集合，即使具有相同的战略目标，但由于个体与个体之间的差异性，组织内部不同个体的行为表现不可能完全一样。因此，为了使组织中不同个体的行为表现出一致性，嫦娥四号工程建立了"组织行为体系"来缩小个体差异，具体包括执行主体、组织流程和价值导向。以工程寿命周期为基准，嫦娥四号工程在不同阶段确立了不同的执行主体，明确了各阶段执行主体的组织结构和职责范围，通过对工程组织结构的搭建、调整，以及流程的有效运转，来实现由组织分工带来的专业化、高效能，进而保障目标的协同实现。嫦娥四号工程的行为体系规范了工程任务的组织流程，包含规划论证、工程实施和任务发射流程，明确了任务目标的实现路径。

作为复杂的工程系统，参与工程的单位多、人员多、地域分布广，因此形成"以国为重、追求卓越、崇尚科学、整体最优"的价值导向，这既是在工程实践中孕育的，也是工程参与者的共同遵循。

（3）组织体系

组织是为实现某一共同目标或完成某一共同任务，经由分工和合作以及不同层次的权力与责任制度而建立起来的集体。组织体系确立了组织成员、任务以及各项活动之间的关系，是资源合理配置的基础。正是由于组织体系的存在，个体的力量才得以汇集、聚合和放大，进而高效地完成组织目标。一个好的组织体系既要保证组织内部的连续性和统一性，又要考虑适度的管理跨度和管理层次。基于多年的探月工程管理经验，嫦娥四号工程针对其任务实施特点进一步完善组织体系。从工程寿命周期来看，自方案设计到工程实现各个阶段，均有专门组织负责执行。实施方案论证专家委员会负责工程方案研究与论证，各执行主体负责工程具体实施。从纵向管理层级来看，工程总体负责统一设计探月任务并协调管理各系统，而五大执行系统则在工程总体的领导下完成各系统目标。嫦娥四号工程内部各组织相互配合、各司其职，保证了探月工程任务的顺利完成。

2.4.1　执行目标

嫦娥四号的主要目标是在给定经费条件下，于 2019 年上半年实现月球背面着陆，开展月面就位和巡视探测，寿命不少于 6 个月。这是国际上首次在月球背面开展着陆探测，并首次在地月 L2 点放置卫星开展地月之间的测控通信中继。在月球背面开展探测，可利用月球背面独特的无线电环境，开展太阳爆发产生的低频电场及其变化的探测，研究太阳低频射电特征和月表低频射电环境，填补国际空白，在行星际激波、日冕物质抛射和高能电子束的产生机理等方面取得原创性的成果，可取得古老月壳物质组成特征等重要科学成果，获取对月壳早期演化历史的新认知。

2.4.1.1　工程目标

1）研制月球中继通信卫星，突破增益天线研制、地月 L2 点中继星轨道设计、轨道维持及天线高精度指向等技术。实现国际首次地月拉格朗日 L2 点的测控通信及中继通信。

2）研制月球着陆器和巡视器，突破月球背面软着陆、同位素热/电源研制及实验、低频射电频谱探测等技术，实现国际首次月球背面软着陆和巡视探测。

2.4.1.2　科学目标

1）月基低频射电天文观测与研究；

2）月球背面巡视区形貌和矿物探测与研究；

3）月球背面巡视区浅层结构探测与研究；

4）实验性开展月面中子辐射剂量、中性原子等月球环境探测研究。

2.4.1.3　搭载项目目标

1）开展环月轨道长波天文观测实验；

2）开展月基密闭环境下生物科普实验；

3）开展地月 L2 点激光测距技术实验。

2.4.2　执行主体与过程

2.4.2.1　执行主体

在工程寿命周期各阶段，嫦娥四号工程的执行主体各不相同。在工程方案论证阶段，工程的执行主体为工程牵头实施单位组织成立的实施方案论证专家委员会。工程立项实施后，在方案和试验验证阶段、正样阶段、发射实施阶段、在轨运行阶段以及末期处置阶段，工程的执行主体包括"两总系统"、工程任务指挥部、工程总体以及探测器、运载火箭、发射场、测控和地面应用五大系统及分系统、单机承担单位。工程总体负责工程全过程的组织管理和技术工作。嫦娥四号工程的全寿命周期各阶段的执行主体如图 2-8 所示。

（1）工程实施方案论证专家委员会

在方案论证阶段，嫦娥四号工程的执行主体是工程实施方案论证专家委员会。委员会由工程牵头实施部门组织成立，委员会成员一般征求领导小组各成员单位的意见后推荐，由国内相关领域的知名院士、专家组成。委员会的主要职责是负责工程实施方案论证工作，编制工程实施方案报告。

在方案论证的过程中，论证专家委员会坚定贯彻落实国家创新驱动发展战略，按照推进原始创新、技术自主可控的原则，重点从工程必要性、紧迫性、先进性、可行性、带动

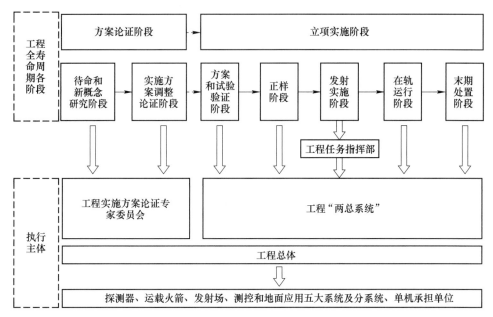

图 2-8　嫦娥四号工程的执行主体

性和经济性等角度出发，对工程开展综合需求分析，对工程总体技术方案、国际合作和经济社会效益等方面进行综合论证。

在组织结构上，论证专家委员会一般下设实施方案编写组和多领域专题论证组，如科学目标与有效载荷专题组、探测器组、运载火箭组、发射组、测控组、地面应用组、经济分析组、国际合作组等，如图 2-9 所示。各专题组负责完成本专题领域的详细论证，编写本专题涉及的实施方案，以支撑论证专家委员会开展工程实施方案的论证和编制工作。

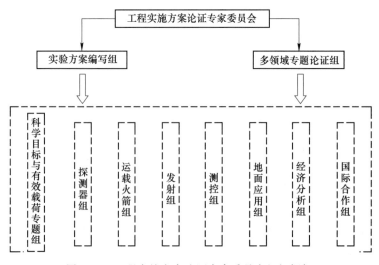

图 2-9　工程实施方案论证专家委员会组织框架

（2）工程任务指挥部

在工程全寿命周期中，任务发射实施阶段具有其特殊性。一是来自工程总体、各系统、关键产品的研制人员进入了集中工作阶段；二是需要当地政府部门在供电、安全、交通、信息流通等方面保障相关资源；三是在各环节要体现决策、执行的"快速"和"准确"，例如，发射时间的最终确定、质量问题处理及其他重大问题的决策等。因此，在嫦娥四号工程两次任务发射实施阶段，均成立了工程任务指挥部，其目的是在嫦娥四号进入发射实施阶段后，加强任务统一领导，规范组织实施程序，确保指挥顺畅高效和任务顺利实施。

嫦娥四号任务指挥部由国家航天局牵头成立，从人员构成来看，指挥部设总指挥长一名，副总指挥长若干。总指挥长由国家航天局局长、探月工程总指挥、领导小组组长担任。副总指挥长由国家航天局、航天系统部、中国科学院、中国航天科技集团有限公司、中国电子科技集团有限公司相关领导担任。指挥部中的其他成员有探月工程嫦娥四号任务总师、上述各单位及中国核工业集团有限公司有关部门领导、四川省有关部门的相关领导等。工程任务指挥部统一领导探月工程嫦娥四号任务的发射实施，具体包括审定星/器箭出厂及发射，质量安全控制，跨军地、跨系统、跨部门等重大事项组织协调，审议重大突发事件处置方案等。工程任务指挥部下设指挥部办公室，由工程总体单位承担指挥部办公室的日常工作。

（3）两总系统

每一个国家重大工程专项，通常分为工程目标和科学目标。工程目标既是最核心的又是最艰巨的，不仅需要科技工作者把所有的科技研发设计具体地转化为工程技术，并将航天器发射上天，在外层空间顺利运行开展工作，还需要围绕科学目标，确保航天器进入外层空间后能够或必须开展某些科学探测活动。为此，探月工程设立了工程总指挥和总设计师体制，同时，为有效组织科学载荷研制以及科学数据分析与研究工作，在工程"两总"系统专门设置科学应用首席科学家岗位。

"两总系统"是"工程两总系统"和"各系统两总系统"的总称，是工程实施层面的骨干力量。"工程两总系统"的日常工作由工程总体承担，"各系统两总系统"则由各级总体单位成立项目办承担日常工作。两总系统组织架构如图 2-10 所示。

①工程两总系统

"工程两总系统"是嫦娥四号工程立项实施阶段的执行主体之一，包括工程指挥系统和工程设计师系统。具体而言：

1）工程指挥系统包括工程总指挥和副总指挥。其中，工程总指挥由牵头单位主要负责人担任，主要职责是统筹工程实施、开展过程管理、解决重大问题并组织工程总结；工程副总指挥由工程牵头实施单位任命，主要任务是配合工程总指挥开展工作。

2）工程设计师系统包括工程总设计师、工程副总设计师以及科学应用首席科学家，由工程实施牵头单位任命。工程总设计师对工程的技术工作负总责，主要职责包括审定和编制技术方案、攻克技术难关、组织跨系统试验、协助工程总指挥开展过程管理等。工程副总设计师主要根据工程的难度风险设立，由风险所属领域的主管部门推荐、工程实施牵头单位任命，主要协助工程总设计师开展相关技术工作。科学应用首席科学家一般从空间科学领域知名科学家中选用，工程牵头实施单位任命，对工程总指挥、总设计师负责，负

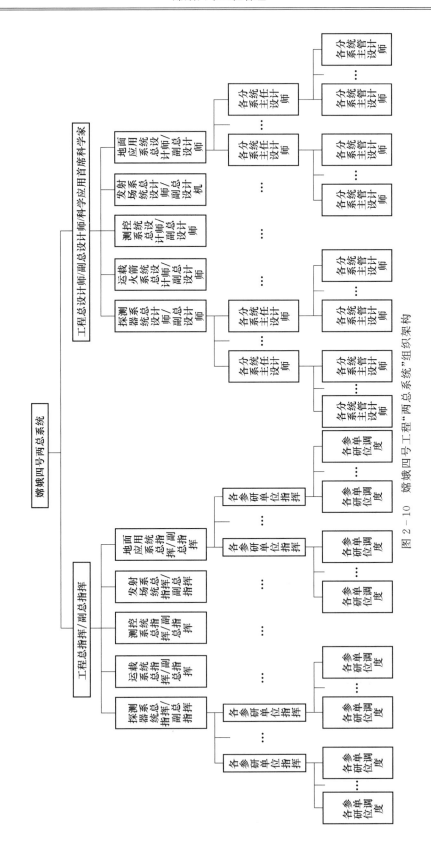

图 2 - 10　嫦娥四号工程"两总系统"组织架构

责实现工程的科学目标，主要职责包括制定和实施科学探测计划、组建科研团队、分析探测数据并总结科研成果。

②各系统两总系统

"各系统两总系统"包括各系统总指挥系统和各系统总设计师系统。

1）各系统"总指挥系统"由各系统总指挥、副总指挥、分系统正副指挥及产品保障和计划调度队伍组成。各系统总指挥对嫦娥四号任务相应系统负全面责任，通常由各系统主管部门推荐，工程牵头实施部门任命，主要负责指挥本系统的运行管理、计划协调和资源保障。各系统副总指挥由主管部门任命，负责协助总指挥完成本系统的相关工作。分系统正副指挥及产品保障和计划调度队伍主要负责完成所承担任务的研制计划、质量等相关工作。

2）各系统"总设计师系统"包括各系统的总设计师、副总设计师、主任设计师、主管设计师等。各系统总设计师由工程牵头实施部门任命，主要职责是制定本系统技术方案和试验方案、协调系统间接口、开展关键技术攻关，并协助本系统总指挥开展计划、质量管理等，各系统副总设计师负责协助本系统总设计师开展相关技术工作。分系统主任设计师及单机主管设计师由承研单位任命，开展所承担分系统及单机的研制及试验等技术工作，协助"指挥系统"完成相应的计划、质量管理等。

（4）工程总体

工程总体单位由工程实施牵头单位成立，是工程两总系统的办事机构，同时承担领导小组办公室、工程任务指挥部办公室等职责，负责探月工程的组织管理和总体技术工作，包括工程的实施方案论证组织、工程技术方案制定、工程全过程全要素的系统协调、组织实施以及工程国际合作、相关制度研究及制定等，通过总体系统设计，保证工程性能最优，计划、经费、质量最优，实现系统风险有效管控。具体职责包括：

1）研究制定战略规划和技术路线；

2）研究科学应用目标，开展需求分析；

3）制定工程总体技术方案，研究工程总体技术专题；

4）制定工程研制总要求、技术指标和各系统研制任务书；

5）确定系统间的技术接口和控制；

6）研究制定工程设计及产品保证要求；

7）同位素源等特殊产品专项科研与安全评价；

8）组织开展跨系统大型试验、发射飞行、在轨运行；

9）组织工程任务阶段研制、技术审查等；

10）组织国际合作项目论证、技术协调和实施；

11）组织论证、实施系统能力条件；

12）组织开展工程效果评价及科学与应用数据研究等。

（5）五大执行系统

五大系统由工程总体统一组织，负责工程立项实施阶段的系统任务，包括探测器系统、运载火箭系统、发射场系统、测控系统和地面应用系统。工程总体的质量责任逐级分解落实到工程各系统和各级承研单位。工程各系统总体单位对工程总体负责，对本系统的技术和质量负总责。工程各系统总指挥是本系统质量的第一责任人，系统总设计师对总指挥负责，是本系统技术工作的质量责任人。各级承研单位对上一级抓总单位负责，对其产品和服务质量负总责。各级承研单位行政正职为本单位所承担任务质量第一责任人。工程各系统总指挥、总设计师由工程实施牵头单位任命；各系统副总指挥、副总师由各主管部门任命。其他研制人员由各系统总体单位组织成立。

①探测器系统

探测器系统由探测器总体单位、分系统和项目办公室组成。探测器系统采取联合研制管理模式，将两器一星作为一个有机的整体组织研制，设立了两器一星联合项目办公室（即月球探测项目办）统一组织、协调和管理各项工作，以充分发挥多个下属研究所的优势，实现多线并行、进度匹配和资源统筹。

两器一星联合项目办公室建立了两器一星研制管理责任体系，明确了系统、分系统、单机和部组件的责任单位和具体职责。月球探测项目办负责两器一星研制计划的统一制定及过程管控，负责组织探测器总体开展探测器任务顶层设计、接口控制文件、大系统的接口协调和相关技术文件编制，负责组织两器一星总体及关键分系统的方案设计、转阶段、出厂以及系统级测试与试验的大纲和总结、Ⅲ类技术状态更改、质量问题归零等重要文件和环节的评审。探测器总体和中继星总体分别负责各自的 EMC 和环境规范等非探测器通用的相关文件编制及实施，以及对各自所属分系统技术要求的编制并组织实施。分系统、单机和部组件的研制单位对各自承担的产品研制管理工作负责。为保证协同效果，探测器系统总体参与中继星的总体设计、关键分系统（单机）设计与把关等相关工作。

为落实管理责任，两器一星联合项目办公室设置项目经理、项目技术经理、项目执行总监各一名，领导两器一星研制管理工作。此外，月球探测项目办设置了项目计划副经理、项目技术副经理、产品保证经理，中继星项目办设置了项目技术经理、项目计划副经理、项目技术副经理、产品保证经理，详细人员岗位设置如图 2-11 所示。

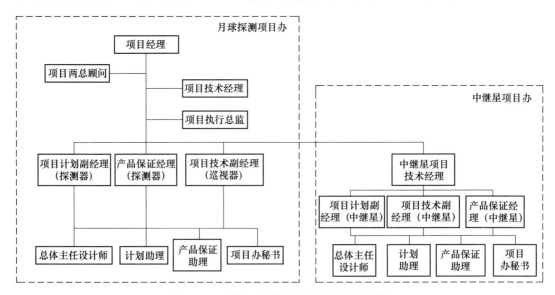

图 2-11　两器一星联合项目办公室组成图

探测器系统各主要研制岗位的职责如下：

（a）项目经理

项目经理是探测器系统总指挥，领导研制管理工作，具体职责包括：

1）根据研制任务书（研制合同）和上级有关要求，负责组织研制队伍完成任务，对研制任务和成功负直接责任。

2）负责组织研制队伍贯彻落实上级各有关单位的规章制度，并监督、检查执行情况。

3）负责组织制定全寿命周期、全要素的工作策划，根据研制合同和年度目标，确定本系统年度研制计划，并组织实施。

4）根据研制任务书，负责组织对总体方案、技术流程的审查，负责组织审定和批准计划流程，负责批准各研制阶段放行准则和出厂放行准则。

5）负责组织对技术、质量、进度、成本等要素的综合分析，对影响成败的关键项目、关重件（关键件和重要件）与影响研制任务的重大风险和研制短线负责，组织提出有效控制措施，并组织实施。

6）负责批准《产品保证大纲》《产品保证要求》《产品保证计划》等技术文件，负责批准可靠性、安全性工作大纲（或计划）和可靠性、安全性试验等项目；审定、落实各项质量管理、安全管理、保密管理、标准化及工艺管理规定和要求，组织对研制中出现的重大质量问题进行处理，对产品的质量和安全工作负责。

7）组织确定重大试验项目，提出大型试验计划，并组织实施。

8）根据研制任务以及所属单位有关规定，提出任务分工、外协定点、引进计划和重大技术改造措施的建议，报主管部门审定后组织落实。

9）负责组织进行多方案论证，优化技术流程和计划流程。

10）负责在轨期间重大故障的处理。

11）贯彻产品化的原则，优先选用成熟平台、成熟产品和成熟技术，加强国产化产品的应用与推广。

12）了解、掌握国内外现状和发展趋势，提出具有前瞻性、方向性的发展意见和建议。

（b）项目技术经理

项目技术经理是探测器系统总设计师，具体职责包括：

1）贯彻落实上级各有关单位的规章制度，并监督、检查执行情况。

2）根据研制任务书（研制合同）要求，负责审查并确定本系统技术指标，组织系统总体技术方案论证和确定，批准系统总体方案和其他技术方案。

3）负责签订大系统接口控制文件，根据研制任务书，组织编制、审查和批准系统技术流程，负责分解并确定分系统技术指标和研制任务书，对分系统之间技术方案和接口参数的正确性、匹配性负责，审查分系统方案设计，组织并指导全系统设计工作。

4）负责组织制定设计准则，合理分配、确定可靠性技术指标，审查可靠性、安全性工作大纲（或计划）和可靠性、安全性试验项目；确定影响安全的关键项目、关重件，提出安全性控制措施；组织审查分系统间的可靠性与安全性设计；组织开展 FMEA 设计，识别单点，并采取措施。

5）负责对影响成败的重大技术风险进行逐级分析与识别，确定控制风险的措施；组织开展系统级故障模式与对策的设计，确保在故障、安全模式下，各分系统对策的匹配性，保证裕度、冗余设计有效。

6）负责解决研制过程中系统级、分系统级的重大技术问题和重大质量问题，并组织对重大质量问题的举一反三工作，督促、检查单机产品研制单位的质量归零和举一反三工作。

7）确定系统级、分系统级关键攻关项目，并督促、检查产品关键攻关项目。

8）负责批准大型试验技术方案和试验大纲，优化试验项目，负责处理试验中有关技术的问题。

9）贯彻产品化的原则，选用成熟平台、成熟产品和成熟技术，合理选择技术途径，确定各阶段技术状态，建立本系统技术状态基线。

10）负责组织研制标准规范，制定系统研制的专用规范及实施计划，提出通用规范要求。

11）组织研究该系统领域发展现状和趋势，跟踪国内外的发展方向，并审查专项研究课题。

12）负责提出研制、试验和重大技术改造的技术保障要求。

13）会同有关部门，负责本系统设计师队伍培训。

（c）项目执行总监

负责开展探测器系统的日常质量管理工作，并落实项目经理和项目技术经理的决定。

（d）项目计划经理

1）负责检查本系统研制任务书（研制合同）计划进度执行情况，协调、落实研制单位之间的工作责任。

2）负责编制研制工作分解结构、研制计划流程、各类计划和考核节点、各类配套表等计划管理文件，并负责组织实施。

3）负责提出所负责系统与其他任务间在设计、生产、试验过程中的人员、设备需要协调的问题，及时向总体部门、科研生产部门汇报情况，提出解决方案。

4）参与分承包合同管理工作，负责检查合同计划进度执行情况，协调、落实研制单位之间的工作责任。

5）负责组织项目管理信息需求表中所规定的有关文件和信息的编制，如研制大事记、进展报告和情况反映等。

6）负责贯彻执行上级主管部门（所属单位）科研生产管理的规定。

7）负责研制生产计划实施的组织、协调和调度工作。

8）负责探测器系统交付工程总体后技术支持和保障的组织管理工作。

（e）产品保证经理

1）对本系统产品保证工作负直接责任，日常业务工作对项目经理负责，接受项目经理和总体单位产品保证部门的双重领导。对于重大问题，可直接向总体单位领导或上一级领导汇报。

2）确定产品保证任务所需的各项资源，向各级产品承研单位提出产品保证队伍配置要求，监督落实产品保证人员，保障产品保证活动能够有效开展。

3）与工程总体协调产品保证任务并确保产品保证活动和产品质量满足任务书要求。在本系统组织贯彻落实上级主管部门和所属单位与产品保证活动、质量管理有关的要求、规章制度、标准规范，结合任务和各级产品、产品承研单位和研制队伍等的特点，组织开展各级产品保证策划，负责制定系统级产品保证大纲、计划、要求，确保所有产品保证活动得到有计划的、文件化的管理和控制。

4）实施系统级产品保证大纲、产品保证计划，确保制定的产品保证要求层层传递、落实到位。

5）通过产品保证审核、评审、强制检验和验收等手段，对外协供方进行管理与控制。

6）对技术风险进行系统全面的管理，对残余风险进行有效分析和确认，并得到各方认可；对关键特性、关重项目、关重件进行识别、管理和控制，确保控制措施充分完备并有效落实；开展评审、强制检验、审核、验收、技术状态更改控制、不合格审理、质量问题归零和举一反三等产品保证活动；负责组织各级产品数据包的策划和管理。

7）组织编制各级产品保证信息报告，保证记录全面、准确，并定期向产品保证部门提交；负责编制产品保证总结报告，开展面向系统级产品的质量分析，对系统研制各阶段的产品保证工作进行评价。

8）在产品保证部门的统一组织下，参与产品保证研究和交流，对产品保证工作机制及产品保证流程、标准规范、工具等提出改进建议。

（f）项目技术副经理

1）协助项目技术经理确定型号的质量、可靠性和安全性工作方案和目标。

2）组织技术指标和总体技术方案的编制，对系统总体及分系统的技术途径、技术方案、技术流程质量负责。

3）对签发的技术文件质量负审批责任。

4）协助项目技术经理主持和领导研制过程的质量控制、评审、验证和产品确认、故障分析和处理等工作。

5）组织系统研制中的接口及有关技术文件的编制。

6）协助技术经理，协调解决系统总体技术问题、总体与各分系统之间和分系统与分系统之间的技术问题。

7）组织大型试验技术方案和试验大纲的编制，并负责协调试验中的有关技术问题。

（g）总体主任设计师

1）贯彻执行本单位或系统总设计师确定的质量和可靠性工作方针、目标，对所分管的分系统（或总体）的研究、设计、试验、生产等技术工作负全责。

2）对负责签署的技术方案、图样、技术文件和技术流程的合理性、正确性、可靠性和安全性负责。

3）负责组织贯彻、执行设计标准和规范。

4）领导组织制定本分系统的质量、可靠性保证大纲，并组织实施。

5）组织领导分系统或所承担项目的故障分析和处理工作。

6）协助本单位质量管理部门对外协单位的质量体系、提供产品的质量和技术服务质量进行考核和监督。

（h）总体副主任设计师

1）协助主任设计师，对所分管分系统领域内的质量工作负责。

2）协助主任设计师，参与研制进度、引进和攻关计划的编制等。

3）对所分管分系统领域内的子系统级设计、部件级设计质量负责。

4）负责审定并签署所分管分系统领域研制中的接口及重要技术文件，审定部件之间主要技术接口参数和部件的研制任务书；负责组织拟制设计定型技术文件等。

5）与上级设计师共同审查所分管分系统领域研制中的技术攻关项目；协调解决分管领域研制过程中的重大技术和质量问题。

6）协助主任设计师，负责组织下级设计人员研究解决各种技术问题和质量问题，按职责权限提出审定意见。

7）协助主任设计师，提出分系统研制、试验和重大技术改造的技术保障要求。

8）协助主任设计师，组织分系统大型试验技术方案论证，组织制定试验大纲及对靶场的要求，并负责处理试验中的有关技术问题。

（i）分系统产品保证经理

1）对分系统产品保证工作负直接责任，日常业务工作对分系统负责人负责，接受分系统负责人和单位产品保证部门的双重领导，对于重大问题可直接向项目产品保证经理和单位行政正职汇报。

2）确定分系统产品保证任务所需的各项资源，保证产品保证活动能够有效开展。

3）与上一级产品承研单位协调产品保证任务，确保产品保证活动和产品质量满足合同要求；贯彻落实上级与产品保证、质量管理有关的要求以及规章制度、标准规范；结合分系统任务和产品、产品承研单位和研制队伍等的特点，开展分系统产品保证策划，制定产品保证大纲、计划、要求，确保所有产品保证活动得到有计划的、文件化的管理和控制。

4）实施分系统产品保证大纲、产品保证计划，确保制定的产品保证要求层层传递、落实到位。

5）通过产品保证审核、评审、强制检验和验收等手段，对外协供方进行管理与控制。

6）对分系统技术风险进行系统全面的管理，对残余风险进行有效分析和确认，并得到各方认可；对分系统的关键特性、关重项目、关重件进行识别、管理和控制，确保控制措施充分完备并有效落实；开展评审、强制检验、审核、验收、技术状态更改、不合格审理、质量问题归零和举一反三等产品保证活动；负责分系统产品数据包的策划和管理。

7）收集和汇总产品保证信息，编制产品保证信息报告，保证记录完整、可追溯，并定期向产品保证部门提交；负责编制分系统产品保证总结报告，开展面向分系统产品的质量分析，对分系统研制各阶段的产品保证工作进行评价。

8）在产品保证部门的统一组织下，参与产品保证研究和交流，对产品保证工作机制及产品保证流程、标准规范、工具等提出改进建议。

（j）单机产品保证工程师

1）对本产品的产品保证工作负直接责任，日常业务工作对单机产品负责人负责，接受单位产品保证部门的领导，对于重大问题可直接向分系统产品保证经理和单位行政正职汇报。

2）确定产品保证任务所需的各项资源，保障产品保证活动能够有效开展。

3）负责与上一级产品承研单位协调产品保证任务，确保产品保证活动和产品质量满足合同要求；贯彻落实上级与产品保证、质量管理有关的要求以及规章制度、标准规范；

结合单机产品特点、产品特性分析、产品关键特性/重要特性和技术风险识别等开展产品保证策划，制定产品保证大纲、产品保证计划和对零部组件或工序外协供方的产品保证要求，确保所有产品保证活动得到有计划的、文件化的管理和控制。

4）实施产品保证大纲、产品保证计划，并确保制定的产品保证要求有效传递、落实到位。

5）通过产品保证审核、评审、强制检验和验收等手段，对外协供方进行管理与控制。

6）对技术风险进行全面管理，对残余风险进行有效分析和确认，并得到各方认可；开展评审、审核、产品鉴定、强制检验、关键检验、验收、不合格审理、质量问题归零和举一反三等产品保证活动；负责单机产品数据包的策划和管理；通过组织开展工艺鉴定、产品鉴定和生产准备状态评审，建立产品生产基线，并负责对生产基线变化和可能的风险进行充分识别，按生产基线控制程序参与生产基线控制，监督落实生产过程中多余物控制、防静电等工作。

7）收集和汇总产品保证信息，编制产品保证信息报告，保证记录完整、可追溯，并定期向产品保证部门提交；负责产品保证工作的总结、评价，开展面向单机产品的质量分析，通过健全三层次作业文件，不断完善产品实现过程。

8）在产品保证部门的统一组织下，参与产品保证研究和交流，对产品保证工作机制及产品保证流程、标准规范、工具等提出改进建议。

（k）计划助理

1）负责对各级科研生产规章制度的贯彻执行情况进行监督检查，对各单位在研制过程中违反科研生产规章制度的行为和研制进展偏差进行收集和整理，上报项目计划经理。

2）收集和整理相关材料及输入文件，提交项目计划经理并协助编写工作分解结构、研制计划流程、各类计划和考核节点、配套表等计划管理文件，并根据以上文件进行工作分解，协调本单位各部门完成相关工作。

3）协助项目计划经理对拨款计划进行确认，编写本系统年度预算；年初提出本年度外协合同清单，并完成合同预案编写，协助完成相关合同签订；负责对研制合同计划进度执行情况进行检查，并配合相关职能部门根据付款节点完成合同付款等工作。

4）配合项目计划经理落实研制各项保障及输入条件，完成研制生产计划实施的组织、协调和调度工作，负责完成本单位研制生产计划实施的组织、协调和调度工作。

5）配合项目计划经理完成研制信息的编制，如研制情况反映、综合信息月报、进展情况报告、年鉴及各种会议材料等，负责完成研制情况月报、各类请示报告等编写工作。

6）收集和整理本系统与其他任务间在设计、生产、试验过程中的人员、设备需要协调的问题，收集和整理研制过程中各研制单位之间需要协调的问题，收集和整理各单位研制过程中存在的问题，提出解决措施并提交项目计划经理决策。

7）配合项目计划经理对研制进度风险进行识别和控制，并检查风险控制措施的落实情况，根据研制进展定期更新风险级别。

8）协助项目计划经理将项目产品保证工作纳入研制计划，组织有关人员配合产品保证助理开展重要的产品保证活动。

9）协助项目计划经理对项目办日常工作进行管理。

②运载火箭系统

嫦娥四号工程探测器任务使用 CZ-3B 运载火箭，中继星任务使用 CZ-4C 运载火箭。型号研制队伍的主要组织架构（见图 2-12）及职责如下。

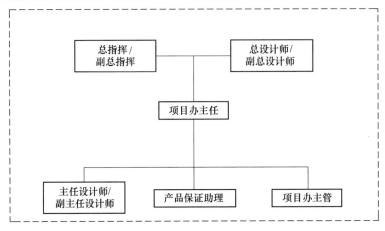

图 2-12 运载火箭系统组织结构图

（a）运载火箭系统总指挥

1）负责组织研制队伍完成任务，对研制任务和型号的成功负直接责任。

2）确定本系统年度研制计划，并组织实施。

3）负责全任务的组织实施，协调各实施单位按照统一要求完成各项研制任务，以及对重大问题进行决策，负责系统间重大试验项目的组织和实施等。

4）负责组织研制队伍贯彻落实上级科研生产规章制度，并监督、检查执行情况。

5）了解、掌握国内外现状和发展趋势，提出具有前瞻性、方向性的发展意见和建议。

（b）运载火箭系统总设计师

1）组织总体技术方案论证和确定，批准系统总体方案和分系统技术方案。

2）负责分解并确定分系统技术指标和研制任务书，审查分系统方案设计，组织并指导全系统设计工作。

3）负责组织制定设计准则。

4）负责对影响成败的重大技术风险逐级分析与识别，确定控制风险的措施。

5）负责解决研制过程中系统级、分系统级的重大技术问题和重大质量问题。

（c）副总指挥

负责开展系统研制的日常质量管理工作，并落实总指挥和总设计师的决定。

（d）副总设计师

1）组织技术指标和总体、分系统技术方案的编制，对总体及分系统的技术途径、技术方案、技术流程质量负责。

2）协助总设计师完成对研制过程的质量控制、评审、验证和产品确认、故障分析和处理等工作。

3）组织系统研制中的接口及有关技术文件的编制。

4）协调解决技术问题、总体与各分系统之间和分系统与分系统之间的技术协调问题。

5）组织大型试验技术方案和试验大纲的编制，并负责协调试验中的有关技术问题。

（e）项目办主任

1）负责科研生产管理规定在系统研制工作中的贯彻执行。

2）负责研制生产计划实施的组织、协调和调度工作。

3）负责检查任务书（研制合同）计划进度执行情况，协调、落实研制单位之间的工作责任。

4）负责编制研制工作分解结构、研制计划流程、各类计划和考核节点、配套表等计划管理文件，并负责组织实施。

5）负责提出与其他任务在设计、生产、试验过程中的人员、设备等方面需要协调的问题，及时向所在单位或上级部门汇报情况，提出解决方案。

（f）主任设计师

1）对所分管的分系统（或总体）的研究、设计、试验、生产等技术工作负全责。

2）对签署的技术方案、图样、技术文件和技术流程的合理性、正确性、可靠性和安全性负责。

3）负责组织贯彻、执行设计标准和规范。

4）领导组织制定本分系统的质量、可靠性保证大纲，并组织实施。

5）组织领导分系统或所承担项目的故障分析和处理工作。

6）协助质量处对外协单位的质量体系、提供产品的质量和技术服务质量进行考核和监督。

（g）副主任设计师

协助主任设计师，对所分管领域内设计、质量等研制工作负责。

（h）产品保证助理

1）对本系统产品保证工作负直接责任；确定产品保证工作所需资源，监督落实产品保证队伍，保障产品活动有效开展。

2）开展外协供方管理、技术状态控制、不合格审理、质量问题归零和举一反三等产品保证活动。

3）负责编制评审、强制检验、验收等质量保证专题工作计划，并组织实施。

4）负责对技术风险项目清单和技术风险控制表、关重项目清单和控制表、关重件明细表、强制检验点清单、鉴定产品清单、不合格清单、技术状态更改申请表/汇总表/落实情况检查表、产品保证工作待办事项汇总表等相关过程表单进行收集、汇总和跟踪。

5）负责总装、集成测试及发射场的现场质量管理和系统级产品数据包收集、汇总。

6）负责收集和汇总产品保证信息，编制产品保证信息报告。

7）在产品保证部门的统一组织下，参与产品保证研究和交流，对产品保证工作机制及产品保证流程、标准规范、工具等提出改进建议。

（i）项目办主管

1）负责协助项目办主任完成研制过程中各项有关质量活动、会议的实施落实。

2）负责项目办各项会议的具体组织落实，以及会议所形成的会议记录并保证记录完成有效。

3）负责完成项目办各项检查活动中形成的文件、资料的收集、整理、传递和归档组织工作，形成目录清单并确保有效。

4）督促检查上级职能部门下达的各项任务，协助了解任务完成情况。

③发射场系统

发射场系统组成包括系统总指挥、总设计师及相关实施单位主管人员（见图2-13）。

嫦娥四号工程的发射场系统分为测发、测控、通信、气象、技术勤务等5个子系统。测试发射选用西昌卫星发射中心2号工位发射，其他方面由测控总体负责。

测发子系统的职责主要包括运载火箭、中继星和探测器的卸车（机）、转载转运、吊装对接，以及运载火箭、卫星的测试、加注及发射。

测控子系统的职责主要包括运载火箭一、二级飞行段的跟踪、测量、控制，在嫦娥四号任务测控总体的统一组织下，协同完成整个飞行过程的测量控制任务。

通信子系统的职责主要包括提供信息传输平台，完成任务各时段的话音、图像、时间统一等业务应用，实现信息传输过程的安全防护和通信系统各参试资源的综合网络管理。

气象子系统的职责主要是为发射场区提供长、中、短期天气预报。任务当中负责制作逐时气温预报、高空风预报和短时及临射天气预报，并完成临时赋予的气象保障任务。

技术勤务子系统的职责主要包括发射试验所需的特燃特气及场区的供电、供水、消防保障；试验物资、生活物资的铁路、公路运输；发射场区环境监测和治理，特种防护用品的筹措与补充；日常医疗和紧急救护；组织仪器仪表的计量及修校工作；完成参试设备的机械加工及修理任务；实施任务经费、物资器材的请领、补充和成本核算。

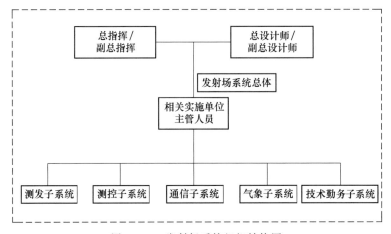

图2-13　发射场系统组织结构图

④测控系统

嫦娥四号工程的测控系统由测控总体负责，采用指挥线和技术线分工负责的管理模式开展全系统总体设计、任务组织实施和系统内协调等工作（见图2-14）。任务前成立飞控组，负责任务准备、任务实施过程中相关决策和技术协调，具体岗位分布和主要职责如下。

（a）指挥线

指挥线包括总指挥、副总指挥、相关实施单位业务主管。

总指挥负责全任务的组织实施，协调各实施单位按照统一要求完成各项测控任务，以及对重大问题进行决策，负责系统间重大试验项目的组织和实施等。

副总指挥负责本单位任务的组织实施,对本单位承担测控任务的重大问题进行决策,负责本单位重大试验项目的组织和实施等,对总指挥负责。

相关实施单位业务主管负责本单位任务的组织实施,在总指挥或副总指挥的领导下,处理本单位任务相关问题,并负责与外单位进行协调,对总指挥或副总指挥负责等。

（b）技术线

技术线包括总设计师、副总设计师、主任设计师和技术负责人。总设计师由技术总体单位主管负责人或专家担任,副总设计师由各相关实施单位主管负责人或专家担任,各实施单位设置分系统主任设计师和技术负责人。

总设计师对测控系统技术负总责,负责重大技术问题的组织协调和决策,负责系统间重大技术问题的协调和确定等。

副总设计师负责本单位重大技术问题的组织协调和决策,负责测控系统内部相关单位之间的重大技术问题协调和确定等。

主任设计师负责测控系统及分系统任务设计,拟制总体技术方案和相关接口技术状态,协调和确定相关技术内容,开展系统间或系统内试验总体方案的设计和协调等。

项目负责人负责任务实施方案设计,制定具体的任务和试验实施方法、步骤,进行执行任务参数设置和技术状态复核,完成系统间和系统内部试验和总结等。

（c）飞控组

飞控组包括组长、副组长和成员。组长由飞控实施单位负责人或专家担任,副组长由测控系统总体单位、飞控组成员单位主管负责人或专家担任。

组长负责飞控组日常工作的组织实施和重大飞控问题的协调、确定,任务前组织与飞控相关的大型试验,任务期间组织开展对探测器的飞行控制等。

副组长协助飞控组组长开展飞控日常工作,对本系统的飞控中出现的相关问题组织开展协调和技术状态确定,并在飞控过程中对本系统技术状态负责等。

成员负责飞控过程中与本系统或单位相关技术状态的确认,与外系统或单位的飞控组成员共同完成飞控任务,并负责向飞控组汇报本系统或单位的工作情况等。

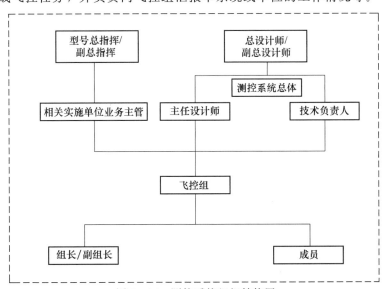

图 2-14　测控系统组织结构图

⑤地面应用系统

针对不同阶段的工作重点和任务要求，地面应用系统分别组建了相应的组织结构，明确了各阶段、各组织、各岗位人员的岗位职责，确保了任务的圆满完成。具体如下。

（a）研制建设阶段

研制建设阶段，地面应用系统的工作内容是在嫦娥三号任务基础上进行适应性改造（包括软硬件设备的研制、测试、交付、联调/联试、功能和性能需求确认及质量问题归零的情况等），以达到中继星、着陆器和巡视器有效载荷运行管理、遥科学探测、探测数据接收、数据管理、数据处理与科学目标研究等的任务要求。因此，该阶段地面应用系统的组织结构采用指挥线和技术线分工负责的管理模式开展全系统的总体设计、建设内容的组织实施和相关协调等工作（见图2-15）。

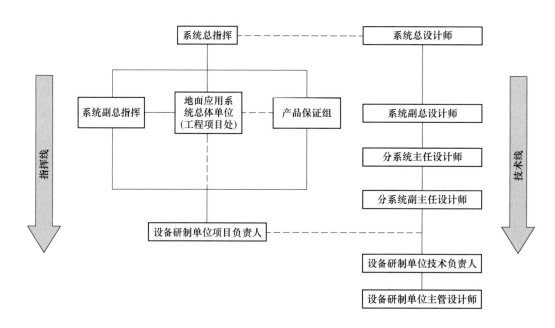

图 2-15　研制建设阶段地面应用系统组织结构图

具体组成和职责如下：

指挥线包括系统总指挥、系统副总指挥、设备研制单位的项目主管人员、产品保证组。

1）总指挥是地面应用系统的总负责人，负责系统的全面工作。

2）系统副总指挥负责地面应用系统研制建设工作的组织实施与协调，协助负责地面应用系统的日常工作；负责质量、保密、对外及行政事务等；对总指挥负责。

3）相关实施单位的项目主管人员负责本单位任务的组织实施，在总指挥或副总指挥的领导下，处理本单位任务相关问题，并负责与所属上级主管机关继续协调，对总指挥或副总指挥负责。

4）产品保证组。产品保证组由总指挥组建和批准成立。主要职责是确立产品研制、生产、实现和应用中的标准和过程，并保证产品满足已确立的标准和过程；产品保证组由指挥系统、各级设计师系统组成，下设技术支持机构和质量管理组。技术支持机构职责是为产品保证提供全面的技术管理和技术支持，质量管理组代表产品保证组实施质量管理工作。产品保证组织示意图如图 2-16 所示。

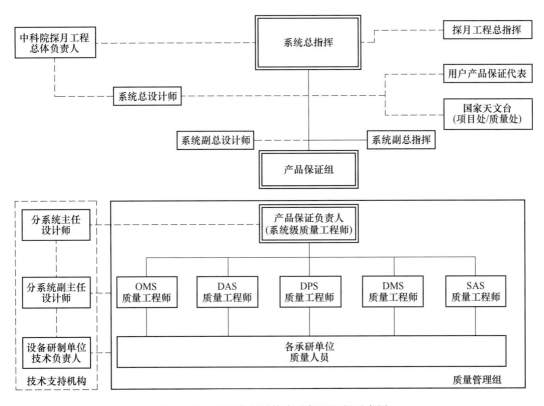

图 2-16　地面应用系统产品保证组织示意图

技术线包括系统总设计师、系统副总设计师、分系统主任设计师、分系统副主任设计师和设备研制单位技术负责人。

1）系统总设计师对地面应用系统技术状态总负责。负责重大技术问题的组织协调和决策，负责系统间重大技术问题协调和确定等。

2）系统副总设计师负责地面应用系统常务技术工作。负责本系统重大技术问题的组织协调和决策，配合总设计师完成系统间重大技术问题协调和确定等。

3）分系统主任设计师负责分系统的总体技术问题协调、工程建设和运行工作的开展。

4）分系统副主任设计师负责分系统技术工程建设的具体实施。

5）设备研制单位技术负责人负责单项/单机研制过程的总体技术问题协调与具体实施。

（b）任务执行阶段

设立地面应用系统任务执行指挥部，指挥长由地面应用系统总指挥担任，全面负责组织指挥工作；设 3 名副指挥长，地面应用系统总师负责组织地面应用系统的任务执行，上海天文台负责人负责 VLBI 与地面应用系统任务执行的协调工作，载荷总体负责人负责组织有效载荷在轨测试、技术支持及协调与地面应用系统的关系。设立总调度，由地面应用系统副总师担任，负责任务的日常调度工作。指挥部成员由各相关单位人员组成，分别负责昆明站的组织指挥、密云站的组织指挥、总部组织指挥和国家天文台的支撑保障。

为了保证任务执行的高效和有力，在指挥部下设任务保障组和任务执行组，每个组又设若干小组，各个小组定岗、定员、定责开展工作。

其中，在任务保障组中设立计划调度小组、政工安保小组和后勤保障小组，国家天文台总部成立支撑保障领导小组，保障任务的执行；在任务执行组中设立总体技术与业务计划小组、科学规划与研究小组、地面段任务工作小组、空间段任务工作小组、通信网络与技术支撑小组。根据业务运行场所，设立总部指挥区、密云指挥区、昆明指挥区。

地面应用系统任务执行组织指挥体系结构如图 2-17 所示。

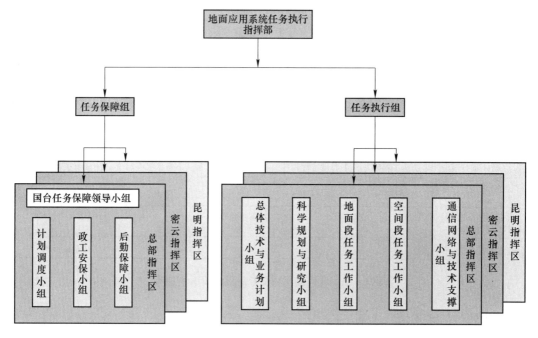

图 2-17　嫦娥四号任务地面应用系统任务执行组织指挥体系结构图

（Ⅰ）任务保障组

任务保障组为地面应用系统的任务执行提供组织协调、安全保障和后勤支持，负责内外协调、任务调度、政工宣传、安全保密、电力通信和后勤保障工作。

为保障地面应用系统的任务执行，地面系统总体单位设立支撑保障领导小组，由单位领导担任组长，成员由工程项目处、党政综合办公室、基建与后勤保障办公室、财务处、资产处、人事处、信息与计算中心部门的负责人和相关人员组成，其职责包括：

1）负责总部的环境安全；

2）负责组织接待工作；

3）负责/协助宣传工作；

4）指导保密工作；

5）负责市电及其协调；

6）负责园区内光纤；

7）负责电话通信；

8）协助数据发布网站的技术和安全；

9）提供财务支持。

任务保障组下设计划调度小组、政工安保小组和后勤保障小组，各小组的职责分工如下：

1）计划调度小组的主要职责包括任务调度、对内对外协调、两个地面站的工作协调及与所在单位支撑保障领导小组的接口。

2）政工安保小组主要职责包括内外宣传、周报月报通讯的撰写和内部安全保密相关事务。

3）后勤保障小组主要负责组织总部的后勤保障，协调和检查两个地面站的后勤保障。

（Ⅱ）任务执行组

任务执行组是地面应用系统任务的技术实施队伍，负责任务的技术实施，任务实施过程中的总体技术，实施过程中内部和外部的技术协调。

任务执行组下设总体技术与业务计划小组、科学规划与研究小组、地面段任务工作小组、空间段任务工作小组、通信网络与技术支撑小组。

2.4.2.2　执行流程

执行流程包括工程全寿命周期每个阶段的主干流程和分支流程。

（1）规划论证流程

嫦娥四号探月工程是在统筹技术与经济可行性，注重任务之间技术发展的衔接和核心技术共用基础上的系统安排，其规划论证流程如图 2-18 所示。首先，根据国家发展规划和航天行业规划，制定实施方案论证的工作方案。国家航天局牵头在全国范围内召集各领域专家，设置论证专家组和论证咨询组，召开论证启动会，明确实施方案论证组论证工作内容、论证工作要求等。

论证组通过调研、论证，以及多种方案的比较分析，形成实施方案报告，并向论证专家组汇报，征求咨询意见。修改后实施方案由工程总体上报工程实施牵头单位，并征求各领导小组成员单位意见，根据各领导小组成员单位意见，论证组进一步完善实施方案报告后，由工程实施牵头单位联合相关部门上报国家决策。

（2）工程研制流程

工程实施方案经党中央批准后，国家航天局和财政部联合印发立项通知，国家航天局作为工程总体牵头单位制定印发工程研制总要求和各系统任务书。工程研制流程如图 2-19 所示。

1）方案设计和验证阶段。工程总体根据立项通知、研制总要求和各系统任务书，组织各系统开展方案详细设计及关键技术攻关工作，协调确定各系统接口，签订印发接口控制文件 1.0 版。方案设计和关键技术攻关结束后，工程总体组织各系统开展方案与验证阶段总结和正样设计，并与相关主管部门开展相关评审，开展工程的阶段性总结工作。工程总体将方案与验证阶段整体情况和转入下一研制阶段的请示上报主管部门和领导小组，组织领导小组和两总联席会，审议决定工程转入正样研制阶段。

2）正样阶段。工程转入正样设计阶段后，工程总体组织各系统在正样详细设计的基

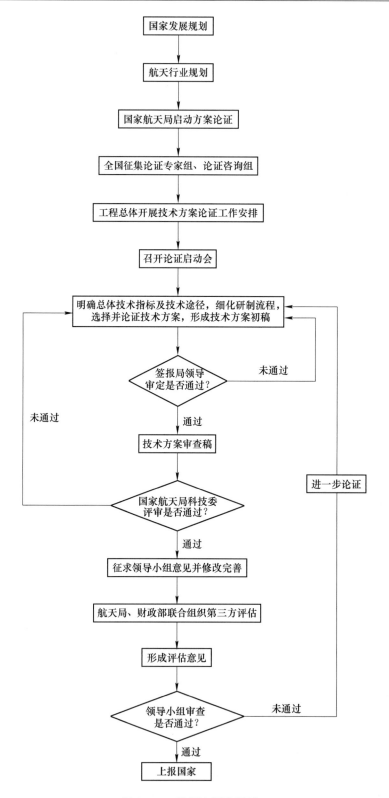

图 2-18　规划论证流程图

础上，开展产品的研制和试验，对发生的质量问题进行严格管理和归零，完成全部计划工作后，开展正样阶段研制总结和出厂评审，对接口控制文件进行修订和完善，各系统签订接口控制文件 2.0 版。工程总体经与任务指挥部沟通，召开发射实施阶段审查会，通过后，工程转入发射实施阶段。

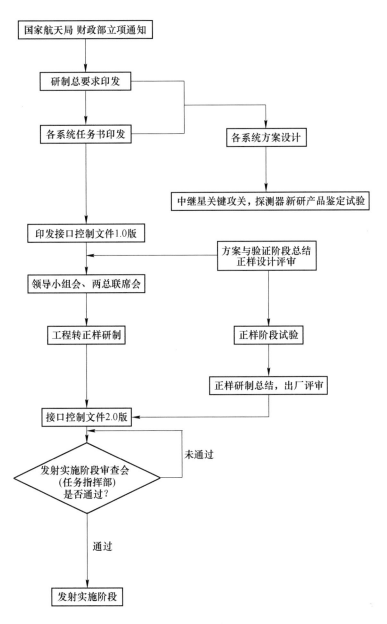

图 2 - 19　工程研制流程图

（3）发射实施流程

工程转入发射实施阶段后，探测器/中继星、运载火箭进场（两次任务于不同时间实施），在发射场内开展探测器/中继星和运载火箭的测试确认工作。同时针对发射场、测控、地面应用等地面支持系统，工程总体组织完成执行任务能力评估，确认其具备执行任务能力。运载火箭完成发射场技术区测试后，开展测试总结和转场评审，通过后，转入发射区。探测器/中继星和运载火箭完成测试后，开展测试总结，并与工程总体沟通，提请组织测试总结和加注评审。评审通过后工程总体和发射现场指挥部共同向任务指挥部汇报，获得同意后，开展探测器/中继星加注，并转入发射区，与运载火箭进行安装对接工作。星箭开展射前测试。射前测试完成后，工程总体组织任务指挥部和工程领导小组联席会，决策发射时机，运载火箭加注后，由发射现场指挥部组织实施任务发射。发射实施流程如图 2-20 所示。

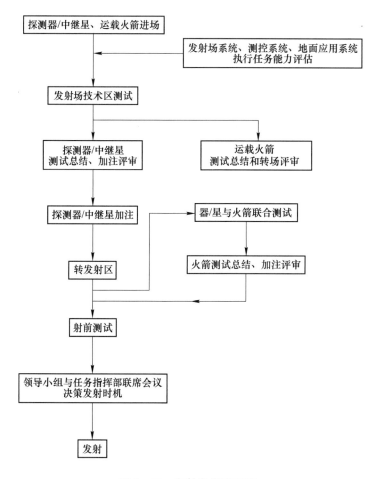

图 2-20　发射实施流程图

（4）在轨运行实施流程

工程总体协同飞控任务指挥部开展探测器（中继星）的飞控控制相关工作。

运载火箭发射后，将探测器（中继星）送入地月转移轨道，经过中途轨道修正，中继星进入中继通信使命轨道。探测器完成月球轨道捕获及动力下降后，在月球背面预选着陆区安全着陆，并完成着陆器和巡视器分离，开展就位确认测试后，进入科学探测的长期管理（简称"长管"）阶段。嫦娥四号工程由于其人类首次月球背面探测的重大意义，将长管阶段分为两个阶段，在寿命期内定义为重要阶段，寿命期后为一般阶段。两个阶段的飞控人员配置和岗位设置有所不同。在轨运行实施流程如图 2 - 21 所示。

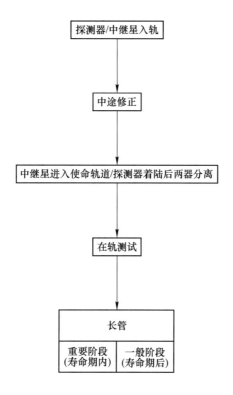

图 2 - 21　在轨运行实施流程图

2.5　支撑体系

　　嫦娥四号工程的支撑体系，为决策体系中的决策主体和执行体系中的执行主体提供科学决策、执行支撑。支撑体系由决策支撑机构和执行支撑机构组成。决策支撑机构由领导小组顾问组、领导小组办公室、同位素源安全应用评价委员会、重大质量事故审查委员会等构成，主要为嫦娥四号工程的决策主体在工程论证、工程实施等寿命周期的重要节点提供决策支撑。执行支撑机构由工程总体顾问组、工程总体专家组等组成，主要为嫦娥四号工程的执行主体在方案论证、方案设计与验证、正样、发射实施等阶段提供专业技术支撑。

2.5.1　决策支撑机构

　　由于重大项目涉及各个领域，专业化程度高，决策者难以样样精通，各个领域发展变幻莫测，决策者难以事事知晓。决策者的主要作用应当从传统的亲自制定详细的决策方案，转移到站在战略的高度对专家制定的各种方案进行全局分析、择优选择。前面已阐述了嫦娥四号工程是一类复杂的重大航天工程，其决策主体需要在一个相对较短的时间内做出一个相当长时间内（工程寿命周期）都要能够保证其功能始终稳健的决策，因此，科学合理的决策支撑机构极为重要。决策支撑机构主要包括领导小组顾问组、领导小组办公室、同位素源安全应用评价委员会、重大质量事故审查委员会。

2.5.1.1　领导小组顾问组

通过集成专家知识与经验为重大航天工程提供决策支撑。决策支撑机构在有效的采纳和吸收专家知识与经验后，方能在工程寿命周期内辅助决策主体做出科学合理的决策。领导小组顾问组是嫦娥四号工程的决策支撑机构之一，由国内权威的科学家、工程技术专家和管理专家组成，其主要职责如下：

1) 通过调查研究，并与"两总"系统对接，针对领导小组需要决策的事项，提出意见和建议，为领导小组开展工程决策提供支撑。

2) 在工程论证、工程实施、工程研制计划关键节点提供咨询把关。

在全寿命周期中，有六项关键决策点，是否能进入下一阶段工作是重大决策问题。顾问组深入一线，了解重大难点解决情况、关键环节的设计生产情况、出现主要问题的解决情况等，并通过和一线设计人员研究、查看设计与试验数据、会议审查等方法，形成关键节点咨询报告，供领导小组决策参考。

3) 受领导小组委托，开展专题研究并形成咨询报告或意见。

针对同位素热/电源上天飞行安全问题，顾问组按照要求，组织开展飞行全域的分析、建立指标体系、参与各阶段验证试验，分层次听取设计、生产、试验报告，形成同位素热/电源安全咨询报告。

2.5.1.2　领导小组办公室

探月工程重大专项领导小组下设领导小组办公室，为领导小组决策主体提供支撑，为领导小组顾问组做好服务保障。领导小组办公室由工程实施牵头单位成立，挂靠在工程总体承担单位。工程总体单位主要领导为办公室主任，成员由领导小组成员单位选派联络员组成，主要负责研究提出需领导小组决策的议题、监督检查领导小组会议议定事项、研究制定有关管理办法、协调工程研制过程中重大问题以及承担领导小组的日常事务等。具体职责如下：

（1）研究提出需领导小组决策的议题

领导小组办公室在转阶段、重大问题决策时，提出需领导小组审议事项。如：嫦娥四号转正样研制审查，由领导小组办公室形成相关文件，由领导小组审议，工程转入正样研制阶段。转发射实施阶段前，领导小组办公室组织召开领导小组暨任务指挥部会议，联合审议正样阶段研制情况和发射实施准备情况，会议决议转入发射实施阶段。

（2）监督检查领导小组会议议定事项

根据领导小组会议议定事项，领导小组办公室要细化基本内容，包括领导小组会议议定的事项名称及任务概述，以及监督检查嫦娥四号工程的各事项所要达到的目标等。同时，明确监督检查事项的责任主体，即分清嫦娥四号工程实施中的监督检查事项由哪个部门（单位）负责或牵头，由谁具体经办。嫦娥四号工程由于技术含量高，通常涉及多个部门（单位），领导小组办公室应分别明确各监督检查事项的主要负责部门和协同部门（单位），协调好负责部门（单位）和协办部门（单位）的关系，促使各单位协同完成工程任务。同时，领导小组办公室要明晰对监督检查嫦娥四号工程各事项的完成时间和要求，严格监督督促各单位按时按质完成工程任务。

（3）研究制定有关管理办法

嫦娥四号工程管理是全寿命周期的过程管理，包括探测器任务管理、中继星任务管理。为保障嫦娥四号任务，全面加强质量工作，工程总体（领导小组办公室）针对嫦娥四号工程全寿命周期的各个阶段制定相应的管理办法，主要内容包括：

1）建立并落实责任制度。各系统两总对本系统的质量、技术负总责，并制定分解落实责任制，层层落实分系统、各单机、各环节责任人。各研制单位行政正职为产品质量第一责任人，要签署产品质量承诺书。系统实验和联试必须明确责任单位、责任人。

2）建立严格的技术状态控制要求。各系统要严格控制技术状态变化。按照正样（试样）产品基线开展全面复查，对已更改的必须确认符合"论证充分、试验验证、各方认可、审批完备、落实到位"五条原则。

3）建立科学的评审规则。建立大型试验的试验大纲、试验方案、实施细则的科学评审制度，确保文件的正确性和有效性，并建立不可测试项目的过程控制制度，要有满足要求的证据。

4）建立软件产品保证管理方法。制定探测器、运载火箭的飞行软件（含 FPGA 软件）的确认测试和系统测试的覆盖性检查办法，重点是加强对功能、性能、安全性、可靠性，以及软硬件接口的管理。

5）建立元器件质量复查管理办法。各系统要全面清理元器件装机使用情况，做好装机元器件质量保证过程的合规性确认，重点开展代料、超期、目录外、新品和首飞元器件以及降额、装机合格证复查，并做好本型号和其他型号相关元器件质量归零和举一反三复查。

6）建立严格的外协产品管控方法。各承担单位要遵循"谁外协、谁验收、谁负责"的管理原则，管控外协产品的技术状态、质量状态及质量记录、产品履历、数据包等，对外协产品应确认其故障模式和使用约束条件，并检查其二次外协验收要求及实施情况。

7）制定有效的可靠性措施。各系统要全面落实可靠性工作计划规定的项目，要确保针对关键项目和Ⅰ、Ⅱ类单点故障采取的措施可靠。及时完成研制过程中的质量问题归零和其他型号相关质量问题的举一反三。

8）制定风险分析和故障预案。各系统、各单位要充分识别发射与飞行过程中的风险和故障模式，深入开展风险分析，制定并完善风险控制措施和故障预案，开展故障预案评审、演练和效果评估，确保风险可控，预案有效。

9）建立严格的工程质量责任制。工程实行抓总单位负总责和自下而上逐级负责的质量责任制度。工程总体对工程质量总负责。工程指挥系统对工程计划、进度和质量负总责，工程设计师系统对工程设计及试验质量负责。工程总体的质量责任应逐级分解落实到工程各系统和各级承担承制单位。工程各系统抓总单位对本系统的技术和产品质量负全责，对工程总体负责。各工程任务承担单位对其产品和服务质量负全责，对上一级用户和抓总单位负责。各承研承制和参试单位行政正职，为本单位工程质量第一责任人。工程各系统总指挥是项目的直接责任人，对工程总体和本单位行政正职负责。工程各系统总设计师对本系统设计试验质量负责。

（4）协调工程研制过程中重大问题

嫦娥四号探测器系统规模大，系统复杂，协作配套广泛，参与单位多。探测器、中继星任务由不同的总体部门牵头研制。领导小组办公室在探测器系统研制过程中，需要统筹协调各总体单位，充分协调各单位资源，发挥各自优势，否则容易出现多头管理、责任不明的情况。

嫦娥四号的中继星、探测器、运载火箭在发射场工作量大，并且存在多项联合操作项目，协同单位多、操作风险高。领导小组办公室负责对中继星、探测器和运载火箭在发射场等相关工作进行协调，保证各级单位、各项工作顺利进行。

（5）承担领导小组的日常事务

在嫦娥四号工程研制过程中，为保障领导小组按程序履行好决策职责，领导小组办公室需承担领导小组的日常事务，具体包括：

1）承担领导小组日常工作。领导小组办公室需要协调领导小组成员单位人员变更以及工作议程，组织准备和召开领导小组会议、研讨会议以及工作检查等，记录会议情况并形成会议纪要。

2）承担开展嫦娥四号工程对外联络及协调等工作。领导小组办公室负责相关系统的协调，及时发现存在的问题，协调领导小组成员单位，保障资源配置合理，调查各系统存在的问题，并及时报领导小组决策。

3）履行社会责任，负责国际合作、成果转化、科普教育和工程宣传等事项。

2.5.1.3　同位素热/电源安全应用评价委员会

同位素广泛应用于航空航天工程、核能、医学、公共安全、环境、工业、农业以及基础科研等各个领域。在探月工程方面，同位素热/电源主要用于解决嫦娥四号探测器在月夜极低温环境下的生存和温度探测问题。同位素热/电源因涉及剧毒放射性同位素原材料的应用，其空间应用也受到国际社会的广泛关注。根据联合国相关规定，如《外层空间核动力源应用安全框架》等文件的指导意见，同位素热/电源在空间任务中必须确保使用的不可替代性和安全性。

组建同位素热/电源安全应用评价委员会对于嫦娥四号的有效运行极为重要。同位素热/电源安全应用评价委员会由国家航天局负责组建，由航天、核技术及核安全领域的院士专家组成，负责对嫦娥四号寿命周期中涉及的同位素空间安全应用进行审查。主要包括：

1）对研制过程中的重要环节进行检查和审查；

2）对申请单位提交的空间安全使用评价材料进行审查；

3）对空间应用同位素源的安全使用进行评价；

4）给出明确的是否可用于空间任务的评价结论。

2.5.1.4　重大质量事故审查委员会

发生重大质量事故后，领导小组组长单位（工程实施牵头单位）成立调查和审查委员会，正式启动相关工作。

（1）审查委员会组成与职责

①审查委员会组成

1）审查委员会设主任 1 名，副主任 1～2 名，成员由利益相关方领导和事故相关领域专家组成，人数一般为 9～17 人，且为单数。

2）设立审查委员会办公室，挂靠工程总体单位。主要承办工作简报，安排审查委员会参加调查分析活动，组织审查委员会会议，组织起草审查意见和审查结论报告等。

②审查委员会的职责

1）参加调查委员会的有关调查分析活动，审查事故的有关资料、文件，对调查分析和试验验证项目和内容提出建议；

2）必要时，对事故进行独立的调查分析和试验验证；

3）审查调查委员会上报的调查分析报告；

4）形成审查结论报告。

（2）重大质量事故审查程序

1）审查委员会成员及专题工作组根据调查委员会工作计划，参加有关的调查分析活动，了解调查工作情况，提出意见和建议，促进但不代替调查委员会的调查分析工作。

2）如有需要，审查委员会根据调查分析工作的进展情况，进行阶段审查，并提出下一阶段调查工作的建议。

3）审查委员会视情成立专题工作组，专题工作组完成有关调查分析任务，并向审查委员会提交专题分析报告。

4）审查委员会在审议调查分析报告、形成审查结论报告前，应充分听取两总系统及有关研制单位的意见。

5）审查结论报告应按多数委员同意的结论意见撰写，并经全体委员签名。若审查委员会内部有不同意见，应将不同意见及其表决情况作为附件上报。持不同意见的委员也可以提出书面意见，作为附件或直接上报。

6）审查委员会形成审查结论报告。内容包括：调查、审查工作概况；对重大质量事故提出明确意见，事故原因、性质和责任的结论意见，改进工作的建议。

2.5.2　执行支撑机构

嫦娥四号工程方案论证阶段的执行主体为工程牵头实施单位组织成立的实施方案论证专家委员会，方案和试验验证阶段以及正样阶段的执行主体包括"两总系统"，发射实施阶段的执行主体是工程任务指挥部。由工程总体顾问组和相关专业专家组组成的执行支撑机构主要为嫦娥四号工程的执行主体在方案与试验验证和正样、发射实施等重要阶段提供执行支撑。执行支撑机构的组织结构如图 2-22 所示。

2.5.2.1　工程总体顾问组

嫦娥四号任务由工程总体及探测器、运载火箭、发射场、测控、地面应用五大系统组成。总体及各系统均设置了由各领域权威专家组成的顾问组，其中工程总体顾问组包括技术顾问组、科学顾问组和空间法律顾问组，专家顾问组日常工作由工程总体单位承办。

1）技术顾问组负责对重大关键节点或重大问题进行咨询并提出意见。组长由国家航天局科技委主任担任，成员由探测器、运载火箭、测控、发射场、有效载荷及科学目标实现等领域院士专家组成。

2）科学顾问组为工程的科学论证和应用提供专业支持，嫦娥四号工程聘用 4 位顾问构成科学顾问组。

3）空间法律顾问组负责国际空间法律研究与国际交流，对工程任务涉及的空间法律事项提出咨询意见。

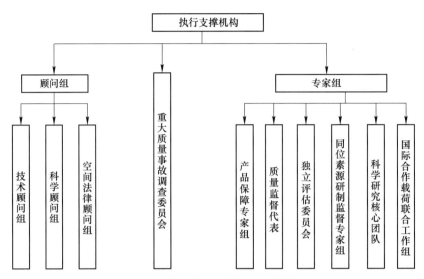

图 2-22　执行支撑机构的组织结构图

2.5.2.2　工程总体专家组

工程总体专家组由产品保障专家组、质量监督代表、独立评估委员会、同位素源研制监督专家组、科学研究核心团队以及国际合作载荷联合工作组等方面的专家构成。

（1）产品保障专家组

由工程总体单位组建，由航天领域技术、管理、软件、元器件、工艺等方面专家组成，针对工程实施各阶段的质量要求，指导工程总体完成质量检查单的制定。根据工程总体安排，开展重点研制单位的现场检查，提出被检查单位研制过程中存在的技术和管理等方面存在的问题，提出改进建议。

（2）质量监督代表

工程总体为加强质量管理和过程质量监督，聘请多名有产品研制和质量管理经验的专家，对探测器系统和运载火箭系统研制、生产和试验全过程质量工作进行监督把关。工程总体赋予相应的权限开展工作。

①质量监督代表的职责

1）按照工程总体确定的强制检验点，对有关研制生产活动进行现场监督；

2）对研制过程执行有关法规标准和工程规范的符合性进行过程监督；

3）对技术状态更改、超差、代料及技术问题处理的合理性进行监督审核；

4）对质量问题归零和其他型号质量问题举一反三的有效性等进行监督审核；

5）对产品研制试验、鉴定验收过程和结果的正确性进行现场监督；

6）对产品质量控制、关键工序控制的有效性进行监督验收；

7）对研试文件、质量记录、数据包等完整性和可追溯性进行审查和审核。

②质量监督代表的工作方式

1）质量监督代表根据职责和被派驻单位任务工作重点，制定工作计划，报工程总体及派驻单位。

2）质量监督代表对任务产品的质量监督应明确监督的内容、方法和工作程序，分解计划，落实到人。

3）可采取抽查的方式进行监督。对发现的问题，应通知问题责任单位及时处理；对重大问题，须以"质量监督问题通知单"的形式，通知问题责任单位，并上报工程总体和被派驻单位；责任单位将处理结果以"质量监督问题处理情况反馈单"的形式向质量监督代表反馈。

4）实行重大问题报告制度。对发现的严重质量问题，24 小时内上报工程总体和被派驻单位；如发现质量严重失控，且不立即纠正将严重影响产品质量时，应立即报工程总体和被派驻单位。

5）质量监督代表不干预正常的产品研制生产过程，不负责处理质量监督中发现的问题，不替代型号指挥系统和设计师系统决策，不改变型号指挥系统和设计师系统的质量责任。

6）质量监督代表负责向工程总体和被派驻单位质量主管部门定期上报质量监督信息。月质量监督综合报告于每月 7 日前上报；上半年工作总结于当年 7 月 10 日前上报；年度工作总结于当年 12 月 15 日前上报；被监督系统或单位研制转阶段的情况、飞行试验产品出厂前的监督意见，须及时上报。质量监督信息和质量监督综合报告须由质量监督总代表签发。

（3）独立评估委员会

开展第三方评估有助于对项目实施情况进行深度评估，及时发现解决实施当中存在的问题。为进一步识别影响嫦娥四号任务成败的重大技术风险和薄弱环节，确保圆满成功，在工程实施的正样阶段，工程总设计师系统研究确定需进行独立评估的事项。工程总体与独立评估事项所属系统的主管部门或单位联合启动嫦娥四号任务工程技术专项第三方独立评估工作，成立独立评估委员会，重点针对工程关键环节方案设计的正确性、系统级验证的充分性、关键单机产品设计的正确性与验证的充分性、在轨故障预案的有效性等方面开展独立分析和评价。

独立评估委员会下设探测器总体、中继星与地月信息链路、安全着陆与两器分离、同位素热源与温差电源、CZ - 4C 火箭运载能力与轨道设计、科学目标实现程度等 6 个评估组。评估组成员由长期工作在航天专业技术领域的院士专家担任。

独立评估委员会职责：

1）负责对评估工作进行总体策划，确定需评估的重大风险项目，制定独立评估工作计划；

2）对独立评估过程中的重大事项提出工作建议；

3）按照重大风险项目成立专项评估组，对各专项评估组工作进行跟踪和指导；

4）在各专项评估组总结的基础上开展独立评估工作总结，形成评估结论和建议，编写嫦娥四号工程独立评估报告，并对评估结论负责。

委员会下设若干专项评估组，专项评估组实行组长负责制。主要职责如下：

1）负责制定本组工作计划，确定重点评估内容、工作方式、专业分工和进度安排等；

2）负责对重大风险项目实施评估；

3）负责开展本组技术总结，形成评估结论和建议，编写专项评估报告，并对评估结论负责。

各专项评估组采用现场检查、沟通问询、资料分析、专题研讨等方式，与两总系统和研制单位进行深入交流，召开专题评估工作会议，总结梳理问题，提出质疑和建议。被评估单位开展数据分析、验证试验等工作，做出书面答复，并结合具体研制工作进行有效落实。通过系统全面的独立评估工作，工程全线充分识别影响嫦娥四号任务成败的重大技术风险和薄弱环节，进一步丰富和完善在轨故障预案，并研究制定一系列具体应对措施。嫦娥四号工程第三方独立评估实施流程如图 2-23 所示。

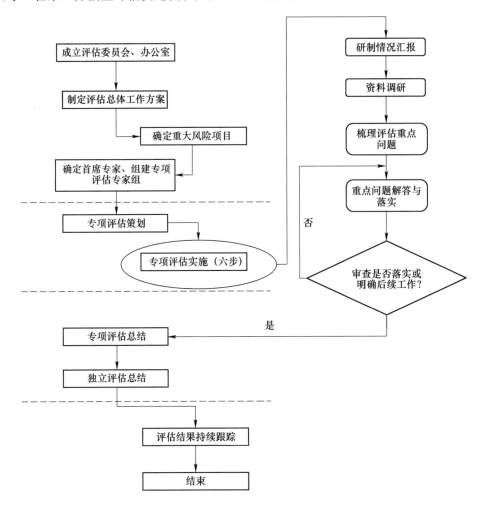

图 2-23 嫦娥四号工程第三方独立评估实施流程

（4）同位素源研制监督专家组

为确保同位素源产品研制过程受控，技术指标与安全性指标满足相关要求，工程总体成立了嫦娥四号任务同位素源研制过程监督专家组，主要职责如下：

1）按照工程总体要求，对同位素源研制过程中的关键节点进行评审把关；

2）对同位素源研制中的重要试验过程进行监督，并对试验结果进行审核；

3）参与研制单位组织的相关评审把关工作；

4）及时向工程总体报告监督过程中发现的问题，并与相关责任单位沟通，帮助责任单位开展问题分析及处理。

专家组采取集中和分散相结合的工作方式，工程总体组织的评审工作，专家组集中参与；由研制单位组织的评审工作，由专家组组长协调确定 1～2 名专家参与；监督过程中遇到重大问题，由专家组组长及时召集讨论会议，对问题进行深入分析，提出措施建议。

（5）科学研究核心团队

为有利于嫦娥四号任务有效载荷科学探测数据尽快得到应用，实现"快出成果、多出成果、出好成果、出大成果"的目标，国家航天局探月与航天工程中心（工程总体单位）与中科院月球与深空探测总体部（简称中科院探月总体部）联合组建"探月工程嫦娥四号任务科学研究核心团队"（简称核心团队）。核心团队主任由科学应用首席科学家担任，副主任由工程总体和联合单位主管领导担任。研究团组组长由本专业领域权威专家担任，根据研究内容设副组长 1～2 名，协助组长开展研究的组织工作，科学研究核心团队组织结构如图 2-24 所示。

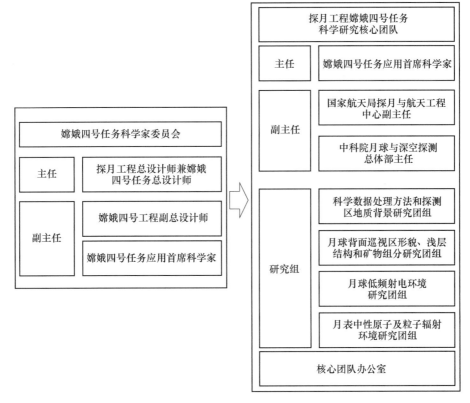

图 2-24 科学研究核心团队

①核心团队组成

根据嫦娥四号任务的科学目标和有效载荷科学探测任务规划，探月工程嫦娥四号任务科学研究核心团队设"科学数据处理方法和探测区地质背景研究""月球背面巡视区形貌、浅层结构和矿物组分研究""月球低频射电环境研究""月表中性原子及粒子辐射环境研究"等 4 个研究团组。

②管理协调机构

1）嫦娥四号任务应用首席科学家为核心团队主任，负责核心团队的组织和管理工作。

2）国家航天局探月与航天工程中心副主任和中科院月球与深空探测总体部主任为核心团队副主任，配合核心团队主任做好组织和管理工作，并做好科学团队与工程团队的协同工作。

3）设嫦娥四号任务科学家委员会，全面负责指导嫦娥四号任务科学研究工作；该委员会由主任、副主任组成，其中主任由探月工程总设计师兼嫦娥四号任务总设计师担任，副主任由嫦娥四号任务应用首席科学家、嫦娥四号工程副总设计师担任。

4）设核心团队办公室，核心团队办公室工作由探月与航天工程中心和中科院探月总体部联合承担，负责核心团队组织管理和协调工作。

③核心团队各研究团组研究内容及人员组成

（a）"科学数据处理方法和探测区地质背景研究"团组

该团组研究涉及的数据主要包括降落相机、地形地貌相机、全景相机、测月雷达、红外成像光谱仪、低频射电频谱仪等科学探测数据和定标数据，以及相关的工程参数等。主要负责：

1）相机类有效载荷数据处理方法和地形重构模型研究、区域构造类型及分布特征研究；

2）光谱类有效载荷数据处理方法研究、物质成分识别及分布特征研究；

3）嫦娥四号任务雷达类有效载荷层位识别方法研究、区域月壤层位和堆积序列研究；

4）嫦娥四号着陆区地质背景研究等；

5）低频射电频谱仪信号处理以及系统校正处理研究。

（b）"月球背面巡视区形貌、浅层结构和矿物组分研究"团组

该团组研究涉及的数据主要包括降落相机、地形地貌相机、全景相机、测月雷达、红外成像光谱仪等科学探测数据和定标数据，以及相关的工程参数等。主要负责：

1）基于降落相机、地形地貌相机、全景相机影像数据，构建着陆区和巡视区地形地貌图，识别和提取地形地貌要素、撞击坑要素、石块尺寸结构与形态、月表粗糙度等特征参数。

2）根据着陆区和巡视路径上各类型石块光谱数据，解译矿物组成、铁钛含量、太空风化成熟度等。

3）根据巡视路径雷达探测剖面，反演月壤厚度和结构、浅层结构等。

4）开展着陆巡视区地形地貌与地质构造、月壤特性、物质组成、浅层结构等综合研究，研究区域地质演化历史，揭示其物理与化学过程、相互作用及成因机理；研究月球二分结构、岩浆洋假说、早期撞击历史、背面火山活动历史等科学问题，获得新的突破和认知。

（c）"月球低频射电环境研究"团组

该团组研究涉及的数据主要包括低频射电频谱仪、中继星低频射电探测器的科学探测数据和定标数据，以及相关的工程参数等。主要负责：

1）着陆器低频射电频谱仪数据处理方法、观测定标、校准策略分析研究；

2）中继星低频射电探测仪数据处理方法、观测定标、校准策略分析研究；

3）低频巡天成图、太阳低频射电爆发、日地空间天气、月球空间环境、地球和木星射电爆发、星系与宇宙学、脉冲星与快速射电爆综合研究等。

（d）"月表中性原子及粒子辐射环境研究"团组

该团组研究涉及的数据主要包括月球中子及辐射剂量探测仪、中性原子探测仪科学探测数据和定标数据，以及相关的工程参数等。主要负责：

1）月球中子及辐射剂量探测仪数据处理方法研究、观测定标、校准策略分析研究；

2）中性原子探测仪数据处理方法研究、观测定标、校准策略分析研究；

3）月球表面高能粒子辐射环境、太阳粒子在日球层的加速和传输、月表粒子溅射在月球大气逃逸层形成中的作用、月表散射能量中性原子与太阳风以及月表地形地貌关系、南极-艾特肯盆地区域氢铁氧含量综合研究等。

④核心团队主任/副主任主要职责

1）策划核心团队组建方案；

2）召集并主持核心团队联席会议；

3）组织审核并监督检查各团组研究方案及其落实情况；

4）对核心团队办公室组织审核后的各团组科学探测数据申请进行审批；

5）组织申请相关的研究项目和经费；

6）组织对各团组研究计划落实情况和研究进度的监督检查。

⑤核心团队各研究团组组长/副组长主要职责

1）组织研究并部署本团组的研究目标、研究任务、研究方案、人员分工、研究计划等；

2）组织提出相关载荷科学探测规划建议；

3）配合核心团队主任开展相关研究项目的申请和实施；

4）组织本团组做好科学探测数据应用的基础性准备工作，以便在获得探测数据后立即开展研究；

5）组织对本团组研究进度的监督检查。

⑥核心团队各研究团组成员权利与职责

1）有优先获得相应有效载荷探测数据及工程参数，以及有效载荷性能、指标及其地面和在轨定标等相关数据的权利；

2）应提出各自的优势方向、研究计划；

3）研究成果的署名，应包括数据各级产品预处理单位和有效载荷研制单位主要人员，作者排序依据贡献情况与相关单位协商解决；

4）研究成果（文章、专著、专利、软件著作权等）发表两周内，应报核心团队办公室备案；

5）研究队伍要保证投入研究的时间和资源，并保持相对稳定，不得随意调换。

⑦核心团队办公室职责

核心团队办公室挂靠在国家航天局探月与航天工程中心，办公室成员由工程中心和中科院探月总体部相关人员组成。办公室职责是：

1）负责核心团队日常工作的组织管理和支撑服务等；

2）制定和修订核心团队管理办法；

3）协助相关部门协调经费和项目支持，组织核心团队申请研究项目/课题；

4）根据项目经费来源的相关规定，结合嫦娥四号科学研究特点，制定相应的项目管理办法，细化管理要求、流程和具体模板；

　　5）汇总统计研究成果；

　　6）审查各团组提交的科学探测数据申请，并报核心团队主任审批；

　　7）组织对各团组工作进行考核和评价；

　　8）协助组织研究成果宣传。

　　⑧嫦娥四号任务科学数据面向核心团队的发布细则

　　1）嫦娥四号任务的科学数据包括中继星、着陆器、巡视器所配置的全景相机、地形地貌相机、降落相机、红外成像光谱仪、测月雷达、低频射电频谱仪、低频射电探测仪（NCLE，中国-荷兰合作）、月球中子及辐射剂量探测仪（LND，中国-德国合作）、中性原子探测仪（ASAN，中国-瑞典合作）等有效载荷的探测数据及其相关的工程参数，以及有效载荷性能、指标及其地面和在轨定标等相关数据。

　　2）嫦娥四号任务地面应用系统负责在接收到在轨测试及科学探测期间的探测数据后1个月内完成数据处理，形成 Level 0B 级科学数据；之后，对探测器持续工作发回的数据进行持续处理，并按月对各级科学数据分批进行动态更新。

　　3）各团组应制定研究方案，确定研究目标、计划与人员分工，团组组长代表团组和核心团队主任签订数据使用和保密承诺，提出数据使用需求。

　　4）以团组为单位申请数据，各团组组长或副组长作为申请人在探月与航天工程中心"月球与深空探测科学数据与样品发布系统"在线填写数据申请表，核心团队办公室组织审核后报核心团队主任审批。

　　5）《嫦娥四号任务科学研究核心团队数据申请表》通过团队主任审批后，核心团队办公室将数据发放意见发中科院国家天文台地面应用系统，后者于2个工作日内完成发放数据准备，并按照"月球与深空探测科学数据与样品发布系统"平台要求，将数据发相关研究团组；后续每月例行从地面应用系统获取动态更新数据，不再办理申请和审批手续。

　　6）若需要地面应用系统管理数据以外的工程数据，如：探测器和载荷相关的工程参数、定标数据等数据，由探月与航天工程中心协调相关单位提供给各有关研究团组。

　　⑨核心团队各研究团组工作要求

　　1）嫦娥四号任务期间，各研究团组每月组织一次小型研讨会，对巡视器遥操作路径规划策略，与载荷探测方案相关事项、数据需求等进行研讨，提出有关意见建议，经组长签署后向核心团队办公室提交简报，简报作为对各研究团组考核和评价的重要依据。

　　2）核心团队办公室每个月夜组织一次研讨会，交流研究成果、总结经验和问题并提出有关建议，经签署后向探月中心提交总结报告。

　　3）核心团队办公室每年组织一次学术研讨会，进行全面性的成果交流。会后向探月与航天工程中心提交年度研究成果总结报告。

　　4）核心团队办公室及时组织研究成果各类宣传活动。

　　⑩研究团组人员基本要求

　　1）研究人员应具有相应的科研条件和技术基础，有明确的研究计划和目标；

　　2）服从嫦娥四号任务科学研究核心团队管理要求和工作安排；

　　3）能够投入足够的科研时间，并协调落实相应的资源保障，以尽快取得高质量、高水平的研究成果，并优先在国内高水平期刊发表；

4）研究成果应注明数据来源，并在成果发表前完成对所使用数据质量及数据正确性、完整性等确认工作；

5）遵守《国防科工局国家航天局关于印发＜月球与深空探测工程科学数据管理办法＞的通知》（科工月〔2016〕1090号）文件要求，及时完成成果报备等工作。

（6）国际合作载荷联合工作组

为增进国际交流与合作，嫦娥四号本着"开放共享，合作共赢"的理念，在探月工程首次开展国际合作，与德国、瑞典、荷兰、沙特阿拉伯开展了科学探测载荷的联合研制。为更好开展与外方团队的对接，推进载荷的研制，确保载荷的研制进度和质量，工程总体为每个国际载荷成立中外双方参与的联合工作组，并设立中方首席专家。

①联合工作组

由中外双方专家组成，中方专家包括工程总体、探测器系统总体、有效载荷分系统总体及地面应用系统的技术和管理人员，外方根据载荷情况确定相应人员。主要职责如下：

1）负责制定国际载荷研制技术流程、计划流程，明确产保标准及适用范围；

2）负责监督、协调国际载荷单机的设计、研制、试验等工作，组织评审和审查；

3）负责国际载荷的重要评审、验收交付、试验测试等工作；

4）负责制定国际载荷科学探测计划，明确科学数据的解译、验证、应用和研究方法；

5）负责将接口、安全相关和影响任务进展的信息及时准确报送有关系统和工程总体。

②中外载荷首席专家

中方载荷首席专家由工程总体单位聘任，一般为该载荷所涉及科学技术领域研制经验较丰富的专家。首席专家为联合工作组中方负责人，是与外方沟通协调的第一责任人。主要职责如下：

1）负责与外方载荷首席专家共同提出国际载荷科学目标、科学探测任务、技术指标；

2）协调和确认国际载荷工程实施过程中技术接口、状态控制、产品保证、研制进度、风险控制等；

3）组建科学研究团队，利用国际载荷探测数据开展研究；

4）对国际载荷工程实施效果、科学目标实现进行评估。

③国际合作模式

嫦娥四号任务共有4台用于科学探测的国际合作载荷，具体如下：

1）沙特阿拉伯月球小型光学成像探测仪：随嫦娥四号中继星任务"龙江二号"微卫星搭载升空，中沙双方联合共享影像图的原始数据及相机遥测参数等。

2）中-荷国际合作有效载荷低频射电探测仪：由荷兰负责研制，中方参与设备的测试、安全审查，双方共同拥有科学数据，开展科学研究，荷兰载荷主要在月夜开展工作，探测到来自地球两极的射电爆发。

3）中-德国际合作载荷月表中子与辐射剂量探测仪：由德国负责研制，中方参与设备的测试、安全审查，双方共同拥有科学数据，开展科学研究，测量月球表面粒子的基本辐射环境及其危害程度。

4）中-瑞国际合作有效载荷中性原子探测仪：由瑞典负责研制，中方参与设备的测试，双方共同拥有科学数据，开展科学研究；探测数据用于研究太阳风和月表微观相互作用、月表溅射在月球逃逸层形成和维持中的作用，为后续太阳风和其他类似星体的相互作用提供研究数据。

2.5.2.3　重大质量事故调查委员会

重大质量事故调查目的是有效分析事故成因，找出存在的问题，有针对性地改进工程质量。通过分析原因找出质量事故相关责任方，分析原因，制定质量管理方法，从管理上消除再次发生相同质量事故的可能性。

（1）重大质量事故范围

1）运载火箭发射失败；

2）探测器发射、在轨运行等过程中发生的重大故障；

3）造成国内、外不良影响，严重损害航天信誉的产品质量事故；

4）工程总体确定需调查和审查的重大质量事故。

重大质量事故确定后，工程总体发文成立调查委员会，正式启动调查工作。调查委员会自成立之日起开始工作。工程两总同意审查委员会的审查结论，并完成审查结论报告及其他相关资料归档后，委员会即行解散。

（2）调查委员会组成与职责

①调查委员会组成

1）发生重大质量事故的主管系统负责组织调查委员会。调查委员会委员人数一般为9～17人，且为单数。调查委员会应有半数以上与事故无直接责任的专家，并应包括质量监督代表。调查委员会设主任、副主任，并设立调查委员会办公室。

2）调查委员会主任、副主任人选由主管系统提名，报工程总体批准任命。调查委员会主任一般由主管质量的领导担任，副主任一般由系统负责人担任。调查委员会委员由主任、副主任提名，通过协商后上报批准。

3）调查委员会办公室设在主管系统的质量部门，其主任由质量部门负责人担任，办公室负责制定调查委员会工作计划，并组织实施，同时，应及时向审查委员会通报情况。若调查分析工作时间较长，应分阶段向审查委员会报告工作进展。

②调查委员会职责

1）组织对事故进行全面的调查分析；

2）根据需要，组织并完成必要的试验验证工作；

3）向审查委员会提交主管单位主要领导签署意见的调查分析报告。

（3）重大质量事故的调查程序

1）发生重大质量事故时，有关单位应立即将事故情况上报工程总体，并采取有效措施防止事故扩展，保护现场，及时收集、录取事故现场的有关数据和证据，供分析事故原因使用。

2）工程总体成立调查委员会办公室，负责配合调查委员会，开展调查工作的组织实施和相关报告编制工作。

3）调查委员会主持事故的调查分析工作。系统指挥、设计师系统（以下简称两总系统）和事故涉及的相关单位应配合调查委员会的工作，并根据调查委员会的要求，提供相关文件资料，安排必要的试验。

4）调查分析工作应结合事故的技术、管理归零工作，并充分利用已有的数据和证据

（如遥测数据、测试数据、现场人员观察到的情况等），特别要对残留物证进行清理、分析、确认，必要时，可邀请有关专家或到国内有关专业机构进行分析。

5）事故的调查分析应使用故障树和失效模式及影响分析（FMEA）等科学分析方法。

6）事故的调查分析结束后，调查委员会向审查委员会提交调查分析报告。内容包括：事故现象的描述；调查分析工作的概述；事故原因的分析、论证及验证；技术归零及事故性质、责任的明确意见；经验教训和改进工作的意见。

7）调查分析报告由调查委员会主任和副主任签署，并经主管系统主要领导签署意见，提交审查委员会。调查委员会内部存在不同看法时，应将各自的意见、相关分析验证依据及调查委员会对其表决结果，一并上报。

8）两总系统（或项目负责人）对调查分析报告有不同意见，可向工程总体提出，并抄报审查委员会和调查委员会。

2.6　监督体系

探月工程嫦娥四号任务的组织实施是一个复杂的系统工程，必须满足进度、质量、经费等在内的多维度需求。在项目管理上，首先要开展工作策划，制定具有可执行性、可考核性的工程计划，并以此为基线通过动态的评估与调整，确保工程能够按既定的进度要求、经费计划和质量要求，完成各阶段工作，最终按时实施发射，成功实现既定目标。同时加强关键要素的监督，对于及时发现问题、及时纠正偏差也是非常重要的环节。嫦娥四号监督体系主要包括质量监督、计划监督、经费监督和安全监督等。

2.6.1　质量监督

质量监督是指为了确保满足规定的产品质量及质量管理的要求，对工程中产品研制、生产、发射进行的独立监视、检查和分析评价工作。质量监督主要包括过程质量监督、产品研制节点质量监督和质量问题归零监督。对于航天项目，质量即生命。为确保嫦娥四号任务产品质量，圆满完成嫦娥四号任务，工程总体采取有效模式，提高工程研制质量。

2.6.1.1　质量监督管理模式

嫦娥四号工程建设质量监督管理模式是在质量监督管理理念指导下，基于管理人性假设基础上构建起来的一整套由监督管理组织、质量监督功能结构、质量监督制度与工作程序、质量监督检查方式、质量监督管理改进等组成的管理行为体系结构。

质量监督组织负责质量监督工作的组织、实施和管理，对于规范嫦娥四号工程建设质量监督工作，提高航天工程的质量和可靠性，起着重要作用。质量监督管理组织的工作贯彻突出重点、依据规章、严格要求和实事求是的工作原则，强化责任意识，确保航天工程质量监督工作的有效开展和运行，实现高质量建设的目标。工程总体根据工程需要，委派授权的质量监督代表、产品保证专家组，长期或临时聘请技术或质量专家，成立评审委员会（专业评审组）等，从事工程的技术咨询把关、产品保证审核和质量监督活动。质量监督代表由工程总体聘请的多名有产品研制和质量管理经验的专家组成，负责对探测器系统和运载火箭系统研制、生产和试验全过程质量工作进行监督把关。工程总体赋予相应的权限开展工作。质量监督代表根据工程总体确定的强制检验点、有关法规标准和工程规范等，负责研制生产活动现场监督、质量问题归零有效性监督、产品研制鉴定验收过程和结果的正确性监督、关键工序控制的有效性监督、研试文件记录等完整性和可追溯性审查等。产品保证专家组由工程总体单位组建，由航天领域技术、管理、软件、元器件、工艺等方面专家组成，针对工程实施各阶段的质量要求，配合工程总体完成质量检查单的制定，并根据工程总体安排，开展重点研制单位的现场检查，提出被检查单位目前研制过程中在技术和管理等方面存在的问题，提出改进建议。评审委员会（专业评审组）由承担工程的指挥系统、设计师系统、产品保证工作系统的责任人员和有丰富经验的专家、顾问，以及各相关专业的技术专家等构成，作为工程总体、工程各系统总体和各级承研单位的技术咨询组织，负有决策咨询、技术咨询、技术把关、产品质量把关的责任，对研制活动的符合性、有效性进行审查，并给出结论和建议。评审活动以评审委员会或专业评审组的专家为主，可根据评审内容吸收其他同行专家参加。评审组的组成必须包括任务提出单位的主管设计人员、制造部门的主管工艺人员、产品保证专业人员等对产品技术和质量负有责任的人员。

质量监督功能结构，从系统管理的思想出发，将嫦娥四号工程各系统研制、生产、试验各环节当成一个整体，充分重视事前、事中和事后每个环节的每道工序质量，对各环节的活动及其结果的过程进行跟踪和质量监督检查，以期实现全过程、全方位的动态监督。

质量监督制度与程序是为保障嫦娥四号工程产品研制质量而设立的质量管理标准和规范化工作程序，贯彻突出重点、依据规章、严格要求和实事求是的工作原则。

质量监督检查方式是监督人员深入实际，促进质量监督功能结构、质量监督制度与程序决策落实的重要手段。嫦娥四号工程建设中形成了包括班组评审法（内部评审法）、外部评审、产品保证符合性检查、强制检查点检查、过程追踪等在内的多种监督检查方式，体现了内外监督相结合，事前、事中、事后监督相结合，日常监督和重点检查相结合的思想，对于保证工程质量和提高质量水平起到了重要的作用。

质量监督管理改进是指将质量监督纳入探月工程以及深空探测工程管理体系中，结合实际条件和理论方法，对管理活动进行修整和改进，从而保证质量监督更迅速、高效、高质量地开展与完成。如对于质量监督中的关键质量控制点不清晰，质量管理体系要求或规章制度不健全等问题，可以根据约瑟夫·M. 朱兰（Joseph M. Juran）的"朱兰三部曲"，从质量计划、质量控制、质量改进三个环节完善质量管理结构和功能；按照 QJ9000A 或相关的质量体系标准（ISO9000）建立质量管理体系并保持有效运行；基于戴明循环理论对工程进行全过程控制，实现质量持续改进。

2.6.1.2 质量监督工作内容

工程总体及委派的质量监督代表、专家，有权按预先确定的或经临时协商确定的计划，对工程各系统研制、生产、试验活动及其结果进行过程跟踪和质量监督检查，也可越级对承担工程任务的各级分供方、供应商进行产品保证工作的监督审核，以确保法规、工程文件、标准、技术规范的各项要求，在工程的各个层次上得到有效贯彻实施。具体包括：

1）对工程相关的技术方案、产品设计图样、技术文件、试验数据进行审阅和检查，以确保产品的技术方案和产品设计正确可靠；

2）对工程研制生产和试验过程进行过程跟踪和查阅相关文件、资料，以确保产品研制和试验过程控制和质量技术满足工程要求；

3）对工程相关的产品、设施的质量进行监督检查，以确保产品和设施满足工程质量和可靠性要求，确保任务成功。

2.6.1.3　质量监督工作程序

质量监督工作贯彻突出重点、依据规章、严格要求和实事求是的工作原则。突出重点是指监督工作范围按照授权，抓住关键重要产品、关键重要工作项目和关键研制节点实施质量监督；依据规章是指质量监督工作依据国家和航天单位及航天工程有关的质量法规、标准和规范对其执行情况进行符合性监督；严格要求是指监督有关质量规章执行情况要认真、严格，对不按质量规章办事和影响工程质量的问题要坚持原则，敢于揭露，如实报告；实事求是是指质量监督人员要从客观实际出发，深入工程活动现场，掌握实际情况，公正务实处理问题，在监督活动中要不断总结经验，提高水平，提高监督工作的有效性。

根据监督工作的内容，可以归纳为过程监督、节点监督、归零监督三类工作程序，其具体工作程序如下：

（1）过程监督工作程序

质量监督人员依照国家和上级有关规章、研制单位的质量体系有关法规文件及工程产品保证（质量、可靠性）大纲等有关质量文件对工程研制生产过程实施过程监督。对不符合质量要求的问题，质量监督代表应以问题通知单的形式通知责任单位，并报责任单位领导和工程总体。责任单位应采取措施及时纠正并以反馈单的形式向质量监督代表反馈。对严重影响产品质量、可能造成重大后果的问题，质量监督代表有权临时终止责任单位有关的研制、生产活动，并立即向责任单位通报、通知有关部门负责人到现场处理。有关部门负责人应及时处理并承担质量责任。

（2）节点监督工作程序

质量监督人员依照质量规章和研制任务书、合同中的质量要求以及放行准则，对工程研制生产中的阶段节点实施监督把关。质量监督代表对重点任务产品验收、总装出场的质量状况做出独立的分析评价，并提前向工程总体和派驻单位领导提出意见；派驻发射飞行任务的质量监督代表对工程技术阵地转场、加注、发射节点的质量状况做出独立的分析评价，并提出意见，对未达到规定质量要求的阶段工作节点有权向工程任务指挥部建议不予批准转入下一工作阶段。

（3）归零监督工作程序

针对发生的质量问题，质量监督人员依据质量问题技术归零和管理归零的双五条标准对质量问题实施归零监督。质量归零活动中应分别吸收质量监督人员参加。厂所单位组织编写的质量归零报告要由质量监督代表会签。对不符合规定要求的质量归零报告，派驻厂所的质量监督代表有权拒绝会签并要求重新进行归零处理。归零评审活动要有质量监督代表参加，质量监督代表有权拒绝签署同意归零的意见并要求重新进行归零处理。

2.6.1.4　质量监督检查方式

嫦娥四号工程建设中具体的质量监督检查方式包括以下几种：

1）参加内部评审。在方案、初样、正（试）样的各个阶段，参加所派驻单位组织的工程组层面的内部评审，目的是发现技术上可能存在的问题，以便进一步改进和优化，保证设计、制造和试验质量。

2）参加外部评审。在研制过程的重要节点，参加所派驻单位或工程总体组织的专业评审或同行专家评审，包括设计评审、工艺评审、产品出厂质量评审、质量问题归零评审、产品保证专业评审以及产品验收评审、研制转阶段评审等。

3）产品保证符合性检查。对所派驻单位承担的系统或产品研制过程执行有关法规标准和工程规范的符合性进行过程监督。

4）强制检查点检查。按照工程总体确定的强制检验点，对有关研制生产活动进行现场监督。

5）过程追踪。对所派驻单位的研试文件、质量记录、数据包等完整性和可追溯性进行审查和审核。

嫦娥四号中继星任务正样阶段产品保证工作检查情况报告

被检查单位：×××

检查时间：2017 年×月×日

嫦娥四号中继星任务正样阶段产品保证工作检查对××所落实《嫦娥四号任务质量工作决定》《嫦娥四号任务产品保证总要求》，开展嫦娥四号中继星任务产品保证工作情况进行了检查。

一、概况

嫦娥四号中继星任务产品保证工作专家组，对××所在嫦娥四号中继星任务中承担××分系统软硬件的研制工作进行监督检查，组长×××。

二、检查情况

检查组听取了××所承担的嫦娥四号中继星任务情况、落实相关文件自查总结情况等有关方面的汇报；现场查看了有关技术文档和自查的支撑性证明材料，请科研、管理人员就检查组提出的问题做了说明和答疑。

检查组对照检查单规定的 5 方面、111 项条目对××所承担的有关工作进行了监督检查，检查结果：92 项符合，1 项部分符合，17 项不适用，另有 1 项相关工作正在进行中。

检查组针对产品保证管理方面、技术状态管理方面、过程质量控制方面、软件/可编程逻辑器件产品保证方面、地面设备保障方面分别进行检查，给出意见与建议。

（一）产品保证管理方面

对应检查单第 1～6 项，检查结果除第 6 项为"不适用"外，其他均为"符合"。

检查认为：××所由所长和书记亲自动员，对 46、47 号文件进行了认真宣贯培训，确保参研人员较好地贯彻执行；能够严格落实质量责任制，并按照 46、47 号文件要求策划和组织实施中继星××分系统及相应单机的产品保证工作，同时邀请了工程总体聘请的质量监督代表参与关键节点的评审把关；开展了对外协单位的产品保证管理工作。

意见与建议：建议进一步加大对外协单位产保工作的监督、检查和评估工作，确保外协产品的质量受控。

（二）技术状态管理方面

对应检查单第 37～51 项，均为"符合"。

　　检查认为：××所建立了技术状态控制委员会，设立了技术状态负责人，并明确了管理要求；对于技术状态更改，严格按程序进行了有效控制，记录完整有效。

　　（三）过程质量控制方面

　　……

　　（四）软件/可编程逻辑器件产品保证

　　……

　　（五）放射性同位素热/电源质量保证

　　本单位不涉及同位素热/电源产品，对应检查单第181～185项，均为"不适用"。

　　（六）地面设备保障

　　……

　　三、检查意见

　　检查组认为，××所产品保证工作基础较扎实，对在中继星中承担的相关任务开展了全面、认真的产品保证工作，但主要在生产过程控制和软件/FPGA研制方面还存在一些不足，应针对专家意见并结合实际工作情况，开展整改落实。

检查组组长：（签字）

2.6.2　计划监督

　　嫦娥四号工程是在嫦娥三号备用星基础上通过重新论证研究并制定的任务方案，在计划监督方面，相比嫦娥三号，既具有一定的优势，又因任务目标的实施难度而面临新的挑战。主要的优势是利用嫦娥三号组织实施过程中的诸多经验，嫦娥四号已具有一定的管理基础和技术基础，各项流程制度更加成熟完备，各系统各单位的相互配合更加紧密、高效，一些关键技术已被攻关并在嫦娥三号任务实施过程中得以验证，从精神层面，航天人也已具备了挑战更大难度任务的雄心和勇气，这有利于计划的顺利实施，确保按时推进各项进度。但相比嫦娥三号，嫦娥四号的任务难度却更加艰巨。为实现在月球背面软着陆这一壮举，需要更加过硬的技术能力。对于刚刚实现一次月球正面软着陆的中国航天而言，是一项极大的挑战，出现了许多全新的技术要求。这些技术在世界航天史上都是首创，在国际上没有任何可借鉴的知识和经验，是客观存在的技术挑战，对计划的制定、执行都提出了很高的要求。为保证计划有序实施，开展了计划监督，主要包括计划监督组织、计划监督工作内容、计划监督工作程序、计划监督检查方式等环节。

2.6.2.1　计划监督组织

　　计划监督组织主要包括监督检查工作领导小组、领导小组办公室。

　　领导小组的主要职责：明确年度监督检查工作任务和要求；研究监督检查发现重大问题的处理意见；提出规范工程管理的政策建议。

　　领导小组成员单位的主要职责：协助领导小组办公室建立随机抽查项目名录库；参加现场检查；会商检查发现的问题；领导小组交办的其他工作。

　　领导小组办公室的主要职责：建立随机检查项目名录库和监督检查专家库，随机抽取检查项目和专家；制定监督检查工作计划；委托监督检查任务，印发监督检查通知，组织协调现场检查；组织相关成员单位会商检查结论；审查监督检查报告；起草监督检查意见，跟踪落实问题整改情况；领导小组交办的其他工作。

受托承担监督检查任务单位（部门）的主要职责：按照监督检查通知成立检查组，实施现场检查；根据检查结论或会商意见按时报送检查报告。

2.6.2.2　计划监督工作内容

在嫦娥四号工程实施中计划监督工作主要内容包括：

（1）系统论证和审批管理情况

系统主管单位和系统实施单位是否按要求编报项目建议书、任务书（可行性研究报告）、年度计划及调整等文件。

（2）系统实施管理情况

系统承研单位是否发生变更；承研单位的项目负责人是否发生重大调整；承研单位是否制定了与项目管理相关的内控制度，制度是否健全并得到有效执行；需要招标的内容是否按照国家招投标管理的法规制度组织实施；合同当事人相关资质是否合规；合同法律手续是否完备；合同文本、条款是否完整、规范；合同内容是否与批复的研究内容相关；是否存在违规外包研制内容的情况。

（3）系统研究进展情况

承研单位是否严格按照批复的项目任务书和年度计划推进项目实施，是否改变研究目标、主要研究内容或技术指标。

2.6.2.3　计划监督工作程序

领导小组办公室根据领导小组确定的年度工作任务，建立随机抽查项目名录库，按季度抽取检查项目并印发工作计划。

领导小组办公室根据工作计划按季度委托检查任务并印发监督检查通知。工作计划中明确的监督检查任务，原则上提前1个月印发通知；临时新增的监督检查任务，原则上提前1周印发通知。监督检查通知主要印发至项目单位、相关项目主管部门、地方主管部门及领导小组成员单位，明确受托承担检查任务的单位（部门）和实施现场检查的具体时间。

受托承担监督检查任务的单位（部门）主要开展以下工作：

（1）成立检查组，编报现场检查实施方案

1）了解项目基本情况。

2）明确项目责任人，从监督检查专家库中随机选派满足检查要求的专家成立检查组。检查组一般由项目管理、土建与设备相关专业领域、科研技术领域、招投标、经济和安全生产管理等方面专家组成。

3）制定现场检查实施方案，及时报领导小组办公室备案。实施方案应包括项目基本情况、检查组人员及分工、具体日程安排等。

（2）实施现场检查

1）召开启动会，听取项目单位自查情况汇报，介绍现场检查工作安排，明确检查组廉政、保密等工作纪律和要求。

2）收集、审阅项目有关资料，查勘现场，盘点仪器设施设备，记录检查内容、事项和发现的问题并与项目单位进行书面确认。

3）检查组对检查工作底稿进行交叉复核和汇总分析，形成现场检查结论。

4）协调领导小组办公室和相关成员单位参加末次会，与项目单位就现场检查结论交换意见并签署《监督检查结论表》。

5）检查过程中发现重大问题或与项目单位对现场检查结论发生重大分歧时，项目负责人须及时上报领导小组办公室。

（3）报送监督检查报告

末次会或会商结束后 15 个工作日内，向领导小组办公室报送监督检查报告。

（4）相关资料的立卷、归档、保密等工作

根据档案管理要求，及时做好监督检查相关资料的立卷、归档、保密等工作。

2.6.2.4 计划监督检查方式

运用系统工程管理方法，对工程计划节点进行全过程监控，实施动态优化调整。工程实施过程中，计划监督主要有两种方式：一种是被动监督，就是工程总体定期召开大总体协调会、年度工作会、月调度会、工程研制周安排、专题协调等会议进行督促、协调和监督；另一种是主动监督，就是根据监督计划，组织第三方专家开展现场检查等，确保工程在质量、进度等方面都得到控制，降低工程风险。各系统按照职责对计划进行实时维护，保证计划管理工作闭环落实和工程目标的实现。

嫦娥四号任务第三十一次调度会纪要

编号：×××

2018 年 8 月 2 日，探月与航天工程中心组织召开嫦娥四号任务第三十一次调度会。工程副总指挥×××出席会议。参加会议的有×××等单位。会议分别听取了工程总体及各系统、各有关单位汇报的第三十次工程调度会纪要事项完成情况及其他重要研制进展、后续主要工作计划等，协调解决了有关问题，明确了 8 月份工程总体及各系统、国际合作载荷和搭载试验项目等主要工作计划，提出了后续工作具体要求。

一、7 月份工作完成情况

（一）探测器系统

完成《嫦娥四号工程》初稿相关内容编写；完成中继链路在轨功能性能验证试验及补充测试；完成第二阶段同位素热/电源安装演练等工作；完成探测器出厂专项评审；完成软件、FPGA 产品保证技术要素确认总结专项审查；探测器任务相关进场文件编制；与长城公司签署同位素源引进代理协议。

1）着陆器：完成核源正样对接试验；完成分系统软件落焊产品验收及回归测试；完成整器全任务主份模飞测试；完成分系统院级出厂评审；完成生物科普载荷专项联调准备。

2）巡视器：完成内场遥操作内部演练；完成分系统补充测试；完成分系统院级出厂评审。

3）中继星：参加探测器与地面遥测遥控设备及中继通信链路 1∶1 无线联试。

（二）运载火箭系统

……

二、8 月份工作计划

（一）探测器系统

完成《嫦娥四号工程》相关内容修改完善；8 月 14 日，组织召开嫦娥四号任务进场动员大会；完成发射场演练、运输前精测、专列运输设备装箱和第一批人员赴基地等工作。

1) 着陆器：完成整器全任务备份模飞测试、伽马关机敏感器正样产品交付等工作。

2) 巡视器：完成驶离转移机构试验、组合面试验。

3) 中继星：继续开展飞控实施工作。

（二）运载火箭系统

……

会议强调，嫦娥四号任务系统复杂、难度大，目前已进入决战决胜的关键阶段，后续各系统还要大力协同、密切配合，提前发现、暴露问题，及时解决问题，尤其要高度重视同位素热/电源的相关工作，务必确保不出质量问题、安全问题。

会议要求：（1）荷兰科学载荷。督促荷方尽快提交载荷数据处理软件开发所需的数据格式、处理方法、在轨工作模式等技术文件。（2）生物科普试验载荷。尽快交付探测器总体，载荷软件要开展第三方评测。（3）各系统要抓紧完成《嫦娥四号工程》手册相关内容的修改完善，8 月份完成工程总师系统审定。

主送：×××

分送：×××

2.6.3　经费监督

计划的顺利实施离不开科学有效的经费保障。嫦娥四号的经费来源主要为国拨资金，管理时要符合国家、财政相关规定和要求，平衡任务计划和支出进度之间的关系，经费的执行进度要与计划的执行进度相匹配，在确保工作计划按时完成前提下，控制经费划拨规模，确保高效使用财政资金。因此工程计划与经费管理相辅相成，有着密不可分的关系。以下针对经费监督组织、经费监督工作内容、经费监督工作程序、经费监督检查方式几方面分别论述。

（1）经费监督组织

工程总体及各系统总体单位对工程的组织实施计划进行监督，并委托第三方评估机构，组成审计组，对工程经费使用情况进行监督检查。

（2）经费监督工作内容

在嫦娥四号工程建设中，工程总体经费监督工作主要内容包括：

1) 经费（预算）管理情况：项目经费是否按计划及时、足额到位，主研单位是否及时、足额转拨参研单位经费；项目经费是否单独核算、专款专用，有无挤占、挪用、抵拨、收回扣及通过其他方式套取项目经费的问题；项目年度预算执行率是否真实、准确。

2) 财务管理及会计核算情况：承研单位是否严格执行相关财务会计制度；项目各项经费支出是否真实、合规，原始票据是否真实、完整、有效；计提收益是否符合规定。

（3）经费监督工作程序

根据国防科工局关于印发《军工项目验收复查工作实施方案（试行）》的通知文件、关于修订《国防科技工业军工项目监督检查操作规程》的通知、国防科工局关于印发《国防科工局军工项目财务决算审计管理办法》的通知等相关文件要求，开展经费监督。经费监督工作程序主要内容如下：

1）根据工程项目监督检查需要，及时制定监督检查工作方案，明确被检单位、项目、方式、工作计划等。

2）监督检查工作方案须经主任办公会充分讨论、审议，审议通过后形成主任办公会纪要。

3）受托中介机构根据监督检查相关规定独立开展工作（包括委派专家及相关业务人员、开展现场监督检查工作、监督检查报告的编写和出具等工作），中心人员不得干涉、影响其独立性和公正性。

4）受托中介机构在监督检查过程中，须取得相关资料及证据并形成纸质底稿；工程中心对监督检查报告监督把关。

5）计划财务处审核通过后，依据报告形成监督检查意见，如实反映报告列明的各项问题。

6）收到项目单位的整改报告，应对应监督检查意见，逐项确认是否已整改、整改方式是否合理；若未完全整改或整改不合格，退回项目单位重新进行整改。

（4）经费监督检查方式

工程总体通过年度经费预算编制和执行管理、年度绩效考核和财务决算形式进行经费监督。在工程实施过程中，工程总体适时组织经费现场监督，确保工程经费使用等各方面都得到控制。嫦娥四号工程管理过程中，根据工程的阶段性工作需求，各系统各单位按年度制定经费预算，编制年度投资计划，根据年度投资计划开展研制工作，过程中通过定期召开会议、组织监督检查、开展预算执行情况监督与分析等工作，确保工程各阶段能够按照预定计划完成工作，避免发生经费不足或资金闲置的情况。

2.6.4　安全监督

2.6.4.1　一般航天产品的安全监督

工程实施过程中，工程总体在《嫦娥四号任务产品保证总要求》中对各系统研制、生产、试验过程提出安全要求，由各系统承研单位根据国家和部门规章，开展日常安全监管。

工程总体在嫦娥四号任务产品保障检查时，对各系统安全性保证进行监督检查。

安全性工作内容包括安全性分析、危险源控制与安全性设计、安全性验证与评估等。

（1）安全性分析

在工程实施不同阶段，各系统考虑工作和使用环境影响，对设备、接口、分系统、系统逐级进行安全性风险识别，编制危险源清单，分析危险及严重性和发生的可能性，提出消除危险或降低风险的安全措施和方案。

（2）危险源控制与安全性设计

各系统应采取相应的措施进行安全控制。各系统根据危险源清单，制定风险管理规划，对可能发生的危险制定应急预案，开展危险跟踪、处理及验证工作。对与操作有关的安全事项，要制定操作规程并组织培训考核，对危险源状况进行跟踪检查，对危险源操作进行监视，确保系统和人员、设备安全。

（3）安全性验证与评估

各系统对设备、分系统、系统的安全性进行评审、验证和评估。对危险分析的充分性，措施的正确性、完整性、可操作性进行评审，确认与安全性要求的符合性。

工程各系统按照危险风险评价矩阵，对危险的严重性和发生概率进行综合评价，根据严重性，编制安全性关键项目清单，对于采取措施后仍达不到可接受水平的危险项目，编制残余危险清单。

各系统针对安全性项目所采取的措施，必要时要进行验证，以便有足够的数据证实各项工作满足适用的安全性要求。

2.6.4.2　同位素热/电源产品安全监督

针对同位素热/电源产品，由于其放射性辐射特性和原材料的毒性，以及可能对所使用环境及操作人员产生安全性风险，且按照联合国《关于在外层空间使用核动力源的原则》及《外层空间使用核动力源安全框架》的指导意见提出的安全目标：保护地球生物圈中人与环境，使其免受空间核动力源在空间物体的发射、运行和寿终阶段可能带来的危害，其生产、存储、运输、试验、安装及应用等全过程各环节的安全监管至关重要。

（1）地面生产试验阶段

参照《中华人民共和国放射性污染防治法》《关于放射性安全监管部门职责分工的通知》《国家核应急预案》等国家法律法规及《放射性物品运输安全监督管理办法》《放射性同位素与射线装置安全和防护管理办法》《放射性物品运输安全许可管理办法》以及《放射性同位素与射线装置安全许可管理办法》《放射工作人员职业健康管理办法》《放射事故管理规定》《放射性物品道路运输管理规定》等部门规章，开展嫦娥四号任务同位素热/电源相应的安全监督和风险控制等安全保证工作。

工程总体专门成立"嫦娥四号任务同位素热/电源研制监督专家组"，配合放射性监管职能部门对嫦娥四号工程使用的同位素热/电源产品研制实施全过程监督，确保同位素热/电源顺利按计划、高质量高可靠完成研制工作，按任务要求交付使用。

（2）安装使用阶段

在同位素热/电源交付使用前，国家航天局根据任务特点，专门制定《探月工程嫦娥四号任务同位素热/电源空间安全使用评价要求》和《嫦娥四号任务空间同位素热/电源安全性评价指标要求》等文件，并牵头成立由相关部门和工程任务相关单位专家组成的"嫦娥四号任务同位素热/电源空间安全使用评价专家委员会"。评价委员会开展同位素热/电源安装使用前的安全审查，给出安全评价意见，以供航天局授予任务发射许可决策参考。

（3）发射实施阶段

在同位素热/电源进入发射场前，工程总体与国家核应急中心密切沟通，组织相关单位和专家，根据嫦娥四号探测器、运载火箭在发射场的测试总装流程，编制形成《嫦娥四号任务发射阶段核应急预案》，明确应急组织、设备、事故模式、响应标准及流程等。国家核应急中心组织核应急专家对应急预案进行审查，通过后正式印发任务相关单位，作为应急工作指导和依据。

国家核应急中心组建靶场放射性事故应急小组，负责监督检查同位素热/电源在发射场的全过程安全，并待命执行相关应急任务。

2.7　制度体系

科学有效的制度体系是工程实施的重要保障。嫦娥四号工程制度体系包括工程实施必须遵循的国家层面的法律法规及相关要求，以及工程总体制定的相关管理办法及技术文件体系，为推动工程实施确定的会议制度和培训、信息沟通、监督检查等制度。

2.7.1　工程遵循的法律法规及制度

2.7.1.1　国家层面法律法规及政策

（1）工程论证

依据的是《中华人民共和国国民经济和社会发展第十三个五年规划纲要》、"国家创新驱动发展战略"及习近平总书记在接见嫦娥三号任务参研参试代表时的讲话精神。

（2）工程组织实施

①工程实施

工程的组织实施主要依据《国家科技重大专项管理暂行规定》、《组织实施科技重大专项若干工作规则》、《中华人民共和国放射性污染防治法》（主席令〔2003〕第 6 号）、《放射性同位素与射线装置安全与防护条例》（国务院令〔2005〕第 449 号）、《放射性物品运输安全管理条例》（国务院令〔2009〕第 562 号），以及中央审查通过的《探月工程嫦娥四号实施方案调整报告》和国家航天局与财政部联合印发的《关于嫦娥四号任务实施方案调整的通知》开展。工程总体技术方案及研制计划制定根据国家航天局印发的《探月工程嫦娥四号任务研制总要求》开展。各系统技术方案的设计及研制组织实施依据国家航天局和财政部联合印发的嫦娥四号任务各系统实施方案批复，以及工程总体印发的各系统研制任务书开展。

②预研项目管理

预研项目管理主要依据《国家科技重大专项管理暂行规定》《国防科工局科研项目管理办法》《国防科技工业科研经费管理暂行办法》《民用航天预先研究项目管理实施细则》。

③科研项目管理

科研项目管理主要依据《国家科技重大专项管理暂行规定》《国防科工局科技重大专项质量监督管理规定》《国防科工局科研项目管理办法》《国防科技工业科研经费管理暂行办法》。

④建设项目管理

建设项目管理主要依据《国防科技工业固定资产投资项目管理规定》《国防科技工业政府固定资产投资项目管理办法》《国防科技工业固定资产投资项目竣工验收实施细则》。

⑤项目审计与监督检查

科研项目审计主要依据《国防科技工业科研经费管理暂行办法》《国防科工局科研项目管理办法》《探月工程科研经费管理办法》《民用航天科研项目管理暂行办法》等。

建设项目审计依据《中华人民共和国招标投标法》《中华人民共和国招标投标法实施条例》《国防科技工业固定资产投资项目招标投标管理暂行办法》《国防科技工业固定资产投资项目招标投标管理暂行办法实施细则》《国防科技工业固定资产投资项目管理办法》《基本建设财务规则》《基本建设项目竣工财务决算管理暂行办法》《基本建设项目建设成本管理规定》以及财政部关于调整基建项目及国家科技重大专项基建项目竣工财务决算审批管理事项的通知和国防科工局关于投资项目及有关重大专项基建项目竣工财务决算审批有关事项的通知等。

2.7.1.2　行业规范及管理办法

主要行业规范有《放射性物品运输安全许可管理办法》（环境保护部令〔2011〕第11号）、《放射性同位素与射线装置安全许可管理办法》（环境保护部令〔2011〕第3号）、《放射性同位素与射线装置安全与防护管理办法》（环境保护部令〔2011〕第18号）、《放射性同位素与射线装置辐射事故分级处理和报告制度》（环发〔2006〕145号）、《放射性物品道路运输管理规定》（交通运输部令〔2010〕第6号）、《放射性物品运输安全监督管理办法》（环境保护部令第38号），以及相关部门发布的核设施安全监督管理规定、核设施质量保证规定、核设施核应急管理暂行规定、核设施安全许可管理办法、核设施监督检查管理办法、核设施安全报告管理办法、放射性物质运输事故应急准备与响应、放射性物质运输核安全监督管理办法等。

2.7.2　工程管理制度

2.7.2.1　制度体系

深空探测工程管理制度体系框架结构包含四个层次，如图2-25所示。

第一层：顶层管理制度

明确工程的组织机构与职责，以及工程管理的范围、方针政策、原则和工作重点，提出组织管理、项目管理、技术管理的总体要求和制度框架。

第二层：子层管理制度

提出工程组织管理、项目管理和技术管理的通用要求，明确工程总体和各系统实施组织管理、项目管理和技术管理的组织职责，定义组织管理、项目管理和技术管理包含的要素，明确各要素的工作要点。

第三层：要素管理制度

提出组织管理、项目管理和技术管理各要素开展管理和技术活动的要求、内容和流程，推荐可采用的技术方法，明确所包含的子要素。

第四层：子要素管理制度

提出子要素的详细要求，包括各子要素开展管理和技术活动的要求、内容和流程，推荐可采用的技术方法。

2.7.2.2　子层管理制度

子层管理制度包括组织管理制度、项目管理制度、技术管理制度和会议与培训制度等。

（1）组织管理制度

组织管理制度的顶层规范为"工程组织管理要求"，划分为目标管理、信息管理、团

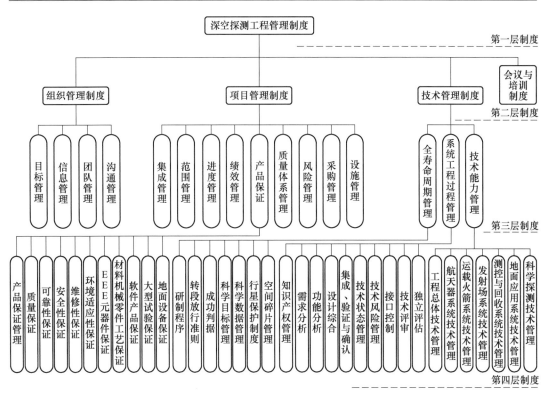

图 2-25　深空探测工程管理制度体系

队管理和沟通管理等四个方面。

①目标管理制度

组织应建立目标管理体系（责任制），并层层落实。明确组织内部各个部门、各类人员在深空探测工程项目中的工作范围、职责和相应的制度，系统策划和组织项目实施，按质按时实现工程任务要求规定的目标。

②信息管理制度

组织应建立正常运行的信息管理和报告制度。充分利用信息化手段，实现对深空探测工程相关各类数据信息的采集、处理、传递和利用，做到闭环管理和信息共享。具备及时处理、上报问题信息的能力。

③团队管理制度

组织、管理与领导项目团队，调动并发挥其专业技能，充分发挥工程参与人员的主观能动性，增强其对深空探测工程项目的责任感。团队管理活动主要包括：策划团队管理、组建项目团队、建设项目团队和管理项目团队。

④沟通管理制度

基于工程实施的组织架构及过程特点，建立有效顺畅的沟通机制，及时传递工程需求信息，获取工程过程信息，协同实现工程目标。沟通管理包括沟通计划、沟通对象、沟通方式、问题记录等子要素管理。

（2）项目管理制度

项目管理制度顶层规范为"工程项目管理要求"，划分为集成管理、范围管理、进度管理、绩效管理、产品保证、质量体系管理、风险管理、采购管理和设施管理等九方面要素。

①集成管理制度

识别、定义、组合、统一、协调深空探测工程项目管理的各种过程和活动。在深空探测工程多种目标和方案之间进行权衡，确保各系统之间相互协调，以达到工程的科学目标和工程目标。权衡多个项目目标的资源分配方案和项目管理方案；确保同一项目内各知识领域之间的协调关系。集成管理活动主要包括确定项目目标、制定项目管理计划、指导与管理项目工作、监控项目工作、实施整体变更控制、项目结束等工作。

②范围管理制度

定义和控制为交付具备深空探测工程任务要求规定的特性与功能的产品和服务而必须完成的工作。确保项目做且只做深空探测工程项目所需的工作。项目管理活动包括范围管理策划、定义范围、工作分解、确认范围、控制范围等。

③进度管理制度

根据工程计划编制科学合理的进度，并在工程实施过程中对计划的执行情况进行跟踪与控制，以确保按期完成工程目标。进度管理活动主要包括：策划进度管理、定义活动、活动排序、估算活动持续时间、制定进度计划、控制进度等。

④绩效管理制度

绩效管理的目的是保证深空探测工程项目在批准的预算之内完成设定的任务和目标，加强对成本的管理与监督，提高成本使用效率，实现工程的成本指标，保证工程顺利开展和目标实现。绩效管理活动主要包括绩效计划制定、绩效目标传递、绩效考核评价和绩效评估与提高等。

⑤产品保证制度

产品保证制度的顶层规范为"工程产品保证总要求"。通过运用各种管理、技术手段和方法，开展产品保证工作策划以及相关的管理活动，确保工程各级产品落实产品保证工作要求，实现工程和科学目标。产品保证工作策划活动包括识别产品保证所需的资源，制定产品保证总要求与产品保证工作计划，确保产品保证管理与质量管理体系、风险管理接口协调，确保产品保证信息的传递与管理。产品保证实施活动包括关键项目管理、评审管理、产品保证审核、质量问题归零、表格化管理、数据包管理、技术状态管理、重大事故调查、质量监督验收管理等。产品保证管理包括产品保证管理、质量保证、可靠性保证、安全性保证、维修性保证、环境适应性保证、EEE 元器件保证、材料机械零件工艺保证、软件产品保证、大型试验保证和地面设备保证等子要素管理。

⑥质量体系管理制度

承担工程各系统研制、生产和试验任务的组织，应按 QJ 9000A 或相关的质量体系标准（GJB 9001B、ISO 9000 等）建立质量管理体系并保持有效运行。承担软件开发的组织应具备 CMM（CMMI 或 GJB 5000）认证 3 级以上的资质。

⑦风险管理制度

提高深空探测工程项目中积极事件的概率和影响，降低项目中消极事件的概率和影响，通过对工程技术、成本、进度风险进行识别、分析并采取应对措施，确保工程已识别的风险降低到可接受范围内。风险管理活动主要包括风险管理策划、风险识别、风险分析、风险应对。

⑧采购管理制度

对从项目组织外部获取产品或服务的过程进行管理和控制。明确工程配套单位，通过合同管理和合格供应商目录动态管理，确保工程各级产品符合要求。采购管理活动主要包括策划采购管理、采购实施、采购控制和采购记录，其中包含合同管理和供方控制。

⑨设施管理制度

组织应能够提供并维护符合深空探测工程产品设计开发、研制试验、运行维护要求所需的基础设施，实施基础设施投资管理。基础设施一般包括建筑物、工作场所和相关设施、硬件和软件设备、试验设施、仿真试验软件基础设施等。

（3）技术管理制度

技术管理主要体现深空探测工程分阶段实施技术开发、产品研制和控制决策的过程，同时体现贯穿全寿命周期各阶段、具有深空探测任务特点的技术活动。

顶层规范为"工程技术管理制度"和各系统技术管理制度，划分为全寿命周期管理、系统工程过程管理和技术能力管理等要素。

①全寿命周期管理制度

包括研制程序、转段放行准则、成功判据、科学目标管理、科学数据管理、行星保护、空间碎片管理、知识产权管理等。

（a）研制程序

嫦娥四号工程以探测器和中继星研制为主线，根据探测器和中继星平台的成熟性特点，将工程阶段划分为论证阶段、方案与验证阶段、正样研制阶段、发射实施阶段、在轨运行和应用阶段。

其中，论证阶段主要开展工程总体方案设计、工程目标和科学目标的制定、研制风险预判、研制计划制定和经费概算等，形成工程实施方案。论证阶段主要完成标志是完成工程论证，国家批复工程立项。方案与验证阶段主要完成工程总体及各系统的详细设计和关键技术攻关以及新研产品的鉴定试验。正样研制阶段主要完成探测器/中继星正样产品研制试验、运载火箭的总装和测试、地面系统的适应性改造，以及大系统间的对接试验。发射实施阶段主要开展探测器/中继星发射场测试、总装、加注、发射及入轨监测等工作。在轨运行和应用阶段主要完成探测器/中继星飞行控制及探测器月球背面软着陆、两器分离及就位/巡视科学探测，获得科学数据，开展地面数据研究，发布科学成果。

（b）转段放行准则

在工程的各阶段结束后，各系统开展阶段研制总结和下一阶段方案设计，并且完成本阶段的质量问题归零，不遗留不可控风险。在交付工程使用前，探测器/中继星和运载火箭需完成所有研制试验工作，并完成研制过程质量问题归零，确保系统产品安全可靠，并完成出厂评审；地面系统要完成执行能力评估，确保满足任务要求。

（c）成功判据

成功判据包括发射成功判据和工程成功判据。在探测器任务和中继星任务发射前，根据工程对运载火箭的指标要求，按照运载火箭在发射探测器或中继星时实际入轨精度、探测器或中继星入轨姿态和关键动作完成情况以及整星/整器工作状态，给出是否发射成功判断；中继星进入使命轨道并完成在轨测试及中继通信试验、探测器安全着陆月球背面预选区域后，按照着陆器和巡视器工作状态及科学载荷开机情况，提出基本成功、成功和圆满成功的标准。

（d）科学目标管理

结合深空探测科学目标管理的特点，明确月球和深空探测工程科学目标管理的组织职责、方法和程序，对深空探测工程实施过程中科学成果的形成过程及最终成果进行策划、控制和评价。科学目标的管理结合工程各阶段决策活动开展，由月球应用首席科学家在各阶段召集相关控制和活动，分阶段实现深空探测工程科学目标实现程度的分析评价、控制和监督。采用百分制或达到程度对科学目标要素进行评价，不满足科学目标的工程系统应采取纠正措施，对纠正措施进行闭环控制。

（e）科学数据管理

深空探测工程科学数据发布由工程总体审批，工程地面应用系统负责建立科学数据用户档案和实施数据发布；明确深空探测工程科学数据的分级定义、科学数据专有期和发布期；明确各级用户申请使用科学数据的方式、程序和手续，以及向协议方提供科学数据的审批要求；明确数据的保存、分发、研究成果控制、宣传展示的管理要求。

（f）空间碎片管理

深空探测工程空间碎片减缓参照或采用国际标准 ISO 24113《航天系统 空间碎片减缓要求》。明确深空探测工程空间碎片减缓要求，防止和减少发射入轨、飞行经过近地空间或绕天体飞行、再入等的系统及其组件，包括其发射段、控制段和任何其正常释放的物体或处置过程中释放的物体。同时采取跟踪预测、规避、防护、阻挡等措施应对空间碎片对探测器的冲击。设计过程中应考虑在全寿命周期过程中尽量减少空间碎片的产生，同时考虑微流星体与空间碎片对探测器的撞击引起的损伤。

（g）行星保护制度

遵循相关国际规则，在深空探测任务执行过程中，避免将有毒物质携带至探测的外星球，避免地球和外星球之间微生物和生命体的交叉性污染。一方面关注向外污染，采用清洁措施防止探测器将地球微生物携带至其他星球，采用设计改进防止向探测星球释放有毒有害气体。另一方面防止地球被污染，返回器从地外星体返回时，采取有效防护措施，避免地球环境及操作人员被外星物质或微生物污染或侵害。

（h）知识产权管理

遵照国内相关法律法规，明确深空探测工程知识产权管理的机构、职责，工程知识产权分类，及各研制阶段知识产权管理要求。

②系统工程过程管理制度

系统工程过程包括技术过程和技术控制过程，技术过程是在系统寿命周期过程中反复迭代运行的结构化分析、设计、验证过程，促使要求逐步转化成系统设计，子要素划分为需求分析，功能分析，设计综合，集成、验证与确认。技术控制过程是对技术过程的控制与综合，子要素划分为技术状态管理、技术风险管理、接口控制、技术评审和独立评估。

1）建立并落实责任制度。各系统两总对本系统的质量、技术负总责，并制定分解落实责任制，层层落实分系统、各单机、各环节责任人。各研制单位行政正职为产品质量第一责任人，要签署产品质量承诺书。系统实验和联试必须明确责任单位、责任人。

2）建立严格的技术状态控制要求。各系统要严格控制技术状态变化。按照正样（试样）产品基线开展全面复查，对已更改的必须确认符合"论证充分、试验验证、各方认可、审批完备、落实到位"五条原则。

3）建立严格的接口控制要求。实施接口控制，定义各系统间的物理、功能、环境和操作接口要求。规定系统间的共同匹配要求、相互的兼容性和文件的控制程序。

4）建立科学的评审规则。建立大型试验的试验大纲、试验方案、实施细则的科学评审制度，确保文件正确性和有效性，并建立不可测试项目的过程控制制度，要有满足要求的证据。

5）建立软件产品保证管理方法。制定探测器、运载火箭的飞行软件（含 FPGA 软件）的确认测试和系统测试的覆盖性检查办法，重点是加强对功能、性能、安全性、可靠性，以及软硬件接口的管理。

6）建立元器件质量复查管理办法。各系统要全面清理元器件装机使用情况，做好装机元器件质量保证过程的合规性确认，重点开展代料、超期、目录外、新品和首飞元器件以及降额、装机合格证复查，并做好本型号和其他型号相关元器件质量归零和举一反三复查。

7）建立严格的外协产品管控方法。各承担单位要遵循"谁外协、谁验收、谁负责"的管理原则，复查外协产品的技术状态、质量状态及质量记录、产品履历、数据包等，对外协产品应确认其故障模式和使用约束条件，并复查其二次外协验收要求的落实情况。

8）制定并有效落实可靠性措施。各系统要全面落实、复查可靠性工作计划规定的项目，要确保针对关键项目和Ⅰ、Ⅱ类单点故障采取的措施可靠。要复查研制过程中的质量问题归零和其他型号相关质量问题举一反三的有效性。

9）制定风险分析和故障预案。各系统、各单位要充分识别发射与飞行过程中的风险和故障模式，深入开展风险分析，制定并完善风险控制措施和故障预案，开展故障预案评审、演练和效果评估，确保风险可控，预案有效。

10）建立工程质量责任制制度。工程实行抓总单位负总责和自下而上逐级负责的质量责任制度。工程总体对工程质量总负责。工程指挥系统对工程计划、进度和质量负总责，工程设计师系统对工程设计试验质量负责，工程总体的质量责任应逐级分解落实到工程各系统和各级承担承制单位。工程各系统抓总单位对本系统的技术和产品质量负全责，对工程总体负责。各工程任务承担单位对其产品和服务质量负全责，对上一级用户和抓总单位负责。各承研承制和参试单位行政正职，为本单位工程质量第一责任人。工程各系统总指挥是项目的直接责任人，对工程总体和本单位行政正职负责。工程各系统总设计师对本系统设计试验质量负责。

11）建立风险管控机制。开展工程风险分析，针对工程难点和创新点、系统及产品的成熟度等要素分析确定风险项目，提出控制措施，开展过程跟踪及递进评价，确保风险控制措施落实到位，不断化解和降低风险，确保工程顺利实施并圆满成功。针对高风险项目及影响成败的关键环节，开展专题研究和独立评估。专题研究由工程总师或副总师牵头，组织相关系统开展深入研究，必要时经试验验证，给出明确结论或方案、措施等；独立评估由工程总体组织独立于型号外的专家团队，在工程初样或正样研制阶段开展。包括对其技术方案、技术指标、技术攻关情况、可靠性、安全性、接口协调性、验证有效性、潜在技术风险等实施分析与评价。

12）建立大型试验管理办法。为确保工程大型试验安全、充分、有效，制定了《探月工程大型试验管理办法》。针对探月工程跨系统和系统级的各类试验以及分系统级具备技术难度大、风险大、试验周期长、参试单位多、耗资大等特点的试验，确定试验组织体系及试验要求。试验文件包括试验任务书、试验大纲、试验实施文件、质量保证文件、试验总结及试验报告等提出具体要求。

13）建立强制性检验管理办法。为加强探月工程研制过程质量监督，规范各系统对工程关键产品和关键过程质量控制的现场跟踪监督，确保过程和产品质量受控，制定《探月工程强制性检验管理办法》，对强制性检验的范围和形式、强制检验点的设置及强制性检验的实施提出了具体要求。

14）建立质量监督验收代表工作管理办法。为加强探月工程过程质量控制，强化飞行产品研制生产质量监督，确保产品适量，工程总体聘任质量监督代表对探测器系统和运载火箭系统级相关研制单位进行质量监督。为规范质量监督工作，制定《探月工程质量监督验收代表工作管理办法》，规定了质量监督代表的职责和权限、聘用和考核程序、监督报告及问题处理等要求。

③技术能力管理制度

组织应具备承担深空探测工程的技术能力，能够对技术的选择、获取、实现、固化、改进与创新有成熟经验。技术能力包括通用技术能力（如技术规范、标准工艺等）和关键技术能力（核心技术能力）。关键技术能力为组织在其长期的发展和持续的尝试中形成的技术经验积累，具有一定的稳定性，并且在同行业内占据技术水平的制高点，包括组织成熟度评估、技术成熟度评估、软件成熟度评估和合格供方等。

（a）工程总体技术管理制度

工程总体根据工程任务和目标，开展总体技术顶层设计，提出总体技术要求，对重点工程技术环节进行关注和控制，包括提出工程研制总要求，确定工程研制总体技术方案，实施工程预先研究管理，确定工程国际技术合作政策、工程关键技术（如核动力技术等）、大型试验项目、工程坐标和时间规范，提出软件工程化要求，组织编制工程技术手册和工程技术总结等。同时，针对不同任务梳理关键技术，开展专题研究工作，集中解决跨系统、综合性技术问题，为各系统开展相关工作提供依据。

（b）各系统工程技术管理制度

工程各系统涉及的工程技术包括航天器系统、运载火箭系统、发射场系统、测控与回收系统、地面应用系统涉及的航天通用工程技术，也包括深空探测工程专有的工程技术。工程各系统涉及的工程与科学专业技术规范由工程各系统总体单位根据工程需求进行策划和研究，逐步分解完善。

（4）会议与培训制度

①会议制度

1）领导小组会议。审定工程方案和研制总要求；工程转阶段和发射决策。

2）两总联席会议。审定工程管理要求；审议决策重大工程问题；议定重大工程节点和研制计划。

3）大总体协调会。工程立项实施后，工程总体根据各系统研制进展及需要协调的大系统接口及计划调整等问题，召开大总体协调会，就大系统接口问题及工程计划节点进行协调，协调结果形成会议纪要，作为后续工作依据。大总体协调会将分组进行，由工程总设计师系统组织。

4）大总体调度会。工程总体每月初召开大总体调度会，工程总体和各系统以及关键分系统（如有效载荷分系统）参加，就上月研制工作完成情况、研制中需要协调解决的问题及下月工作安排进行交流沟通，从而对工程研制进展及计划执行情况进行监督。

5）总师会议。总设计师系统通过召开会议研究、决策、部署工程重大事项。主要形式有总设计师系统月例会和专题会。

a）总设计师系统月例会。原则上，每月第一个周固定时间召开，由总设计师主持，副总设计师、应用首席科学家和相关人员参加。审议向工程领导小组和工程总指挥请示、报告的重大事项，传达和组织落实上级领导的决定、指示和要求；各副总设计师和应用首席科学家报告所分管系统的进展情况；研究、协调和决策重大技术、质量和研制计划问题，提出解决方案和后续工作计划。

b）总设计师系统专题会。由总设计师或副总设计师、应用首席科学家，针对需总设计师系统研究、协调、决策的具体问题，召集工程总设计师系统及有关人员召开，会议由召集人主持，承办部门由召集人指定。

6）年度工作会。工程立项实施后，工程总体每年年初，组织召开年度工作会，工程总体及各系统就上一年的研制工作及存在的问题进行总结梳理，并对本年度的工作进行策划，提出质量保证措施。工程两总提出本年度的工作目标和工作要求，并对全年工作进行部署。

7）任务指挥部会议。在工程进入发射实施阶段前，成立任务指挥部，主要由承担执行任务的单位领导组成。主要是审定发射关键节点，把握发射场内各项工作进展，审查转入下一阶段工作的准备情况。

8）同位素源专题调度会。工程总体每月月初，召集同位素源综合协调组相关单位，开展同位素源研制过程中技术、质量和计划协调，推进同位素源研制。

②培训制度

（a）产品保证培训

为了促进工程各系统、各参研单位更好地理解和落实《探月工程嫦娥四号任务产品保证总要求》等工程总体质量保证文件，帮助各参研单位更好地理解涉及质量工作有关方面的标准和要求，推动各项要求在工程研制过程中落实，工程总体遴选产品保证管理、元器件、原材料、软件及 FPGA、工艺等方面的专家，以总要求、质量决定等文件为依据，结合自身多年的产品保证工作经验和专业优势，分别编写宣贯培训材料，同时编制培训考试题，先后赴研制单位集中地区，开展对工程全线的宣贯培训及考核，要求全体参研参试人员考试合格后方可上岗。

（b）同位素源培训

针对同位素源放射性特性及对靶场人员及环境的潜在影响，为使研制操作人员和在发射场工作的其他人员了解同位素源的安全性、操作流程、辐射防护要求及工程已经做好的应急准备等，工程总体在发射阶段组织专家对发射场的所有人员进行公开宣讲，避免放射性恐慌，规避操作风险，使同位素源顺利完成靶场内转移和安装，在嫦娥四号上应用。

2.8 资源保障体系

嫦娥四号工程是国家重大科技工程，也是备受世界瞩目、深空探测领域承上启下的标志性工程，具有非常重大的战略意义和长远现实意义。

嫦娥四号工程是一个多层次、层层相关的复杂巨系统。在嫦娥四号工程中，存在多个相互联系、相互依赖、相互制约、相互作用的子系统，并具有特定的功能。在系统内部各事物和过程，通过特定的方式进行信息物质和能量的输入、储存、利用、输出及交换。各事物和过程之间既存在协同、有规律的联系，又能适应于环境变化而保持其功能不变。资源保障系统是一个复杂系统。

2.8.1 资源保障体系策划

嫦娥四号工程构建了包含政府层、主管部门层和实施层的多层次资源保障体系，如图2-26所示。

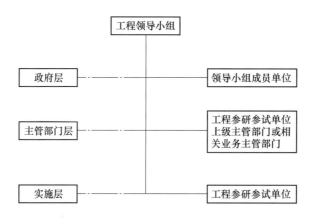

图 2-26　嫦娥四号工程资源保障体系架构

保障体系具备从上到下的顶层规划机制，也包含从下到上的主动沟通机制。通过这种分层管理、跨级协商，充分发挥举国体制办大事的体制优势，对工程资源、技术体系进行保障。在工程实施前，预先对所需资源进行识别和规划，包括参研参试单位或人员、所需专家顾问、条件保障设施、时间资源、其他所需的行业或地方支持等，并制定了各层之间相互支持协同的全寿命期、统筹规划、协同合作、灵活自主的多层次资源保障体系。根据嫦娥三号等前期型号任务的资源保障基础和经验，嫦娥四号工程进一步完善资源管理和保障方案，并根据嫦娥四号工程的任务特点，制定了中继星及其发射用火箭、国际合作搭载项目、科学研究搭载项目等资源管理和保障措施。

嫦娥四号工程资源保障体系由工程总体负责对工程大系统所需的资源进行识别、获取、管理，并对系统间的资源冲突进行协调，制定资源保障总要求以及工程总体层面的保障工作策划、组织、协调、监督。各系统、各研制单位按照研制总要求或研制任务书等总体文件，在各自层级开展资源规划活动，包括识别、获取、管理各研制过程所需的资源，进行分系统、单机产品间的资源协调，策划和组织实施资源保障工作。

2.8.2　政府层资源保障

作为国家重大科技工程，探月工程成立了重大专项领导小组。嫦娥四号的资源保障，主要由领导小组的各成员单位协同负责，对国内资源进行整合，充分利用有关科研院所的研发力量，对各单位关键资源进行高效配置，形成各优势资源间相互协调和转化，以保证目标的实现。此外，在嫦娥四号探测器和中继星任务发射实施阶段和在轨运行（科学研究）阶段，还得到了来自新疆、四川、云南和国家自然科学基金委员会等各部门各地的协同保障。以上政府部门，为嫦娥四号工程在论证、研制、试验、发射、运行及科学研究等各个阶段的顺利实施，提供了有效的政策、资金、人力、设备设施等资源保障。

（1）四川省资源保障

西昌卫星发射中心（位于四川省西昌市）作为嫦娥四号任务发射场系统的重要实施单位，四川省政府高度重视。四川省国防科工办、探月与航天工程中心（工程总体）、凉山彝族自治州（以下简称"凉山州"）人民政府多次联合召开嫦娥四号发射任务地方保障工作会议。对凉山州公安、交通、电力、通信、应急、宣传、经信、卫生、气象、机关事务管理局等 16 个单位，以及西昌市、冕宁县政府的协同保障工作进行了统筹安排。由探月与航天工程中心（工程总体）就电力、交通、通信、接待、应急等提出具体保障需求，凉山州、县政府及相关部门根据保障任务要求，进行了责任分工和工作安排，省主管部门负责跟踪协调并开展督查督导。通过协同保障会议，各级政府和相关部门深化了认识，在嫦娥四号工程全寿命周期实施中，政府部门按照责任分工，对工程所需资源给予了及时保障。

协同相关保障工作如下：

1）建立联系机制，实现探月与航天工程中心（工程总体）与四川省、凉山州之间信息共享互通；

2）凉山州电力、通信等部门及时安排设备设施检测，确保安全可靠；

3）加强应急管理，进一步完善相关应急预案；

4）落实安全保密责任。各级政府和相关部门深化了认识，切实承担保障任务，层层压实责任，确保安全应急措施的落实到位。

关于商请为探月工程嫦娥四号任务提供相关发射保障的函

×××：

探月工程嫦娥四号任务已进入决胜的关键阶段，CZ-3B 运载火箭将于 11 月 8 日运抵发射场，并计划于 12 月 8 日—9 日择机执行探测器发射任务。

嫦娥四号月球背面着陆探测任务发射窗口稀少、窗口宽度窄，为降低工程实施风险，《探月工程嫦娥四号任务研制总要求》提出"两次发射任务的实施月份中，有连续的两天具备发射条件，每天有两个发射窗口""具备低温加注后推迟 24h 发射的能力"的要求。

针对低温推进剂加注后推迟 24h 发射的要求，运载火箭系统完成了箭上产品和地面设备的验证试验，具备推迟发射的能力。通过液氧、液氢、液氮以及氦气、氮气用量的计算分析，提出了对发射场系统保障条件的需求。

> ……
>
> 为保证嫦娥四号任务具备连续两天、加注后推迟 24h 发射的条件，满足《探月工程嫦娥四号任务研制总要求》，请贵部组织协调相关单位，保障上述工作的顺利实施。
>
> 请予支持为盼！
>
> ×××××
>
> ××年××月××日

（2）新疆维吾尔自治区资源保障

新疆天文台南山站和喀什管控站第二管控队是直接参与嫦娥四号发射试验任务实施的重要部门。新疆维吾尔自治区政府高度重视嫦娥四号任务的保障工作，专门成立了自治区嫦娥四号任务保障工作领导小组。自治区工业和信息化厅、国防科工办与任务承担队伍主动对接，在充分征求各部门意见后制定《嫦娥四号任务执行期间协调保障工作要求》。自治区工业和信息化厅、国防科工办组织公安厅、消防总队、通信管理局以及相关市（行署、州）等部门专门召开嫦娥四号保障工作协调会，明确工作职责分工，全力提供相关保障。在执行任务期间，为参与任务的两个台站提供通信、供电、消防、无线电环境、安全保卫和气象保障。同时各部门按统一要求制定各项事前、事中、事后应急措施预案，检修相关线路、设备，坚决做到"人员到位、责任明确、沟通及时、保障有力、万无一失"，为发射试验任务提供了有力保障。

（3）云南省资源保障

云南天文台昆明地面站是嫦娥四号任务观测和数据接收的核心场所之一，该站在任务期间能否正常工作事关嫦娥四号任务的成败。2018 年 5 月，经云南省政府同意，省工信委组织召开了"探月工程嫦娥四号任务期间保障工作协调会议"，专题研究嫦娥四号任务期间电力、通信、无线电、安保、交通等保障工作。云南省工信委、云南省国防科工局、无线电监测中心、云南天文台、昆明市公安局治安管理支队、昆明市公安局交警支队、中国联通云南分公司、云南电网公司和昆明市供电局等部门各司其职，协调合作，共同为任务提供了保障工作。具体保障措施如下：

1）云南天文台加强与有关单位和部门的沟通联系，建立沟通联络机制，明确联络人员，制定完善嫦娥四号任务应急总预案。相关单位和部门制定应急分预案，明确任务保障负责人和值班负责人及其联系方式，确保任务期间突发事件发生时，保障措施能有效到位。

2）云南电网公司、昆明市供电局为云南天文台昆明地面站提供电力供应保障，加强对周边电力设施、设备和线路的维护、巡检和保护等工作，确保电力供应安全。

3）中国联通云南分公司保障国家天文台总部与昆明地面站之间的数据链路和语音链路，加强通信设备、设施和线路的维护、巡检和保护等工作，确保数据信息通信畅通。

4）省工信委无线电管理处、无线电监督检查处和省无线电监测中心负责对云南天文台数据接收范围内的无线电环境监测管控，确保任务期间数据的正确接收。

5）昆明市治安和交管部门执行任务场所及其周边的安全管控，以及重要时间节点、重点地段的交通保障，确保人员、环境和道路安全。

6）昆明市政府根据云南天文台的保障需求组织协调云南天文台周边有关单位和部门加强光源管控，确保周边光源对云南天文台激光监测信号不造成干扰。

关于商请为探月工程嫦娥四号任务提供保障的函

云南省国防科工局：

探月工程是国家重大科技专项的标志性工程。实施探月工程，是党中央、国务院、中央军委为推动我国航天事业发展、促进我国科技进步和创新、提高我国综合实力的一项重大战略决策，受到国内外高度关注。贵局在探月工程实施过程中，一贯从大局出发，给予了密切配合，对探月工程以往任务的圆满成功做出了重要贡献。

探月工程嫦娥四号探测器任务将在国际上首次实现月球背面无人着陆探测和巡视勘察，同时开展一系列科学实验。嫦娥四号任务包括中继星和探测器（含着陆器和巡视器）两次发射任务。中继星已于 2018 年 5 月 21 日顺利实施发射，探测器计划于 2018 年 12 月发射。目前，探测器任务进展顺利，已进入发射实施阶段。

我中心作为探月工程领导小组办公室，承担工程的总体设计和管理工作。为确保嫦娥四号任务顺利实施，请贵局帮助协调地方相关单位，在执行任务期间（2018 年 12 月至 2019 年 6 月），为昆明地面站（昆明市云南天文台）提供通信、无线电防护、供电和安全等保障。一是任务期间加强对该区域通信线路、供电线路和相关设施的巡查、监视和维护，确保在任务期间不发生线路中断等问题；二是任务期间加强该区域周边无线电信号监测和管制，避免周边发射基站对该区域任务设备造成无线电干扰；三是任务期间加强该区域的安全巡查，落实安全保障负责人和值班负责人，确保安全。

感谢贵局多年来对探月工程的大力支持和对我中心的热情帮助，感谢贵局为中继星任务圆满实施做出的卓有成效的工作。望贵局一如既往地支持与帮助，共同完成好嫦娥四号任务，为探月工程的顺利实施，为祖国的航天事业做出新的贡献。

此外，在同位素热源引进和地面运输过程中，生态环境部在引进、操作和存储以及运输许可上给予了大力支持和密切配合。

为保障嫦娥四号工程低温推进剂加注后推迟 24h 发射的能力，在调配运输车辆，以及同位素热/电源运抵发射场等方面，交通部给予了大力支持和密切配合。

2.8.3　主管部门层保障

（1）工程实施计划保障

工程实施过程中，各系统、分系统、单机等研制单位承担的研制任务，除涉及自身资源外，其研制、试验等还涉及诸多配套或外协单位，这些单位可能是在同一主管部门下的不同院所，也可能是不同主管部门下的研究院所或大学。一般情况下，配套或外协单位按照与研制单位的合同执行相关任务，但在研制过程中，遇到紧急情况，各研制单位与合作或配套单位的协调困难时，将通过层层上报的方式报告工程总体。工程总体在确定问题的协调渠道后，通过领导小组联络员或以航天局名义与相关主管部门进行协调沟通，取得主管部门的支持。如在嫦娥四号工程正样研制阶段，月球车在交付整器电测前，结构机构分系统所需的电机不能及时到货，导致进度可能严重推迟，探测器系统总体上报工程总体解决。工程总体立即调研，了解到电机交付延迟是因为其所需轴承到货延迟造成的，在进一步了解轴承的生产单位后，与其主管部门——中国电子科技集团有限公司机关进行了沟通。中国电子科技集团有限公司领导高度重视，机关及时了解有关情况，采取直接管理方式，协调轴承厂重新制定交付计划，优化生产检验流程，加班加点，最终快速高质量交付产品，保证了嫦娥四号探测器整个测试计划的实施。

（2）国际合作保障

嫦娥四号代表人类首次涉足月球背面，大大推进了人类对月球和宇宙的科学认知。工程领导小组从国家战略大局出发，秉持习近平总书记构建人类命运共同体理念，在探测器资源紧张的情况下首次开放部分资源，在工程实施之初就确定了"面向社会开放、开展国际合作"的指导思想。

工程充分利用剩余资源，面向社会开放。国家航天局牵头，向各国航天局发送合作机遇公告，并协调沟通合作事宜，组织合作会谈。工程总体最终确定搭载荷兰、沙特阿拉伯、瑞典、德国等 4 台国际合作载荷，在工程相关单位签署实施协议的基础上，国家航天局与各国政府签署合作备忘录，并进行过程跟踪指导。下面以与荷兰的国际合作资源保障为例。

荷兰低频射电频谱仪（NCLE）是"鹊桥"中继星上唯一的科学载荷，由荷兰内梅亨大学与中科院国家天文台联合研制。载荷研制期间，辨识存在工程进度超出谅解备忘录和合作协议的风险。为此在工程总体的统筹组织下，有效载荷总体与中继星、探测器系统总体密切沟通协调，多次优化内部流程，最大限度地为联合研制创造便利条件。中荷双方技术团队频繁交流互访，紧密团结合作，稳步保障推动研制工作。同时，中国航天局与荷兰航天局紧密沟通，通过信函等方式协调资源保障，推进载荷研制。荷兰驻中国大使馆也在嫦娥四号工程全寿命周期实施中，政府部门按照责任分工，对工程所需资源给予了及时保障。

参与双方的研制推进和协调工作。工程总体一方面通过现场会、视频会、邮件等方式加强与荷兰航天局、驻华使馆的沟通协调，通过其政府力量化解内部问题，保障相关单位加快研制进度。另一方面组织有效载荷总体配合中方研制团队，集中精锐技术力量全力配合，并积极协调中继星总体，在可行合理的范围内，主动调整载荷接口指标和整星工作流程，尽最大可能支持荷方工作。

（3）科学研究保障

嫦娥四号高度重视科学研究产出，为推动科学探测数据尽快得到应用，实现"快出成果、多出成果、出好成果、出大成果"的目标，组织国内科研院所、高校等 28 个单位的专家成立了核心科学家团队。科学研究除了本身的科研问题之外，还与资金、人才等需求密切相关。

国家自然科学基金委员会对嫦娥四号的科学研究给予了大力支持，设立"2019 年度专项项目嫦娥四号任务科学研究"项目，在嫦娥四号工程全寿命周期实施中，政府部门按照责任分工，对工程所需资源给予了及时保障。

专项经费保障，设立了"嫦娥四号数据科学解译及着陆区地质背景研究""嫦娥四号巡视区次表层结构高精度成像""嫦娥四号巡视区深部物质研究""冯·卡门撞击坑区域地质构造演化历史研究""月球背面低频电磁波辐射环境观测研究""月表中性原子及粒子辐射环境研究"等 6 个研究方向，对嫦娥四号的科学研究打通了"最后一公里"，有效提高了科学家参与的积极性和获得感，为嫦娥四号工程科学研究工作提供了强有力的支撑。

关于发布 2019 年度专项项目嫦娥四号任务科学研究项目指南的通告

关于发布2019年度专项项目嫦娥四号任务科学研究项目指南的通告

嫦娥四号是国际上首次在月球背面实施着陆与巡视探测的国家重大科技任务。2018年 12 月成功发射的嫦娥四号探测器着陆于月球上最大、最深和最古老的撞击盆地（南极-艾特肯盆地），有效规避了地球周围人造天体电磁波辐射的干扰，对揭示月球的深部物质组成和最早期撞击历史、行星与太阳爆发的低频射电天文观测等具有重大科学价值。国家自然科学基金委员会决定启动专项项目开展嫦娥四号任务相关基础科学研究。

一、科学目标

本专项项目拟围绕嫦娥四号任务，开展月球早期撞击历史以及月球深部物质组成、宇宙黑暗时代和宇宙黎明时期的低频电磁波辐射特性以及太阳风和宇宙线与无大气行星相互作用等相关基础研究。涉及三大科学研究领域：月球背面巡视区形貌、成分、浅层结构的综合探测与研究；月基低频射电天文观测与研究；月表中性原子及粒子辐射环境探测研究。

二、资助研究方向

本专项项目拟资助以下研究方向：

1. 嫦娥四号数据科学解译及着陆区地质背景研究（申请代码：A030404）

建立各类载荷获取的科学数据反演模型，构建集形貌、成分和结构于一体的综合地质剖面，开展着陆巡视区综合地质背景研究。

研究内容：开展光学影像数据的科学反演模型研究，划分着陆巡视区不同类型地貌与构造单元；开展光谱数据的科学反演模型研究，分析着陆巡视区物质分布特征；开展雷达数据的科学反演模型研究，提取着陆巡视区月壤结构和特性基本参数；构建集形貌、成分和结构于一体的综合地质剖面，建立综合地质剖面构建的方法和规范。

2. 嫦娥四号巡视区次表层结构高精度成像（申请代码：D0218）

对测月雷达数据进行偏移处理，实现巡视区月壤埋深、分层结构及月壳浅表结构的高精度成像，揭示分层结构形成机理。

研究内容：开展成像实验验证，为雷达信号解译建立精确的模型和校准基础；研究基于电磁波方程的深度偏移技术，实现雷达反射波的高精度成像，获得月壤内部反射结构的埋深及形态等信息，提取反射目标体的特征；开展各结构层关键物理参数的综合研究，构建巡视区次表层结构模型，揭示其形成机理。

3. 嫦娥四号着陆巡视区深部物质研究（申请代码：A030404）

利用红外成像光谱等数据，开展着陆巡视区深部物质组分识别与特性研究，探讨其成因机制，深化月球岩浆洋形成和演化的认识。

研究内容：利用光谱数据，获取着陆巡视区物质成分类型及其分布特征，揭示该区非月海物质与月海玄武岩的混合效应机理；识别月球深部物质，开展其特性和成因机制研究；结合其他历史数据，开展岩浆洋形成和演化的综合研究，深化月球岩浆洋理论。

4. 冯·卡门撞击坑区域地质构造演化历史研究（申请代码：D0218）

利用嫦娥四号获取的影像等数据，精确刻画着陆区形貌与地质构造的特征，结合轨道探测数据，建立冯·卡门撞击坑区域的地质演化时序。

研究内容：基于降落相机、地形地貌相机、全景相机影像等数据，结合轨道探测和月岩/月壤样品数据，识别与精确刻画着陆区撞击坑、皱脊等环形与线性构造的形态特征；结合已有国内外轨道探测数据，开展冯·卡门撞击坑及周边区域的形貌构造类型识别、特征参数量测与建模，研究撞击溅射物特征与层序、玄武岩厚度及喷发期次；研究单个撞击坑定年方法，构建冯·卡门撞击坑区域的地质演化时序；开展冯·卡门撞击坑形成过程的数值模拟分析，研究并提出区域地质演化的边界条件约束。

5. 月球背面低频电磁波辐射环境观测研究（申请代码：A0304）

利用中继星和着陆器低频射电载荷探测数据，分析月球空间和背面低频电磁波环境本底特性，研究地球、木星和太阳射电爆发的规律及其对月球空间和背面电磁波环境的干扰特性。

研究内容：开展低频射电数据在轨定标和解译分析，研究月球空间和背面电磁波辐射特性；研究地球千米波和木星低频射电爆发的辐射特性和规律，揭示行星射电爆发对月球背面电磁辐射干扰特性和机制；分析Ⅱ、Ⅲ、Ⅳ型太阳低频射电爆发事件，研究其对月球背面空间电磁辐射干扰特性和机制。

6. 月表中性原子及粒子辐射环境研究（申请代码：D0410）

利用中性原子探测仪、月球中子及辐射剂量探测仪的探测数据，揭示太阳风与月壤相互作用的物理过程和特性，了解月表高能粒子辐射环境及其与太阳活动的关系，探索月表氢等成分含量及形成机理。

研究内容：月表粒子溅射在月球大气外逸层形成中的作用；月表能量中性原子和离子与太阳风特性的关系；月表能量中性原子和离子与月表地形地貌的关系；月球表面高能粒子辐射环境及与太阳活动的关系；月表粒子辐射剂量和 LET 谱；南极-艾特肯盆地区域氢和氧化铁含量。

三、2019年度资助计划

本专项项目总资助计划直接费用为2000万元。拟针对上述研究方向择优资助项目6项，直接费用平均资助强度约为300万元/项，申请书中的研究期限应填写为：2019年8月1日至2022年12月31日。

2.8.4　实施层保障

在实施层，嫦娥四号工程制定了系统负责制的资源保障体系，构建了"人、财、物"大平衡的资源保障模式，建立了有形资源与无形资源全方位资源整合机制，以顺应各系统资源保障的差异化需求，各个系统负责本系统内部的资源保障，需要系统外部的资源由主管部门层和政府层予以支持。工程各系统总体单位负责工程总体的资源保障工作，工程各系统总指挥负责本系统的资源保障。各级承研单位配合上一级抓总单位进行工程资源保障工作，各级承研单位行政正职为本单位所承担任务资源保障的第一责任人。工程各系统总体单位负责按系统、分系统、设备或子系统的层级实施资源保障。

（1）保障责任管理

工程各实施单位建立保障工作系统，设立保障负责人，保障负责人对本级系统指挥负责。各级承研单位建立与承担任务相适应的保障队伍，明确保障专业人员。工程各级系统的保障负责人组织制定系统的保障大纲或分别编制项目保障的各专业大纲，并结合研制进程制定详细的保障工作计划，将保障工作项目纳入系统研制计划逐项予以实施。保障工作计划依据研制各阶段的工作重点和特点进行策划，做到可操作、可检查、可验证。工程各系统将保障要求逐级传递到承担分系统、设备、机械零件研制生产单位，直至承担材料、元器件研制生产单位，并建立监督、检查和验收制度，持续地评估保障项目执行情况和效果。

（2）系统保障实施

工程各系统依据保障要求，在研制阶段初期制定保障大纲，并按研制阶段制定和实施保障工作计划。工程各系统的保障大纲作为技术文件或合同附件，报工程总体审查认可，由工程各系统总指挥批准执行。分系统和设备承制单位制定的保障大纲，报合同甲方或工程上一级抓总单位审查，确定大纲是否落实了合同或相关技术文件规定的要求，并对各项要求制定了可行的方案和计划。经合同甲方或上一级抓总单位项目负责人审查认可后，作为执行和验收的依据。

工程各系统对各级承研单位的保障工作计划和实施结果的有效性进行审核，及时发现存在的问题，审核过程应通知用户代表参加。根据合同规定，各级用户也可对其分供方开展保障情况审核。工程总体在工程各阶段将组织专家组对工程各系统及其分系统、设备、关键项目和技术服务承制单位开展保障情况检查。

（3）系统可靠性保障

在可靠性保障方面，以分级负责制落实系统工程的可靠性保障要求。由工程各系统总体单位负责落实工程总体的可靠性保障。制定系统的可靠性大纲和可靠性计划，将计划纳入研制流程，确保各项可靠性工作及时有效开展。对分系统提出可靠性保障要求，并监督落实。各级承研单位对本级产品的可靠性工作负责，落实上一级抓总单位的可靠性保障要求，制定本级可靠性保障计划，对下一级产品承制单位提出可靠性保障要求，并监督落实。产品设计师对其设计产品（含对外接口）的可靠性工作负责，可靠性专业支持机构或专兼职可靠性设计师协助产品设计师完成可靠性工作。保障专业人员将可靠性保障计划纳入保障计划，确保相关工作得到资源保障并负责可靠性管理、评审和监督把关。

（4）长期存储资源保障

对于需要长期贮存的资源保障方面，重点对产品质量进行可靠性保障管理。对于已投产产品，参照 QJ 1408A－1998《航天产品可靠性保障要求》、QJ 2236A－1999《航天产品安全性保障要求》进行存储和检测。由各承研单位使用过程跟踪卡和履历书对产品存储的全过程活动和检验结果进行记录，形成操作、检验、试验相关的质量记录，以保障所有存储条件、检测工序和质量检验结果的可追溯性。质量记录应完整并归档。

（5）地面设备保障

对用于地面检测、试验、搬运、吊装、供电、加注、指挥、测控、数传等地面保障设备和设施，工程各系统制定质量控制程序和保障计划，以保障地面操作和飞行试验的实施。工程各系统按照有关规定对地面保障设备和设施，进行定期或使用前的计量检定及状态检查，系统规划备品、备件、系统冗余和应急处置的保障措施，并进行操作演练和验证，确保设备完好、系统可靠，满足工程研制、试验、发射和运行的需要。

第 3 章　工程需求管理

嫦娥四号工程研制管理全过程坚持以国为重的价值导向，以需求为关注焦点的理念，采用行之有效的需求识别和需求分析方法，确认各利益相关方的具体需求，在此基础上研究提出嫦娥四号工程实施方案要点，通过工程研制建设、发射、在轨运行，完成需求实现过程。

3.1　需求管理流程

需求管理一般是指以用户为中心，通过调查、采访、会议等手段，获取、记录并清晰阐述、估计和管理用户需求以及需求变更的系统化方法。探月工程作为复杂的系统工程，存在着需求战略性、需求描述模糊、需求范围大、多利益相关方等难题，并受国内外形势的影响，因此对工程需求管理提出了很大的挑战。嫦娥四号作为嫦娥三号的备份，如何实施受到了利益相关方的高度关注，也存在很多不同意见。为此，工程团队创新需求管理方法，通过利益相关方需求识别，形成需求清单。采用基于价值导向的多目标分析方法，进行需求分析；采用基于科学-技术-工程融合迭代的目标优化法，进行需求确认；采用基于风险评估的战略价值决策法，指导需求实现（见图 3-1）。需求管理过程是全寿命期的、不断迭代的过程。

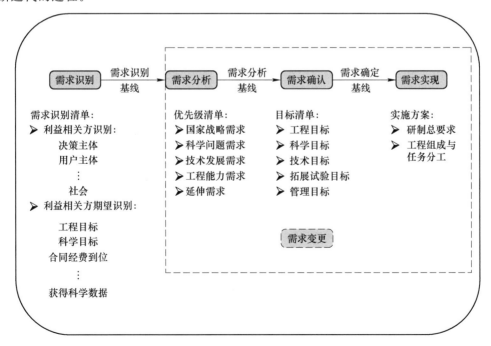

图 3-1　需求管理流程

　　需要注意的是，需求变更是需求管理中必须引起高度重视的事件。特别是国家重大工程，由于利益相关方多、工程寿命期长，往往由于环境、技术等变化而提出需求变更事项。在嫦娥四号工程实施中，相对原实施方案，需求产生了很大变化：一是由着陆月球正面变更为月球背面；二是开展了国际合作载荷；三是利用剩余资源开展了技术验证项目。需求变更的管理对工程项目的成功非常重要。

　　需求变更的流程首先是在需求分析、需求确认、需求实现各环节中，相对于识别基线、分析基线、确认基线，识别需求变更要求的利益相关方主体及期望；然后进行需求变更分析，通过利益相关方沟通、协商及分析，确定新的需求分析基线；按照需求确认程序，将需求变更内容，确定为工程系统要实现的目标，建立新的需求确定基线；最后在需求实现环节，形成实施方案变更。

　　需求变更主要考虑的要素包括变更的意义和必要性、可能引起的经费调整、进度推迟的可接受性、风险的可控性等。

3.2　需求识别

　　需求识别是需求管理的首要环节。嫦娥四号作为复杂系统工程，首先要识别利益相关方组成，并经领导小组会议确认，采取文件、政策、会议等方式，确定利益相关方的期望，最终形成期望清单。

　　本节介绍了嫦娥四号工程利益相关方识别的思路和方法，梳理了上级部门、用户等六大利益相关方的具体组成。针对各类利益相关方，对其关重度进行了分类，介绍了期望分析的方法、主要的期望及其目标。

3.2.1　利益相关方的识别

　　利益相关方的合理性、全面性、潜在性是识别的重点，特别是要考虑潜在的利益相关方。识别方法采用相关分析法和潜在利益方分析法。相关分析法主要是指工程总体会议、领导小组会议、公开研讨会等形式反复迭代、研究讨论识别利益相关方；潜在利益方分析法是通过调研、学术交流会、文档、数据等形式，对新用户、新参与方、新影响方、新受益方进行"四新"分析，然后纳入利益相关方名录。通过分析，识别出六个类别的利益相关方和潜在利益相关方，详见表 3-1 和表 3-2。

表 3-1　工程利益相关方

类别	利益相关方
决策主体	党中央、国务院
	主管部门，探月工程领导小组组长单位
	探月工程领导小组成员单位
用户主体	嫦娥四号工程科学探测数据应用单位和科学家
执行主体	嫦娥四号工程两总系统
	工程总体单位，探测器、运载火箭、发射场、测控、地面应用等工程五大系统承研单位及其上级主管部门

续表

类别	利益相关方
合作伙伴	质量可靠性管理、软件开发与第三方评测服务等各类技术支持单位
供应商	部组件、元器件、原材料等配套供应单位
社会	地方政府
	国内外媒体
	公众、青少年等

表 3-2　工程潜在利益相关方

事　项	类别	潜在利益相关方
同位素热/电源	决策主体	领导小组
	执行主体	产品研制和试验单位，工程总体，五大系统相关合作方
	社会	公众（主要关注核辐射影响）
科学技术试验项目	决策主体	领导小组
	执行主体	有关高校，工程总体，五大系统相关合作方
国际合作载荷	决策主体	领导小组
	执行主体	工程总体，五大系统相关合作方
		国际合作伙伴

3.2.2　利益相关方的期望

按照与工程实施直接、间接等不同相关性，有效区分嫦娥四号工程各类利益相关方，给出关重度等级，通过会议、汇报等多种方式识别、分析相关方的差异化期望，并进行排序、汇总，形成嫦娥四号工程目标的输入条件。工程相关方需求和期望的获取与分析结果见表 3-3。

表 3-3　工程相关方需求和期望的获取与分析结果

利益相关方		相关方细分			关重度	期望获取方法	主要的期望	目标/指标
		直接	间接	潜在				
党中央、国务院		√			关键	国家战略，汇报、指示、会议决议等	圆满成功，支撑航天强国和科技强国建设，综合效益显著，带动性强	工程目标完成，科学目标实现，预算执行率良好
国家航天局		√			重要	国家战略，汇报、会议决议、纪要、请示、满意度调查等	节点受控，反馈及时，同位素源安全受控，圆满成功，综合效益显著	
发改委、科技部、财政部、教育部、工程院		√			重要			
数据使用单位	科研院所	√		√	重要	新闻媒体、专业刊物、学术会议、座谈等	共享有效载荷、科学技术试验项目和国际载荷探测数据	实现科学目标，及时提供科学数据
	高校	√		√				

续表

利益相关方		相关方细分			关注重要度	期望获取方法	主要的期望	目标/指标
		直接	间接	潜在				
项目团队	探月工程领导小组	√			重要	大总体协调会、总师例会、年度工作会、专题协调会、评审会、座谈会、满意度调查等	工程成功，上级满意，能力提升，职称或职务晋升	工程目标完成，科学目标实现
	探月工程高级顾问	√						
	嫦娥四号工程两总系统	√						
	工程总体人员	√						
	五大系统人员	√						
合作伙伴	五大系统上级主管部门	√			重要	会议、沟通协调、联合评审、督查检查、满意度调查等	经费拨付到位，接口协调匹配，技术状态受控	资源保障到位，工程目标完成，科学目标实现
	主要技术支持单位	√	√		重要	合同、会议、电话、调研、座谈等	合同签订，任务书明确，经费落实，表彰奖励	合同经费到位率100%，用户满意
供应商	部组件、元器件、原材料厂商	√	√	√	一般	合同、任务书、会议、电话、调研、座谈等	接口匹配，合同签订，任务书明确，经费落实到位，获得表彰奖励	合同经费到位率100%，用户满意
社会	地方政府		√		一般	会议、媒体宣传、科普展览、征名等公益活动	信息披露及时，综合效益显著，节能环保，无核源污染，无安全事故	实现节能环保，确保无核源污染，社会高度认可
	媒体		√		一般			
	公众、青少年等		√		一般			
国际合作伙伴		√			一般	沟通、备忘录、协议等	顺利搭载，成功开机，有效探测	实现科学目标，及时提供科学数据

　　党中央、国务院从国家战略需求的高度，决策实施嫦娥四号工程。工程的圆满实施，将成为我国迈向航天强国的重要标志，并将带动其他行业发展，包括相关领域科学家在内的高校、科研院所等数据使用方，期望通过工程实施及时获取在轨探测数据，通过开展更多基础性、前瞻性科学研究，取得一系列原创性重大科学发现，从而满足空间科学发展的需求。参与承研承制的工程五大系统项目团队期望通过工程实施，带动一系列关键技术的突破，提升我国月球与深空探测领域科研能力，牵引带动相关技术发展。合作伙伴期望高标准完成工程研制任务，并且获得相关收益，工作得到上级部门的充分肯定。社会各界期望工程圆满成功，在国际取得重大反响，进一步提升民族自信心，并激发社会公众尤其是青少年的参与热情。

3.3　需求分析

　　作为国家科技重大专项，嫦娥四号工程坚持系统思想，以"以国为重、追求超越、崇尚科学、整体最优"为价值导向，系统深入地开展国家战略需求、科学问题需求、技术发展需求、工程能力需求、延伸需求及工程任务剖面分析等分析工作，为需求确认奠定了基础。

3.3.1　国家战略需求分析

党的十八大明确提出"科技创新是提高社会生产力和综合国力的战略支撑"，强调要走中国特色自主创新道路、实施创新驱动发展战略。2016 年 4 月 24 日首个中国航天日之际，习总书记做出"探索浩瀚宇宙，发展航天事业，建设航天强国，是我们不懈追求的航天梦"的重要指示，为中国航天事业的发展指明了前进方向和奋斗目标。中华民族正走在伟大复兴的征程中，科技进步、经济发展、国力日益强盛，应当履行大国责任和担当。

月球是人类开拓空间的新疆域，是各国竞相角逐的竞技场。月球探测高度体现国家意志，是科学技术发展水平和现代文明的重要标志，更是综合国力的集中体现，对提高国际地位和影响力具有重要意义。同时，作为一项技术复杂的大型科技工程，月球探测对振奋民族精神、增强民族自信心和自豪感具有重要作用，激发着一代代青少年的爱国热情和献身科技事业的决心。

嫦娥四号工程总体方案充分体现探月工程的重大科技专项属性，以服务国家战略需求、践行创新驱动发展战略为出发点，以"探索宇宙未知，服务人类文明"为使命，以"打造航天重大工程典范，引领深空探测事业发展"为愿景，瞄准国际新一轮探月态势，围绕航天强国建设需求，从国家科学技术现有水平和未来技术发展方向出发，论证提出科学目标和探测任务。同时，积极开展国际交流与合作，通过联合研制载荷，丰富科学探测成果，弥补在空间科学领域原创性发现的不足；通过分享航天发展成果，共同开展月球勘测，增进人类福祉，为和平利用太空、推动构建人类命运共同体，贡献更多中国智慧、中国方案，将嫦娥四号打造成为外空领域人类命运共同体的典范。

3.3.2　科学问题需求分析

月球科学研究对推动空间科学发展具有重要作用。如今的月球，就如同百年前的深海，作为距离地球最近的天体，具有独特的位置、环境和物质资源优势，是人类开发利用太空的首选目标。月球背面始终背对地球，提供独特的无线电环境，并且月球背面与正面的地质特征存在巨大差异，对月球背面开展形貌、矿物组分和浅层结构等就位综合探测，将获取古老月壳的物质组成等重要成果，从而对月球的早期演化历史给出新的认知。此外，充分利用月球独特位置资源、环境资源和物质资源，开展资源就位利用和基础科学的先导性试验，还将服务于后续载人登月、月球科研站建设等任务。

3.3.2.1　月基低频射电天文探测需求

天文学家一直希望找到一片完全宁静的地区，监听来自宇宙深处的微弱电磁信号。由于受到地球电离层的干扰，在地球上难以开展频率低于 10MHz 的射电天文观测，而在地球轨道甚至月球正面开展的空间射电天文观测也受到地球电离层反射和人工无线电的干扰。月球背面屏蔽了地球的无线电干扰、闪电和极光无线电发射，月夜期间还屏蔽了强烈的太阳射电辐射，因此被认为是开展低频射电天文学观测的绝佳地点。可开展的观测任务包括：低频太阳射电观测、着陆区射电环境探测、太阳系行星观测、极低频脉冲星观测和电磁波传播研究、宇宙早期特性观测、月表超高能宇宙线（UHECR）所产生的射电瞬态事件观测等。这些天文观测是研究太阳、行星及太阳系外天体的重要手段，也将为研究恒星起源等提供重要资料，或将窥见大爆炸后宇宙如何摆脱黑暗，点亮第一代恒星从而迎来"黎明时代"的信息。

利用嫦娥四号探测器平台在月球背面放置射电天线，测量空间来波电场信号中相互垂直的单个分量（见图3-2），开展低频射电探测，规避来自地球、太阳的辐射效应，提高观测灵敏度，探测银河系前景甚至是超越银河系的宇宙早期辐射，将为解决如宇宙暗黑时代以及黎明时期等重大科学问题，提供新的途径、方法和信息。

图 3-2　低频射电频谱仪所使用的三根正交天线实物图

3.3.2.2　月背巡视区形貌、矿物组分和浅层结构就位综合探测需求

对着陆巡视区域形貌、成分、结构等基本属性的探测是工程首要任务。月球正面与背面的地质特征存在巨大差异，其成因是月球科学研究的重大难题。月球背面的岩石更加古老，若能获取古老岩石类型等物质成分信息，对了解月球化学成分演化过程会有很大帮助。南极-艾特肯盆地的最古老区域，有望填补月球早期历史和类地行星特别是地球早期演化历史的空白，更是了解月球二元结构等的关键要素，同时作为月球最深的盆地（深达12km），最有可能获取深部物质信息，为解决月球内部圈层结构、岩浆洋演化理论等重大科学难题提供最直接的依据；南极-艾特肯盆地还密布撞击坑，是揭示月球撞击历史，特别是早期撞击历史的窗口。对月球背面开展形貌、物质组成、月壤和月表浅层结构以及内部圈层结构的就位综合探测，可以获取集地形地貌、物质成分、浅层结构于一体的综合地质剖面，这个剖面一旦建立起来，将获得月球最古老月壳的物质组成、斜长岩高地的月壤厚度、月球背面的月壳厚度以及核-幔边界等重要成果，对揭示着陆区域地质演化历史、演化细节给出新认识。

利用探测器搭载的光学相机，将获得着陆区和巡视区的高分辨率形貌影像；利用光谱仪，能够获得该区域月壤和巡视路线上不同石块的矿物组成，以及太空风化程度。特别是着陆区的不同石块，分别来自该区域周边不同远近的岩石，代表了月球背面不同深度的物质组成或月球早期撞击事件产生的冲击熔岩。通过就位实测，可建立月球深部物质组成模型，并且很可能发现新的玄武岩类型，探知月幔物质组成，验证月球二元结构是否延伸至深部等科学难题。利用雷达高频段信号，对巡视路线的月壤厚度和月壤结构进行探测，将获得月球背面南极−艾特肯盆地的月壤厚度与精细结构，揭示月球背面更早期的演化历史；基于对一些典型的小撞击坑（千米级到几十米直径）沿径向的探测，将获得月球撞击坑的实测结构，尤其是溅射层厚度和结构变化等重要信息；利用雷达的低频段信号对巡视路线的浅层结构进行探测，将获得玄武岩层的厚度、喷发期次等重要信息，结合光谱仪获得的物质组成，将揭示月球背面玄武岩浆的活动历史（见图 3−3）。

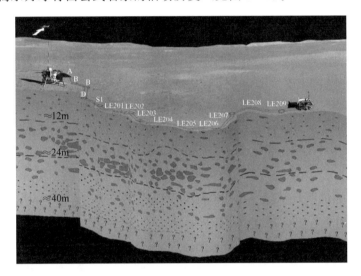

图 3−3　在月球车巡视路线上对月表浅层结构进行测量的示意图

3.3.2.3　月表中子与辐射剂量、中性原子等月球环境探测需求

对月球环境的探测和认知一直是月球科学研究的热点、难点。月球没有地球那样稠密的大气和全球磁场，宇宙线和太阳能量粒子到达月表，使得月表辐射环境比地球表面恶劣，辐射剂量约是地球上的 90 倍。月球背面中子与辐射剂量、中性原子等月表环境与月球正面存在差异，宇宙辐射、太阳风与月面物质的相互作用也不尽相同，月球背面月表环境探测将为人类重返月球以及月球探测器设计等提供重要信息。

在月球背面月表开展高能粒子线性能量传输谱（LET）、温度、真空度等环境参数的监测，可获取无地球干扰的高能粒子 LET 与器件辐射效应的空间实测数据；通过对月面等离子体环境、月面带电和尘埃环境以及粒子辐射环境等近月面空间环境进行精确的就位测量与分析，了解其动态范围、空间分布状态和时间变化规律，可为研究辐射和温度等环境与月表物质间的长期相互作用机理提供重要基础数据，并能支持开展太阳风粒子月面溅射/反射、太阳风与月球磁异常作用的微磁层效应、空间高能粒子与月面作用机理等微观物理过程机理研究，为未来载人登月和月球基地建设等提供重要设计参考。

3.3.2.4　科学目标论证基本思路

嫦娥四号探测器系统由着陆器、巡视器和中继星组成，其中着陆器、巡视器是基于嫦娥三号探测器状态的先期投产产品，中继星为新研产品。着陆器有效载荷质量约 25kg，巡视器有效载荷质量约 18kg，中继星有效载荷质量约 10kg。在基本约束条件下，科学目标论证的基本思路包括：

1）前沿性。聚焦重大科学问题，把握月球探测发展态势，紧跟国际前沿热点。

2）系统性。深入理解某一重大科学问题的内涵及其对应的科学探测需求，科学目标和科学探测任务的规划应与有效载荷研制能力相匹配。

3）可实现性。科学目标是在技术可实现条件下的科学设想，因此，与工程平台的迭代论证极为重要。嫦娥四号两器平台的科学目标和科学探测任务的设计，受着陆器和巡视器所能配置的资源，包括重量、包络尺寸、功耗、数据传输能力等条件约束，因此科学目标的论证要与探测器的技术能力相匹配。

4）可持续性。嫦娥四号的科学研究工作，要为后续的探月工程四期科学与应用目标提供必要支撑，因此科学目标的论证工作，应与探月工程四期及后续月球探测任务具有较强的关联性、继承性。

5）差异性。嫦娥四号的科学探测目标，要综合分析美国、俄罗斯、欧洲等主要航天国家和组织的月球探测成果，避免探测位置重叠、探测目标趋同。

科学目标和探测任务的论证还需考虑科学产出最大化、有效载荷的实际能力和平台的结构合理性、布局均衡性等问题。

3.3.3　技术发展需求分析

2016 年前，国际上已经开展的月球软着陆、采样返回、载人登月等探测任务均在月球正面。由于月球背面测控通信不可达，地月中继通信将推进月球探测领域的技术革新，实现人类月球探测器全月面到达能力的大幅提升。此外，月球上有长达 14 天的极低温月夜环境，探测器必须具备月夜生存能力，同时行星探测、太阳系边际探测等后续深空探测任务将面临高可靠、长寿命、可持续能源供应的现实需求，亟待尽快突破钚-238 同位素电源（RTG）研制、空间应用安全性综合试验及评价，以及大范围温控结构设计、产品寿命验证等关键技术，研制满足月球极端环境和使用安全要求且适应极端热边界条件的空间同位素热/电源。因此，通过实施嫦娥四号工程，应有效带动我国空间新能源、新材料、智能控制等技术的跨越发展。

3.3.3.1　地月中继通信技术

通过在地月空间布置中继星，可实现月球背面与地球的连续可靠中继通信（见图 3-4）。深空中继星涉及一系列技术问题，包括中继通信系统方案设计、中继通信天线研制与功能验证、中继转移轨道及使命轨道设计与轨道维持策略等。例如，面对深远距离中继通信可靠性要求，现有地球轨道中继星天线难以满足增益要求，同时受火箭运载能力限制，中继通信天线需要质量轻巧且通信能力强，并经受地月深空约 -235℃ 带来的天线平整度考验，因此需要设计大口径、轻便、可折叠式天线，并经过严格的地面高低温循环试验验证，确保其发射入轨后安全可靠工作，圆满实现中继通信功能。

3.3.3.2　同位素温差电源

通过使用满足月夜 -190℃ 低温工作、月昼 120℃ 高温条件的同位素温差电源（见图 3-5），可以为月面探测器各类仪器设备提供电能和热能，使探测器具备月夜生存能力。对 RTG 还需进行温度均匀化设计，采取加强隔热、减小漏热、导热填充、优化热

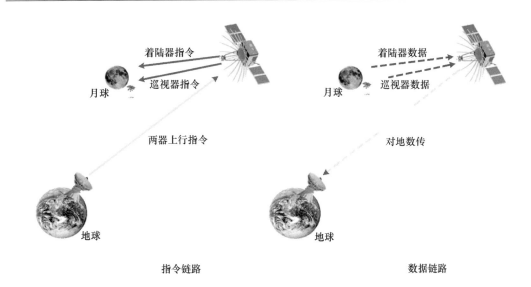

图 3 - 4 地月空间中继星工作示意图

端温度等措施,以保证在月夜期电性能满足负载需求,同时采用外壳散热、工作模式调整、耐高温机械电连接等措施,保证在月昼期高温下正常工作。此外,研制过程中需要解决高性能温差电材料制备、高性能温差电组件设计和组装、高效热电转换等若干关键技术。

图 3 - 5 同位素温差电源

3.3.3.3 运载火箭发射精度优化技术

为确保探测器在近 40 万千米飞行过程中,尽可能降低中途修正所需的推进剂消耗量,降低测控信号失锁风险,安全完成月背软着陆,要求运载火箭必须实现高精度点火和入轨。此外,运载火箭大偏差入轨也会导致探测器与月球失之交臂,甚至直接"撞月"的风险。

为提升运载火箭的入轨精度,主要采取以下技术措施:一是根据航天器高精度入轨需求，对包括惯组、速率陀螺在内的单机遴选性能指标优异的产品；二是开展全箭电磁兼容性环境优化，确保卫星导航参与火箭组合导航修正；三是根据遥测数据定量分析 YF－75 发动机后效，降低发动机后效偏差引起的非制导误差；四是开展全箭控制方案优化，增强控制系统对动力系统偏差的适应性；五是按照零窗口发射的强约束条件，优化射前准备流程，降低发射推迟风险，确保火箭零偏差点火。

3.3.4 工程能力需求分析

月球背面地形地貌以月坑和高地为主，地势相对崎岖，但在大型撞击坑底部以及部分月海地区也存在较平坦的区域（见图 3－6）。

(a)月球正面   (b)月球背面

图 3－6 月球正面、背面地形示意图

相比嫦娥三号正面着陆而言，嫦娥四号着陆区的地形地貌、外热流、光照条件、月壤力学特性等月表环境有较大变化，探测器需进行适应性更改。

此外，着陆器和巡视器在月球背面无法直接同地球通信，必须采用中继星中继方式；在动力下降过程，着陆器也不能对地直接通信，只能通过中继星进行上下行操作。同地面站与月球探测器直接通信链路相比，中继星资源有限，导致通信能力降低，工作模式复杂，需加强着陆器、巡视器通信故障自主判断和处置能力。为获得月表月夜温度数据，提高对月球环境特性的深入理解，着陆器需配置月夜温度采集器，但由于常规蓄电池续航能力有限，需在月夜期间提供用于支持其探测工作的必要能源。

为完成科学目标需更换部分载荷，探测器构型布局、电缆网、热控设计、工作模式等需做相应更改。

为满足上述工程能力需求，需对生产关系进行适应性调整，并提升工程管理水平。其中，生产关系方面，相对以往探月任务，需要增加一颗中继星和配套运载火箭的研制，并将中继星纳入探测器系统实施管理，而将其配套运载火箭纳入运载火箭系统管理；同时，需解决同位素源产品配套问题，为此增加核工业相关研制力量参与工程研制。工程管理方面，探测器基于嫦娥三号技术和产品状态进行适应性改造，考虑按正样研制阶段实施管理；个别新研产品增加鉴定件；中继星和同位素热/电源属于新研产品，分方案与试验验证阶段和正样研制阶段。在全寿命期，各系统以及分系统的组成部分与研制阶段有很大不同，既要考虑系统或产品的成熟度，又要考虑系统间的协调统一，因此多种状态基线并存，对工程管理水平提出更高要求。

3.3.5　延伸需求分析

嫦娥四号工程作为国家科技重大专项，还承担着推动科技进步、牵引技术发展、服务国家政治外交、激发探索热情等使命。着陆区位于月球背面，这是一次开拓性壮举，预期可获得一批原创性、领先世界的科学成果，也是中国航天创造的一次人类壮举，成为航天强国建设的一个重要标志。因此，工程的立项实施，受到国内外同行、社会公众的广泛关注。这些独特的使命定位，成为工程延伸需求论证的出发点。

为此，工程总体贯彻"激发探索热情、鼓励大众创新，倡导国际合作、面向社会开放"的基本理念，在对工程资源充分挖潜的基础上，策划开展载荷国际合作和技术试验项目搭载，力求将工程效益最大化。即通过载荷级的国际合作，有效扩大中国航天的国际影响力和话语权，同时在学习借鉴国外先进载荷技术和设计理念的基础上，提升科学载荷设计水平；通过技术试验项目搭载，调动高校、企业和其他优势科研力量的积极性，激发社会公众尤其是广大青少年的参与热情，显著提升工程的社会影响力。在系统设计时，也要统筹考虑各类合作搭载产品的可行性、可靠性和接口安全性等现实需求。

3.3.6　工程任务剖面分析

3.3.6.1　工程任务分析

考虑到月球背面无法和地面建立直接的测控通信及数据传输链路，需要研制中继星，为飞行任务过程提供技术支持，完成着陆器和巡视器的定位，实现月球背面探测器与地面站之间前向/返向的实时和延时中继通信，并支持开展科学探测。

着陆器、巡视器和 CZ-3B 火箭采用嫦娥三号任务备份产品并进行适应性技术改造，CZ-3B 火箭在西昌卫星发射中心将着巡组合体发射至地月转移轨道。在地面测控支持下，着巡组合体经中途修正、近月制动、环月飞行、轨道机动、动力下降等过程，完成月球背面指定区域的软着陆和两器分离，实现人类首次月球背面软着陆。月面工作期间，在测控系统、地面应用系统和中继星的支持下，着陆器和巡视器开展科学探测，实现低频射电天文观测与研究、着陆区地质特征探测与研究。

为保障全天候实时中继通信需求，中继星对月球可视面和地球可视面需满足要求，选取中继星运行的使命轨道为绕地月 L2 点的 Halo 轨道。根据发射中继星的运载能力需求，以及现有运载火箭情况，采用 CZ-4C 火箭把中继星送入地月转移轨道。因此，测控系统需对探测器发射段、地月转移段、环月段，以及中继星发射段、地月转移段和工作段进行直接测控，对探测器动力下降段、月面工作段通过中继星进行间接测控。地面应用系统根据数据接收、存储和处理要求进行适应性技术改造。

3.3.6.2　任务特点分析

嫦娥四号作为国际首次月球背面着陆探测任务，与嫦娥三号相比，有以下显著特点。

　　（1）科学目标不同，载荷配置相应更改

　　针对月球背面的特点，选择相应科学载荷。如针对月球背面屏蔽了地球电磁干扰的特性，增加低频射电频谱仪，以开展宇宙早期背景信息及太阳爆的研究。相比嫦娥三号，取消了对地球电离层进行观测的极紫外相机。

　　（2）着陆探测区域不同，探测器相应做设计更改

　　月球背面地势相对崎岖。着陆区的变化导致地形地貌、外热流、光照条件、月壤力学特性等月表环境的变化，探测器需进行适应性技术改造。

　　（3）探测器系统增加中继星，系统复杂度增加

　　由于月球背面在地球上始终不可见，月背探测器不能和地面站直接通信，需要研制中继星实现月面与地球的通信联系，并需加强可靠性和系统性设计。例如，引入中继星带来通信码速率降低、中继时延、两器一星并行测控等新状态，使探测器系统的飞行程序设计更加复杂，需重点关注飞行程序设计正确性和验证充分性与有效性、遥操作设计、测控与通信遮挡应对策略、中继链路设计正确性和验证充分性与有效性等问题。

　　（4）两次强约束高关联串行发射，工程实施风险增大

　　受运载能力限制，中继星无法与继承自嫦娥三号平台的着陆器和巡视器通过一次任务同时实施发射；同时，中继星和探测器两次发射任务具有高度协同性，即中继星在探测器着陆和两器分离过程中，需提供测控通信支持，也应先行发射入轨并进行功能测试，待其在轨正常运行一定时间后，再行发射着陆器和巡视器；此外，中继星和探测器两次发射的窗口约束都很强，都需要尽可能瞄准零窗口准时实施发射。因此，需要加强两次发射任务，特别是中继星发射任务的可靠性设计。

　　（5）通信方式不同，系统设计难度增大

　　与嫦娥三号任务相比，着陆器和巡视器在月球背面无法直接对地通信，探测数据和工程数据只能先发给在地月 L2 点运行的中继星，再实时或延时转发给地面站。地面站发送给着陆器和巡视器的指令，也只能通过中继转发。同时，由于中继星资源有限，着陆器和巡视器对地通信能力较直接对地通信低，工作模式也更复杂，需加强通信故障的自主判断和处理能力。

　　（6）研制配套空间同位素热/电源，并增加了月夜温度测量功能

　　由于同位素源存在放射性辐射危险，因此在研制阶段，需对其进行全过程风险识别及控制，严格按程序进行安全审批，并在诸如高效热电转换、高性能温差电材料制备、RTG 整体组装和换装等方面进行技术攻关，同时对同位素源与其他设备，如月夜采集器的接口进行优化。需要统筹协调各研制单位落实资源保障，保证按时完成产品研制配套。

3.4　需求确认

　　在嫦娥四号工程立项论证期间，为满足国家战略、利益相关方、科学与技术发展、工程能力等多方面的需求，经深入研究和反复论证，提出嫦娥四号工程目标、科学目标和技术目标，并从出成果、出经验、出模式、出人才等四个维度，明确了工程的管理目标。

3.4.1　工程目标

1) 在经费约束下，于 2018 年完成两次发射任务。首先在 2018 年 5 月至 6 月、每个月连续 3 天、每天 1～2min 的时间窗口内，用 CZ - 4C 运载火箭将中继星送入地月转移轨道。中继星经修正、变轨等，进入地月 L2 点使命轨道，并稳定运行 3～5 年。在 2018 年 12 月份、连续 2 天、每天 1～2min 的时间窗口内，用 CZ - 3B 运载火箭将着巡组合体送入地月转移轨道，经中途修正，安全降落在月球背面预选着陆区。

2) 中继星在轨运行时需保证其与地面观测站 100% 几何可见，设计寿命 3～5 年。

3) 确保同位素热/电源按工程总体计划研制，通过空间安全使用审批。

4) 发挥工程带动作用，利用火箭剩余运载能力，开展技术试验验证。

5) 开展国际合作，丰富科学研究成果，扩大工程影响力。

3.4.2　科学目标

嫦娥四号科学目标包括两个方面：一方面是以国内载荷为主体完成科学探测任务所实现的科学目标，即月基低频射电天文观测与研究、月球背面巡视区形貌和矿物组分探测与研究和月球背面巡视区浅层结构探测与研究；另一方面，在对国际合作载荷科学探测任务进行分析整合后，将其探测来自太阳系内天体和银河系射电辐射的任务目标整合到上述第一项科学目标，与自研低频射电频谱仪联合开展月基低频射电天文观测，将其探测月表辐射环境参数的任务目标整合为第四项科学目标，即中子辐射剂量、中性原子等月球环境探测研究。

在月球背面进行着陆与巡视探测属于国际首次，所获得的科学探测数据在国际上都是第一手资料，由此取得的科学研究成果均具有"首创"意义：

1) 通过低频射电频谱仪获取的太阳低频射电和月表射电环境探测数据，有望在太阳风激波、日冕物质抛射和高能电子束产生机理等方面取得原创性研究成果。

2) 通过着陆区和巡视区地形地貌、物质成分、浅层结构的探测与综合研究，将在国际率先建立月球背面集地形地貌、地质构造、物质成分和浅层结构于一体的综合地质剖面。

3) 结合嫦娥三号探测成果的对比研究，可在月壤和月壳的地质演化细节研究上获得新认知，有望在月球南极-艾特肯盆地物质成分组成、浅层结构特性和地质演化历史研究上实现原创性成果。

4) 在月表开展能量中性原子探测，有望在太阳风-月表相互作用的微观物理机制、月表逃逸层的形成和维持机制等方面取得重大研究成果；月表辐射综合探测将获取最新的月表辐射实测数据资料，推进对月表真实辐射环境的全面认识，对今后月球探测任务特别是载人探月有重要应用价值。

3.4.3　技术目标

1) 研制月球中继通信卫星，突破高增益天线研制、天线高精度指向、地月 L2 点中继星轨道设计与维持等技术，实现国际首次地月 L2 点测控及中继通信。

研制中继星，以保障中继通信为主要任务，为嫦娥四号着陆器和巡视器提供环月段、动力下降段、月背工作段的中继通信支持，且中继星与探测器前返向通信链路带宽需满足数据传输需求；需保证探测器在月面光照工作期间，与中继星全程通信；在经历持续较长时间的地影后，仍能保证星上设备对低温环境的适应性。

研制大口径天线，不仅满足远距离中继通信的可靠性要求，且应质量轻便，并能经受地月 L2 点附近约−235℃极低温带来的天线平整度考验；需确保天线对地、对月、对日等任意惯性空间和对目标跟踪的三轴稳定控制及高精度指向，实现着陆器、巡视器与地面站之间的测控与数据传输，将中继通信距离从 4 万千米跃升至 45 万千米以远。

研究多约束耦合条件下的轨道设计和运行控制技术，设计地月中继通信使命轨道，具备对着陆器/巡视器提供全时段稳定中继通信的能力。

2）研制月球着陆器和巡视器，突破月球背面软着陆、同位素热/电源研制及试验、低频射电频谱探测等技术，实现月球背面软着陆和巡视探测。

攻克基于复杂着陆区地形约束的 GNC 系统动力下降段控制策略和导航方案优化技术，使着陆器在无地面测控直接支持下，自主完成动力下降过程。突破动力下降段粗/精避障异构融合、故障自主诊断和系统重构等关键技术，实现月球背面复杂崎岖地形安全着陆，确保软着陆过程安全可靠。

研制满足月球极端环境和使用安全要求的同位素热/电源，实现基于 RTG 的月表温度自动测量。突破放射性钚−238 同位素源空间应用安全性综合试验及评价技术，突破易于热源产品安装和大范围温控的结构设计、产品寿命验证、同位素源集成过程辐射防护、抗高温烧蚀与高速撞击及海水浸蚀试验验证等关键技术。

突破深空微弱低频射电信号探测、宽频带高灵敏度有源天线设计、1/6 地球重力真空环境下长天线展开、航天器复杂噪声环境下的抗干扰设计等关键技术，实现月球背面的低频射电天文观测。

3.4.4　技术试验项目目标

技术试验项目主要包括环月超长波天文观测微卫星、生物科普试验载荷和激光角反射器，分别实现环月超长波射电观测试验，月基密闭环境下生物科普试验，地月 L2 点激光测距技术试验。

（1）实现微卫星自主奔月和环月超长波射电观测

研制两颗微卫星，实现在月球轨道编队飞行和超长波天文干涉测量。两颗微卫星先后与运载火箭分离，并自主完成地月转移、近月制动和环月飞行，实现月球轨道编队，联合开展科学探测和技术试验；配套研制两台超长波射电天文观测仪，并分别安装在两颗微卫星上，采用超长波测量技术和三维基线宽视场综合成像方法，在月球背面没有地球和太阳辐射的影响下，获取超长波段天空图像；实现对太阳和系内行星的超长波射电观测（见图 3−7）。

（2）实现月基密闭环境下的生物学科普展示

研制一台生物科普试验载荷，实现在月表的生物组合体搭载实验。完成以较高等生物构建太空生态圈系统的部分技术验证，实现对搭载植物种子和虫卵孵化等重要生命活动的监测和展示，普及月面环境下的光合作用、生态循环等生物学知识。科普试验载荷工作原理如图 3−8 所示。该试验所需实现的最低目标是在月表密闭容器中，展示植物种子发芽或虫卵孵化过程；最高目标是在月表密闭容器中，展示植物种子发芽、幼苗生长和开花全

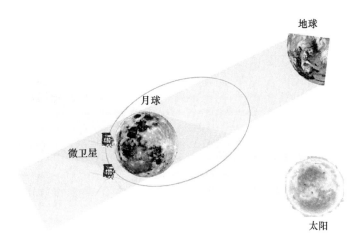

图 3-7　微卫星环月工作模式几何关系示意图

过程，或虫卵孵化、幼虫成长发育、展翅飞翔，完成一个生命周期试验。同时，宣传我国探月工程成果，激发公众的深空探测和科学研究热情。

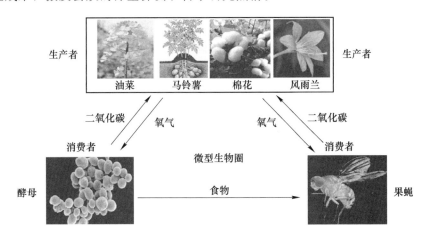

图 3-8　生物科普试验载荷工作原理示意图

（3）实现地月 L2 点激光测距技术验证

研制一台激光角反射器，并安装在中继星上，利用地面激光测距台站发射脉冲激光，经过超地月距离的传输，被安装在中继星上的激光角反射器沿原方向反射返回，最后被地面望远镜探测接收（见图 3-9），由此精确测得地面台站与中继星之间的距离，实现在超月球距离上的反射式激光测距试验。

3.4.5　管理目标

系统工程是以最优化方法求得系统整体最优的综合化组织、管理、技术和方法的总称。嫦娥四号是一项复杂的系统工程，需通过管理模式创新，圆满实现工程目标、科学目标和技术目标。

1）出成果：嫦娥四号任务面临计划与经费的强约束条件，为此在计划管理上要创新

图 3-9　激光角反射器工作原理示意图

组织管理模式，按期完成各项任务；在经费管理上，要通过优化方案、技术、试验、管理等多要素，确保经费不超；同时，针对方案复杂、技术难度大等任务特点，要通过充分配置资源，创新质量管理方法，确保两次强约束高关联串行发射任务圆满成功。此外，作为国家科技重大专项，还要通过优化技术方案，尽可能多地充分发挥工程余量，确保工程效益最大化；在工程研制全过程高度关注环境、安全，采取有效管理方法，确保工程方案实施过程安全可控、生态环境得到保护；通过提高国际合作成熟度，提升国际影响力，打造中国航天国际合作典范和重大科技专项的品牌工程；通过不断积淀形成探月精神，进一步弘扬航天文化。

2）出经验：应大胆创新管理理念和机制；将工程研制实施与科学研究紧密结合，形成高效协同的国家创新体系，努力推动一批世界一流高校、科研机构、创新型企业和高水平创新基地建设，进一步使创新主体充满活力、创新链条有机衔接、创新效率大幅提高，在建设创新型国家道路上行稳致远，为在新形势下，推动我国科技事业创新发展，提高整体科技能力开辟新的道路，从而积累组织实施重大科技工程的成功经验。

3）出模式：要探索形成一套符合中国国情和工程要求的科学管理模式和方法。作为一项复杂的多学科高技术集成的系统工程，参与研制建设的各单位各部门应团结合作、协同攻关，实行科学高效的系统工程管理模式，打造社会主义市场经济条件下，组织实施国家科技重大工程的成功范式。通过工程任务的成功实施，进一步总结凝练两弹一星、载人航天、探月工程等重大科技工程对科技创新的带动，实现关键核心科技领域重点突破，在高科技竞争中抢占先机，带动研发、制造、应用整体水平快速提升的成功模式。

4）出人才：最重要的科技实力在于人才培养，造就高素质的人才队伍，这是重大科技工程成功实施的根本保证。嫦娥四号工程研制队伍平均年龄不到40岁，工程全线应将尊重知识、尊重人才，培养造就一支高素质的深空探测人才队伍作为人才建设的根本目标，促进高校问题、科学问题、技术问题研究，推动学科建设。老一代航天科技工作者应主要承担指导工程顶层规划和设计，准确把握发展节奏和脉络的职责；要解放思想、大胆尝试，让一大批中青年业务骨干勇挑重担，刻苦攻关，领衔担任主任设计师、总设计师、总指挥等重要岗位，通过不断锤炼，逐渐成为工程研制的中坚力量。

3.5　方　案　确　定

论证专家组经过系统深入的需求分析和确认工作，在反复论证的基础上，研究确定了嫦娥四号工程实施方案，并经上级批准，成为指导工程研制建设工作的重要依据。实施方案主要包括研制总要求、工程组成与任务分工，以及研制流程等重要内容。

3.5.1　研制总要求

嫦娥四号工程由两次发射任务组成，包括中继星任务和探测器任务，先后在西昌卫星发射中心实施发射。首先采用长征四号丙（CZ‐4C）运载火箭发射中继星［飞行过程如图 3‐10（a）所示］，待中继星进入使命轨道稳定运行 3 个月后，再采用长征三号乙（CZ‐3B）运载火箭发射探测器，在地面测控支持下，完成地月转移和环月飞行［飞行过程如图 3‐10（b）所示］，自主完成动力下降和软着陆，通过中继测控通信，开展月球背面就

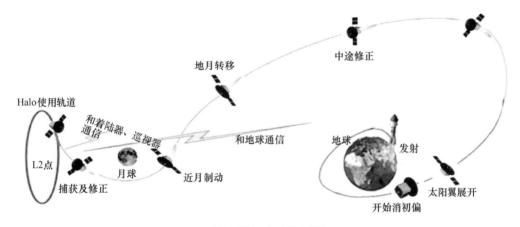

(a) 中继星飞行过程示意图

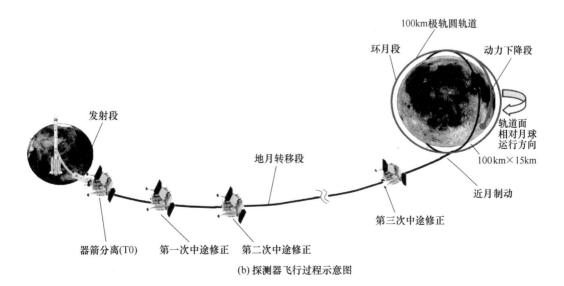

(b) 探测器飞行过程示意图

图 3‐10　中继星和探测器飞行过程示意图

位和巡视探测，实现工程目标。地面应用系统接收探测数据，开展数据分析和研究，实现科学目标。探测器主着陆区位于月球背面南极–艾特肯盆地的冯·卡门（Von Karman）撞击坑内东南部，备选着陆区位于主着陆区西侧克雷蒂安（Chretien）撞击坑内。

工程成功判据分两类，包括圆满成功和成功。圆满成功判据为：探测器在中继星支持下安全着陆在月球背面预选区域，着陆器和巡视器正常分离并相互拍照，载荷开机正常工作，探测数据正常传回地面。成功判据为：探测器在中继星支持下安全着陆在月球背面预选区域，着陆器和巡视器正常分离，部分科学载荷工作，并将探测数据部分传回地面。

3.5.2　工程组成与任务分工

工程组成分为工程总体和探测器、运载火箭、测控、发射场与地面应用等五大系统，五大系统的工作在工程总体组织下完成（见图 3–11）。两次发射任务统一由工程总体进行顶层设计，并统筹开展任务的组织实施和研制管理。

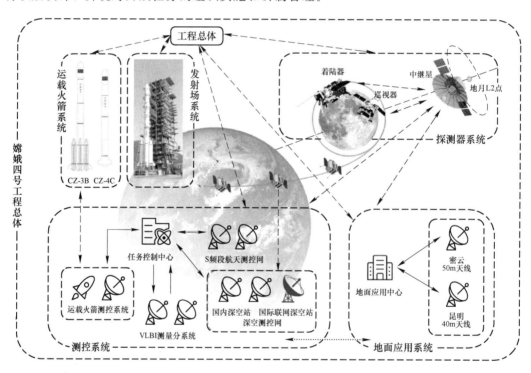

图 3–11　嫦娥四号工程组成

3.5.2.1　工程总体

探月工程建立了工程总指挥和总设计师系统两条指挥线：总指挥对工程负全责；总设计师对工程技术工作负全责。工程两总主要负责工程总体技术方案、工程质量、重大技术问题和总体计划进度的研究、协调和决策，解决工程实施过程中的关键问题，保证各项研制建设工作顺利开展。

工程总体负责嫦娥四号工程的组织管理和总体技术工作，承担工程总体设计和组织实施工作，开展规划论证、总体设计、系统协调、组织实施、科学研究、国际合作等活动，通过总体系统设计，保证工程性能、计划、经费、质量等综合性能最优，实现系统风险的有效管控。具体职责包括：

1）研究制定战略规划和技术路线；

2）开展需求分析，提出工程目标、科学目标、技术目标和管理目标；

3）制定工程总体技术方案，研究工程总体技术专题；

4）制定工程研制总要求、技术指标和各系统研制任务书；

5）确定系统间的技术接口和控制要求；

6）研究制定工程产品保证要求；

7）组织开展同位素热/电源等特殊产品的专项科研与安全评价；

8）组织开展跨系统大型试验、发射飞行、在轨运行任务；

9）组织工程任务阶段研制、技术审查等；

10）组织国际合作项目论证、技术协调和实施；

11）组织开展工程效果评价及科学与应用数据研究等；

12）落实工程领导小组、两总系统的各项决策部署。

3.5.2.2　各系统分工

（1）着巡组合体任务

着巡组合体任务主要需求是：研制月球探测器（含着陆器和巡视器），由 CZ－3B 运载火箭送入近地点高度 200km、远地点高度约 420000km 的地月转移轨道。探测器与火箭分离后，在地面测控支持下，经中途修正，在近月点实施制动，实现月球捕获，进入 100km 环月圆轨道。环月圆轨道运行期间，探测器择机实施轨道机动，进入 100km × 15km 椭圆轨道；椭圆轨道运行期间，探测器择机于近月点实施软着陆制动，完成主减速段、调姿下降段、悬停避障段、缓速下降段、缓冲着陆段等降落过程，实现月面背面软着陆（见图 3－12），着陆点在环月圆轨道运行期间确定。着陆月面后，在中继星支持下，探测器携带的有效载荷开展科学探测，并在月夜期间通过同位素电源支持进行温度测量。

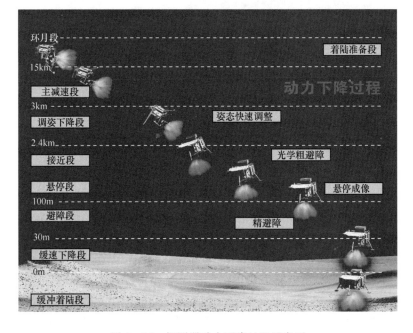

图 3－12　探测器动力下降过程示意图

　　着陆器由结构与机构、着陆缓冲、热控、一次电源、总体电路、测控数传、GNC、推进、数管、定向天线、有效载荷共 11 个分系统及工程参数测量设备组成，有效载荷配置有地形地貌相机、降落相机、低频射电频谱仪和国际合作载荷——月球中子及辐射剂量探测仪，并搭载生物科普试验载荷；巡视器由移动、结构与机构、GNC、综合电子、电源、热控、测控数传、有效载荷共 8 个分系统组成，有效载荷配置有全景相机、测月雷达、红外成像光谱仪和国际合作载荷——中性原子探测仪。

　　运载火箭系统主要任务是：研制 CZ－3B/G2 Y30 运载火箭，采用双激光惯组/卫星导航复合制导技术，在西昌卫星发射中心，将探测器直接发射至近地点高度 200km、远地点高度约 420000km 的地月转移轨道；运载能力、入轨精度、可靠性等方面满足任务要求。运载火箭系统由箭体结构、动力、控制、测量、低温推进剂利用、地面发射支持、远距离测试发控共 7 个分系统组成。相比嫦娥三号任务，需要将探测器送入更高的地月转移轨道，而其轨道精度基本保持不变，精度和发射可靠性要求更高，需突破高精度 LTO 轨道设计等关键技术，同时突破低温加注后推迟 24h 再次组织发射等关键技术。

　　发射场系统选用西昌卫星发射中心 2 号工位发射（见图 3－13），通过适应性改造，具备探测器和火箭的测试发射能力，提供探测器测试、加注、塔上环境和无线转发等保障条件；具备火箭测试、转运、吊装、对接、加注、发射等保障条件；为发射任务提供通信、气象、计量、安控等保障。发射场系统主要由测试发控、常规加注、低温加注、地面勤务、气象、通信、化验、特燃、特气共 9 个分系统组成，具备贮存、转运、吊装放射源的能力。

图 3－13　西昌卫星发射中心 2 号工位

　　测控系统主要任务是：完成运载火箭、探测器在各飞行阶段的测控、轨道测量与确定，以及落月后通过中继星对着陆器和月面巡视器的遥操作控制。测控系统主要由运载火箭测控网、S 频段航天测控网、深空测控网、甚长基线干涉（VLBI）测轨分系统组成。

　　地面应用系统主要任务是：根据科学探测任务，研究提出有效载荷配置需求；制定科学探测计划和有效载荷运行计划，监视着陆器和巡视器有效载荷的运行状态，编制有效载荷控制指令和注入数据，完成有效载荷运行管理；使用北京密云和云南昆明两个地面站并行工作，同时接收着陆器和巡视器的下行探测数据，进行本地存储和备份；对科学数据进行处理、解译，组织开展科学应用研究；受工程总体委托，管理科学探测数据并按规定分发数据产品；由运行管理、数据接收、数据预处理、数据管理、科学应用与研究等五个分系统组成。

（2）中继星任务

中继星任务主要需求是：选用成熟的 CAST100 卫星平台研制中继星，由 CZ-4C/Y27 运载火箭进行发射，将中继星送入近地点高度 200km、远地点高度约 400000km 的地月转移轨道。在地面测控支持下，中继星经中途修正，在近月点实施近月制动和月球借力，进入月球至地月 L2 点的转移轨道，经地月 L2 点捕获后，进入环绕地月 L2 点的使命轨道。待着巡组合体任务实施发射和着陆月球背面后，提供中继通信支持，并择机开展科学探测。中继星工作轨道及其与月心及地面站的夹角（MFP）如图 3-14 所示。

图 3-14　中继星在地月 L2 点的 Halo 轨道示意图及地面站的夹角

中继星由平台和载荷两部分组成，其中载荷包括中继通信天线、科学载荷与试验载荷共三个分系统；平台包括星务管理、GNC、测控、电源、结构与机构、热控共六个分系统。

运载火箭系统主要任务是：研制 CZ-4C Y27 运载火箭，采用激光捷联惯组/光纤捷联惯组加卫星导航复合制导技术，将中继星直接发射至近地点高度 200km、远地点高度约 400000km 的地月转移轨道；运载能力、入轨精度、可靠性等方面满足任务要求。运载火箭系统由箭体结构、动力、控制、遥外测、地面测发控以及地面机械设备六个分系统组成。

发射场系统选用西昌卫星发射中心 3 号工位。需要根据首次执行地月转移轨道的 CZ-4C 火箭测试发射任务的相关需求，对发射工位、后端设备间、C³I 系统和其他进行改造更新。使用扩建后的测发楼作为发射任务的测发指挥监控中心。

测控系统主要任务是提供中继星任务运载火箭、中继星各飞行段的测控、轨道测量与确定支持。系统组成与着巡组合体任务状态一致。

地面应用系统与着巡组合体任务状态基本一致。

3.6　需求管理创新实践

嫦娥四号工程的需求分析工作，为科学制定工程实施方案，加快推动工程立项研制发挥了重要作用。工程需求管理中采用的主要方法包括基于价值的多目标分析法、基于可实现性及价值与效益的综合决策法和基于科学-技术-工程融合迭代的目标优化法。

3.6.1　基于价值的多目标分析方法

　　价值观是内化于心的意识形态、外化于行的行为准则和贯穿始终的追求导向，影响价值取向和行为指向，较日常工作中所采用的行政管理、组织体系、规章制度、奖惩手段等显形管理，更加突出"软管理""软控制""软约束"，具有鲜明的持久性、渗透性、导向性和自律性等特征。嫦娥四号工程需求分析工作将"以国为重、追求超越、崇尚科学、整体最优"的价值导向贯穿始终，综合分析权衡，形成了着陆月球背面的总体方案，并开展科学载荷国际合作和技术试验项目搭载，力求工程效益最大化。

　　一是以国为重。工程需求管理以服务国家战略为出发点，立足国家科技重大专项的使命定位，从世界深空探测发展态势和国家战略利益大局出发，通过自主创新和技术跨越有力支撑科技强国和航天强国建设，同时为打造人类命运共同体主动开展国际合作，在此基础上对利益相关方需求进行综合权衡。二是追求超越。工程实施方案的论证既考虑长远价值又着眼现实效益，既体现社会价值又兼顾经济效益，从而实现综合效益最优；工程实施方案的设计，在充分继承嫦娥一号、二号、三号成功经验和技术基础的同时，有序衔接探月工程"绕、落、回"三步走战略，大胆开拓创新，将着陆人类从未踏足的月球背面区域进行科学探测作为工程目标，将创造人类月球探测新里程碑作为历史使命。三是崇尚科学。工程实施方案的论证以科学需求为牵引，将空间科学产出作为重要评价因素；同时坚持崇尚科学的理性态度和务实精神，秉持科学态度、尊重科学规律、遵守科学认知。例如，在确定拟探测的天体目标时，火星、金星、小行星和月球虽然都已有人类探测器到访过，且月球探测次数最多，但月球背面仍然属于人类未曾踏足的区域，因此科学价值高；同时，通过开展基于嫦娥三号探测器平台进行适应性改进的可行性分析，认为因火星表面存在大气，着陆过程会受环境风的影响风险较大，此外受地火距离遥远影响，超远距离测控通信难度大；金星表面温度高且大气压力是地球的 90 倍，探测器平台及载荷设备难以生存；小行星探测也需要突破高精度定位、附着和微重力带来的探测器弹跳轨迹控制等一系列关键技术，因此经过科学审慎的论证，将月球背面探测作为首选。四是整体最优。作为一项复杂的系统工程，嫦娥四号包括工程总体和五大系统及各子系统，因此在需求分析和实施方案论证时，不片面追求所有部分的最优化方案，而是从全局出发，在满足进度和经费双重约束下，力争获得整体最优的解决方案。例如，若实施火星、金星或小行星探测，都需要对现有嫦娥三号探测器平台进行大规模技术改造，甚至多个分系统重要单机需要重新研制生产，无法满足研制进度要求，并将带来大量科研经费支出。因此，通过综合论证分析，将月球背面着陆作为首选方案（见表 3-4）。

表 3-4　基于现有平台的多目标天体探测价值和工程可实现性分析

目标	以国为重	追求超越	崇尚科学	整体最优
月球背面	高	高	高	高
火星	高	高	较低	低
金星	高	较高	低	低
小行星	高	较高	较高	较低

3.6.2　基于可实现性及效益与风险的综合决策法

嫦娥四号工程力求整体效益最大化，并且以可实现性为前提，以工程风险评估为基础，设计采用了基于可实现性及效益与风险的综合决策法。我们将月球划分为不同的登陆地区，深入论证选择不同着陆区域所需的工程实现途径，以及工程实施的预期效益及风险因素，其中预期效益主要包含工程成功实施产生的社会影响和科学效益。工程总体对论证形成的多个实施方案，通过决策树方法，在保证工程可实现的前提下，选择效益最优且风险相对最小的方案。

月球可大致分为赤道及低纬度地区、中高纬度地区、月球背面和南极极区四类不同区域。其中赤道区域探测次数最多，尤其是美国阿波罗系列任务基本都选择在赤道附近的平坦地区着陆，因此选择赤道作为着陆区的工程实现性强且风险较小，但社会影响和科学效益也较小；嫦娥三号已经完成了在中纬度区域的着陆，因此基于嫦娥三号平台实现中高纬度地区着陆探测的工程实现性强，但再次选择相似区域着陆所能带来的社会影响有限，同时在对月球的资源开发利用和科学研究上不具备优势；月球背面区域尚无人踏足，且无法与地面直接进行通信，探测器平台可基本继承嫦娥三号状态进行部分技术改造，所需配套研制的中继星也可基于现有成熟卫星平台进行适应性改造，工程可实现性较好，但由于国际上尚无先例，方案实施存在较大风险，但成功着陆将会是人类在月球探测历史上的里程碑事件，可产生重大的国际影响，因此社会影响极高，且月球背面无地球电磁干扰，首次对月背进行就位探测也能带来极大的科学效益；南极极区的永久阴影区则可能存在水冰，附近拥有长光照的区域可作为未来载人登月和建设月球科研站的首选区域，因此社会影响和科学效益极大，但需要研制探测水冰的仪器，需对着陆器、巡视器进行较大更改，甚至部分要专项研制，且目前缺乏月球南极的详细地形图，无法及时选择出适合探测器着陆的平坦区域，因此工程可实现性较差，相应的工程实施风险也很大（见表 3 - 5）。

表 3 - 5　月球各着陆区域的工程可实现性、效益和对应风险列表

目标	工程可实现性	效益		风险
		社会影响	科学效益	
赤道及低纬度地区	强	较小	较小	较小
中高纬度地区	强	较小	中等	较小
月球背面	较好	大	大	较大
南极极区	较差	大	极大	极大

在上述分析基础上，我们使用决策树方法，对四类区域进行详细论证（见图 3 - 15）。首先排除工程实现难度极大的南极区域；其次考虑综合效益时，排除了效益较低的赤道及低纬度地区；对于中高纬度地区和月球背面，我们在论证阶段提出了"月球正面高纬度地区软着陆＋巡视、采用长征三号乙火箭"和"月球背面软着陆＋中继、采用长征三号乙火箭"两个方案。随后，经过深化论证和多方案反复比较，于 2015 年 5 月研究确定了实施人类探测器首次在月球背面着陆开展就位和巡视探测的目标和布置地月 L2 点通信卫星支持中继测控通信的工程实施方案，解决了月球背面和地面通信的难题。论证专家组一致认

为该方案意义重大，原创性强，合理可行，预期效益显著，风险可控且投资规模适度。

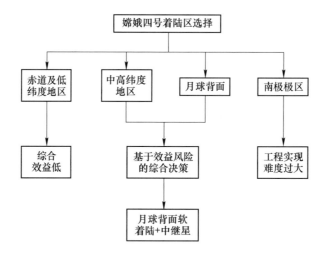

图 3-15　基于决策树的嫦娥四号着陆区域论证方法

3.6.3　基于科学-技术-工程融合迭代的目标优化法

科学、技术和工程是联结人与自然关系的重要桥梁，其中科学是探索自然规律的学问，技术是改造客观世界的手段，工程是改造客观世界的实践过程。科学需求牵引工程技术进步，工程技术创新为科学发现提供条件，技术是科学发展的强大支撑，科学上的新发现也需要技术创新去实现。因此，科学的发展离不开技术，工程任务的实施，也将带动科学发展和技术进步，三者融合迭代、协调统一，才能创造出综合效益最优的实施效果，如图 3-16 所示。

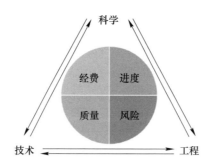

图 3-16　基于科学-技术-工程融合迭代的目标优化法

嫦娥四号需求管理，包括工程实施方案的确定就是一个在经费、进度、质量、风险等多种约束条件下，科学-技术-工程融合迭代的过程。首先，通过采用基于价值的多目标分析方法和基于可实现性及效益与风险的综合决策法，论证形成嫦娥四号着陆月球背面的实施方案，并据此全面分析任务特点，提出了科学目标和相应的载荷配置需求。然后，在科学需求牵引下，设计了工程实现的具体技术方案并梳理了其中需攻克的一系列关键技术和若干专题研究项目。随后，结合前期初步论证提出的科学目标和有效载荷配置等科学需求方案，基于工程科研经费限制、研制进度约束、产品保证等质量管控标准高、全过程风险识别与控制要求严等多种约束条件，对工程方案、技术路线等进行融合迭代和深化论证，确保在满足科学需求的同时，对任务实施过程中所涉及的关键技术和工程问题能够准确识别、有效解决。例如，在有效载荷分系统关键技术指标设计时，通过需求分析初步明确关键技术指标，并对共性技术指标进行统一分配，确保指标的均衡性，使各台有效载荷实现指标的难易程度基本相当，避免某一指标实现的难度过高，从而影响工程整体研制进度，或者为了降低工程实施风险，导致无法完成任务既定的科学目标。对于新增或需调整的技术指标，在满足任务基本需要的同时，做到各系统间接口的协调匹配，对于不能满足任务整体需要的技术指标，进行迭代优化，确保系统整体性能达到最优。此外，在研制流程设计上，嫦娥四号探测器的主体部分虽然可直接进入正样研制，但新研的中继星需完成方案设计与验证后方可进入正样阶段；根据科学目标的改变，探测器上也需增加有效载荷等部分新研产品，因此也需要更改工程技术方案，并在转入正样研制阶段前，对其进行充分论证和技术验证，确保工程目标、科学目标、技术指标、拓展目标和管理目标的实现。

第4章 工程研制管理

嫦娥四号工程研制过程管理以系统工程思想为指导，以"以国为重、追求超越、崇尚科学、整体最优"为价值导向，权衡各利益相关方的需求和期望，充分考虑工程技术成熟度和面临的各方面风险和约束条件，兼顾继承与创新，注重新概念、新方案、新技术的探索和实施，通过采用技术指标、计划进度、项目经费统筹管理方法，基于卓越绩效理念的嫦娥四号工程质量保证体系，复杂系统任务的多层次风险识别与综合风险控制方法，系统级产品竞争择优机制等管理方法，追求卓越绩效，保障工程一次成功。

本章所述工程研制管理主要针对嫦娥四号工程正式立项后的三个研制阶段（方案和试验验证阶段、正样阶段、发射实施阶段）的计划、组织、领导、协调、控制等活动。

4.1 研制计划管理

4.1.1 研制流程管理

4.1.1.1 总体思路

为规范嫦娥四号工程研制管理程序，工程总体按照"设计-集成-验证"的思路，采用并行工程方法制定研制流程，将工程研制过程总体上划分为方案和试验验证、正样、发射实施等三个阶段（见图4-1）；各阶段处理并行工作关系时匹配好各子任务、系统的研制进度关系，确保具有一定顺序的子任务能够前后衔接。工程总体协调各系统、各承研单位，明确前后顺序，识别重要节点和里程碑。

通过不同研制阶段，从工程总体到各系统/分系统的逐步递进、反复迭代、综合验证，确保系统整体性能最优且技术指标可实现、研制结果满足任务书要求，最终实现工程目标、科学目标、技术目标和管理目标。

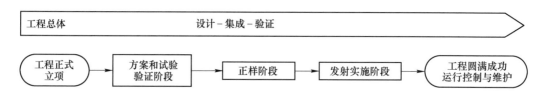

图4-1 "设计-集成-验证"思路图

4.1.1.2 研制流程制定和分发

嫦娥四号研制任务的总依据是国家航天局印发的《探月工程嫦娥四号任务研制总要求》。正式启动研制工作前，召开探月工程重大专项领导小组会议，审议探月工程嫦娥四号任务实施方案报告、研制总要求及研制计划流程并批准嫦娥四号任务组织实施，工程总体和各系统据此正式启动研制工作。研制总要求规定了嫦娥四号研制任务的顶层要求，包括工程概述、任务目标、工程技术要求、研制计划等内容。

随研制总要求一并下发的还有研制计划流程，根据研制计划流程绘制计划流程图（见图 4-2），以时间为横轴，纵轴分别列示工程总体、各系统或系统级产品，图中将重要节点进行标示，明确了工程研制进程中各节点的时间要求，包括工程重大节点、工程重要节点、工程里程碑节点，体现了各节点的先后顺序，作为研制工作实施和控制的依据。

在研制总要求印发后，工程总体进一步根据研制总要求进行任务分解，组织编制探测器、运载火箭、发射场、测控和地面应用五大系统的研制任务书，确保研制实施过程程序规范、责任落实、系统协调，实现指标有依据、设计有规范、验证有标准的工作目标。研制任务书正式印发前，须通过由工程总师系统、各系统总师和各方面相关专家组成的审定委员会的审查，并由工程总设计师批准。研制任务书规定了嫦娥四号任务五大系统的研制任务，包括任务概述、任务要求、技术指标、质量保证与控制要求、评审与文档交付要求、研制计划等内容。

各系统根据工程研制总要求、研制计划流程、研制任务书等进行系统方案设计，并制定本系统及所属分系统的任务书和研制计划流程。

4.1.1.3　研制阶段划分

嫦娥四号任务以探测器系统中继星研制为主线，共分为方案和试验验证、正样、发射实施等三个阶段。鉴于对嫦娥三号任务的继承，探测器系统着陆器和巡视器直接进入正样研制阶段；中继星作为新研产品，在完成方案设计及试验验证后进入正样研制；部分新研设备则需完成方案设计、初样研制和正样研制。针对不同分系统、产品的特点设计不同的研制流程，可以有效提升并行研制工作的效率，但需注意各产品之间的相互联系和协调，满足大系统的总体最优要求。

（1）方案与试验验证阶段

嫦娥四号工程不同于嫦娥三号工程，探测器系统着陆器和巡视器初样阶段的大部分工作在嫦娥三号时已基本完成，因此嫦娥四号工程在研制流程设计上，更专注于对新研产品的初样研制和试验，将工程总体上的方案设计和初样研制合并为一个阶段，即方案与试验验证阶段。

方案与试验验证阶段研制内容

- 编制研制技术流程和研制计划流程；
- 确认功能基线；
- 进行总体方案和分系统方案设计；
- 开展关键技术攻关，进行模样试制和试验验证；
- 拟定大型地面试验和飞行试验初步方案；
- 提出并协调各大系统接口技术要求；
- 提出产品保证要求和标准化要求；
- 提出单机、分系统、系统技术规范，完成方案阶段研制总结报告等；
- 明确科学载荷初步配置并开展载荷方案设计；
- 探测器系统针对科学载荷的可实现性开展分析；

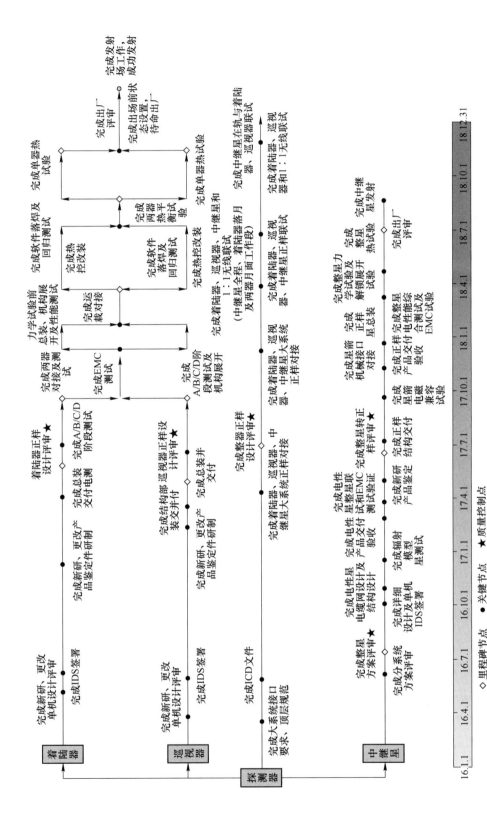

图 4-2 嫦娥四号探测器全研制周期计划流程图

　　• 地面应用系统复核科学载荷工作模式、探测数据率、数据量的分析结果，完成数据接收能力满足情况分析和科学目标实现程度分析；

　　• 工程总设计师系统和应用首席科学家确定工程科学目标和有效载荷配置方案。

针对新增单机产品：

　　• 开展初样设计、生产，进行总体和分系统的机、电、热接口协调和技术文件编制；

　　• 完成鉴定件研制与试验；

　　• 进行初样产品性能试验、鉴定试验、可靠性试验、电性能测试等试验，以及探测器与运载火箭、测控、地面应用等系统的对接试验等大系统间联合试验；

　　• 修订并签署初样阶段系统间接口控制文件；

　　• 完成初样阶段研制总结、产品质量和正样阶段设计报告等。

（2）正样研制阶段

正样研制阶段的主要研制内容

　• 确认产品基线；

　• 进行正样设计、制造、试验和装配；

　• 进行发射场地面设备安装调试；

　• 制定发射与在轨测试阶段故障预案并进行协同演练；

　• 进行系统级电性能测试、有效载荷地面定标等试验，以及探测器与运载火箭、测控、地面应用等系统的对接试验和飞行过程 1∶1 无线联试等大系统间联合试验；

　• 确定飞行控制实施方案；

　• 拟定发射场合练试验方案，编写合练大纲；

　• 完成正样阶段研制和质量总结报告等；

　• 开展科学目标实现方法研究，即有效载荷分系统组织完成科学载荷的研制；

　• 地面应用系统开展载荷数据反演算法、数据接收方案研究，完成载荷定标和科学目标可实现程度的地面验证。

（3）发射实施阶段

发射实施阶段的主要研制内容

　• 在发射场技术区进行探测器和运载火箭总装测试；

　• 进行发射区的测试与技术准备；

　• 完成探测器与运载火箭对接和联合检查；

　• 工程各系统完成发射前的任务准备；

　• 实施发射；

　• 组织开展运载火箭和探测器飞行控制；

　• 开展在轨测试等。

4.1.2 计划管理

工程的研制工作正式启动后，为确保工程在既定进度、成本约束条件下如期实施发射、实现工程目标和科学目标，工程总体根据研制总计划会同各系统制定各年度计划，通过计划闭环管理实现技术指标、计划进度、项目经费的统筹管理和有效匹配。

4.1.2.1 研制任务分析

嫦娥四号工程在嫦娥三号备份件基础上进行研制改进。相比嫦娥三号，具有一定的技术基础和管理经验，但月背软着陆这一全新的任务目标又蕴含着难以预期和控制的风险，使研制队伍面临的挑战十分艰巨。为有效进行计划管理，采用 SWOT 方法对研制任务进行了分析（见表 4 - 1）。

表 4 - 1   研制任务 SWOT 分析表

外部因素 内部因素	机会 利用嫦娥三号备份件，成本节约；月背软着陆人类首次，成功后社会影响大；科学价值突出	威胁 通信屏蔽、月背表面难以观测；两次发射无冗余；备份件寿命问题
优势 嫦娥三号技术和管理经验积累，着陆、巡视等关键技术已得到验证；管理制度和研制流程已较为完善；研制队伍较嫦娥三号时更加成熟	充分利用既有研制队伍、技术和管理经验和制度，实施好嫦娥四号任务	科学、合理制定工程研制计划和年度计划
劣势 人类首次月背软着陆无可借鉴的经验；部分技术需要攻关或验证	发扬创新精神，坚定信心、勇于探索，充分调查研究，独立自主开展技术研制和攻关	严、慎、细、实做好研制工作，确保系统成功

嫦娥四号研制基础主要来源于嫦娥三号组织实施过程中的管理经验和技术积累，管理制度和研制流程已较为完善，各系统、各单位的相互配合紧密高效，月面着陆、巡视等关键技术已在嫦娥三号任务实施过程中得以验证，研制队伍得到了历练，这有利于工程计划的准确制定和顺利实施。

但相比嫦娥三号，嫦娥四号工程的任务难度也更大，月背对通信控制的屏蔽、表面环境难以观测带来的不确定性等，都给任务带来了新的挑战；实施过程需要中继星和着巡组合体两次发射，并且都不能有任何闪失，任何一次发射失败都会导致整个工程的失败，因此任务复杂度更大，对可靠性的要求也更高；此外，由于备份件的寿命问题而带来的技术状态变化，导致研制产品成熟度差异大、管理难度大。这些因素都给工程带来了更大的风险和挑战，对工程总计划和年度计划的制定、管理、执行等方面都提出了更高的要求。

4.1.2.2 计划分解

嫦娥四号工程采用年度专项计划管理。专项计划中的工程研制建设内容与经费使用安排相辅相成，有着密不可分的关系。研制过程中，各系统各单位根据工程的阶段性工作需求对研制总要求进行分解，按年度制定研制建设计划，并据此安排经费、组织研制工作。嫦娥四号研制的经费来源主要为国拨资金，使用上需要符合国家相关规定和要求，管理上要平衡研制工作和投资强度之间的关系，在确保工作计划按时完成的前提下，合理控制经费拨付进度，促进财政资金的高效合理使用。因此，在制定年度专项计划中要合理地制定经费使用进度，在计划执行过程中定期召开会议、组织监督检查、开展预算执行情况分析等工作，确保研制建设计划和经费使用相互匹配，保障工程各阶段能够在既定成本下按照预定计划完成研制工作，避免由于经费拨付不足导致研制进度落后，或经费拨付超出研制计划引发成本失控。

4.1.2.3　计划调整

研制计划执行过程中，如发现实际执行与计划发生了偏离，应及时查明原因，必要时对计划进行调整或纠偏。偏离问题可以是在研制过程、系统协调、监督检查等过程中被发现。发现计划偏离，应及时进行分析，做出调整决策。根据偏离对工程的影响程度进行划分，在合理的层级进行处置，下级的计划调整如不影响上级计划，则授权下级单位自行调整，调整方案向上级备案即可，以提高纠偏效率。如计划调整或纠偏影响工程大总体，则需上报工程总体，由工程总体研究后，对任务进行调整或纠偏，报工程领导小组决策。

多要素统筹管理方法

复杂系统工程的管理需要综合考虑技术指标、计划进度、产品保证、质量、项目经费、人力资源、物资保障等多方面的要素，其中技术指标、计划进度、质量、项目经费是决定工程成效的关键要素，对其开展统筹管理是工程总体面临的一大挑战。

一、技术指标、计划进度、项目经费之间的关系

技术指标是工程项目功能、性能的量化描述，主要通过技术创新、产品保证等管理来实现，其核心在于系统设计、产品实现、试验验证等环节的技术基线管理；计划进度是工程项目各项具体工作在时间维度上的量化，其管理过程包括与项目相关的各项具体工作的内容界定和确认、内容的排序与关联、工期的估算与计划制定、计划进度的管控等；项目经费是项目的血液，是项目可用资源的度量，对其开展有效管理是提升项目实施效率的重要手段，经费管理贯穿于任务全过程。

技术指标、计划进度、质量、项目经费之间是相互支撑又相互制约的关系。技术指标是工程项目功能和性能的基线，也是界定和划分工作内容的基础，而工作内容又是制定计划进度和测算经费的基础；计划进度是保障技术指标按设定目标完成的必要手段，其对项目经费测算有直接影响；质量是确保工程全系统可靠，圆满完成任务的重要保障；项目经费是技术指标和计划进度的资源边界，确保在有限资源内完成有限目标。因此，嫦娥四号研制过程中把"技术指标、计划进度、项目经费"视为最重要的因素，对这三者需要统筹考虑，实施要素融合管理。

二、时间维度的要素融合管理

嫦娥四号任务通过事前统筹策划、事中动态监督和调整、事后审计和总结等多种手段，基于时间维度实现技术指标、计划进度、项目经费等要素全流程融合管理。

（1）论证阶段的目标设定与取舍

论证阶段，在任务目标确定为月球背面着陆巡视探测后，项目团队对工作内容进行分解，初步确定技术状态基线、计划进度、项目经费等。在此基础上，以技术状态基线

为核心，各要素反复论证迭代，通过权衡取舍达成整体最优。在要素间存在矛盾的时候，首先尽可能调整计划进度和项目经费，尽量保证技术状态基线稳定，而当计划进度和项目经费迭代至其上限时，也反向对技术状态基线提出调整要求。

（2）研制过程的全要素管理

全要素管理包括要素边界动态管理和各要素全过程监控和调整。

工程总体对嫦娥四号任务的技术状态、计划进度、产品保证和项目经费等各要素进行全流程监控与管理，通过逐级下达任务书、技术要求、产品保证规范、标准等确定技术状态基线；通过年度计划的逐级编制与下达确定计划进度和项目经费的管理边界。

通过调度会、专题办公会、专题调研、第三方专家组检查等各种活动实现技术状态基线和计划进度动态管理，对方案和试验验证阶段、正样阶段的技术状态基线进行迭代、调整和确认；通过年度计划编制下达、年度预算执行率动态监督、研制及经费管理监督检查等工作，将各要素总体管理目标分散到各个年度，实现技术状态和经费使用情况的日常动态管理，各项管理要求落实、落细，降低管理目标的实现难度。

通过上述多种手段的综合运用，将项目各要素管理要求落实到各研制阶段、各研制年度，实现各要素全过程管理的精确定位和及时反馈，使各要素之间相互联系、相互支撑，形成有机整体，实现全要素融合管理。

三、系统工程维度的要素融合管理

嫦娥四号组织架构由工程总体、探测器和运载火箭等工程各系统、各系统所属的各分系统、各单机等的抓总单位构成，通过贯彻全系统"两总系统"和矩阵化管理模式，实现"横向到边、纵向到底"的全工程系统各要素融合管理。

（1）依托"两总"系统推进要素融合管理

依托贯穿工程全系统的"两总系统"，采取行政、技术双重领导以及"分级管理、分级负责"的管理模式，通过各研制层级在技术和行政上的统一管理，有效提升了各层级的决策效率，在各层级实现系统整体最优；同时，依托"两总系统"形成了贯穿全系统的高效领导网络，使工程总体的技术要求和管理意图能够高效抵达至单机级的工程研制末端，极大提高了项目执行效率。由此，项目团队能够高效统筹计划、指标、质量、经费等多种管理要素，统一策划、统一调度、高效实施，实现嫦娥四号研制过程的技术指标、计划进度、产品质量、项目经费等多种要素的融合管理，全流程管控、全系统覆盖。

（2）依托矩阵式管理模式推进要素融合管理

依托与"两总"系统相配套的矩阵式管理模式，项目团队将研制工作纵向按层级分解、横向按要素落实，形成了有机的管理网络。从纵向来看，技术、进度、经费、质量等各管理要素由各层级项目团队负责，并在工程总体、各系统、各分系统，以及各单机各层级都得到落实，实现纵向到底；从横向来看，各层级项目团队均由其所在单位各部门人员构成，每一个要素都可以落实到各层级具体责任人，通过每一层级各要素管理部门的通力合作，形成型号队伍牵引、职能部门支撑的网状管理结构，有效集聚各参研单位的要素资源，实现横向到边。通过矩阵式管理模式在研制全流程、研制各层面的全面贯彻，嫦娥四号任务实现了多要素融合管理，有效利用了各要素资源。

四、基于技术决策权和管理权有机统一的要素融合管理

嫦娥四号任务作为一个复杂系统，为了保障任务成功，追求的最终目标是实现整个工程大系统最优。而技术指标、经费需求、质量、研制进度等任何一个要素的最优都需以其他一个或者几个要素的次优或者损失为代价；某个系统的最优通常也需要其他几个系统做出指标和资源上的让步；同时，从系统工程角度来看，任何单一子系统的最优都不足以形成大系统的总体优势。要实现大系统最优，在项目顶层集中行使最高决策权和管理权，在系统顶层和全局层面对技术指标、经费需求、质量、研制进度进行统筹是非常必要的，在此过程中，需要某些指标、某些子系统的统筹与妥协。

嫦娥四号任务按国家重大科技专项实施专项管理，其最大的特点在于通过在国家层面设立项目决策和管理平台，实现项目技术决策权和管理权的有机统一，使技术指标、计划进度和项目经费三个要素在最顶层得到统筹与优化，这一特点保障了嫦娥四号任务最终实现"指标不降、计划不推、经费不超"的目标。

4.2　技术管理

4.2.1　技术管理模型

嫦娥四号工程按系统工程方法实施管理，从需求出发，综合多种专业技术，通过分析–综合–试验的反复迭代，开发出满足使用要求、整体性能优化的系统。其过程在全寿命周期各个阶段和产品各个层次上迭代运行。嫦娥四号工程技术管理总体上包括工程生命期（时间维）、系统工程过程（逻辑维）、工程技术专业（功能维）等三个维度，如图 4 – 3 所示。

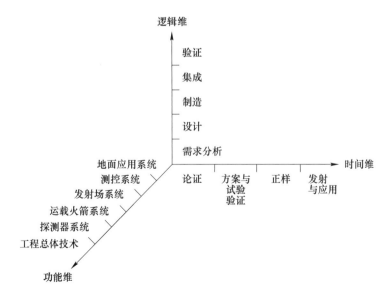

图 4 – 3　嫦娥四号工程技术管理三维模型图

　　时间维按照嫦娥四号工程寿命周期各阶段划分为论证、方案与试验验证、正样、发射与应用等阶段；各系统根据功能划分，因此功能维划分为地面应用系统、测控系统、发射场系统、运载火箭系统、探测器系统、工程总体技术等功能；逻辑维则根据系统工程过程进行划分，具体包括：

　　1）需求分析。系统工程过程的输入是设计要求、约束以及上一层次系统工程过程输出的系统结构和规范要求。系统工程过程的第一步是需求分析，明确设计要求、使用环境和约束条件，并且由此确定系统顶层的功能和性能要求。

　　2）设计。把需求分析过程中得到的高层次功能分解为低层次功能，高层次性能指标分配到低层次性能上。功能和性能层层分解，从而使得系统的功能结构不断细化，直到认为系统的功能已经得到了充分的描述，或者分解后的功能已经可以用独立研制或采购的物理单元所实现。结果得到的是对系统或子项的功能和性能更详细的描述，通常称为系统或子项的功能体系结构。最后根据功能和性能要求进行详细设计，以满足要求。

　　3）制造。根据设计过程最终分解出的可以独立研制或采购的物理单元，制造出相应的单机或部件。

　　4）集成。将制造的单机或部件按照设计的详细描述组装起来实现系统功能。

　　5）验证。系统工程过程的每一次应用，所得到的集成结果都要与输入的要求进行比较和验证。

4.2.2　工程约束与需求分析

4.2.2.1　约束分析

　　工程研制过程中，面临多方面的约束，主要体现在外在约束和内生约束。

　　外在约束体现外部环境对工程研制的约束，是研制过程难以改变的客观约束，是工程研制工作的边界。工程研制必须在这些约束的范围内组织和实施，如果超出这个范围，必然会给工程带来风险，将对工程的总体或局部产生不利影响，导致不同程度的失败。因此需要采取措施去应对，比如空间环境约束，即空间环境对发射、轨道转移、软着陆、月表巡视探测等产生的影响；满足工程需求和相关方期望；规范或标准的约束，即工程研制过程中总体及各系统、产品必须符合相关法律法规、行业强制性标准等方面的规定，同时也要参照执行各主管单位、参研单位自身建立的规范和标准，这些也属于外在约束。

　　应对外在约束，在嫦娥四号方案设计阶段要全面准确识别，并在研制过程中不断迭代完善。例如，若对空间环境温度这一约束认识不充足，控制温度的设计就可能不周全，导致运行中热控失效，带来风险；若对月表尘埃的影响考虑不到位，就可能降低探测器的寿命和可靠性。因此工程总体组织各系统，邀请相关专家，在汲取各分系统、承研单位的经验和过去研究成果基础上，召开会议进行头脑风暴，尽可能全面考虑影响研制工作的所有外在约束。其次，研制过程中可能会发现新的外在约束，要及时对其可能带来的影响进行充分评估，影响较大的要考虑是否需要对研制要求或计划进行调整。

　　内生约束包括两个层面，一是为应对外部约束采取措施，进而产生的约束，比如月球背面背对地球，无法直接通信，这是外在约束。为应对这一约束，我们采取了中继星这一应对措施，这就是工程的内生约束。二是工程内部在演化过程中时间维、功能维、逻辑维相互影响所带来的，比如运载火箭入轨精度对探测器轨道设计的影响。

外在约束和内生约束是相对的。某一条件下的内生约束可能成为外在约束，工程立项阶段产生的目标、要求、计划是研制过程的外在约束；在时间维上，上一阶段产生的成果，用于指导下一阶段工作，对下一阶段提出更具体的要求和指标，一般也是下一阶段的外在约束；在功能维上，各系统之间相互约束，如火箭运载能力对探测器的约束或相互间的接口约束等；在总体上是内生约束，但对于受约束的分系统来说，是外在约束。

外在约束和内生约束是相互转化的。外在约束只有转换为内生约束后，才能够更好地指导研制工作。只有外在约束，研制将不知从何入手，比如知道月球背面受到遮挡信号无法直接传送这一外在约束，从技术上无法直接给出解决问题答案，而需要提出在地月 L2 点部署一枚中继星这一内生约束来解决。内生约束在某种情况下可以转化为外在约束，比如同位素热/电源在研制过程中形成了相关的规范和要求，这些规范和要求转化为整个工程的外在约束。

嫦娥四号工程研制过程中的约束分析即体现为由任务约束（外在）产生技术约束（内生）的过程。

工程总体面临外在约束（任务约束）

（1）空间环境约束

1）在月球背面复杂地区着陆：嫦娥四号工程首次在月球背面复杂地区着陆，增加任务方案设计难度，主要体现对月背、极区复杂环境的认识有限。

2）处于通信盲区：月球背面始终背对地球，主要体现在月背通信盲区使得探测器无法直接与地面通信，需增加中继测控链路环节，测控、数据传输难度加大。中继通信的目的是满足月背区域测控需要，因此是实现任务目标的关键技术。轨道设计需考虑中继星与地球 100％几何可见；探测器月面光照工作期间，需实现中继星与着陆区探测器全程通信；中继星与探测器前/返向通信链路带宽需满足数据传输需求。

3）月球环境约束：月球重力为地球的 1/6，没有大气层，月昼温度约为＋120℃，月夜温度可达－180℃，月球背面环境崎岖、复杂，探测器设计需考虑上述因素。

4）能源约束：月球的昼夜循环周期约为 14 天。在 14 天月夜期间温度将达－180℃，探测器需进行保温，并开展相关探测活动。而太阳能电池无法充电，需研制新能源。

（2）工程需求和相关方期望约束

1）发射场地点约束：通过前期论证工作，确定发射地点在西昌卫星发射中心，此约束是任务轨道设计的决定性因素。

2）进度、成本、质量等方面的约束：需在既定的要求下开展研制工作。

（3）法律法规约束

工程研制过程中总体及各系统、产品必须符合相关法律法规、行业强制性标准等方面的规定，同时也要参照执行各主管单位、参研单位自身建立的规范和标准；同位素热源要符合国际法律、国内法律法规标准的要求。

（4）其他约束

例如技术条件的约束等。

工程总体面临内生约束（技术约束）

1）需在地月 L2 点布设中继星。CAST100 平台首次执行探月任务，卫星平台功能及环境适应能力还需进一步改进；首次设计地月 L2 点转移轨道及中继使命轨道；满足高可靠中继通信需求，需新研大口径高增益中继转发天线；中继星与着陆器、巡视器前/返向链路设计需进一步验证。

2）探测器长期贮存。嫦娥四号探测器为嫦娥三号的备份，考虑长期贮存影响，发射应尽量选择在 2018 年底前实施；部分产品需要重新研制并更换。

3）CZ－4C 运载火箭首次在西昌发射、首次进行中继星轨道设计。一方面西昌卫星发射中心需根据 CZ－4C 运载火箭测试、发射需求，对地面设备及发射塔架进行改造，需要对落区进行详细勘察，避开人口密集区和重要交通路线。另一方面运载火箭要对运载能力进行复核，加强沟通，与发射场系统做好技术接口协调与对接。

4）测控支持能力。嫦娥四号发射后，测控系统面临多目标测控。一是需考虑在轨嫦娥三号着陆器、CE－5T1 任务实施和监测。二是针对嫦娥四号工程本身，也具有多目标测控需求，任务实施过程中要对可能搭载的卫星与主任务测控资源进行合理分配；针对低码速率中继链路，需对飞控协同工作程序和飞控策略进行优化设计。

5）同位素热/电源研制能力。技术能力、空间安全使用保障，需重点关注同位素热/电源方案设计及制造工艺，做好安全可靠性验证试验。

6）低频射电探测科学目标可实现性。平台需在确定的技术状态下尽量降低噪声干扰；载荷应开展降噪实现方式和探测数据处理方法研究。

4.2.2.2 需求分析

研制过程中的需求主要体现在研制总要求和研制任务书中。

研制总要求规定了任务目标和技术上的总要求，明确嫦娥四号工程的任务目标是在工程总体的统一策划和协调安排下，工程各系统分工负责、相互配合，实现月球背面软着陆和地月 L2 点中继通信，开展就位探测、巡视探测和地月 L2 点环绕探测，并对探测数据进行处理分析；同时将任务目标分解为工程目标和科学目标，以目标为导向，研制总要求提出了工程技术方面的需求，即工程技术要求，包括系统组成、工程任务要求、各系统的任务要求（定性）和顶层指标，如图 4－4 所示。

研制任务书则在研制总要求基础上进一步对各系统的任务角色、职责进行分解细化，有针对性地提出任务要求和指标要求，并分发给各系统，作为各系统开展研制工作的依据，如图 4－5 所示。任务要求是对任务要做哪些事进行范围和过程的概要描述，是定性的需求，如在西昌卫星发射中心发射是任务要求；指标要求则是对关键技术特性给出具体的界定，是定量的需求，如着巡组合体的运载火箭地月转移轨道发射能力不少于 3800kg。

4.2.3 总体设计正确性保证

总体设计的正确性是工程成功的关键，主要从总体方案正确性、任务分解合理性、系统间接口匹配性、工程安全性等方面进行保证。

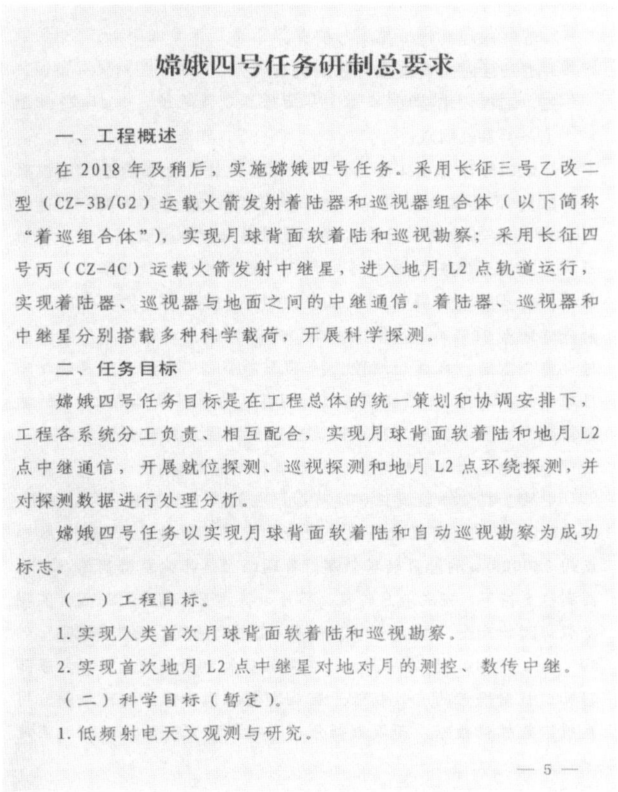

嫦娥四号任务研制总要求

一、工程概述

在 2018 年及稍后，实施嫦娥四号任务。采用长征三号乙改二型（CZ-3B/G2）运载火箭发射着陆器和巡视器组合体（以下简称"着巡组合体"），实现月球背面软着陆和巡视勘察；采用长征四号丙（CZ-4C）运载火箭发射中继星，进入地月 L2 点轨道运行，实现着陆器、巡视器与地面之间的中继通信。着陆器、巡视器和中继星分别搭载多种科学载荷，开展科学探测。

二、任务目标

嫦娥四号任务目标是在工程总体的统一策划和协调安排下，工程各系统分工负责、相互配合，实现月球背面软着陆和地月 L2 点中继通信，开展就位探测、巡视探测和地月 L2 点环绕探测，并对探测数据进行处理分析。

嫦娥四号任务以实现月球背面软着陆和自动巡视勘察为成功标志。

（一）工程目标。

1. 实现人类首次月球背面软着陆和巡视勘察。

2. 实现首次地月 L2 点中继星对地对月的测控、数传中继。

（二）科学目标（暂定）。

1. 低频射电天文观测与研究。

— 5 —

图 4-4　嫦娥四号任务研制总要求

4.2.3.1　总体方案正确性保证

工程实施方案中定义了工程目标、科学目标和预期成果，规定了工程大系统组成，进行了着陆区选择、发射窗口设计、中继轨道分析、飞行阶段划分和测控通信链路规划，明确了五大系统的功能组成、主要技术指标和总体方案等。

工程总体主要通过以下措施确保总体方案设计正确：

一是开展综合性专题研究。由总设计师系统根据任务需求确定综合性专题研究任务后，工程总体起草研究计划，内容包括研究内容、目标、计划、参研系统及人员需求等，同时沟通各相关系统反馈意见并提供参研人员后，下达研究计划并建立研究小组；总设计师系统批准后研究小组按计划开展研究，编制研究报告（包括相关纪要、计算报告、分析报告等）；报告完成后，由总设计师系统对研究报告进行评审并提出评审意见；研究小组按总设计师评审意见修改完善研究报告，并由总设计师系统批准后印发。

二是组织第三方复核复算。研制过程中，由工程总体策划复核复算工作，编写工作方案建议，内容包括复核复算项目、要求、计划等，向各系统征集意见，结合各系统反馈的建议，完善工作方案，经两总审议决策后，向各系统下达复核复算工作要求；各系统根据要求开展复核复算工作，根据复核复算情况，确认和完善设计，并编制总结报告，报工程总体；工程总体组织对复核复算总结报告进行评审，评审通过后，各系统按评审意见完善报告，开展后续工作。

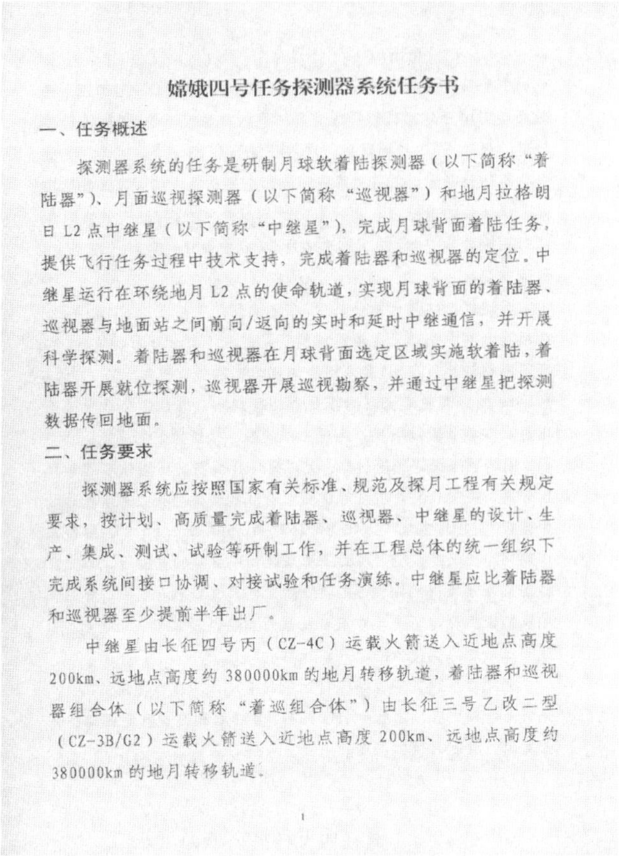

嫦娥四号任务探测器系统任务书

一、任务概述

探测器系统的任务是研制月球软着陆探测器（以下简称“着陆器”）、月面巡视探测器（以下简称“巡视器”）和地月拉格朗日L2点中继星（以下简称“中继星”），完成月球背面着陆任务，提供飞行任务过程中技术支持，完成着陆器和巡视器的定位。中继星运行在环绕地月L2点的使命轨道，实现月球背面的着陆器、巡视器与地面站之间前向/返向的实时和延时中继通信，并开展科学探测。着陆器和巡视器在月球背面选定区域实施软着陆，着陆器开展就位探测，巡视器开展巡视勘察，并通过中继星把探测数据传回地面。

二、任务要求

探测器系统应按照国家有关标准、规范及探月工程有关规定要求，按计划、高质量完成着陆器、巡视器、中继星的设计、生产、集成、测试、试验等研制工作，并在工程总体的统一组织下完成系统间接口协调、对接试验和任务演练。中继星应比着陆器和巡视器至少提前半年出厂。

中继星由长征四号丙（CZ-4C）运载火箭送入近地点高度200km、远地点高度约380000km的地月转移轨道，着陆器和巡视器组合体（以下简称“着巡组合体”）由长征三号乙改二型（CZ-3B/G2）运载火箭送入近地点高度200km、远地点高度约380000km的地月转移轨道。

1

图 4－5　嫦娥四号任务探测器系统任务书

三是开展工程独立评估。研制过程中，由工程总体根据研制需要，商相关单位，制定独立评估工作方案，内容包括专家组成、评估目标、工作计划等，经工程两总批准后，正式印发并成立独立评估专家组，召开启动会，宣布独立评估专家组成立，明确后续工作计划和要求；独立评估专家组采取阅读资料、现场调研、听取汇报等方式开展工作，并明确需评估的重点事项；研制单位根据独立评估专家组确定的重点事项予以答复；独立评估专家组根据研制单位答复情况形成评估结论和总结报告；工程总体根据独立评估结论监督研制单位进行整改；研制单位整改完成后将整改情况报工程总体，工程总体进行审批。

4.2.3.2　任务分解合理性保证

工程总体根据立项批复进行任务分析，拟制《探月工程嫦娥四号任务研制总要求》（以下简称《研制总要求》）初稿，组织各系统总体专业技术骨干多次研究讨论，并审慎分析各系统提出的意见建议，形成修改稿。为进一步对修改稿内容的正确性、合理性进行确认，广泛征求有关各方意见建议，形成评审稿，提交工程总设计师系统及各系统专家评审确认。评审通过后，工程总体研究落实专家评审意见，报领导小组审定后下发工程各系统执行。

在研制总要求的基础上，针对各系统承担的任务特点，工程总体参照研制总要求的编制流程，研究编写《探月工程嫦娥四号任务各系统研制任务书》（以下简称《各系统研制任务书》），经相关方确认后下发工程各系统执行，进一步分解细化了各系统任务要求和主要技术指标。研制总要求和研制任务书编写流程如图 4-6 所示。

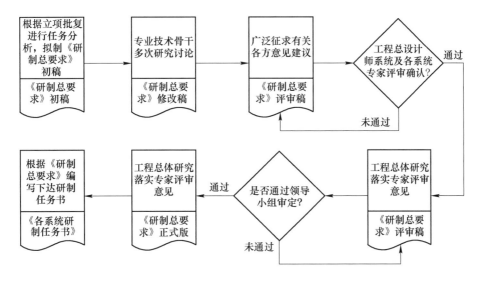

图 4-6　《研制总要求》和《各系统研制任务书》编写流程

由于嫦娥四号任务研制周期十分紧张，针对探测器有效载荷研制难度大、配置困难等问题，采用差异化管理。工程总体综合考虑，按照状态确定和状态暂定两种情况，下达《各系统研制任务书》，使各系统研制设计工作尽早启动。随着着陆区优化、有效载荷论证及探测器、运载火箭两大系统技术协调工作的推进，经反复迭代修正，工程总体明确了任务目标及相关指标要求，并经工程总设计师系统审查确认后，以补充《各系统研制任务书》形式，确定了科学载荷配置、着陆区选择、地月转移轨道参数等系统级详细技术指标要求。

4.2.3.3 系统间接口匹配性保证

工程立项后，工程总体组织各系统开展方案设计，各系统完成关键技术攻关和验证，确定接口状态，经反复沟通协调，形成着巡组合体和 CZ-3B 火箭、中继星与 CZ-4C 火箭等 8 份系统间接口控制文件（1.0 版），并传递到各系统。在接口控制文件中，对系统间相关接口约束性设计指标进行了明确，并提出了接口验证要求。在方案与试验验证阶段结束后，根据总体和各系统技术状态，及时组织各系统对原接口控制文件进行适应性修订，组织签订系统间接口控制文件（2.0 版），作为正样阶段各系统研制建设工作的重要依据，以此确保工程正样研制阶段各系统接口状态协调匹配。

为有效验证相关各系统间的接口匹配性，工程总体编制了《嫦娥四号任务大型试验项目》，规定了天地测控对接、1:1 无线联试、星箭对接等 12 项系统间大型试验，工程总体审定确认了试验大纲，对试验内容、试验目的、试验时间、试验地点、参试单位等提出了明确要求，作为试验组织实施的依据。为及时发现试验中可能存在的各类问题，工程总体跟踪参与各个重要试验环节，持续跟踪各类问题的闭环情况，并在试验后系统全面地对系统间大型试验情况进行总结，确保系统间接口匹配。

4.2.3.4　工程安全性保证

工程总体高度重视工程安全性设计，在《嫦娥四号任务产品保证总要求》中制定了工程安全性保证的总体要求，明确工程各系统应对研制、试验、发射和运行过程可能给地面人员、运载火箭、探测器、地面发射设备和公众造成危害的产品设计和试验程序设计进行识别和控制，并提出安全性分析、危险源控制与安全性设计、安全性验证与评估的具体要求。同时，针对同位素热/电源的安全保证，增加了全过程各环节的安全分析和应急要求。

工程安全性保证要对危险源进行分析并列出清单，包括一般危险源、故障危险源等。对于一般危险源，要对危险源的产生部位和可能发生的危险进行梳理、描述。对于故障危险源，要定位到具体产品或功能、任务阶段，详细描述可能发生的故障导致的危险事件，并对产生的原因和后果进行分析。

在危险源清单的基础上，进一步编制危险源分析表（详见附录 A），对发生危险的严重性和可能性进行分析，评估风险指数，提出安全性改进措施，包括消除或控制危险的具体措施，最后对改进效果进行评估和验证。

4.2.4　技术状态管理

技术状态管理的核心是确立技术状态基线并对基线更改进行标识、控制、记实和审核的过程，保证系统研制循序渐进，保持系统演化过程中对使用要求和系统规范落实情况的可跟踪性。技术状态管理的内容包括基线确立、标识管理、状态控制、记实和审核等。

4.2.4.1　总体技术状态基线管理

工程按照工程论证和研制节点建立技术状态基线。总体设计确定系统顶层要求后，从需求和大系统约束条件出发，经过分析综合得到系统顶层体系结构和一组功能、性能参数，通过方案论证建立功能基线，是方案设计的基础。方案设计确定系统各级产品要求，通过初样阶段评审建立研制（分配）基线，是初样产品设计的基础。初样设计确定生产要求并经过试验验证，通过正样阶段评审建立产品基线，是正样产品生产的基础。此外，还要建立任务基线，即发射时的基线；建立运行基线，作为发射后运行管理的基础；建立处置基线，作为运行结束后处置的基础。针对技术状态基线实施更改控制，确保基线清楚、控制到位。

论证阶段后期，在"系统要求评审"或"方案论证转入方案设计"的基础上形成功能基线。编制以"系统规范"为主的一组技术文件，规定系统的任务要求及重要的功能特性和物理特性，包括内、外部主要接口，主要分系统的功能特性，系统功能特性验证试验，以及系统的安全性与可靠性要求等。

在"初步设计评审"或"方案设计转初样研制"的基础上形成分配基线。分配基线是以"下一级产品规范"为主的一组技术文件，规定下一级产品的功能要求或功能特性，主要部分的物理特性，包括内、外部接口要求，各设备、部件的主要功能、性能要求，全部设计验证试验，以及电磁兼容性、安全性与可靠性等方面的要求。

在产品的"关键设计评审"或系统、分系统、设备初样鉴定试验的基础上初步确立产品基线。正样设计完成后正式确立产品基线。产品基线由描述和规定正样飞行产品研制的一组技术文件确定，包含所有生产、验收、运行、保障所需的详细规定和说明的全套正样产品的研制文档和最终版本的接口控制文件。

4.2.4.2　各系统技术状态基线管理

在各系统研制过程中，根据《航天产品技术状态更改控制要求》，成立技术状态控制小组，由系统总指挥、总设计师担任组长，副总师担任副组长，各分系统主任设计师和副主任设计师共同组成。负责选择和确定技术状态项目，建立技术状态基线，制定、审查、批准和下发技术状态文件，审查和批准研制单位技术状态控制情况（包括更改、偏离、超差），检查确定技术状态项目是否符合其技术状态文件所规定的要求。

探测器系统依据《航天产品技术状态更改控制要求》和《技术状态管理实施细则》，开展正样技术状态控制工作。2016 年 8 月，着陆器、巡视器通过了正样设计评审，确定了正样研制的基线。2017 年 8 月，中继星完成了方案设计和技术验证，通过了正样设计评审，确定了正样研制的基线。着陆器、巡视器、中继星各分系统技术状态以分系统正样设计报告及相关设计文件和图纸为基线。

CZ - 4C 运载火箭系统在 CZ - 4C Y19 火箭技术状态基础上制定 CZ - 4B/4C 运载火箭双捷联状态技术状态基线文件，明确后续 CZ - 4B/4C 火箭总体、分系统和单机的产品基线。

CZ - 3B 运载火箭系统作为相对较成熟的高密度发射运载火箭型号，统一制定了当年所有齐套总装和发射的各发火箭总体、分系统、单机产品的技术状态基线，编制形成研制生产技术状态基线文件，并按年度进行维护和更新。对于总体和系统级基线：考虑到 CZ - 3A 系列火箭有多种构型和状态，CZ - 3A、CZ - 3B、CZ - 3C 所有构型的各发次火箭，均分别以前一年最新发射成功"冻结"的同构型的火箭技术状态作为基线；对于单机产品基线：考虑到单机产品的通用性，CZ - 3A、CZ - 3B、CZ - 3C 所有构型的单机产品均以前一年经过飞行考核的成熟单机产品技术状态作为基线。单机产品可以选取一种或两种状态作为技术状态基线，但基线产品均必须是经飞行考核过的产品。

4.2.4.3　技术状态标识

各级承研单位实施下述技术状态标识工作：

1）选择技术状态项（实施技术状态控制的产品）。所有用于工程的上天产品、地面测控、发射、数据接收和处理的软件和硬件产品均作为技术状态项，实施技术状态控制。

2）将技术状态项的物理、功能特性与接口以及以后的更改形成文件，明确技术状态标识内容和方法。

3）建立和确认技术状态基线。

在整个产品寿命周期内，技术状态项的功能和物理特性（包括接口）以及更改、偏离和超差都相应形成文件并进行标识。标识统一并能明确产品间、实物与文件间、基线和更改文件间的关系。

4.2.4.4　技术状态控制

工程总体及各系统对工程相关的产品、文件的技术状态更改、偏离和超差控制做出规定。技术状态更改分三类，Ⅰ类为不涉及产品实物状态变更的更改；Ⅱ类为涉及产品技术状态变更的一般更改；Ⅲ类为涉及产品技术状态变更的重大更改，或对进度、经费有较大影响的更改。对Ⅱ类以上的工程更改要做到"论证充分、各方认可、试验验证、审批完备、落实到位"。主要包括：

1）有效控制对技术状态基线的更改。任何技术状态变更均以文件的形式提出正式申请并履行完整的验证和审批程序。工程各系统规定技术状态的审查批准权限。凡涉及工程总体技术方案、技术指标和技术文件的更改，跨系统和具有重大风险的技术更改，以及正样阶段涉及系统功能和技术接口的更改，必须由工程各系统提出书面申请，经工程总体审查批准后，方可实施。

2）制定有效的技术状态更改、偏离和超差的程序和方法。更改申请应详细说明更改的原因、内容和影响（含对费用和进度的影响）等，以及必要的验证结果，技术状态控制委员会应对建议的更改进行审查评定，内容包括技术状态更改的必要性、可行性，对合同、进度和成本的影响，对总体性能、生产制造、系统安全性和可靠性等的影响。

3）确保已批准的工程更改得到正确实施和验证。执行和验证批准的更改应包括文件的更改、采取的相应措施以及符合性验证。技术状态管理员应负责协调设计、生产、检验、产品保证等专业人员，对技术状态更改进行跟踪确认，并按照表格逐项进行更改落实的复核。

4）确保待处理的产品、文件和作废的产品、文件得到有效的隔离和控制，保持现场产品、文件技术状态的正确性，文件与实物一致。

5）偏离与超差按规定办理偏离单或让步接收申请，并经技术状态委员会审批。涉及工程总体技术指标和重大技术风险的偏离与超差，应报工程总指挥、工程总设计师批准。偏离许可应在制造活动前完成审批，并作为后续产品验收的依据；正样产品不得办理关键和重要特性的超差申请。

4.2.4.5 技术状态记实

工程各系统建立技术状态记实的工作程序和技术状态信息管理办法，及时记录、报告和跟踪产品技术状态标识、工程更改、偏离、超差以及技术状态审核结果等情况。各系统动态跟踪所有已经批准的工程文件资料，实时记录产品技术状态演变的情况并及时传递这些信息。主要包括：

1）技术状态项已批准的技术状态文件目录；

2）工程更改的提出、审批及实施过程的情况；

3）技术状态审核的结果，对不符合项应记录不符合状态和最终处理结果；

4）技术状态项的偏离及超差状况。

要通过技术状态记实提供每一个技术状态项的所有更改对初始确定的技术状态基线的可追溯性。技术状态记录和报告应从产品功能技术状态标识时开始实施，并贯穿于研制的全过程。技术状态管理员负责技术状态的记录、报告工作。

技术状态记实结果为技术状态审核的依据。

4.2.4.6 技术状态审核

各级承研单位应配合用户对照合同、任务书、产品研制规范、相关的技术接口文件等设计和工程管理文件，对产品进行功能技术状态审核和物理技术状态审核，确保交付产品的技术状态满足技术状态文件的规定。

1）功能技术状态审核，核实产品的实际功能性能已经达到了合同、任务书等技术状态文件中规定的功能、性能特性要求。功能技术状态审核可在产品研制过程中，结合型号阶段设计评审和测试，以及初样产品鉴定等逐步实施。

功能技术状态审核可制定专门的表格，对照产品逐项予以核查。

2）物理技术状态审核，核实产品符合其设计、生产等产品技术状态文件要求。在正样首件产品上对照技术文件对产品实物进行逐项正式检查。物理技术状态审核的主要项目是产品与工程图纸、规范、软件及其文档，以及经批准的工程更改、偏离和超差清单等技术要求的符合性。

物理技术状态审核可制定专门的表格，对照产品逐项予以核查。物理技术状态审核可结合正样产品的验收一并进行。

技术状态的审核结果以技术状态审核报告的形式输出，并作为产品出厂验收的依据。

技术状态审核

1）是否建立以型号指挥系统、设计师系统、工艺技术人员、产品保证专业人员参加的技术状态控制委员会。是否设立技术状态负责人，负责技术状态的管理工作。

2）各级承研单位有关技术状态管理文件中是否明确以下职责内容：

a）策划技术状态管理的过程和活动，有效执行技术状态管理计划。

b）规范产品研制和使用所必需的工程文件的编写、审批和发放。

c）标识和记录技术状态，确保技术状态的更改经充分论证、验证和严格审批。

d）向各级工程管理与决策部门提供实时、准确的产品技术状态记实结果。

e）规范技术状态审核制度，保证最终产品与使用要求的一致性。

3）各单位是否实施下述技术状态标识工作：

选择技术状态项（实施技术状态控制的产品）时，是否将所有用于工程的上天产品、地面测控、发射、数据接收和处理的软件和硬件产品均列为技术状态项，实施技术状态控制。

是否明确了型号研制过程的技术状态基线。

4）各级承研单位是否对技术状态更改进行了有效控制。

任何技术更改是否以文件的形式提出正式的更改申请，并履行完整的更改评定与审批、实施与验证程序。

凡涉及与工程总体方案、指标、文件不一致的更改，跨系统和具有重大风险的技术状态更改，以及正样阶段设计系统功能和技术接口的更改，是否由系统总体向工程总体提出书面申请，并经工程总体审查批准后实施。

更改申请是否详细说明更改的原因、内容和影响（含对费用和进度的影响）等，以及必要的验证结果。技术状态控制委员会是否对建议的更改进行了审查评定，内容包括技术状态更改的必要性、可行性，对合同、进度和成本的影响，对总体性能、生产制造、系统安全性和可靠性等的影响。

已批准的更改是否得到正确的实施和验证，包括文件的更改、采取的相应措施以及符合性验证。是否有专人对技术状态更改进行跟踪确认，并按照表格逐项进行更改落实的复核。

偏离和超差是否按规定办理偏离单或让步接收申请，并经技术状态委员会审批。涉及工程总体技术指标和重大技术风险的偏离与超差，是否报工程总指挥、总设计师批准。

5）是否建立技术状态记实的工作程序和技术状态信息管理办法，及时记录、报告和跟踪产品技术状态标识，工程更改、偏离、超差以及技术状态审核结果等情况。

6）是否配合用户对照合同、任务书、产品研制规范、相关的技术接口文件等设计和工程管理文件，对产品进行功能、物理技术状态审核，确保交付产品的技术状态满足技术状态文件的规定。

4.2.5 接口管理

4.2.5.1 接口协调与管理流程

接口管理负责定义各系统间的物理、功能、环境和操作接口要求，规定系统间的共同匹配要求、相互的兼容性和文件的控制程序。嫦娥四号工程全系统在逐级分解总体技术指标和要求的过程中，通过接口分析和协调，逐步确定各阶段、各层次的接口要求，接口管理流程如图4-7所示。研制过程中，严格按照各层级接口文件开展研制和集成。发生技术接口更改时，根据分级负责的要求和技术状态更改五条原则执行相关审批手续，跨系统接口由工程总体牵头协调、确认和审批，系统级接口由各系统总体负责审批，以此类推。

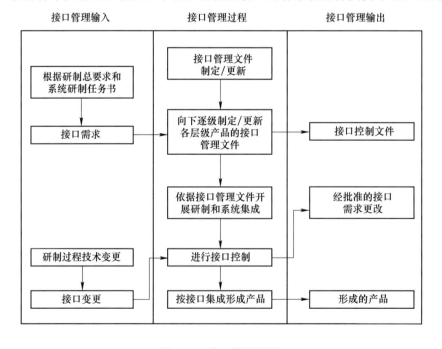

图 4-7 接口管理流程

4.2.5.2　系统间接口控制

各系统根据研制总要求、系统内部产品保证管理标准和要求，结合型号任务特点，完成任务需求分析与功能性能指标分解，开展方案设计，提出与其他系统的接口需求，提交工程总体进行协调和优化，最终确定接口状态。工程总体统一形成接口控制文件（见表4-2），并组织完成签署工作，明确接口要求。

表4-2　接口控制文件清单

序号	接口文件名称
1	探月工程嫦娥四号任务CZ-3B运载火箭与着巡组合体接口控制文件
2	探月工程嫦娥四号任务测控系统与探测器系统接口控制文件
3	探月工程嫦娥四号任务地面应用系统与探测器系统接口控制文件
4	探月工程嫦娥四号任务发射场系统与探测器系统接口控制文件

在嫦娥四号工程中，由于新增中继星任务且用于发射中继星的CZ-4C运载火箭上搭载发射了环月天文观测微卫星（以下简称微卫星），在工程总体层面进行系统间接口设计时，需要在嫦娥三号基础上，新增中继星、微卫星和测控系统，发射场系统，CZ-4C运载火箭系统，地面应用系统等四个大系统间的接口设计。相应的，要针对系统间和系统内部关键设备间接口指标的特殊性，实施有效的质量控制，确保各类接口协调匹配，并采取必要的接口安全性控制和可靠性验证手段，确保接口安全。

相比以往型号任务，嫦娥四号任务在接口控制方面更加复杂（见表4-3），主要体现在：系统组成要素更复杂，在嫦娥三号着陆器、巡视器基础上，增加了中继星这一组成要素，加大了接口控制的难度；搭载载荷数量更多、来源更复杂，嫦娥四号任务引入了国内外多家单位的载荷，各单位对接口控制的认识不统一，接口协调更有难度。因此，嫦娥四号工程接口控制的重点及难点主要体现在两器一星和搭载载荷接口控制上。

表4-3　器箭接口控制文件相对于嫦娥三号任务的主要变化

序号	主要变化项目	说　　明
1	发射轨道要求	嫦娥四号着巡组合体发射轨道发生变化
2	入轨精度要求	嫦娥四号着巡组合体入轨精度要求发生变化
3	发射窗口	嫦娥四号任务发射窗口变为连续两天每天两个发射窗口
4	火箭电磁环境灵敏度	火箭GNSS接收机增加了北斗导航冗余功能，导致电磁环境灵敏度发生变化
5	有效载荷环境试验条件	明确了着巡组合体正弦振动试验条件和噪声试验条件均按照运载火箭验收试验量级
6	整流罩操作口、透波口	按照嫦娥四号着巡组合体实际需求进行设计
7	器箭对接框	增加有效载荷支架前端框和有效载荷后端框的刚度要求
8	脐带电缆	脐带电缆分工发生变化，改由探测器负责电缆设计、加工和测试

4.2.5.3　两器一星接口控制

两器一星指的是着陆器、巡视器、中继星。中继星作为着陆器、巡视器和地面应用系统通信的中继，其稳定与可靠直接影响着地面对着陆器、巡视器的指令下达，数据传输等控制权，决定工程着陆、巡视、获取科学数据等关键任务的成败，因此必须保证中继链路接口的通畅与可靠。为此，工程研制过程中通过加强中继星、着陆器、巡视器中继链路接口设计、控制和复核复算，采用有线和无线两种方式。软件落焊前后两种状态进行了两器一星联合测试，验证了两器一星之间中继链路接口的功能和性能满足设计要求，中继链路接口正确、匹配，与中继链路相关的飞行程序设计合理、正确。

在中继任务的设计中，根据嫦娥四号任务对中继链路的需求，遵循了以下设计原则：

1）满足嫦娥四号任务月球背面软着陆探测任务的中继通信需求；

2）满足同时对两个月球探测航天器（嫦娥四号着陆器、巡视器）的中继通信支持；

3）开展系统级设计，保证两器一星中继链路的射频和数据层面匹配一致，实现系统级优化；

4）基于嫦娥三号两器产品基线，开展功能复用设计，确保设备更改最小化以及对两器测控链路影响最小化。

嫦娥四号中继链路工作期间工作过程如下：

1）前向链路。两器的前向遥控首先通过中继星对地测控上行链路上注到中继星，再通过中继前向链路转发至两器；

2）返向链路。两器的返向数据首先通过中继返向链路发送给中继星，中继星解调后，再通过中继星对地 S 频段数传链路（正常工况）或对地测控下行链路、对地 X 频段数传链路（故障模式）转发至地面站。其中，中继星 X 频段数传链路与中继链路分时工作。此外，巡视器 X 频段返向链路与 UHF 频段器间通信链路互为功能备份，巡视器返向数据还可以通过器间通信链路发送至着陆器，复接至着陆器 X 频段返向链路后再向中继星发送。巡视器 X 频段返向链路与 UHF 频段器间通信链路分时工作。

嫦娥四号探测器系统通信链路的示意图如图 4-8 所示。

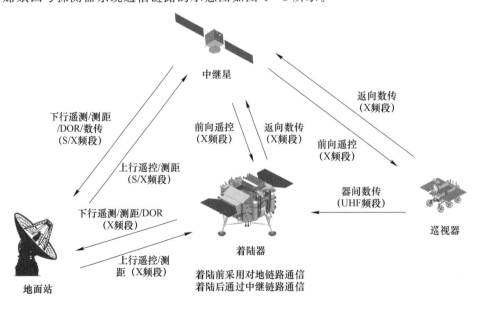

图 4-8　探测器系统通信链路示意图

与中继星接口验证方式如下：

1）两器一星联合测试：中继星电测结束后、EMC 试验前与着陆器、巡视器开展整器联合电测。进行中继链路射频接口测试、两器一星中继工作兼容性测试和中继故障模式测试、两器一星系统级模式测试等测试内容，验证两器一星中继链路接口的匹配性。

2）中继星在轨性能测试：中继星发射进入使命轨道后、着巡组合体尚未发射之前，通过着陆器和巡视器与飞行产品技术状态一致的中继相关器上设备完成同中继星在轨接口测试，完成中继链路的关键功能和性能指标的测试，验证中继星中继相关设备在经过发射、地月转移轨道及近月制动等阶段进入在轨工作空间环境后，各项关键功能和性能指标是否正常。

3）环月中继链路测试：着巡组合体进入 $100km \times 100km$ 环月轨道后，采用着陆器与中继星开展中继链路测试，主要目的包括：

a）验证着陆器中继相关设备经过发射等阶段各项关键功能是否正常：在正常的飞行程序中，着陆器的数传调制器等有源设备在首次中继链路建立之前不开机，因此需要对设备的工作状态进行确认。

b）验证真实空间衰减以及相对位置变化对中继链路造成的影响。在研制阶段，通过地面设备来等效模拟中继星与着陆器之间的距离及变化情况，实际的影响只能通过在轨测试来进行验证。

c）验证着陆器和中继星天线指向的正确性。在研制阶段，着陆器和中继星之间的天线指向通过设计保证，并未开展过测试，只能通过在轨测试来进行验证。

4.2.5.4 搭载载荷接口控制

嫦娥四号搭载国内外多种功能各不相同的载荷，对搭载载荷有严格的接口控制要求。因此确定搭载载荷后，通过签订搭载协议，工程总体明确搭载载荷交付前应完成的试验项目及试验条件、交付接口状态，将确保两器一星可靠性和安全性作为搭载放行的首要管控准则，重点对搭载载荷的接口安全性进行严格控制。管理过程中，工程总体编制了接口安全性控制要求，提出了设计控制、过程控制和验收控制三个方面的实施细则，从机械强度裕度、热接口、供电接口安全等方面给出细化指标；通过强制检验点检查、审查电路图与实物的方式，对其接口安全性进行严格把关；通过正样产品的验收，确认其产品满足要求。此外，工程总体针对科普载荷的压力容器安全、接插件防水性能、供配电安全等开展了多次专项审查，进行了多次再复核、再确认。通过严格的接口安全性管控，确保了搭载载荷接口匹配、满足要求，未发生危及主任务安全的情况。

4.2.6 大型试验组织管理

嫦娥四号工程大型试验是指工程研制过程中跨系统和系统级的各类试验，以及分系统级具有技术难度大、风险大、试验周期长、参试单位多、耗资大等特点的试验。

4.2.6.1 试验项目及策划

工程总体与各系统、各研制单位在方案阶段明确工程研制过程的全部大型试验项目清单和计划节点，并纳入工程研制计划流程；通过组织保证、人员资质考核、试验策划和评审、试验全过程质量管理等四项控制活动，确保试验安全、充分、有效；执行有关法规和标准规定，制定相关文件，控制试验产品技术状态，实行表格化管理，严格数据处理和比对，确保试验质量。

在工程正式实施后，工程总体根据任务特点，对工程实施所需的大型试验进行评审，形成《嫦娥四号任务大型试验项目》。

系统间大型试验

- 第一轮天地测控对接试验（2017 年 4 月，测控系统牵头，探测器系统参加）
- 第一轮天地应用对接试验（2017 年 4 月，地面应用系统牵头，探测器系统参加）
- CZ-4C 运载火箭测控对接试验（2017 年 7 月，测控系统牵头，运载火箭系统参加）
- CZ-4C 运载火箭与中继星对接试验（2017 年 9 月，运载火箭系统牵头，探测器系统参加）
- CZ-3B 运载火箭与着巡组合体对接及解锁分离试验（2017 年 11 月，运载火箭系统牵头，探测器系统参加）
- 第二轮天地测控对接试验（2017 年 8 月、2018 年 1 月，测控系统牵头，探测器系统参加）
- 第二轮天地应用对接试验（2018 年 1 月，地面应用系统牵头，探测器系统参加）
- CZ-4C 运载火箭和中继星电磁兼容试验（2018 年 1 月，运载火箭系统牵头，探测器系统参加）
- 中继星 1∶1 无线联试（2018 年 2 月，测控系统牵头，探测器系统、地面应用系统参加）
- 中继星在轨标定测试和中继功能验证（2018 年 7 月—8 月，测控系统牵头，探测器系统参加）
- 着巡组合体 1∶1 无线联试（2018 年 8 月，测控系统牵头，探测器系统、地面应用系统参加）
- 巡视器遥操作演练（2018 年 8 月—9 月，测控系统牵头，探测器系统、地面应用系统参加）

各系统大型试验

探测器系统

- 着陆器低频射电频谱仪电磁兼容摸底试验；
- 着陆器低频射电频谱仪电磁兼容专项试验；
- 着陆器 A、B、C 阶段电性能测试；
- 巡视器 A、B、C 阶段电性能测试；
- 着陆器和巡视器联合电性能测试、D 阶段电性能测试、电磁兼容测试；
- 着陆器、巡视器力学试验；
- 中继星初样电性能测试；
- 中继星初样辐射模型星（RM 器）试验；
- 中继星正样电性能测试；

- 中继星正样电磁兼容试验；
- 中继星正样力学试验；
- 着陆器、巡视器、中继星接口匹配性测试；
- 着陆器、巡视器、中继星正样联试。

运载火箭系统

- CZ – 3B 运载火箭电气系统综合试验；
- CZ – 3B 运载火箭全箭总装出厂测试；
- CZ – 3B 运载火箭靶场综合测试；
- CZ – 4C 运载火箭各分系统综合试验；
- CZ – 4C 运载火箭全箭总装出厂测试；
- CZ – 4C 运载火箭靶场综合测试。

发射场系统

- 航落区安全工作协调与勘察。

测控系统

- 测控系统信息联调与演练。

地面应用系统

- 有效载荷地面科学验证试验；
- 系统演练（包括专项演练）。

4.2.6.2　试验组织

嫦娥四号工程开展大型试验验证前需建立试验组织体系，成立现场领导小组，下设计划调度、技术协调、质量技安、后勤保障等专职小组，承试方担任各组的第一负责人，并明确规定各类人员的职责、权限和相互关系。

参试人员应经过培训和上岗考核，考核不合格不得上岗。试验操作实行双岗制，一岗负责执行，二岗负责复验。

试验过程实行统一指挥，由试验技术指挥负责组织和指挥试验工作。

工程总体对列入工程总体大型试验项目清单的试验项目，重点进行跟踪管理。对列入工程总体强制检验清单的试验项目，由工程两总、工程总体人员或委派的质量监督验收代表进行现场监督。

探测器系统强制检验点

探测器系统与地面测控系统的对接试验

- 着陆器、巡视器上行码速率；
- 中继星天线极化方式。

中继星与地面应用系统的对接试验

- 中继星天线极化方式；
- 中继星数据格式。

中继星初样测控对接试验

- 中继星初样设备上下行测控数传功能、性能；

- 中继星正样测控对接试验；
- 中继星正样设备上下行测控数传功能、性能测试。

着陆器、巡视器与中继星联合电测

- 通过中继星转发的着陆器、巡视器指令执行的正确性；
- 通过中继星转发的着陆器、巡视器数传的正确性。

着陆器、巡视器与同位素热/电源对接

- 机械接口、电接口的匹配性。

低频射电频谱仪 EMC 专项试验

- 噪声剔除方法有效性。

同位素热/电源鉴定试验大纲评审

- 鉴定试验设计的正确性和合理性。

同位素热/电源鉴定试验

- 鉴定试验有效性、结果符合性。

4.2.6.3　试验文件

嫦娥四号工程大型试验验证过程中，相关文件包括试验任务书、试验大纲、试验实施文件、质量保证文件、试验总结、试验报告等。试验文件形成后按照有关研试文件归档的标准和程序进行试验文件资料的归档。凡列入工程总体下达的工程大型试验项目清单的试验，要求研制单位将试验大纲和试验报告（复印件）报送工程总体作为工程档案归档。

（1）试验任务书

试验任务书（或计划、合同、协议等依据性文件）由研制单位编制，应明确试验目的、试验内容、试验条件、试验技术状态、质量保证要求、试验任务分工、试验进度、技术保障和组织措施等内容，并履行审批程序。

跨系统大型试验任务书由工程总体或指定的单位负责编制，经各方会签后，由工程总体审批。

（2）试验大纲

试验大纲由研制方负责编制，跨系统大型试验大纲由工程总体或指定的单位编制。试验大纲应包括试验内容、条件、方法，试验产品、测试系统的技术状态，测试项目、测量要求、试验程序、质量安全要求和措施，重大问题的处理预案和处置原则、技术难点及技术保障措施、风险分析和试验结果评定准则等内容。试验大纲必须经过评审、会签和审批。

跨系统大型试验大纲由工程总体组织同行专家评审，由工程总设计师批准。

（3）试验实施文件

承试方应根据试验任务书和试验大纲编制试验实施文件，如试验方案、试验技术流程、试验计划流程、试验程序、操作规程等，并经试验有关单位会签。

（4）质量保证文件

承试方应根据试验任务书、试验大纲等，由试验技术指挥组织制定质量保证大纲（质量计划），内容一般应包括试验目的、质量责任、质量目标和质量控制点，新技术、新方法和新设备控制，技术和管理接口关系，分阶段评审计划，安全管理要求（可单独制定试验安全性大纲），故障预想和对策，保障条件等。质量保证大纲（质量计划）应通过评审，作为试验质量管理的依据。

（5）试验总结、试验报告

试验结束后，试验技术指挥组织参试系统、分系统人员对试验进行技术总结，形成书面的试验总结报告。存在故障和问题的应由研制单位按照"双五条"归零要求编制归零报告或专题分析报告。

承试方按期向研制单位提供试验报告。试验报告发出前应经过审批。

4.2.6.4　试验实施和质量保证

嫦娥四号工程大型试验全过程分为试验准备、试验实施、试验总结和处置四个阶段。试验实施前，要进行充分的准备，包括试验文件编制、现场准备工作、状态检查等；试验实施时要在前期准备基础上对试验的操作和工况质量以及可能出现的异常情况进行控制，确保试验组织有序、安全可靠；试验后要及时进行总结，包括技术总结、环境条件总结，编制试验报告并对试验结果进行评审；同时对试验中发现的问题进行处置。

（1）试验准备阶段

工作内容一般应包括：

1）试验文件准备。包括试验任务书和试验大纲的编制，试验方案和质量保证大纲（质量计划）、安全管理要求（安全性大纲）的制定，试验程序和操作规程编制等。

2）试验现场准备。包括人员培训和考核上岗，设备设施、仪器、仪表、测量系统维护校准，试验用计算机软件控制，试验产品和配套产品控制及质量证明文件，试验环境控制等。必要时，应对试验设备进行预先联合调试。

3）试验前准备状态检查。试验前由试验技术指挥组织系统、分系统负责人对试验准备状态、技术安全进行全面检查，合格后冻结技术状态，经现场领导小组批准后方可转入试验阶段。

检查内容一般应包括岗位责任、人员状况、产品技术状态、试验设备技术状态、安全性、应具备的质量记录、岗位必备文件、故障预想和对策（应急预案）、条件保障措施等。

（2）试验实施阶段

工作内容一般应包括：

1）操作质量控制。试验操作应统一指挥，必要时应发出操作指令，操作者重复指令后执行；参试人员应严格执行操作规程，做好原始记录，做好交接班记录等。

2）工况质量控制。依据现场质量控制程序，做好工况实施记录；完成试验数据采集，并依据试验数据的审核程序，对试验数据进行初步判定，及时处理偏离状态。

3）异常情况控制。发生异常情况，按试验大纲故障及中断处理准则、故障预想和对策、操作规程等进行操作。根据故障的严重程度进行处理，记录过程和结果。

（3）试验总结阶段

工作内容一般应包括：

1）技术总结。试验技术指挥应组织系统、分系统参试人员对试验进行技术总结，编制试验总结报告。必要时，召开管理工作总结会对管理工作进行总结。

2）环境条件评审。现场领导小组对承试方环境条件进行评审，审核各项技术指标与试验任务书（或试验大纲）要求的符合性、对质量要求的符合性。

3）试验报告和试验结果评审。承试方进行数据处理并提交试验报告。两总系统对试验结果与预期性能、功能的符合性、数据完整性、结果有效性以及设计、工艺改进等进行评审。

（4）处置阶段

工作内容一般应包括：

1）遗留问题处理。对遗留的技术问题和管理问题，分析原因，采取纠正和预防措施。

2）故障和事故处理。对试验中出现的故障和事故，按规定程序报告，按照质量问题归零或事故调查审查的要求处置，并采取改进措施。

3）试验评审通过后，经批准撤收相关试验设施。

4.2.7　关键技术管理

4.2.7.1　工程总体关键技术

嫦娥四号任务难度大、模式新、周期紧、状态复杂，实施风险高，因此在研制过程中，要求进一步细化技术方案、化解技术风险，以确保工程任务的顺利实施。为此，工程总设计师系统研究确定了 7 个影响工程成败的关键环节和技术（见表 4 - 4），明确计划节点，组织专题研究，其中 5 个为工程技术专题，分别是：中继星通信保障专题、月球背面软着陆控制方案风险评估与应对专题、RTG 全过程风险控制专题、CZ - 4C 运载火箭首次在西昌卫星发射中心发射的风险评估与应对专题、发射窗口搜索和轨道设计专题；2 个为科学目标专题，分别是低频射电天文观测科学目标实现能力分析专题、科学目标可实现程度分析专题。各专题由工程总设计师系统牵头，明确责任人和责任单位，制定重点研究计划，系统深入开展研究工作。

表 4 - 4　工程总体关键技术清单

序号	专题	责任方	参与方	完成时间
1	中继星通信保障	探测器系统	测控系统	2017 年 3 月
2	月球背面软着陆控制方案风险评估与应对	探测器系统		2017 年 12 月
3	RTG 全过程风险控制	探测器系统	工程总体、发射场系统	2018 年 2 月
4	CZ - 4C 运载火箭首次在西昌卫星发射中心发射的风险评估与应对	运载火箭系统	发射场系统	2017 年 12 月
5	发射窗口搜索和轨道设计	工程总体	探测器系统、运载火箭系统、测控系统	2017 年 12 月
6	低频射电天文观测科学目标可实现能力分析	探测器系统	地面应用系统	2017 年 12 月
7	科学目标可实现程度分析	地面应用系统	探测器系统	2017 年 12 月

（1）中继星通信保障专题

为了保证嫦娥四号中继通信的效能，根据嫦娥四号中继通信任务特点的分析，采取逐级分解的方法，梳理出以下 6 个与风险项目所对应的关键点：

- 在中继通信链路设计上要有足够的余量；
- 确保与着陆器/巡视器接口匹配；
- 中继通信天线指向要满足要求；
- 系统要电磁兼容；
- 口径 4.2m 的伞状抛物面中继通信天线要绝对可靠；
- 任务轨道到达与维持。

在嫦娥四号中继星的研制过程中，针对梳理出来的关键点，通过仿真分析、测试和试验验证、复核复算等工作，有效地控制风险，为在轨试验任务的圆满完成奠定坚实的基础。

此外，嫦娥四号中继星采用的 CZ-4C 运载火箭将同时搭载微卫星。根据运载火箭提供的入轨参数、入轨偏差，微卫星提供的标称轨道设计结果以及在轨 CE-5T1 服务舱的轨道参数，对星箭分离后至近月制动结束飞行过程中中继星的安全性进行了分析。

根据分析计算，得出结论：

1）微卫星入轨时与中继星无碰撞风险。

2）中继星在近月点附近与微卫星无碰撞风险。

3）根据现有定轨数据，从轨道面和轨道高度两方面分析，中继星在近月点前后与 CE-5T1 服务舱不会发生交会，无碰撞风险，工程实施过程中将根据服务舱的轨道数据更新情况持续开展跟踪分析。

综上所述，中继星从器箭分离至近月制动的飞行过程是安全的，不存在与微卫星和 CE-5T1 服务舱的碰撞风险。

（2）月球背面软着陆控制方案风险评估与应对专题

针对月球背面软着陆控制方案，识别出 12 项主要的风险，并制定了应对与控制措施：

1）月球背面着陆区环境变化对着陆带来的风险。

2）RTG 发电功率不满足指标要求风险。为适应月夜温度采集需求，相对嫦娥三号，着陆器将 -Y 侧 RHU 改为 RTG。设计需求由原来仅需要热量更改为热、电统一考虑，供电需求为新要求，存在技术未吃透，材料热特性不掌握等问题，可能导致发电功率不满足要求。

3）7500N 变推力发动机故障影响。7500N 发动机正常工作是实现近月制动、动力下降的必备条件，且无备份。若 7500N 发动机故障，则无法实现近月制动和动力下降，无法实现任务目标。

4）加速度计失效。加速度计是确保近月制动速度关机的必需手段，是动力下降段进行导航计算的必需设备。若精度不满足要求，可能造成近月制动后轨道和动力下降速度偏差较大；若设备故障，则无法完成近月制动和动力下降任务。

5）微波测距测速敏感器失效。微波测距测速敏感器是动力下降段进行对月测距测速的必需手段，其测速功能是单点。

6）火工品未解锁。探测器共有 36 个火工品，其中着陆器上存在 31 个火工品，巡视器上有 5 个火工品，任何一个火工品出现问题都不能实现工程任务的成功，因此确保火工品可靠、安全是成功的关键。

7）太阳翼无法展开或展开不到位。太阳翼是实现光电转换的必需设备，且工作模式复杂。

着陆器太阳翼依靠火工品起爆实现解锁，依靠电机转动实现展开，且在每次采用7500N 变轨前后，还要依靠电机进行太阳翼的收拢和展开，着陆月面后，依靠电机驱动实现月面发电、保温。

巡视器太阳翼依靠火工品起爆实现解锁，－Y 太阳翼一次展开到位，＋Y 太阳翼依靠电机驱动实现月面发电、遮阳、保温等功能。

8）驱动轮系卡滞。驱动轮系是实现巡视器月面移动的必需部件。在两器释放分离过程中，转移机构与后轮配合有齿条，阻力相对较大。驱动轮系卡滞时，巡视器无法提供向前运动的足够驱动力，无法驶离转移机构。

在月面工作过程中，驱动轮系卡滞时，将使巡视器移动能力严重下降。

9）桅杆无法展开到位或无法收拢到位。

如果桅杆无法展开到位，安装其上的定向天线和导航相机无法指向预定目标，无法建立对中继星返向链路或环境感知功能失效，导致巡视探测任务失败；如果桅杆无法收拢到位，太阳翼将无法收拢，致使巡视器月夜无法保温，导致巡视器无法度过月夜。

10）车轮沉陷致使无法移动。月壤松软导致车轮沉陷，无法前进、后退。

11）车轮间夹石块无法摆脱。受到移动构型约束，在车轮间夹有 250mm 以上障碍时，存在无法摆脱的可能性。轮旋转导致石块伴随运动，摆脱困难。

12）进入前向链路盲区。受到构型复杂性的影响，在极小立体角范围内，在巡视器正前方存在上行 X 频段的通信凹点。如进入并停在前向链路盲区范围内，中继前向链路失效，导致巡视器无法工作。

（3）RTG 全过程风险控制专题

根据嫦娥四号工程配套要求，在巡视器热控分系统配备 1 台 120W RHU 满足月夜期间的供热需求；在着陆器热控分系统配备 1 台 120W RHU、2 台 4W RHU 和 1 台同位素温差电池（RTG），RHU/RTG 主要用来解决探测器月夜生存时热源供给问题，同时RTG 还需要在月夜期间为月夜温度采集器提供电能。

同位素热/电源的引进研制过程中，需要针对火箭发射的力学环境、空间和月面使用时热/辐射等极端环境、多种意外地面和发射事故（如靶场火灾、运载发射事故、再入大气空气动力热、高速撞击硬地面、掉入深海或酸性土壤等）环境，进行地面安全性试验验证，包括燃烧试验、撞击试验、耐压试验、海水腐蚀试验等。在同位素热/电源的出厂检验中，要严格进行辐射安全检测，包括表面辐射剂量、表面 α 沾污等，确保其表面没有被放射性物质沾污。

建立 RTG 研制技术操作流程，对其全流程中的涉核操作过程进行管理，按照同位素核热/电源研制阶段、运输与发射场贮存阶段、塔架装器及发射阶段进行了全过程的风险识别、风险评级，并对关键（Ⅲ级及以上）风险制定了严格的控制措施。

共识别风险 14 项、Ⅰ 级风险 3 项、Ⅱ 级风险 7 项、Ⅲ 级风险 4 项（需重点关注项）。

（4）CZ-4C 运载火箭首次在西昌卫星发射中心发射的风险评估与应对

CZ-4C Y27 火箭发射 CE-4 中继星任务为 CZ-4C 火箭首次赴西昌卫星发射中心实施发射。重点对 3 号发射工位、三级常规推进剂加注供气系统、发射指挥测试大厅等与 CZ-4C 火箭的状态适应性进行多轮协调，主要包括对 CZ-4C 火箭发射场接口技术要求、总装测试大厅布局情况、技术区发射区房间分配及电缆长度确定、测试发射流程、高空风的统计等。CZ-4C Y27 火箭对发射场的要求反映在对发射场接口技术要求等文件中。

CZ-4C 火箭与发射场经过多轮沟通协调，2016 年 2 月完成了 CZ-4C 火箭（发射 CE-4 中继星）对发射场技术要求评审，发射场系统参加，评审通过后的文件作为运载火箭与发射场系统间接口控制的依据于 2017 年 8 月 4 日通过了探月与航天工程中心组织的专项评审。

CZ-4C 火箭发射场系统协调结果表明：发射场保障条件经适应性改造后即可满足 CZ-4C 火箭测试发射要求；型号两总对首次在西昌发射高度重视，并将该项目作为风险控制项目进行全过程控制。

针对首次在西昌卫星发射中心执行发射任务的情况，型号在发射场流程安排中设置了发射区合练，具体要求在 CZ-4C Y27 火箭合练大纲中明确；通过星、箭、地联合操作程序协调及文件会签，确认了本发火箭、CE-4 中继星和两颗微卫星与发射场相关的联合操作程序，明确在发射场的工作程序、CZ-4C Y27 火箭发射 CE-4 中继星联合操作检查表和 CZ-4C Y27 火箭搭载发射哈工大微卫星联合操作检查表等文件中。

（5）发射窗口搜索和轨道设计专题

嫦娥四号工程的目标是在月背成功软着陆，这一目标在过去是人类尚未实现的，对发射窗口搜索和轨道设计提出了很高的要求，特别是进入月背区域着陆前的时机和轨道，必须确保精确和可靠；同时由于是人类首次月背软着陆，因此也缺少可供参考的窗口搜索和轨道设计方案和经验，再加上中继星、自主着陆等全新约束条件，设计人员必须运用专业知识，科学、严谨、深入地开展创新研究与设计。影响发射窗口的因素主要有升降轨方式、着陆区光照条件、转移轨道近地点幅角、连续多窗口等发射要求。

论证阶段，工程总体组织探测器、运载火箭和测控系统开展专题研究，综合考量嫦娥四号的升降轨方式、着陆区光照条件、转移轨道近地点幅角、连续多窗口等影响发射窗口和轨道设计的重要因素，完成了 2018 年—2019 年 1 月份发射窗口搜索和轨道设计工作，并根据任务的论证结果在研制过程中重点对 2018 年 12 月的发射窗口进行了详细的轨道设计和测控分析。

经过分析，近月制动速度增量符合要求的发射窗口为 2018 年 12 月 8 日—9 日。

2018 年 12 月成功按既定窗口和轨道完成发射任务，运载火箭发射弹道与探测器飞行轨道匹配，运载火箭发射弹道的测控跟踪覆盖满足要求，探测器飞行轨道的测控跟踪覆盖满足要求，工程顺利实现了月背软着陆。

（6）低频射电天文观测科学目标可实现能力分析专题

低频射电频谱仪 VLFRS（Very Low Frequency Radio Spectrometer）安装在嫦娥四号着陆器上，是一台空间低频射电信号观测仪器，是实现嫦娥四号工程科学探测目标的重要科学载荷。着陆器低频射电频谱仪的科学探测任务主要是在月昼期间：对太阳低频射电特征进行探测；对月表低频辐射环境进行探测。

低频射电频谱仪的功能是探测太阳爆发产生的低频电场，给出太阳爆发低频电场的幅度随频率变化的特性，并利用月球电离层对太阳爆发电场的截止特性研究月球电离层的特性，同时，在月昼期间监测月表低频辐射环境的变化情况。

低频射电频谱仪的主要性能要求见表 4-5。

表 4-5　低频射电频谱仪的主要性能要求

序号	名　称	主要参数和性能
1	工作频段	$0.1 \sim 40$MHz
2	接收机灵敏度	$\leqslant 10$nV$/\sqrt{Hz}$
3	动态范围	$\geqslant 75$dB
4	频率分辨率	$1 \sim 10$kHz（$0.1 \sim 1.0$MHz） $100 \sim 200$kHz（$1.0 \sim 40$MHz）
5	最大数据率	$\leqslant 5$Mbit/s

低频射电频谱仪共有五种探测模式，分别为内定标模式、频谱巡查模式、三天线模式、时域模式、时频对比模式。经过专题研究分析，五种探测模式均满足低频射电频谱仪的平均数据率指标要求。

（7）科学目标可实现程度分析专题

为完成嫦娥四号的探测任务，通过科学目标可实现程度分析，选择主备着陆区。在以安全着陆为主要目标的前提下，软着陆区域的选择应该既具有工程实施的可实现性，又兼顾科学探测的需要。嫦娥三号已经完成了月球正面北半球虹湾地区的着陆巡视探测，为了增加我国探月工程着陆区的多样性，为嫦娥四号任务初步选定了主着陆区域和备选着陆区域。

着陆区简介

主着陆区覆盖 $(177.6 \pm 1.2)°$E，$(45.5 \pm 0.5)°$S，高程最大值为 -5768m，最小值为 -6073m，平均值为 -5926m，高程差为 305m，标准差为 20m，位于冯·卡门撞击坑的东南方向。

备选着陆区覆盖 $(163.1 \pm 1.2)°$E，$(46.1 \pm 0.5)°$S，高程最大值为 -3827m，最小值为 -4453m，平均值为 -4148m，高程差为 626m，标准差为 74m，位于克雷蒂安（Chrétien）撞击坑的中部。

冯·卡门和克雷蒂安撞击坑是南极-艾特肯盆地典型地貌类型。艾特肯盆地位于月球南极地区，可能含有月幔物质成分。拟选着陆区内的钍、FeO、TiO_2 等含量较高，且高程很低，这种异常的空间分布特征，可能暗藏着该地区的火山活动和月壳活动线索；此外，着落区覆盖雨海纪物质，通过物质成分探测和结构探测，有利于研究南极-艾特肯盆地的物质来源和形成过程。

4.2.7.2　各系统关键技术

工程总体识别的关键技术直接影响工程成败，具有最高优先级，而各系统按研制总要求和任务书完成各自研制工作，也须识别各自的关键技术，对其研制过程进行重点管理和监控。嫦娥四号继承自嫦娥三号，许多技术方案已在嫦娥三号任务中提出，并通过任务实施进行了研制和验证，因此无论是总体还是各系统，在嫦娥四号关键技术的识别和确定上，要特别关注相比嫦娥三号需要进行调整或改进的要求和指标，相关技术研制要更加审慎和细致。

关于探测器系统，在嫦娥三号安全着陆、可靠分离、月面工作、月夜生存四大任务目标的基础上，针对嫦娥四号着陆区变化、新增中继链路、有效载荷变化等任务特点，识别出精确变轨、畅通中继、安全着陆、可靠分离、稳健巡视、有效探测、长期生存等七大任务目标。安全着陆、可靠分离为完全继承嫦娥三号的任务目标，精确变轨、稳健巡视、有效探测、长期生存是基于嫦娥三号在轨工作情况，对于任务进一步加深认识梳理得到的，实现以上六个目标重点在于识别相对于嫦娥三号的变化和优化，并基于变化情况开展专项仿真、试验验证等工作。图 4-9 所示为精确变轨关键技术、关键环节分析框图，图 4-10 所示为精确变轨验证的分析及验证方法。畅通中继是应对新增中继需求而增加的任务目标，需要开展全新的任务关键环节分析与验证工作。

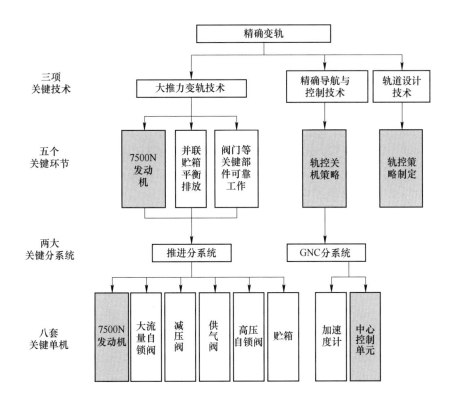

图 4-9　精确变轨关键技术、关键环节分析

运载火箭系统中 CZ-4C Y27 火箭为满足任务要求，研制过程中突破了"多窗口窄窗

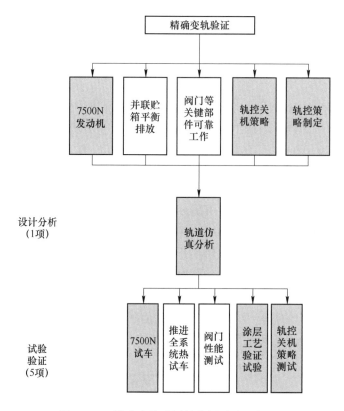

图 4 - 10　精确变轨验证的分析及验证方法

口任务设计技术"和"高精度 LTO 设计技术"等关键技术，使发射入轨精度满足工程需求。

多窗口窄窗口任务设计技术

（1）多窗口窄窗口发射流程规划技术

运载火箭系统开展了多窗口流程规划推演，通过重新设计核心发射节点，优化制约发射准备周期的瓶颈项目和外部接口切断时间，确定了最优切换时间点为射前－40min，有效解决了第一窗口切换时间点不同带来的第二窗口复杂流程再规划的问题；形成了40min 的最简发射流程，经过发射场合练阶段演练，可满足多窗口发射需求。

（2）多弹道飞行诸元设计和装定技术

在确保运载能力满足要求的前提下，全面优化和统一箭上电气和动力系统飞行状态和设计参数，实现 10 个窗口切换不需更换软硬件，仅需更换装定数据。优化软件装定数据上传和确认方案，经过发射演练，既能满足多窗口发射需求，又能保证窄窗口发射，以及装定数据的唯一性和正确性。

（3）末级推进剂温度综合保障技术

根据发射塔架无整体封闭空调环境的实际情况和多窗口任务特点，火箭常温推进剂多窗口温度保障存在困难。采取了末级常温推进剂整体温控措施，有效保障了火箭射前末级推进剂的温度保障，加注结束后至射前的温升仅为原设计状态的 30%。

高精度 LTO 设计技术

（1）发射轨道优化设计技术

统一各窗口一、二级飞行弹道，简化了火箭飞行状态，大幅提高星箭迭代设计和相关分析工作的效率；有效控制子级残骸散布，一子级残骸实际落点距离理论落点仅约1km。优化微调末级速度方向，利用月球引力摄动确保末子级离轨效果。

（2）多目标、高精度制导仿真技术

全面优化制导仿真模型，有效解决了多窗口（10 个）、多干扰（84 项）、多目标（6项）下的高精度制导仿真设计问题。经飞行试验验证，火箭 6 项入轨精度指标均比要求值小一个数量级。

鉴于嫦娥四号工程将在月球背面实施软着陆探测，地面应用系统在探月工程二期和三期基础上，通过系统的升级和改造，完成了嫦娥四号工程有效载荷运行管理、探测数据的接收、处理、解译和管理，组织开展科学数据的应用和研究等任务。地面应用系统通过对比分析，识别出工程与以往承担型号任务的主要特点和区别：一是嫦娥四号在月球背面着陆，不能对地直接通信，遥科学和遥操作都是通过中继星中转，业务运行管理任务模式较前几次任务有较大变化；二是嫦娥四号工程将通过中继星转发进行数据下传，由于观测模式与之前任务有变化，需要同时具备 S 频段和X 频段数据接收能力，数据接收任务更为复杂；三是着陆器和巡视器调整了科学目标，更换了部分有效载荷，对科学探测数据的处理和管理提出了新的要求；四是进行月球背面空间科学探测，对有效载荷科学数据的解译和科学应用与研究具有挑战性。根据对任务的具体分析，地面应用系统需要完成科学探测任务仿真与规划设计技术、有效载荷数据处理技术两个方面的关键技术攻关。

4.2.8　评审管理

4.2.8.1　评审的组织

工程总体和工程各系统根据评审的范围和内容，设立评审委员会和专业评审组；根据评审组织方性质分为外部评审（用户评审）和内部评审。外部评审的组织方为任务提出方；内部评审的组织方为承担任务的部门、项目办或研究室（组）等。评审委员会和专业评审组的构成包括承担工程的指挥系统、设计师系统、产品保证工作系统的责任人员和有丰富经验的专家、顾问，以及各相关专业的技术专家，负有决策咨询、技术咨询、技术把关、产品质量把关的责任，对研制活动的符合性、有效性进行审查，并给出结论和建议。

评审活动以评审委员会或专业评审组的专家为主，可根据评审内容吸收其他同行专家参加。评审组包括任务提出单位的设计人员、制造部门的主管工艺人员、产品保证人员等对产品技术和质量负有责任的人员。

4.2.8.2　外部评审

外部评审是由评审组织方组成评审组对被评审方的技术活动结果是否达到规定要求所进行的评议审查活动。嫦娥四号的外部评审包括阶段评审、关键点评审和专项评审。专项评审可独立进行，也可与阶段评审或关键点评审结合进行。

评审重点是：技术方案的正确性，对规定要求的满足程度，以及关系工程研制成败的重大技术问题、关键技术、薄弱环节等，特别是对新技术、新材料、新工艺的选用，成熟产品的新应用，产品对地月轨道特殊空间运行环境的适应性，产品的可靠性、安全性等。

工程总体及各系统总体按研制程序在研制过程的重要节点，组织召开由评审委员会、专业评审组和同行专家进行的评审，包括设计评审、工艺评审、产品出厂质量评审、质量问题归零评审、产品保证专业评审以及产品验收评审、研制转阶段评审等。工程各系统应按规定制定评审计划。评审工作要实行表格化管理，根据评审的内容设计和选用评审表格，由参与评审的专家逐项予以核查。承制单位应提供研制情况的数据包，说明研制情况、统计分析资料和试验数据。评审中的意见和建议保留书面记录，并限时研究反馈。被评审单位在评审结论方面与评审委员会有分歧的，由上一级抓总单位技术负责人负责协调。评审表格、记录和结论应保存归档。

4.2.8.3　内部评审

承担工程研制的各级组织在方案、初样、正（试）样的各个阶段，需对技术方案确定和修订、初步设计、设计图样下厂前三个节点进行工程组或设计室一级的内部评审，目的是发现技术上可能存在的问题，以便进一步改进和优化，保证设计、制造和试验质量。对于移交外部评审的研制成果或需要内部评审的研制过程，就重要性、难度、风险等组织同行专家进行评审。各单位根据评审内容设计相应的评审表格，供参与评审的人员逐项予以核查，并提出意见和建议。被评审单位和人员，认真研究落实专家意见、建议，逐条明确处理结论，并把处理结果报告评审组织单位和评审组组长。保留评审记录，供技术评审时审查。

4.3　质量管理

质量管理对于嫦娥四号工程至关重要，直接决定着工程成败，并影响工程实施效果，是工程研制管理过程中的重要方面。工程总体在管理过程中，运用卓越绩效这一先进质量管理理念和相关方法，以"产品零缺陷、操作零失误、现场零事故、飞行零故障"为工程质量目标，贯彻实施"高标准、高质量、高效率"质量理念，构建质量管理体系和产品保证体系，全面加强对产品质量的指导、监督和控制，严格落实质量管理和产品保证责任制，树立"质量创造价值"理念，把引领和推动探月工程可持续发展作为质量管理的一项长远目标，即质量管理不仅着眼于嫦娥四号这一次任务，还要通过这一次任务的质量管理，带动整个探月工程乃至航天领域的质量进步。

针对嫦娥四号工程参研、参试单位多，个别新参研单位航天型号研制经验不足，产品保证工作不规范等现状，工程总体全面落实质量管理和产品保证责任制，着力抓好规范和规章制度的制定和宣贯培训，层层传递质量意识和工作要求。五大系统根据工程顶层文件指导全阶段工作，质量管理要求覆盖产品设计、生产、试验、测试等全流程，确保嫦娥四号任务圆满成功。

基于卓越绩效理念的嫦娥四号工程质量保证体系

卓越绩效作为国际上广泛推行的一种先进质量管理理念，是指通过综合的组织绩效管理方法，为顾客、员工和其他相关方不断创造价值，提高组织整体的绩效和能力，促进组织获得持续发展和成功。工程总体基于卓越绩效理念方法和中国航天的工程实践，根据嫦娥四号工程特点，通过对其各阶段主要研制管理工作与卓越绩效模型的相关性分析，并借鉴卓越绩效方法，注重"知识管理""关键过程管理"等要素的基本思想和相关研究成果，研究提出由"卓越领导""卓越过程"和"卓越结果"构成的卓越绩效管理模式。"卓越领导"是指严密的质量保证责任体系、创新的质量文化保障、卓越的质量目标体系；"卓越过程"是指严格的过程质量保证；"卓越结果"是指全面评估和系统验证。

工程总体建立和实施了基于卓越绩效理念与系统工程理论的嫦娥四号任务"三位一体"（单位抓体系、工程抓大纲、行政抓监督和全员抓落实）卓越质量管理模式。其中，研制单位抓质量体系建设是重要基础，工程队伍抓产品保证大纲是科学方法，行政力量抓质量监督监理是必要手段，全员抓落实是确保质量体系、产保大纲和监督监理机制协调推进、有效实施的必然途径。

嫦娥四号任务"三位一体"卓越质量管理模式

嫦娥四号工程中构建了基于卓越绩效理念的质量保证体系，全面加强了产品质量，确保研制工作顺利推进，实现了嫦娥四号工程任务圆满成功。一是建立了从工程两总到工程总体、五大系统直至原材料元器件供应商在内的七层次质量保证体系。其中五大系统抓总单位对本系统的技术和产品质量负全责，对工程总体负责；各任务承担单位对其产品和服务质量负全责，对上一级用户和抓总单位负责，各承研单位行政正职，为本单位工程质量第一责任人。二是凝练形成以"探索宇宙未知，服务人类文明"为使命、以"打造航天重大工程典范，引领深空探测事业发展"为愿景和以"国家利益至上、局部服从全局，质量创造价值"为核心价值观，体现"追逐梦想、勇于探索、协同攻坚、合作共赢"探月精神的文化体系，成为引领和推动探月工程可持续发展的坚实基础。三是建立工程卓越质量目标体系，即以"产品零缺陷、操作零失误、现场零事故、飞行零故障"为工程质量目标，贯彻实施"高标准、高质量、高效率"质量理念，有效开展质量管控，强化产品保证管理。工程各系统根据任务特点，针对工程总体下发的研制任务要求，对工程质量目标进行细化分解，形成分层分域质量目标。

4.3.1　质量策划

为贯彻落实探月工程重大专项领导小组"精心组织、精心设计、精心加工、精心试验"的要求，根据嫦娥四号任务特点，工程总体编制了《嫦娥四号任务产品保证总要求》和《嫦娥四号任务质量工作决定》，并通过专家组和五大系统的审定，形成正式文件印发各有关单位。在工程研制过程中，进一步加强嫦娥四号任务质量工作，确保研制工作顺利推进，确保任务一次成功。

4.3.1.1　质量文件宣贯培训活动

2016年8月下旬，以《嫦娥四号任务质量工作决定》和《嫦娥四号任务产品保证总要求》为主要内容，对工程各系统型号管理人员、设计师队伍开展集中培训，培训后进行考试。工程总体对考试合格人员颁发上岗证书。通过培训和考试，确保工程管理和研制队伍知晓和理解首次月球背面软着陆任务质量工作重点和产品保证的特殊要求，以在工程任务实施中逐项落实。

（1）宣贯形式

培训工作分北京、上海、西安3个片区，共集中组织5场，每场1天，请培训专家现场授课。授课完成后，组织现场考试。

（2）宣贯对象

五大系统参研参试人员。

（3）宣贯内容

宣贯内容针对嫦娥四号任务特点，以质量工作决定为主要内容，同时兼顾产保总要求中嫦娥四号特有的内容。

1）质量工作决定；

2）元器件方面要求；

3）软件及FPGA方面要求；

4）同位素热/电源方面要求。

4.3.1.2　质量检查

（1）研制初期的质量检查

在质量文件宣贯培训会后，为督促各系统切实贯彻落实两个质量文件，确保产品质量，组织开展全系统质量检查。

1）由系统总体组织所属研制单位根据嫦娥四号质量工作决定，对照产保总要求开展自查，并完成自查报告，对自查情况进行梳理和总结，说明存在的问题。自查为期两个月。

2）按照涵盖五大系统、突出飞行产品和关键单机的原则，组织专家组赴研制单位进行抽查。根据各系统研制进展情况，按照单机、分系统、系统的顺序抽查 30 家研制单位。

3）抽查中发现的质量问题将及时上报，及时会同各系统总体督促相关单位完成整改及举一反三。在检查工作结束后，工程总体将把检查情况汇总整理。对发现的重要问题，要求各单位务必认真整改及举一反三。

4）抽查工作结束后，工程总体完成质量检查工作总结，报上级主管部门，并印发质量检查结果通报。

（2）发射阶段前的质量复查

2017 年 4 月，着巡组合体完成正样设计评审，中继星及 CZ‑4C 火箭由正样转入发射实施阶段；2018 年 3 月前测控、发射场、地面应用系统具备执行中继星任务能力。结合上述各项工作，组织专家组，编制检查单，重点围绕正样产品的生产、试验、验收及风险控制等环节，按照单机、分系统、系统的顺序抽查 25 家研制单位的正样质量工作，确保正样产品无缺陷，不带问题出厂。

在检查工作结束后，工程总体将把检查情况汇总整理。对发现的重要问题，要求各单位务必认真整改及举一反三。相关问题的整改情况与探测器、运载火箭系统出厂评审挂钩，与发射场、测控、地面应用系统具备任务执行能力检查挂钩。

4.3.1.3 各系统质量控制点

以确保嫦娥四号任务中继星于 2018 年 5 月发射、探测器于 2018 年 12 月发射为目标，工程总体以探测器为重点，在相关系统关键环节和关键过程设立质量控制点，进行强制性检查和把关。

（1）探测器系统的控制点

2017 年 3 月，探测器（中继星电性件）与地面应用系统测控对接。

2017 年 10 月，探测器（中继星正样件）与地面应用系统测控对接。

2018 年 3 月，中继星 1∶1 无线联试，着巡组合体、测控系统、地面应用系统参加。

2018 年 7 月，着巡组合体 1∶1 无线联试，中继星在轨测试，测控系统、地面应用系统参加。完成遥操作演练。

（2）运载火箭系统的控制点

① CZ‑4C 火箭

2017 年 9 月，星箭对接；

2017 年 10 月，产品齐套；

2017 年 12 月底，全箭总装；

2018 年 1 月，出厂测试；

2018 年 3 月，出厂评审。

② CZ‑3B 火箭

2017 年 11 月，星箭对接试验；

2018 年 2 月，产品齐套；

2018 年 5 月，全箭总装；

2018 年 6 月/8 月，两轮出厂测试；

2018 年 10 月，火箭出厂评审。

（3）发射场系统的控制点

2018 年 3 月，具备执行中继星任务能力。

2018 年 10 月，具备执行着巡组合体任务能力。

（4）测控系统的控制点

2017 年 3 月，与探测器（中继星电性星）、地面应用系统测控对接。

2017 年 10 月，与探测器（中继星正样星）、地面应用系统测控对接。

2018 年 3 月，具备执行中继星任务能力。

2018 年 10 月，具备执行着巡组合体任务能力。

（5）地面应用系统的控制点

2017 年 3 月，与探测器（中继星电性星）、测控系统对接。

2017 年 10 月，与探测器（中继星正样星）、测控系统对接。

2018 年 3 月，具备执行中继星任务能力。

2018 年 10 月，具备执行着巡组合体任务能力。

4.3.2　产保总要求

工程立项之初，为规范工程质量和产品保证工作，工程总体按照源头抓起、系统预防、规范管理、强化监督的原则，根据嫦娥四号任务产品特点，制定顶层文件——《嫦娥四号任务产品保证总要求》，对工程全线研制试验工作从产品保证管理，安全性保证，空间环境适应性保证，电气、电子和机电元器件保证，材料、机械零件和工艺保证，软件/可编程逻辑器件软件产品保证，试验保证，技术状态管理，地面设备保障，放射性同位素热/电源保证等 13 方面提出具体要求，使各参研参试单位产品保证工作在组织、职责、计划、过程控制、监督检查、交付验收等各个方面得到有效落实，确保产品保证管理科学化、规范化，高标准、高质量、高效率地完成任务目标。

工程相关系统依据《嫦娥四号任务产品保证总要求》，针对各自特点，在适当、必要剪裁的基础上，对本系统、分系统、单机产品承制单位的产品保证工作提出进一步的详细要求，并与承制单位的质量管理体系和过程质量控制程序相协调，纳入各项技术和管理活动。产品保证要求的传递和落实流程如图 4 - 11 所示。

各级系统和产品的产品保证大纲、计划要报上一级抓总单位进行审核（流程见图 4 - 12），确保上一级要求得到有效落实。例如，工程总体审核探测器、运载火箭、地面应用系统等系统的产保大纲或计划，通过后由各系统总指挥批准各系统的大纲及计划。

为有效解决工程质量管理共性问题，工程总体建立了从工程总体到单机的产品保证队伍，逐级落实责任；同时根据各专业领域特点，建立了从工程总体出发，涵盖工程全系统的产品保证技术支持机构（见图 4 - 13）。各层次产品承制单位设立产品保证负责人，对相应层级指挥系统负责，并组织开展产品保证工作。产品保证技术体系方面，工程总体成立产品保证专家组、软件专家组、质量监督代表，为工程开展产品保证工作策划、组织实施、监督检查提供技术支持；五大系统及以下各层次产品承研单位，根据任务特点建立相应的技术支持机构。

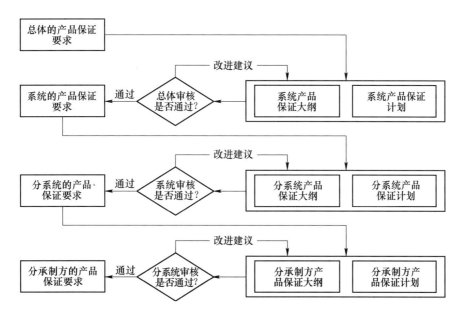

图 4-11 产品保证要求的传递和落实流程

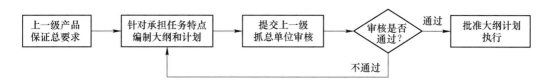

图 4-12 产品保证文件审核流程

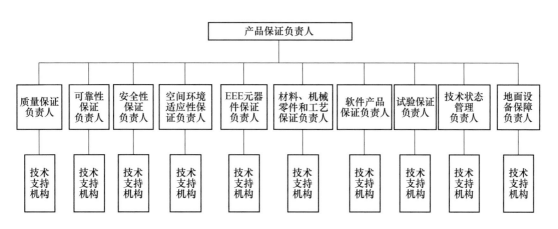

图 4-13 各级产品保证技术体系

4.3.2.1 一般要求

（1）组织、职责和接口关系

① 质量责任制

工程实行抓总单位负总责和自下而上逐级负责的质量责任制度。

工程总体对工程质量负总责。工程总指挥是工程质量的第一责任人，副总指挥对总指挥负责，是所分工任务的质量责任人；工程总设计师对工程总指挥负责，是工程技术工作的质量责任人，工程副总设计师对总设计师负责，是所分工任务的质量责任人。工程总体的质量责任逐级分解落实到工程各系统和各级承研单位。

工程各系统总体对工程总体负责，对本系统的技术和质量负总责，按系统、分系统、设备或子系统的层级建立质量责任人目录，将质量责任落实到人，并报工程总体备案。工程各系统总指挥是本系统质量的第一责任人，系统总设计师对总指挥负责，是本系统技术工作的质量责任人。

各级承研单位对上一级抓总单位负责，对其产品和服务质量负总责。各级承研单位行政正职为本单位所承担任务质量的第一责任人。

② 产品保证组织及内容

工程各系统建立产品保证工作系统，设立产品保证负责人，产品保证负责人对本级系统指挥负责。

各级承研单位应建立与承担任务相适应的产品保证队伍。产品保证内容包括质量保证，可靠性保证，安全性保证，电气、电子和机电（EEE）元器件保证，材料、机械零件和工艺保证，软件产品保证，试验保证，技术状态管理，地面设备保障等。

③ 产品保证职责与管理

工程各系统的产品保证负责人组织制定系统的产品保证大纲或分别编制质量保证，可靠性保证，安全性保证，EEE 元器件保证，材料、机械零件和工艺保证，软件产品保证，试验保证，技术状态管理，地面设备保障等各专业大纲，并结合研制进程制定详细的产品保证工作计划，将产品保证工作项目纳入系统研制计划逐项予以实施。

产品保证工作计划依据研制各阶段的工作重点和特点进行策划，做到可操作、可检查、可验证。

工程各系统将工程总体的产品保证要求逐级传递到承担分系统、设备、机械零件研制生产的单位，直至承担材料、元器件研制生产的单位，并建立监督、检查和验收制度，持续地评估产品保证项目执行情况和效果。

> 各级产品保证负责人统筹产品保证各专业的管理工作，并履行以下职责：
> 1）组织产品保证大纲、工作计划的制定与实施；
> 2）策划提出产品保证所必需的资源；
> 3）监督产品保证活动及实施结果；
> 4）对产品保证工作计划的执行情况进行审核；
> 5）报告各项产品保证活动并形成文件；
> 6）执行不合格品处置和质量问题归零制度；
> 7）处理产品保证相关的问题；
> 8）监督和指导分供方的产品保证活动，组织验收分供方的产品；
> 9）为用户和上一级抓总承制单位代表参与产品保证活动提供合理的帮助和支持。

（2）产品保证大纲审核与批准

工程各系统在研制阶段初期制定产品保证大纲，并按研制阶段制定和实施产品保证工作计划。

工程各系统的产品保证大纲作为技术文件或合同附件，报工程总体审核认可，由工程各系统总指挥批准执行。

分系统和设备承制单位制定的产品保证大纲，报合同甲方或工程上一级抓总单位审核，确定大纲是否落实了合同或相关技术文件规定的要求，并对各项要求制定可行的方案和计划。经合同甲方或上一级抓总单位项目负责人审核认可后，作为执行和验收的依据。

（3）产品保证审查

工程各系统对各级承研单位的产品保证工作计划和实施结果的有效性进行审查，及时发现存在的问题，审查过程通知用户代表参加。根据合同规定，各级用户也可对其分供方开展产品保证情况审查。

产品保证审查包括以下工作：

1）制定标准的或专用的检查清单，对引用的文件和标准规范要求进行整理、细化和评审；

2）记录审查中发现的不符合项，汇总不符合项清单；

3）评价大纲和程序的实施效果；

4）跟踪验证纠正措施的落实，评价质量问题归零的有效性；

5）向管理层和用户报告产品保证审查结果；

6）保存审查文件记录。

工程总体在工程各阶段将组织专家组对工程各系统及其分系统、设备、关键项目和技术服务承制单位开展产品保证情况检查。

（4）分供方的选择与控制

① 分供方的选择

各级承研单位按照专业化、标准化、工程化的要求，选择设计、生产和技术服务的分供方，并对分供方的设计、生产、试验活动进行监控，以确保其设计、采购、生产、装配和试验各阶段工作满足工程产品保证要求，产品质量符合规定的要求。

各级承研单位对分供方技术能力、管理能力、质量保证能力，从事航天或相关工程经历及资质，以及研究成果、产品和服务技术水平、质量水平等进行综合评价，以确定其能否承担工程任务。

分供方要建立符合 QJ 9000A 或相关标准（GJB 9001B、ISO 9000 等）的质量管理体系，并通过质量管理体系认证。

工程各系统将选择的分供方和评价结论报工程总体备案。

② 分供方的控制

各级承研单位对分供方提出明确的产品保证要求，包括对分供方的评审、审核、监督和产品验收要求。

根据产品的复杂和重要程度，各级承研单位对分供方的控制活动包括以下项目（可视情删减）：

1）评审及批准分供方的产品保证大纲、工作计划；

2）确认分供方的 EEE 元器件清单、材料清单、工艺清单、生产与检验计划、鉴定与验收试验的程序、软件文档等；

　　3）评审关键项目控制情况；

　　4）确定强制检验点并实施（包括产品合盖前及鉴定件鉴定试验后开盖实物现场检查）；

　　5）参与关键工艺的工艺评审；

　　6）对试验过程进行监督；

　　7）参与分供方的质量问题分析处理和批准重大超差；

　　8）实施产品保证审核；

　　9）参加分供方的产品保证有关会议，如试验准备评审、产品基线评审、生产准备评审、设计评审和质量评审等。

　　各级承研单位的产品保证负责人可直接与分供方的产品保证负责人协调处理产品保证相关问题。工程各系统可通过常驻或临时派遣的质量监督代表对分供方的研制工作和产品保证工作进行连续评估和监控、审核，评价分供方产品保证工作的符合性、有效性，并参加货源选择的评价。

　　③ 分供方的职责

　　分供方履行以下职责：

　　1）承担合同（或任务书、技术要求等）规定的质量责任；

　　2）建立并保持符合工程要求的产品保证大纲或工作计划，并组织实施；

　　3）负责合同规定或技术文件、标准规范要求的所有检验和试验，提供质量合格的产品；

　　4）提供工程规定或合同要求的技术资料和数据包，负责产品交付后的技术服务和保障。

　　（5）产品保证控制

　　工程各系统按照产品保证要求，定期和按研制阶段报告产品保证工作计划和工作项目的执行与进展情况。产品保证进展报告可作为工程进展报告的部分内容。

　　① 质量监督

　　工程总体根据工程需要委派质量监督代表，长期或临时聘请技术或质量专家，开展技术咨询把关、产品保证审核和质量监督活动，主要包括：对工程相关的技术方案、产品设计图样、技术文件、试验数据进行审阅和检查；对工程各系统设计、生产、试验活动及其结果进行过程跟踪和质量监督检查。可越级对承担工程任务的各级分供方进行质量监督检查。

监督检查方式包括：

1）独立开展咨询、检查、评审。

2）组织开展过程跟踪和监督检查，以及对重要系统和产品承制单位的产品保证审查。

3）参加承制单位组织的内部评审、外部评审；参加承制单位组织的生产、试验前准备状态检查；参加承制单位重要产品质量监督检查、产品保证审查、质量验收、质量问题归零评审等。

4）联合组织产品出厂质量评审、执行任务能力评估等。

② 工程技术资料和数据包管理

工程总体在工程的各个阶段，与工程各系统同步获得工程管理相关的技术资料和数据包，并在工程完成后存档；技术资料和数据包的内容可在合同或相关技术文件中确定。

③ 保密管理

工程总体及其代表、专家必须对工程及相关承制单位的国家秘密、技术秘密和商业秘密，依照法律法规承担保密义务，未经同意不得透露给第三方。

相关单位在接受工程管理的检查时，可申请免除对国家秘密、专利技术和商业秘密事项和区域的检查活动，但对保密内容和保密区域的产品保证活动和结果对工程造成的后果负全部责任。

（6）合同质量要求

各级承研单位与分供方签订合同时，要明确规定技术要求、质量保证要求，并符合工程总体和相关法规、标准、规范的要求。工程各系统对其提出的合同文件进行评审，以确认合同要求与工程实际需要相一致，所选择的分供方有能力实现合同要求。

分供方在签订合同前对用户提出的合同要求进行任务需求分析，以确保：

1）对合同技术要求和质量保证要求进行全面分析，确保理解一致。

2）具备必要的条件，有能力满足合同规定的各项要求。

所有合同要求以文件形式加以规定。在合同发生更改时，对更改的内容进行评审，确定能够满足更改后的合同要求，并保证相关部门、人员均能获得更改的文件和相关信息。

4.3.2.2　质量保证

（1）设计过程控制

① 设计输入

工程各系统将工程总体制定的《嫦娥四号任务研制总要求》《嫦娥四号任务各系统任务书》和相关工程技术与管理要求，以及合同、任务书、技术接口文件和国家法律法规、标准规范等转换为所承研产品的设计输入，包括功能、性能以及可靠性、安全性、维修性、测试性、保障性、环境适应性（以下简称"六性"）等技术要求和产品保证要求。

各级承研单位对设计输入进行技术评审，确保所有技术细节已充分理解，要求明确、可行。承制单位根据产品特点制定评审表格，列出评审项目，逐项进行评审，并保留书面的评审记录。

② 设计技术

工程各系统按照工程要求和以往航天工程应用的成熟设计方法，参考国内外同行业先进设计分析试验技术，以及为满足目标要求，推动专业及领域发展而创新的方法、技术、工具等，制定设计准则，进行系统、软硬件产品及试验验证方案设计。为满足产品功能、性能以及"六性"等要求，开展各级产品任务剖面分析，明确产品在执行任务期间经历的所有事件、环境条件、使用工况，重点做好热设计、力学设计、空间环境适应性设计、降额设计、冗余容错设计、EMC 设计、静电防护设计，深入开展 FMECA、FTA、潜通路分析、最坏情况分析、飞行事件保证链分析等工作。保持完整设计分析报告、试验数据等技术资料，作为设计评审的重要审查内容。

产品保证专业人员和技术支持机构协助设计师完成设计、分析和评价相关的产品保证工作。

③ 技术接口

工程各系统按照要求，在工程总体的组织下，完成系统间技术接口的协调，并形成技术接口协调文件。

工程各系统内部，在系统总体单位的组织下，完成分系统间技术接口的协调和技术接口协调文件的制定。

分系统各设备间的技术接口协调文件，由分系统设计单位组织制定。

各级技术接口协调文件由工程总体、系统、分系统技术负责人批准，作为设计输入、产品验收和技术协调的依据。

④ 关键项目

工程各系统根据功能分析和 FMEA 结果制定关键项目清单，并组织对关键项目清单进行评审。

> 列入关键项目清单的项目一般包括：
> 1）未经鉴定的技术（包括未经鉴定的材料、元器件、零件和工艺）；
> 2）单点失效项目；
> 3）可能导致Ⅰ、Ⅱ类失效的项目；
> 4）在地面难以试验的项目；
> 5）含有有限寿命硬件的项目；
> 6）没有预先做辐射试验的项目等。

各级承研单位逐级汇总上报关键项目清单，并对关键项、关键点采取设计复核复算、试验验证、设置强制检验点、审核、评审以及特殊的质量控制措施等手段降低技术风险。工程各系统应将关键项目清单及其控制措施，报工程总体备案。

⑤ 设计验证与复核复算

所有新设计和改型设计均进行设计验证。优先采用试验验证的方法，对无法进行试验验证的，通过仿真、计算、设计评审等方式进行验证。

各级承研单位制定系统或产品的设计验证矩阵，按工程各系统确定的试验标准、规范进行设计验证，无相关标准的可制定专用或通用的试验大纲和技术条件。

工程各系统组织同行专家，对系统关键项目的设计进行独立的复核复算。复核复算可使用与设计人员不同的方法和模型。复核复算过程对设计规范的执行情况、设计方案的正确性、参数选择的合理性进行评价，必要时可进行试验或仿真验证。复核复算完成后出具专题报告，列明复核复算的方法、发现的问题、结论和建议意见。设计人员对复核复算提出的建议意见进行答复。设计复核复算工作报告作为设计评审的重要审查内容。

⑥ 设计输出

设计输出形成设计报告，包括系统或产品的功能性能、设计原理、主要构成和电路原理，采用的设计技术和方法、设计分析计算结果、设计验证和可靠性试验、环境试验、寿命试验情况，存在的技术风险和薄弱环节以及拟采取的措施等。

对设计图样、设计文件进行审签、会签。校对、审核、标准化检查、工艺性审查、质量审查、可靠性审查等均由具备相应资格的人员进行，并签署审查结论。

⑦ 研制转阶段控制

各级承研单位按照工程研制程序，实施转阶段控制。

工程转阶段，由工程总体和主管部门组织转阶段评审，工程领导小组负责转阶段审查与决策。

工程各系统转阶段，由工程总体与相关系统主管部门组织转阶段评审，由工程两总决策转阶段。

各分系统、设备转阶段，由工程各系统总体和项目办负责组织转阶段评审，由工程各系统两总和工程各系统总体负责转阶段审查与决策。

转阶段评审材料包括设计总结报告、工艺总结报告、产品保证报告等。

（2）采购控制

① 采购货源

采购包括对货架产品、软件评测等技术服务的采购。各级承研单位在系统总体单位指定的合格供应商目录中选择分供方。对合格供应商目录外的单位，选择具有质量管理体系、符合工程质量保证要求的单位，并由工程各系统对其技术能力、产品保证能力、特殊过程控制进行现场审核评价，确保其能够满足工程的各项要求，并履行审批程序，一经选用，报工程总体备案。

② 采购文件

采购文件要清楚地说明对采购产品的要求，包括技术要求和产品保证要求等。在涉及工程适用标准的选择时，优先执行航天行业标准和国家标准，无航天标准的可执行相关行业标准、国家标准。有特殊要求的，可执行采购单位规定的企业标准或产品采购规范，须经上一级抓总单位的认可，并报系统总设计师批准。鼓励采用国际航天组织的有关航天标准。

采购文件发出前组织进行正式的评审，对采购产品技术指标、规格、验收标准或技术条件，产品保证要求，以及对产品研制生产过程的材料、工艺、质量等有关要求的正确性进行审核，保留评审记录。

③ 采购产品监督和检验验收

采购过程可设立强制检验点对产品生产过程进行质量监督，采购产品入库前进行进货检验或复验。关键重要产品按规定程序进行下厂监制验收。

分供方建立技术状态控制系统，故障报告、分析与纠正措施系统，不合格品审理系统，检验系统，计量校准系统，并履行工程相关的产品保证要求。

采购产品交付时进行验收评审，对产品技术状态、质量状态及质量记录、产品履历、资料及数据包等逐项进行核查确认，合格后方可交付。

（3）生产过程控制

各级承研单位严格执行工程总体提出的产品保证总要求和质量控制程序，对生产过程人员资质、设备设施、材料与辅助材料、技术文件、环境条件进行有效的控制，对特殊过程的验证要有留样，留样测试数据要齐全有效，对产品生产、检验、试验、包装、搬运、贮存、交付等建立质量控制和防护措施。

试制或生产前进行生产准备状态检查，确保生产所需的人员资质、设备设施、材料与辅助材料、技术文件、环境条件（防静电、洁净度、温湿度、多余物控制、职业健康与安全等）以及质量保证措施等已经具备并满足规定要求。

① 质量检验和计量校准

各级承研单位建立质量检验系统，制定质量检验程序、规程和计划，对工程所有产品进行进货检验、过程检验和最终产品检验，只有经检验合格的产品才可出具合格证，用于装机、交付和使用。

对科学探测数据的处理和数据产品的生成，建立严格的检验校对和审核批准程序，只有经检验合格的数据产品方可对外发布。

检验人员经培训考核合格授予资格，过程检验的原始记录归档保存。

用于产品质量检验、试验的计量器具定期经过计量校准，并能溯源到法定的计量标准。检验、计量设备（器具）的准确度和精度满足产品的测量要求。检验或生产检验共用工艺装备、标准样件，使用前进行检定，确保具有规定的准确度。对被检验的硬件（一般零件除外），按工序留有反映实物状态和相互关系的照相记录。

② 不合格品审理和处置

各级承研单位建立不合格品审理系统，并制定文件化的程序。对生产过程出现的不合格品进行审理和处置。参与不合格品审理的人员须具备相应的资格，并由承制单位最高管理者正式任命。关键重要产品的不合格品处置，包括超差、代料和技术问题处理，须经订货方代表审查认可。生产单位对超差、代料和质疑情况进行汇总，作为产品出厂评审的重要审查内容。

③ 洁净、污染和多余物控制

各级承研单位根据相关标准规定，明确产品洁净度、污染控制要求，制定洁净度、污染控制计划，确定详细的工作项目、方法和检查要求，对污染敏感的产品的制造、装配制定专门的控制方法和预防措施，对产品研制全过程的洁净度及污染源实施控制。

各级承研单位根据相关行业和标准规定，在图样、规范、工艺等文件中规定多余物的控制要求和措施，并制定多余物控制计划，确定详细的工作项目、方法和检查要求，在设计、制造、装配、总装、测试、检验和试验、贮存、包装和搬运等过程中，对污染源和多余物进行预防和控制。

④ 静电防护控制

各级承研单位应根据行业和标准，制定静电防护控制措施，覆盖元器件交付、验收、保存、领取、焊装到电路板以及电子产品调试、试验、检验、转运等全过程，在产品研制全过程采取静电防护措施。

⑤ 关键件、重要件和关键工序控制

各级承研单位对关键件、重要件以及包括形成关键特性、重要特性的工序和特殊工艺、总装、多余物控制等关键工序进行严格的质量控制，关键工序采取"三定原则"（定工艺参数、定人员、定设备），并采取"双岗""三检"或设计、工艺、检验人员"三到位"等保证措施，对工序质量进行严格监控。

⑥ 强制检验点

工程总体向工程各系统提出工程总体确定的强制检验点，并参与工程各系统强制检验点的现场检验。

订货方在生产过程的关键环节、关键工序或关注的节点设置强制检验点，以技术文件或合同方式确定。由订货方或其代表在现场进行共同检验，并签字认可。对存在质量问题或质量控制不符合要求的产品，予以拒收。强制检验点的设置以及检验形式，由供需双方协商确定。订货方决定不去现场的强制检验点，需要有书面认可，强制检验点检验结果报订货方，并由订货方代表签字认可。

工程各系统将与工程接口相关的强制检验点设置清单，报工程总体备案。

⑦ 质量记录和产品验收

各级承研单位使用过程跟踪卡和履历书对产品形成的全过程活动和检验结果进行记录，形成操作、检验、试验相关的质量记录，以保证所有生产工序、工作条件和质量检验结果的可追溯性。质量记录要完整并归档。

系统级产品的履历书是从设备级的接收检验至分系统、系统级装配，记录所有事件，如检验、装配、试验、贮存等，提供所有事件的可追溯性。履历文件（或副本）随产品交付。

订货方组织对产品进行正式的验收，按合同、验收标准或技术文件的要求，对产品实物质量、产品交付数据包等逐项进行检查验收，证实满足所有规定要求。重要复杂产品的验收可由订货方组织验收质量评审。

（4）质量问题归零及信息报告

① 故障报告、分析和纠正措施系统

工程各系统严格执行探月工程故障报告分析和纠正措施系统工作规定，建立故障报告、分析和纠正措施的闭环系统，制定工作程序，明确职责和权限，对故障进行报告、分析，查明故障原因，采取有效的纠正措施，防止故障重复发生。

发生重大故障由工程总体组织故障审查组，对工程各系统的分析结论和纠正措施进行审查。故障分析和审查活动保留详细记录，并归档。

各级承研单位严格执行质量信息报告制度。重大质量问题信息 2h 内报告，重要质量问题信息 24h 内报告，一般质量问题信息按月汇总报告。大型试验期间出现的重大、重要质量问题信息，立即报告。

② 质量问题归零

工程研制全过程贯彻"零缺陷、零疑点、零失误、零故障"的原则，确保不带问题出厂、不带疑点上天。

工程各系统的指挥系统负责质量问题归零管理，设计师系统负责技术工作，产品保证工作系统负责归零的组织管理和跟踪纠正措施的落实。

工程各系统按照"定位准确、机理清楚、问题复现、措施有效、举一反三"的五条标准，对质量问题的分析处理进行技术归零。对由于管理不善和人为责任造成的质量问题，在技术归零的基础上，按照"过程清楚、责任明确、措施落实、严肃处理、完善规章"的要求进行管理归零。工程总体参加工程各系统组织的归零过程和评审活动。

对于其他型号发生的质量问题，工程各系统应进行举一反三。

工程各系统每月汇总质量问题及归零和举一反三情况，报工程总体备案。转阶段前汇总整理质量问题归零和举一反三的清单，作为转阶段评审的重要审查内容。

4.3.2.3　可靠性保证

工程各系统总体单位负责落实工程总体的可靠性保证要求，制定系统的可靠性大纲和可靠性计划，将计划纳入研制流程，确保各项可靠性工作及时有效开展，并对分系统提出可靠性保证要求，监督落实。

各级承研单位对本级产品的可靠性工作负责，落实上一级抓总单位的可靠性保证要求，制定本级可靠性保证计划，对下一级产品承制单位提出可靠性保证要求，并监督落实。

产品设计师对其设计产品（含对外接口）的可靠性工作负责，可靠性专业支持机构或专兼职可靠性设计师协助产品设计师完成可靠性工作。产品保证专业人员将可靠性保证计划纳入产品保证计划，确保相关工作得到资源保障并负责可靠性管理、评审和监督把关。

可靠性工作与"六性"的其他相关工作综合权衡，各级承研单位按照国家和相关航天行业标准开展各研制阶段可靠性工作，严格评审和把关，确保可靠性设计、可靠性分析、可靠性验证、可靠性关键项目控制等工作实施到位。

（1）可靠性设计

工程各系统针对系统和产品的特点明确本系统使用的可靠性设计准则，按照设计准则和大纲计划的要求完成规定的可靠性设计工作，各级承研单位在明确分析产品任务剖面的基础上做好可靠性建模、预计与分配、热设计、力学设计、空间环境适应性设计、降额设计、冗余容错设计、EMC设计、静电防护设计等，正确选用元器件、材料、工艺和机械零件，对成熟产品的继承和优化详细论证，使产品设计达到可靠性设计指标。

① 任务剖面分析

各级总体单位根据相关标准，结合任务特点和上级总体单位的相关准则，开展任务剖面分析，明确系统及各级产品在执行任务期间经历的所有事件、环境条件、使用工况，为产品可靠性设计提供全面、正确的输入。

在嫦娥任务轨道设计的基础上，分析各系统及其各级产品在其任务时间内经历的所有环境（包括自然环境、诱导环境）及其与产品相互作用的环境效应，明确并量化影响系统及各级产品功能、性能、可靠性的关键环境要素及条件。

在任务分析的基础上，分析各系统及其各级产品在其任务时间内的所有飞行事件及事件链，明确事件链中的关键事件。

在事件链及关键事件分析的基础上，分析由环境和系统及各级产品工作模式相组合的工作状态，明确所有工况（包括工作模式及持续时间、该模式下环境应力、对外接口特性的变化等），确定系统及各级产品各种状态下的最恶劣工况。

在最恶劣工况分析的基础上，分析影响系统功能实现或导致任务失败的关键故障模式及可接受的降级模式，建立任务成功的判别准则，给出各级产品相应的设计要求。

② 可靠性建模、分配与预计

各承研单位建立可靠性模型，对系统、分系统、设备、部件等进行可靠性分配、预计和定量分析，以验证是否满足合同规定的可靠性定量要求。电子产品按照相关国家标准进行可靠性预计。可靠性分配、可靠性模型及可靠性预计结合进行，并随着设计更改及时更新。

③ 结构、机构可靠性设计

各承研单位根据相关国家标准和系统总体确定的相关准则开展结构和机构可靠性设计。通过结构可靠性设计分析（以裕度设计为基本方法），确保系统级和单机结构的强度、刚度满足相关规范和准则的要求，不发生结构的破坏和有害变形。开展机构和可动组件可靠性设计，严格控制单点故障，确保设计合理、安全可靠，产品功能、性能和接口满足要求。

④ 抗力学环境设计

系统级抗力学环境设计需要考虑机械性能、电性能、热性能以及光学性能等因素之间的相互影响，实现系统功能和性能指标满足工程总体要求，避免研制工作出现不必要的反复。

单机抗力学环境设计应确保各结构部件、电子设备及其连接件的强度和刚度，在经受准静态过载、正弦振动、随机振动和冲击中满足相关规范和准则要求。

⑤ 热设计

依据相关标准和系统总体确定相关准则，开展热设计工作。系统级热设计是在给定轨道、姿态、构型与结构、仪器设备布局、热功耗等条件下，采用适合的方法，控制设备内、外热交换，使结构及其设备的温度、温差、温度稳定性等技术指标满足总体技术要求。

单机产品热设计应在给定的安装边界及辐射环境下，通过采取被动控制、主动控制措施，使元器件、零部件温度控制在规定的范围内，满足温度降额要求。

⑥ 降额设计

根据相关标准及系统总体确定的相关准则，对电子产品进行元器件应力分析与降额设计，给出降额方法及降额因子。通过设计有目的地降低元器件工作时实际承受的应力，降低元器件的工作失效率。对于用于功率传输的电连接器，先进行额定电压降额，再进行工作电压降额。一般要求产品中所有元器件的应用参数（应力）都应满足规定的降额要求，不满足部分应进行报批并补充试验验证工作。

⑦ 冗余和容错设计

根据相关标准及系统总体确定的相关准则开展冗余和容错设计。冗余设计与可靠性建模、分配、预计等可靠性工作相结合，针对不能满足可靠性要求的产品，采取冗余设计，确保产品可靠性满足要求。容错设计与可靠性分析及试验工作相结合，以识别特定的故障，并在产品设计中增加消除或控制故障（错误）影响的措施。

⑧ 裕度设计

设计裕度是表征产品可靠性和安全性的重要指标之一（如强度刚度的裕度、时序的裕度、测量精度的裕度、适应热环境的裕度、抗电磁干扰的裕度、抗辐照的裕度等），要确保设计指标和实际实现指标相对于设计要求留有余量，特别是实际使用状态留有合理的余量，以保证产品的可靠性。

⑨ 电磁兼容性设计

依据相关标准及系统总体确定的相关准则开展电磁兼容性设计。系统总体制定电磁兼容性分析、设计和验证要求，各级承研单位将电磁兼容性设计落实到设计工作中。通过分析干扰源和耦合途径，保证系统和设备的抗电磁干扰能力，在工程研制期间对电磁兼容性要求和设计的更改进行连续跟踪，及时控制电磁干扰的来源和设计更改的影响。

⑩ 静电防护设计

依据相关标准及系统总体确定的相关准则，在满足规定的技术指标前提下，对电子产品进行静电防护设计，确保产品规定的静电释放（ESD）敏感度和抗扰度。通过增加

ESD 隔离、屏蔽、衰减、旁路、限幅、阻尼等措施，使电子产品的抗 ESD 损伤能力满足要求。

（2）可靠性分析

① 故障模式影响分析（FMEA）

FMEA 分析工作应在产品设计的初期开始，与产品设计同步开展，明确单点故障以及Ⅰ、Ⅱ类故障模式，列出清单（详见附录 B），并随着设计改进而更新、补充。各级产品尤其是新研产品、有重大技术更改的产品，均应进行 FMEA。工程各系统应充分考虑产品可能发生的故障及影响，找出潜在的薄弱环节，提出可能采取的预防/纠正措施和在轨补偿措施，以降低故障严酷度和（或）发生的可能性。对识别出的Ⅰ类单点故障模式和重要的Ⅱ类单点故障模式，按规范进行控制。

② 故障树分析（FTA）

通过演绎法从总体、系统到产品逐级分析，寻找导致某种故障事件（顶事件）的各种可能故障原因或原因组合，识别设计中的薄弱环节和关键项目，为评价和改进产品可靠性提供分析依据。

③ 电路最坏情况分析

按照相关规范及系统总体确定相关准则要求进行电路容差分析，确保电路性能满足指标要求。针对产品特点及任务环境，对关键、重要电路进行最坏情况分析，确保电路在预期的最坏情况出现时，性能仍可满足指标要求，并分析电路中元器件在最坏情况下的应力，为降额设计提供依据。

④ 潜在分析

按照相关规范及系统总体确定的相关准则，对影响任务成败和安全性的关键产品或功能进行潜在分析，识别其潜在状态，研析其潜在的激励条件，并采取设计措施避免不期望状态的出现。

（3）可靠性验证与评估

① 可靠性验证

可靠性验证分为可靠性定量验证和可靠性定性验证，工程各系统根据产品特点和可靠性工作计划，制定可靠性验证方案，纳入研制试验计划。通过分析或试验，验证产品的可靠性是否达到规定的要求。影响系统成败的关键项目，在具备条件的情况下，必须进行试验验证。

（a）可靠性定性验证

利用检查、演示、分析、试验等方法，对系统及其所属分系统、设备的可靠性设计措施的有效性进行定性验证。

（b）可靠性定量验证

通过实施可靠性试验，定量验证产品是否达到要求的可靠性指标。设备级验证试验一般应在初样研制阶段进行，系统和分系统综合各设备可靠性评估结果及系统、分系统可靠性模型，得到量化可靠性评估指标，从而达到定量验证的目的。

工程各系统对新技术、新工艺、新产品进行充分的定性和定量可靠性验证，暴露产品设计、制造的薄弱环节，确保产品满足可靠性要求。

对于重要新产品和寿命要求高的产品，可通过寿命（加速寿命）试验进行验证。对确需通过可靠性增长试验以达到可靠性指标要求的产品，制定可靠性增长试验方案及试验大纲，开展可靠性增长试验，通过评估满足可靠性指标要求。

运载火箭、探测器系统正样阶段产品在设计、生产、试验和规定环境条件下进行通电老炼。根据任务实施情况，探测器系统一般累计通电时间不少于 1500h，运载火箭系统一般通电测试时间不少于 300h。发射场、测控和地面应用系统新研制的产品应根据具体情况确定老炼条件。将通电时间、环境条件和试验参数记入产品履历书，随产品交付。

② 可靠性评估

按阶段开展可靠性评估工作。针对产品特点，建立可靠性模型，利用产品的试验数据和相关产品以往的数据开展可靠性定量评估。

③ 可靠性关键项目的识别与控制

在可靠性设计分析的基础上识别、确定可靠性关键项目，填写"可靠性关键项目清单"，并对其实施动态、有效的控制，以消除或尽量减小其对系统可靠性的不利影响。

在可行性论证阶段初步识别系统可靠性关键项目，在方案设计阶段和初样研制阶段确定并控制各级产品的可靠性关键项目，在正样研制阶段落实解决可靠性关键项目的具体措施并复核确认。

（4）长期贮存产品的质量可靠性保证

对长期贮存的已投产产品按相关要求进行贮存和检测。利用过程跟踪卡和履历书对产品贮存的全过程活动和检验结果进行记录，形成操作、检验、试验相关的质量记录，以保证所有贮存条件、检测工序和质量检验结果的可追溯性。质量记录应完整并归档。

4.3.2.4　安全性保证

（1）安全性要求

在工程研制、试验、发射和运行过程中，各系统对可能给地面人员、运载火箭、探测器、地面发射设备和公众造成安全危害的产品设计和试验程序设计进行识别和控制。所有加工、试验、发射现场保障设备和现场操作必须符合安全性要求。对产品设计、试验流程、地面设备是否满足安全性要求，要进行充分的安全性验证和评审。

在产品保证组织中，由专业人员负责安全性保证；各级承研单位对分供方的安全性工作进行指导和监控。

在工程研制和执行任务过程中，按以下要求进行产品、系统和工作流程的安全性设计：

1）失效容限。单一失效或操作失误不应对系统和人员造成严重危险，两个失效的组合、两个操作失误或无线电信号差错不会造成灾难性后果。

2）危险功能控制。应控制可能导致严重的和灾难性后果的危险，具备控制危险功能的装置、监视和保险能力。

3）失效传播。所有安全性控制的设计，应防止单一失效的顺序传播。

4）冗余隔离。有安全性要求的关键产品和系统，在设计上防止失效从主份向备份或从备份向主份传播。

5）危险控制程序：在探测器和运载火箭上设置保护、隔离等技术控制和程序，防止地面潜在的危险操作。

6）防误操作设计。在设计中要分析误操作所带来的危害，优先采取防误操作技术措施，要明确标示防误操作相关部位。

（2）安全性分析

工程各系统考虑使用环境和任务阶段各环节中影响安全性的动作和地面操作，对设备、设备接口、分系统、系统逐级进行安全识别，尤其应对系统中供配电分系统进行全面深入的安全性分析，通过安全性分析，验证规定要求和设计准则的一致性。

在系统可行性论证阶段，识别系统方案中可能存在的危险，编制初步危险源清单。

在系统方案设计过程中，开展初步危险分析，分析设计方案中潜在的危险及其严重性和发生的可能性，以及消除危险或降低危险的安全性措施和方案，并编制初步危险分析表。

在初样研制阶段，进一步根据各级产品的详细设计，细化各级产品的初步危险源清单和危险分析表。设备承制单位负责设备的危险分析，并编制设备级初步危险源清单、危险分析表；分系统承制单位负责设备接口和分系统的危险分析，并编制分系统级的初步危险源清单、分系统危险分析表；系统总体单位负责系统的危险分析，并完成系统级的初步危险源清单、危险分析表。

执行发射和运行保障任务的单位，对发射和运行保障系统的方案设计和操作流程、地面设施进行危险分析，并编制初步危险项目表、初步危险分析表、使用和保障危险分析表。

（3）危险源识别与控制

工程各系统分析在设计、生产、试验、贮存、运输、发射和运行各阶段可能存在危及人身安全和产品、设备、设施安全的危险事件和危险源，列出清单，并制定危险管理规划，开展危险跟踪、危险解决和危险解决验证工作。

确定工程相关的危险源至少应考虑以下方面：

1）起吊结构或吊具失效；

2）压力容器或管路、阀门失效；

3）危险的材料（易燃、易爆、有毒、腐蚀性、粉尘、污染）；

4）火工品；

5）射频电磁辐射；

6）放射源；

7）电器系统漏电；

8）冷源、热源、强光、静电；

9）危险的操作和程序（组装、总装、测试、加注、排放、点火）；

10）GB/T 45001—2020《职业健康安全管理体系 要求及使用指南》中提到的各种危险源。

工程各系统采取消除和控制已判明危险的措施，其优先准则如下：

1）消除危险；

2）最小危险设计；

3）使用安全控制装置；

4）使用警示或报警装置；

5）使用特殊的程序和规程控制。

工程各系统对可能发生的危险制定应急预案，进行培训和演练，并明确相关产品保证人员，实时进行监控。

工程各系统对大型地面试验、飞行试验期间的安全性工作做出计划，对与操作有关的安全性要求制定操作规程并组织培训考核，对危险源的状况进行跟踪检查，对危险的操作进行监视，确保系统和人员、设备安全。

（4）安全性验证与评估

工程各系统对设备、分系统、系统的安全性进行评审、验证和评估，对危险分析的充分性，措施的正确性、完整性、可操作性进行评审，确认与安全性要求的符合性。

工程各系统按照危险风险评价矩阵（见表4-6、表4-7），对危险的严重性和发生概率进行综合评价。

表4-6 危险分析评价矩阵（适用于发生概率无定量指标的）

频率 ＼ 严重性等级	灾难性的	严重的	轻度的	可忽略的
频繁	1	3	7	13
很可能	2	5	9	16
偶然	4	6	11	18
很少	8	10	14	19
不可能	12	15	17	20

表4-7 危险分析评价矩阵（适用于发生概率有定量指标的）

概率 ＼ 严重性等级	灾难性的	严重的	轻度的	可忽略的
发生概率$>10^{-1}$	1	3	7	13
$10^{-1}>$发生概率$>10^{-2}$	2	5	9	16
$10^{-2}>$发生概率$>10^{-3}$	4	6	11	18
$10^{-3}>$发生概率$>10^{-6}$	8	10	14	19
发生概率$<10^{-6}$	12	15	17	20

凡危险风险指数为1～8的，均为不可接受的风险，必须采取进一步的消除或减少危

险的措施。

凡危险风险指数为 9～11 的，均为不希望的危险，需要总指挥、总设计师决策。

凡危险风险指数为 12～20 的，可接受，但需总指挥、总设计师参与的专家评审，并有可接受的结论。

各级产品承研单位针对危险风险指数高的危险源，编制安全性关键项目清单。

在已识别的安全性关键项目中采取了安全性改进措施，但其危险风险仍达不到可接受水平的，应编制残余危险清单。

工程各系统对安全性工作项目和危险分析及安全性措施的落实进行跟踪，并采取必要的验证措施。承制单位应有足够的数据证实各项工作满足安全性要求。

工程各系统将初步危险源清单、危险分析表、安全性关键项目清单、残余危险清单（即安全性三单一表）报工程总体备案，详见附录 C。

4.3.2.5　环境适应性保证

环境适应性保证是任务成功的关键要素，要纳入工程任务研制计划，明确工作要求、工作项目，落实责任人，并在设计评审、任务转阶段工作中对落实情况进行总结、审查。

总体及各系统设专门的环境工程设计师，负责环境工程设计和试验工作，包括环境及效应分析、环境工程设计规范编制、系统及单机环境防护设计工作审查和把关等。

单机产品设计师在产品设计过程中充分识别和分析飞行环境，确定对环境敏感的硬件、软件及其关键参数，采取针对性的措施，并验证措施的有效性。

单机承制单位填写《产品环境设计检查单》，并在产品设计评审、产品交付前进行审核，上一级抓总单位在产品验收过程中组织审查。通用、定型单机产品的检查单可借用以往的记录，但要关注涉及工作环境变化和技术状态更改的产品，并对更改部分进行详细说明。

（1）空间环境及效应分析

总体及各系统在可行性论证和方案阶段开展环境分析、环境效应状况与特点分析，给出研制过程中应考虑的环境要素及相关的环境效应，分析时参考相关标准，编写环境分析报告。分析报告包含：

1）自然环境；

2）振动、冲击、过载环境；

3）温度、湿度环境；

4）噪声环境；

5）大气密度环境；

6）太阳紫外辐射总量；

7）地球辐射带粒子能谱；

8）太阳耀斑质子能谱；

9）太阳宇宙线粒子微分能谱；

10）银河宇宙线粒子微分能谱；

11）重离子 LET（线性能量传输）谱；

12）等离子体环境；

13）电离总剂量一维分析结果；

14）太阳电池辐射损伤分析结果；

15）微流星与轨道碎片环境情况；

16）真空环境情况。

（2）环境效应模拟试验

总体及各系统在初样阶段制定环境效应模拟试验计划，编制环境试验规范，组织和实施环境试验，并对环境试验方案进行审查。

（3）环境防护与设计

总体及各系统在方案阶段和初样阶段编制任务环境工程设计规范，主要包括：确定材料和元器件抗电离总剂量能力选择范围；确定元器件单粒子效应指标选择范围；确定电离总剂量防护设计要求、防护设计原则和设计流程，包括辐射设计余量（RDM）指标等；确定单机抗单粒子效应指标、单粒子防护原则和防护流程；还要考虑其他空间环境效应，包括月球背面的昼夜温差效应、质量瘤效应、流星撞击，以及太阳紫外辐射效应、银河宇宙线及其引发的单粒子效应等。

在设计评审、转阶段及出厂可靠性专项审查等重要节点，对设计规范要求内容的设计实施情况进行审查。

4.3.2.6　电气、电子和机电（EEE）元器件保证

工程各系统设立元器件保证负责人，负责指导本系统承制单位和分供方的元器件统一选用、统一采购、统一监制与验收、统一筛选与复验、统一失效分析（"五统一"）活动，并通过对设计图样和技术文件的审查保证元器件正确使用。工程总体或质量监督代表对元器件控制情况进行监督和审核。

（1）元器件选用

① 通用要求

工程各系统元器件实行"五统一"管理，明确负责元器件统一管理、采购、试验的部门和技术机构，并有相应的专业技术人员、基础设施、标准和规范。各级承研单位应采用所属系统总体指定的元器件选用目录。当必须目录外选用时，应由系统总设计师审批，并报工程总体备案。严格禁止承制单位和设计人员擅自选用目录外和自行采购初样、正样产品的元器件。元器件的质量保证工作，应在有宇航元器件保证资质的保证单位进行。选用元器件应遵循以下原则：

1）最大限度使用优选目录中的元器件；
2）最大限度使用可靠性历史数据证明合格的元器件（技术状态和批次完全相同）；
3）压缩品种和标准化；
4）元器件货源长期有保证，或有多条供货渠道；
5）有相关的试验数据和降额使用等使用手册；
6）适合在各种环境条件下使用，具有抗辐射总剂量、抗空间单粒子效应的能力；
7）禁止选用禁用元器件，限用元器件要经过产品安装、使用验证，经总设计师批准方可使用。

凡用于飞行产品的关键元器件，原则上选用宇航级元器件或相当质量等级的元器件。无相应宇航级元器件的，使用符合航天标准要求和经过长期飞行试验考核合格的元器件，

并逐批次进行破坏性物理分析（DPA），对批次质量、技术状态（含元器件内部芯片型号、规格）进行确认。

地面设施应选用所属系统元器件选用目录中的元器件，超出选用目录的，应使用按国家相关标准进行质量控制的元器件。

被选定的元器件应通过鉴定或飞行考验。以前验证合格或其他任务成功应用的元器件，其相关数据、鉴定资格须满足应用于月球探测任务的适用性。使用新型无成功飞行经验元器件时，事先应进行全面的试验考核和评估，经专项评审和批准后方可使用。

对长时间飞行产品选用元器件，其抗辐射总剂量和抗空间粒子辐射能力须做出规定并进行评定。凡无抗辐射总剂量和抗空间粒子辐射能力指标，或抗辐射总剂量和抗空间粒子辐射能力低于规定指标要求的元器件，须进行风险分析，采取抗辐射加固或其他可靠性保证措施，通过专题评审和验证，优先选用有成功飞行经历的元器件，并报系统总设计师批准后方可使用。

② 进口元器件控制

严格限制进口元器件选用。确需进口的，须选择质量有保证的进货渠道，并提供元器件试验报告和质量证明。凡不具备以上要求的，须按低等级元器件控制的要求，采取加严控制措施和试验验证，并进行质量评定，否则不得装机使用。

③ 目录外元器件和低等级元器件控制

当选用元器件超出目录范围时，设计人员应提出申请报告和选用论证报告，并依据元器件质量可靠性标准确定控制方法，经上级设计师审核，由产品保证专业人员负责进行审查，报工程各系统元器件专业机构或专业组组织评审，通过后报系统总设计师批准，并报工程总体备案。

选用低等级的元器件应采取适当的加严筛选和考核措施，对其进行质量评价。同时，在电路设计时，应采用冗余和故障隔离措施，减少失效带来的风险，以确保满足使用可靠性要求。

④ 超期元器件选用

超期元器件是指已超过有效储存期的元器件。若未超过 1.3 倍储存期，定义为 A 类；超过 1.3 倍但未超过 1.7 倍储存期，定义为 B 类。选用超期元器件要按照相关要求进行专项复验：对 A 类超期元器件，复验合格后方可选用；对 B 类超期元器件，不得装机使用。

通过复验的 A 类超期元器件，经本单位技术负责人审核，报系统总体产品保证专业人员审查，经元器件专业机构或专业组组织评审后，报系统总设计师批准，并报工程总体备案。

（2）元器件采购、监制与验收

元器件采购应按照统一管理的要求，由工程各系统专业机构按规定的技术管理要求进行采购，本系统无专业机构的可委托其他系统专业机构或向生产厂家直接订货。元器件采购严格执行航天行业标准或国家相关标准。元器件使用单位对采购的元器件进行 100% 性能测试和验收，对于仍无法保证其质量的，可设置强制检验点或下厂监制、验收。

（3）元器件筛选和破坏性物理分析（DPA）

工程各系统采购的元器件，根据航天行业标准和国家相关标准，对一些元器件常规筛选无法剔除的缺陷进行有针对性的筛选，以剔除相应的制造缺陷和早期失效的元器件。

本单位不具备相应筛选条件的，应委托专业机构和生产厂进行相应的筛选，并出具相关报告。

飞行产品用元器件，按照国家相关标准和航天行业标准，在具备资格的实验室或生产厂家进行 DPA 试验和管理。

（4）元器件失效分析和归零评审

任何元器件发生失效，由各系统指定的具备资格的元器件失效分析机构进行失效分析，确定失效机理并做出个别失效或批次性失效的结论。

元器件使用单位和生产单位，配合失效分析工作，协助查找可能产生失效的原因，并提出改进措施。

元器件失效造成的质量问题，由各系统指定的元器件专家、技术专家和工程各系统产品保证专业人员参加归零评审。

（5）元器件使用

① 使用质量保证

设计人员要严格按照元器件使用手册的要求正确使用元器件，在设计中要充分关注极性、接地、保护电路、防电磁环境干扰、防静电、抗总剂量辐射、抗单粒子效应等措施的落实。

各级承研单位在设计评审和交付产品时，汇总设计选用或产品装配的元器件清单，列明使用单位、元器件名称、型号规格、批次号、质量等级、封装形式、装机数量、生产厂家、分系统、单机名称、国产/进口、是否首飞、目录内/外、质保单位等信息。

② 元器件使用评审

在研制过程的各个阶段，对元器件选用、技术状态和质量控制、使用等进行内部评审、外部评审和转阶段审查。各单位应将有关元器件的使用要求和质量要求列出评审表格，对元器件选择、使用的正确性和可靠性试验情况，逐项核查评审。

4.3.2.7　材料、机械零件和工艺保证

各级承研单位负责本级产品的材料保证、机械零件保证和工艺保证工作，落实系统及上一级抓总单位对本级产品的材料保证、机械零件保证和工艺保证要求，提出对下一级产品的材料保证、机械零件保证和工艺保证要求，并监督落实。

各级承研单位根据任务产品特点，对材料、机械零件和工艺进行深入系统分析，识别出风险和关键环节，制定相应的控制措施，并监督落实。

各级承研单位将产品设计、生产过程中选用的材料、机械零件和工艺形成清单，并履行审批手续；产品的材料、机械零件和工艺清单应纳入数据包管理。将目录外材料审批单、目录外机械零件审批单、未经飞行试验验证的工艺清单纳入产品交付数据包。

（1）材料保证

① 材料选用

（a）材料选用要求

各级承研单位应按"统一选用、统一认定、统一复验、统一失效分析"的"四统一"原则开展材料保证工作，基本要求如下：

1）承制单位优先在产品所属系统总体指定的目录内选择材料；若选用目录外的材料，应按相关规定履行审批手续；

2）选用未经飞行试验验证，或虽经飞行试验验证但使用状态或使用环境已发生变化的材料，应通过材料认定试验，确定其满足任务要求；

3）任务正样用材料按相关规定，在产品所属系统认可的材料保证机构进行复验；

4）材料在贮存或使用过程中出现失效后，由产品所属系统统一组织失效分析，并完成质量问题归零。

工程各系统总体建立材料选用目录，各级承研单位优先选用所属系统总体指定的选用目录内或其他任务成功应用的材料。材料的代用和目录外选用应进行论证、申请和审批。应避免使用易燃、应力腐蚀、裂纹敏感、易退化、易放气和造成污染的材料。不得选用禁用材料，选用限用材料应经过必要性和可行性论证。

在材料选型方面，设计人员与工艺人员紧密配合。技术方案论证和评审吸收工艺人员参与，对方案设计、初样和正样设计工艺性严格把关，保证工艺方法和材料、结构的适应性和可生产性。

材料使用前按规定标准进行复验。未经上天飞行使用或未经鉴定满足工程使用要求的材料，必须进行充分论证，鉴定试验合格，有满足工程要求的明确结论，并经系统总设计师批准后方可使用。

不满足寿命要求的材料不允许使用。对贮存和使用环境下性能可能产生退化的材料，应进行寿命试验，验证材料长期贮存和使用的可靠性。

（b）材料选用控制

各级产品在各研制阶段编制材料清单，通过清单对所选用的材料进行鉴别，对鉴别出的未经飞行试验验证的材料开展材料认定工作。对于虽经其他飞行试验但使用状态和飞行环境发生变化的材料应进行重新认定。

材料认定工作依据评审通过的方案对材料的使用环境适应性、工艺加工适应性开展认定试验。正样产品使用材料的状态应与认定状态一致。

② 材料使用

材料都应进行入所（厂）复验，复验工作在有资质的单位进行。材料应进行标识及标识转移，确保可追溯。

各级承研单位应规定材料的包装、贮存和搬运要求，确保在贮存和搬运过程中材料完好无损且库房环境满足材料的贮存要求。

材料代用要求如下：

1）如材料更换，可能引起产品关重特性发生变化，不允许材料代用；

2）在确保材料性能满足要求的情况下，允许使用目录内使用要求和使用环境相近的材料进行代用；

3）材料代用应有签署完整的审批手续。关重件用材料代料应经系统副总设计师以上人员批准，其他产品的材料牌号、状态、标准代料由分系统主任设计师批准，规格代料由主管设计师批准。

③ 材料放气、污染、相容性与环境适应性

对新的产品设计，要按照使用环境对选用材料的放气、污染和相容性进行评定。选用非气密的非金属材料，应提供放气率数据或参考值，避免由于放气产生污染。对于相接触的材料确保能够相容，必要时进行相容性试验。

材料的选用应考虑其相变温度、玻璃化转变温度、热分解温度等关键温度指标，确保材料性能与环境温度兼容，能够经受热循环、热冲击，确保经历温度循环和热冲击后材料的性能仍满足要求。

（2）机械零件保证

各级承研单位优先选用所属系统总体指定的选用目录，使用质量可靠性满足要求的通用机械零件。标准紧固件、火工品，选用成熟产品，压缩机械零件选用的品种和规格。

上天飞行产品对标准紧固件的选用，按航天有关规定执行，并按标准进行 100％检查。新采用的通用机械零件必须进行技术鉴定和可靠性鉴定。

① 机械零件选用

机械零件选用要求如下：

1）承制单位要确认用来制造所选用机械零件的所有材料和工艺满足技术要求；

2）优先选用在具有相似环境和寿命要求的其他任务中已经成功使用过的机械零件；

3）机械零件选用应考虑供货的持久性和质量的稳定性；

4）标准紧固件应优先在所属系统总体指定的选用目录中选用，选用目录外标准紧固件应履行相关的审批手续。

机械零件清单要求如下：

1）承制单位在研制各阶段应编制机械零件清单；

2）机械零件清单应按技术状态更改控制要求进行管理；

3）机械零件清单应逐级审查、确认，审查重点关注选用机械零件的必要性、可行性以及新零件选用情况等内容；

4）机械零件清单中使用的任何代码或缩写应在清单中定义。

下列情况需进行机械零件鉴定：

1）新选用的机械零件；

2）在其他任务应用中已鉴定过，但经分析确认需要补充鉴定数据的机械零件；

3）材料或制造工艺发生重大变化的机械零件；

4）应用条件或应用状态更改、变化，在已完成的鉴定条件不能完全覆盖变化的机械零件。

机械零件鉴定要求如下：

1）承制单位对产品进行分析，确定鉴定范围，编制机械零件鉴定方案；

2）对于具有继承性的机械零件，允许只针对技术状态、用途等变化情况进行有关机械零件的鉴定；

3）在鉴定之前，机械零件的采购规范和验证方法须经过评审。

② 机械零件采购

机械零件采购要求如下：

1）承制单位在产品设计开发阶段识别研制或采购周期长的机械零件，并提出控制措施；

2）采购前承制单位编制明确的被采购机械零件的采购规范；

3）对有可能发生到货期延误或技术问题的机械零件采购，承制单位应制定必要的替代方案和备用计划。

采购规范要求如下：

1）每个机械零件须有相应的采购规范；

2）采购规范明确机械零件特征、技术要求、试验方法、验收准则、批验收试验、检查、到货检验等内容；

3）采购规范应经机械零件生产单位确认接受。

到货检验要求如下：

1）每个机械零件或机械零件批次须进行到货检验；

2）承制单位明确到货检验的项目、方法和判据；

3）标准紧固件按相关标准进行复验。

③ 机械零件使用

鉴定状态确认要求如下：

1）在被用于正样产品之前，所有机械零件应鉴定合格；

2）任何应用条件或应用状态更改、变化时，须对机械零件鉴定的有效性和充分性进行分析评价，必要时补充鉴定试验。

可追溯性要求如下：

1）机械零件须具有唯一的标识号或批号来满足其可追溯性；

2）当发生质量问题或状态不一致时，或当进行失效或损伤的技术复查时，可通过单个产品的可追溯性或制造批次的批次号来获得机械零件历史资料；

3）按批生产的机械零件采取适当的方式进行批次标识，并在批次凭证中记录；

4）生产过程中出现不合格品时须及时处理，对于不能及时跟批的机械零件，应重新建立批次凭证，再安排后续加工；

5）按批投产的机械零件原则上使用同批（炉）号的材料。如采用不同批次的材料，须分别进行标识和记录，保证可追溯性。

承制单位规定机械零件的包装、贮存和搬运的措施，并制定针对贮存、搬运时用于保证机械零件完整性的技术规范（包括监控规范和检验规程等）。

有限寿命机械零件控制要求如下：

1）对于有限寿命机械零件或有限使用次数的机械零件（如引爆器、O 形密封圈等），承制单位须进行标记和控制，并累计记入产品贮存和飞行寿命；

2）将有限寿命机械零件列入关键项目列表中，并对其进行评价。

机械零件代用要求如下：

1）由于机械零件更换可能引起产品关重特性变化时，不允许机械零件代用；

2）在确保机械零件性能满足要求的情况下，允许使用目录内使用要求和使用环境相近的机械零件进行代用；

3）机械零件代用应签署完整的审批手续，由产品所属分系统或总体主任设计师批准。

机械零件失效分析要求如下：

1）当确认机械零件失效（即丧失规定功能或性能）时，须按失效分析管理要求组织失效分析。

2）失效分析结论为机械零件固有问题的，承制单位组织生产单位进行处理、归零；失效分析结论为机械零件选用或使用不当的，由承制单位负责处理、归零，并反馈系统总体。

（3）工艺保证

① 工艺保证基本要求

工艺保证基本要求如下：

1）工艺保证贯穿产品研制的方案阶段、初样阶段、正样阶段等全过程，建立工艺与设计结合机制，实现工艺与设计同步策划、同步预研、同步论证、同步攻关；

2）工艺保证的目标是通过工艺保证要求的落实和工艺保证大纲有计划的实施，对产品工艺实施全过程进行有效的工艺质量控制，满足设计与标准规范要求，满足任务要求；

3）各级承研单位须有明确的工艺保证归口管理机构和管理规范；

4）各级承研单位明确工艺保证负责人，负责相应的组织、管理、监督、控制、协调和技术支持等；

5）各级承研单位建立分级、分阶段的工艺评审制度，产品的工艺清单、工艺总方案、关键件和重要件（简称"关重件"）工艺、新工艺等项目须经过评审，必要时在产品转阶段组织专项工艺评审。

产品设计选用工艺时，须有工艺人员参加。选用成熟的工艺方法和检验试验技术，并能够证实产品能达到设计规定的性能和质量要求。工序（过程）控制，特别是对特殊工序（过程）控制，制定并实施专门的质量控制措施，按文件和标准规范从严控制。不得使用航天禁用工艺，对限用工艺和质量不稳定的工艺技术须严格控制。对于特殊工艺和关键工序，须对程序、人员和设备进行工艺鉴定，确保工艺控制的正确性。针对生产过程制定工艺路线、工艺文件和过程质量控制卡，对制造过程的技术参数、环境条件和实施过程进行质量检验和记录。

② 工艺方案策划

工艺方案策划的内容和要求如下：

根据产品特点及承担的主要工作项目要求，编制工艺总方案，明确主要工艺方法，提出工艺关键项目及攻关项目，按要求编制工艺技术流程。

方案阶段重点是工艺的选用和技术途径分析，提出拟采用新工艺及必须增添的新设施、新设备，对重大技术改造项目进行详细论证，就相应的新工艺提出应用研究试验项目。

初样阶段重点开展重大工艺技术攻关、产品主要技术指标的实现，突出工艺总方案的可行性、可靠性、协调性和可实现性，完善工艺装备。鉴定产品完成后，应建立产品基线。

正样阶段及后续阶段重点开展工艺继承性分析、工艺优化，产品质量的稳定性和一致性、工艺可靠性的实现，应突出技术状态控制、生产工艺布局优化及产品实现的经济性。

③ 工艺选用

按产品研制阶段编制工艺清单，工艺清单的内容、评审、更改等按相关规定执行。工艺选用原则如下：

1）工艺选用在产品设计阶段完成，须满足产品规定的安全裕度、地面环境（制造、试验、贮存、运输、总装）要求、飞行环境（发射、在轨、着陆巡视）要求和产品的工艺指标要求。

2）采用所属系统总体指定的工艺、具有足够的安全系数并在航天型号产品上成功应用过的成熟工艺、通过试验获得满意结果并经鉴定的工艺、由同一生产单位已成功使用的工艺。

3）从整体、全过程考虑选用的合理性及各种方法之间的协调性，并考虑其可靠性、可检验性、可维修性、可操作性、稳定性、经济性、安全性。

4）产品不得选用禁用工艺，尽量避免选用限用工艺。选用限用工艺时，制定针对限用原因并经验证有效的控制措施，经过批准后可选用。

5）工艺选用要进行历史数据分析，避免常见工艺质量问题的发生，杜绝将常见工艺隐患带入生产环节。

6）对于通过选用分析形成的"未经飞行试验"的工艺须开展工艺鉴定工作，验证工艺技术状态的可行性与正确性。

④ 设计工艺性分析

设计工艺性分析要求如下：

1）产品设计阶段开展设计工艺性分析，设计师根据相关要求进行设计方案的工艺可行性分析。

2）设计师和工艺师对设计文件进行检查，如存在工艺质量问题与隐患，须在工艺会签之前对设计文件进行修改。

3）产品各研制阶段用于生产的设计文件，须进行工艺性审查并会签。未经工艺性审查的设计文件不能用于生产；经过工艺会签的设计文件，如更改，须重新进行工艺性审查和会签。

4）设计师和工艺师若对于设计存在不同意见，报系统总师和工艺总师研究确定，必要时组织审查。

5）工艺审查前，设计人员向工艺人员进行技术交底，说明产品的技术性能、结构特点、使用要求等，以便工艺人员掌握设计意图。

⑤ 工艺关键性分析

工艺关键性分析的目的是确认是否需要进一步的工艺试验和评估数据，具体要求如下：

1）承制单位对工艺清单中包含的所有工艺进行关键性分析。

2）产品关键工艺重点围绕产品设计关键特性的工艺实现及不可检测项目来确定；产品研制过程控制重点围绕产品设计关键特性和关键工艺的生产实现来确定。

3）工艺关键性分析主要针对产品及工艺技术复杂、研制周期长、造价高的关键件和重要件进行。

4）工艺关键性分析主要从技术难度、生产保障条件、生产周期、原材料及元器件、不可检测项目、工艺技术文件的质量控制、关键岗位研制人员以及产品成品率等方面进行分析评估，并提出明确的风险管理要求。

5）工艺关键性分析包括工艺安全性分析，含人身安全和产品安全。

6）对应工艺关键性的工序设置为关键工序，并进行评审。

⑥ 工艺鉴定

对新工艺的采用，工艺技术人员参照 FMEA，分析可能存在的缺陷类型和影响质量的因素，以及可能产生的失效模式和对产品质量的影响，进而采取工艺保证、检验试验和评价措施。对工艺过程和产品质量进行鉴定，表明新工艺能够稳定地生产出质量合格的产品，新工艺可用于工程的研制生产。

工艺鉴定范围如下：

1）新的工艺方法；

2）由工艺设备、工具等变化引起的工艺状态发生重大变化的工艺；

3）工艺参数或工艺状态发生了变化需进行验证的工艺；

4）工艺应用对象发生了变化，或产品的应用环境发生了变化的成熟工艺；

5）材料发生重大变化的特种工艺。

工艺鉴定类别如下：

1）工艺方法鉴定：主要对产品性能实现有影响的工艺方法进行评价和确认；

2）工艺参数鉴定：主要针对关键工序或可能严重影响产品性能的某一种或几种工艺参数进行试验验证，鉴定的工艺参数应覆盖工艺设计的参数范围；

3）工艺装备鉴定：主要针对新工艺装备或改造、更新工艺装备的参数对工艺状态的影响进行确认；

4）工艺状态鉴定：主要针对工艺状态发生的变化或工艺对象（结果）耐受新的环境要求而进行的工艺试验验证；

5）工艺裕度鉴定：主要针对工艺对象（结果）耐受发射及空间环境能力范围的验证，包括力学、热学、辐射等环境鉴定，鉴定裕度依据所属系统总体确定的产品鉴定环境条件选定。

工艺鉴定条件及要求：

1）工艺鉴定覆盖产品经受的空间环境，并保证规定的鉴定裕度；鉴定的工艺参数应覆盖生产工艺设计的参数范围，鉴定条件可参照相关标准和专业工艺的鉴定条件；

2）工艺鉴定应有专用的鉴定条件，不能用产品鉴定条件代替工艺鉴定条件；

3）工艺鉴定结果不仅满足预期的各项工艺指标，而且须满足产品功能和性能指标对工艺的要求；

4）工艺鉴定的结果须形成标准、规范或操作规程；

5）应用于正样及飞行产品的工艺应与鉴定的工艺状态一致。

⑦ 产品工艺文件控制

产品工艺文件控制满足如下要求：

1）产品的工艺总方案、包含关键工序的工艺文件已完成评审。

2）产品工艺文件应形成目录，内容完整、有效，正样阶段产品工艺文件与产品鉴定最终技术状态一致。

3）产品工艺文件内容符合相关技术标准和工艺规范的要求。

4）工艺规程做到可操作、可量化、可检测，尽量减少人为因素。

5）产品工艺文件明确过程检验的方法、要求和合格判据，对检验记录的要求详细、完整、明确。

6）对工艺关键过程，在产品工艺文件中设立关键检验点、强制检验点，并规定检验方法、合格判据等内容。必要时，在产品工艺文件中明确检测环境要求。

7）在产品工艺文件中明确标识产品的工序、部位、方法等要求。

⑧ 工艺过程控制

工艺过程确认要求如下：

1）工艺过程确认按预先确定的工艺流程、工艺参数、环境、设备、人员等工艺技术要求进行合格评定，内容一般包括：工艺过程文件中规定的工艺路线、工艺方法、工艺参数的适宜性和可操作性；工艺过程操作人员上岗资格；设备、监视和测量装置的精度和技术状态；环境条件；材料、元器件质量等。

2）工艺过程再确认要求如下：连续生产时，若产品质量无异常变化，按工艺规定的周期进行再确认，时间间隔一般为两年；当所使用的材料变更、工艺参数变更、设备变更、过程方法或接收准则发生变更时，须重新进行再确认；当产品出现严重质量问题、设备大修等情况时，须重新进行再确认。

3）对工序完成后，不能通过测量和监视来验证证实产品满足要求的工艺，生产前进行工艺过程确认。

4）当停工时间超过半年时，应重新进行再确认。

关键工序控制要求如下：

1）须制定关键工序目录；

2）制定详细的、可操作的关键工序工艺控制方法，纳入关键工序工艺规程中落实；

3）关键工序须细化到工步，对控制项目、内容、方法、步骤、图表、原始记录等做出具体明确的规定；

4）含有关键件、重要件或关键工序的产品工艺文件在产品投产前完成工艺评审，关键工序的工艺控制措施和可检验性为评审的重要内容；

5）关键工序工艺实施前，生产单位对人员、设备、环境条件和文件进行检查，确保符合要求。

制造、装配和总装等过程中的洁净度、污染及多余物控制要求如下：

1）必要时根据产品的特点编制专用的控制多余物工艺，特别加强阀门、管路系统、贮箱、气瓶、电子产品等生产过程及总装过程中的洁净度控制，确保产品内部无多余物；

2）工艺流程和工艺方法的选择，须与产品洁净度要求等级和最终清洗的可行性相适应，后道工序加工过程不能造成前道工序产品洁净度的永久性降低。

对于静电放电敏感的电子产品（包括元器件、组件和设备），其生产过程实行全过程静电防护。

工艺装备控制要求如下：

1）工艺装备的选择、设计、验证及修改按相关规定执行。

2）产品生产所用的工艺装备按规定编号，并编制工艺装备明细表，工艺装备图样应齐套完整。工艺文件中须明确工艺装备的检验，确保生产使用工艺装备的完好性。

3）工艺装备在使用前须确保在校验期内，并检查工艺装备有无异常现象，必要时需经复验合格后方可投入使用。

4）工艺装备的明显部位须有标记，一般包括工艺装备名称、代号和制造日期等，以保证工艺装备质量的可追溯性。

5）工艺装备入库时办理入库手续，建立工艺装备档案，包括检验合格证、使用说明书和工艺装备履历表等。

6）工艺装备存放须满足温度、湿度、洁净度等相关技术要求，对精度要求较高的工艺装备采用包装箱存放。

7）工艺装备须规定检查周期和方法，按期进行检查，并将结果填入工艺装备履历表。

8）工艺装备精度下降时，须及时返修或报废，将其结果填入工艺装备履历表中。

⑨　工艺评审

工程各系统按照相关要求，组织设计单位、生产单位和工艺专家，对工艺方案和关键件、重要件的工艺设计、工艺文件进行评审。评审前，生产单位组织同专业技术人员、设计人员和产品保证专业人员进行内部评审，及时发现工艺方案、工艺路线和工艺规程可能存在的薄弱环节，并制定相应措施。要保留评审记录。

4.3.2.8　软件（含可编程逻辑器件软件）产品保证

工程各系统设立技术负责人负责软件研制和开发、测试、更改控制等技术工作。设立软件产品保证负责人，负责第三方评测、配置管理等工作。各子系统设置软件副总设计师，负责系统内软件工程化管理和系统间软件接口控制工作；关键软件须设置软件主任设计师或主管设计师。

软件承制单位制定并落实各类软件人员的岗位责任制。软件项目组分别设置软件设计、编程、测试岗位，将设计与编程、编程与测试工作分开，由不同人员完成，必要时可设"双岗"。

（1）软件等级管理

软件（含可编程逻辑器件软件）作为单独产品，纳入工程各系统研制计划和产品配套表，并实行工程化管理。工程各系统在初样阶段开始编制软件清单，并按照软件失效危害严重度，确定软件安全性关键等级，对软件实行等级管理。软件清单和等级报系统总师或分管软件的副总师审查批准，报工程总体备案。

确定软件安全性关键等级的准则见表 4 - 8。

表 4 - 8　软件安全性关键等级

软件安全性关键等级	失效后果	对任务的影响程度
A	灾难性的	人员死亡或系统报废，或任务彻底失败
B	严重的	人员严重受伤或系统严重损坏，或主要功能丧失，或任务核心部分失败
C	一般的	人员轻度受伤或系统轻度损坏，或部分功能丧失，或任务受影响
D	轻微的	系统局部功能丧失或可修复，不影响任务的工程目标和科学目标

（2）软件开发过程

软件承制单位对软件的开发过程实施控制，按相关规范编制软件文档，开展各阶段软件测试以及评审。软件开发过程包括：系统需求分析与设计、软件需求分析、软件设计、软件实现、组装测试、确认测试、系统联试、验收交付、运行维护等。

①　系统需求分析与设计阶段

分析系统的需求和组成，合理地分配软件、硬件和人工操作的功能、性能指标；建立高层的系统体系结构，确定和定义主要配置项；初步确定系统内各分系统之间的数据流、指令流、时序关系、接口和通信协议；确定分系统的功能需求，定义软件配置项；确定配置项之间的数据流、指令流、时序关系和接口信息协议；在系统可靠性、安全性分析的基础上，确定待开发软件项目的安全性关键等级；确定软件技术指标（含功能、性能）和可靠性安全性技术要求，初步提出验收准则；编制系统设计说明、软件研制任务书等。

此阶段任务由交办方完成，承制单位组织软件开发人员参与系统分析与设计工作。

系统需求分析与设计阶段必须进行正式评审。将通过评审和批准的软件研制任务书作为软件开发的功能基线，并纳入配置管理。

② 软件需求分析阶段

依据软件研制任务书要求，进行软件功能、性能、接口、可靠性、安全性分析，编制软件需求规格说明文档及相关协议文件；制定软件开发计划、配置管理计划、质量保证计划；根据软件测试要求，制定软件确认测试计划（初步）。

软件需求分析阶段必须进行正式评审。将通过评审和批准的软件开发计划和软件需求规格说明纳入配置管理。

③ 软件设计阶段

依据软件需求规格说明，进行软件的体系结构设计，设计软件的数据结构和控制关系，给出所需的模型及所采用的算法；编写软件概要设计说明和详细设计说明，制定单元测试计划和组装测试计划（初步）。

软件设计阶段一般进行内部评审。将通过评审和批准的软件概要设计说明和详细设计说明纳入配置管理。

④ 软件实现阶段

依据软件设计说明文档，编制程序代码。编码完成后进行编程语言编码规则检查、静态分析、代码审查、单元测试，编写相应测试文档。

单元测试要覆盖和验证单元的功能、性能要求。在功能、性能正确的前提下，确保软件单元的源代码覆盖达到表4－9要求。

表4－9　软件关键等级与代码覆盖情况

软件关键等级与代码覆盖	A	B	C	D
语句覆盖	100％	100％	100％	AM
分支覆盖	100％	100％	AM	AM
MC/DC覆盖	100％	100％	AM	AM

注：1. "AM" 是指没有强制的规定，可协商确定，但应与软件产品的质量要求相一致；

2. 主要通过软件动态测试的方式来测量软件源代码的覆盖率；

3. MC/DC（修正条件/判定覆盖）仅针对用高级语言编写的程序代码；

4. 对由于测试条件限制覆盖不到的语句、分支，必须逐一进行分析和确认，并提供分析报告。

软件实现阶段一般进行内部评审。将软件源程序和相应测试文档纳入配置管理。

⑤ 软件测试阶段

在单元测试满足要求的基础上，集成软件子模块，并作为整体完成集成测试、确认测试，编写相应测试文档。确认测试使用与软件开发相同的编译器，全面覆盖软件需求规格说明文档中的所有要求。

软件测试阶段一般进行内部评审，对于安全关键软件（A、B级），其确认测试报告应进行正式评审。将软件源程序和相应测试文档纳入配置管理。

⑥ 系统联试阶段

对软件配置项进行设备级软硬件集成和测试（对于嵌入式软件），通过后参加分系统和系统级的系统联试，进一步对软件进行验证。编制系统联试大纲、系统联试细则和系统联试分析报告。

系统联试大纲和细则中必须明确软件测试目的、测试内容和测试项目，覆盖软件需求规格说明和设计说明的全部要求，对软件配置项间、各分系统间的接口进行重点考核；对正常飞行任务难以全面考核的软件产品，要制定科学合理的测试方案，进行充分的地面测试和考核验证。

系统联试大纲和系统联试分析报告需进行正式评审。将通过联试的源程序目标代码和系统联试文档纳入配置管理。

⑦ 验收交付阶段

依据软件研制任务书，对软件研制过程中形成的程序、文档、测试结果进行检查确认并验收。通过验收评审后，编制软件验收报告。承制单位应按相关规定填写软件产品证明书和软件质量履历书，纳入软件产品移交项目清单，逐项核实后交付（交付的软件应取自产品库）。

软件验收评审为正式评审。将软件产品和验收相关文档纳入配置管理。

⑧ 运行维护阶段

要严格控制软件技术状态变化。软件需要进行改正性维护和改善性维护时，要进行安全性分析和影响域分析，并在更改后的运行环境中进行回归测试。

软件承制单位建立和实施软件质量问题分析和纠正措施制度，并建立软件质量信息数据库，对在试验、测试和使用过程中因软件发生的质量问题，严格按质量问题归零的有关要求进行归零。软件承制单位须详细记载软件开发过程中技术状态变化及发生的质量问题。

（3）可编程逻辑器件软件开发过程

可编程逻辑器件软件开发过程主要包括：系统需求分析与设计、软件需求分析、软件设计、软件实现、设计确认、系统联试、验收交付、运行维护。

① 系统需求分析与设计阶段

针对器件可获得性、开发便利性、功耗、时钟频率、芯片资源、抗辐照方法、器件等级、封装方式、工作温度、存储温度、辐照总剂量等系统要求开展必要性与可行性分析；开展风险分析，确认风险项并制定对应的预防措施和应急响应；明确可编程逻辑器件软件关键等级，必要时为每个功能确定关键等级；明确功能、性能、接口、功耗、降额、工作条件等技术指标；明确外部接口的通信协议、电气特性、时序特性等与可编程逻辑器件相关的软件/硬件接口；明确安全性和可靠性要求；明确关键算法和技术指标；明确语言和设计方法约束；明确资源、时序等余量要求；明确固化、工作环境要求；明确实时性、可测试性要求；明确 IP 核使用要求；明确安全保密性、重用、进度、验收与交付、运行与维护、配置管理、质量保证等要求；明确测试级别、测试内容、测试充分性等测试要求。

此阶段任务由交办方完成，承制单位参与相关的系统需求分析与设计工作。

系统需求分析与设计阶段必须进行正式评审。将通过评审和批准的可编程逻辑器件软件研制任务书作为可编程逻辑器件软件开发的功能基线，并纳入配置管理。

② 软件需求分析阶段

软件承制单位依据研制任务书等相关文件，保证所选用的方法能够满足所有需求，建立与系统需求的匹配关系，定义功能、性能、接口、管脚分配及约束等需求；开展安全性和可靠性分析，确定安全性和可靠性需求，明确抗状态翻转等技术方法；必要时，开展算法原型仿真分析；确定开发环境、工具及版本；描述芯片型号、等级约束和封装形式；确定语言和设计方法约束；确定资源、时序等余量需求；确定固化、工作环境需求；确定实时性、可测试性需求；确定 IP 核使用需求；确定安全保密性、重用、进度、配置管理、质量保证、测试等需求；必要时，明确与软件相关的地址分配；定义实现系统需求产生的派生需求，对其单独标识并反馈至系统需求分析过程，评估派生需求对系统需求分析的影响。

可编程逻辑器件软件需求分析阶段必须进行正式评审。将通过评审和批准的可编程逻辑器件软件开发计划和软件需求规格说明纳入配置管理。

③ 软件设计阶段

依据可编程逻辑器件软件需求规格说明，进行可编程逻辑器件软件的结构设计和详细设计。

1) 结构设计：定义和记录可编程逻辑器件软件结构，标识组成可编程逻辑器件软件的单元及接口，建立与需求的匹配关系；确定可编程逻辑器件软件结构及单元划分，定义单元及单元间的关系，描述单元的功能、性能、接口，确保全部需求分配至相应单元；描述单元间的数据流和控制流；描述结构及单元的设计决策；必要时，通过仿真和分析验证结构设计是否满足要求；确定时钟、复位方案；根据安全性和可靠性需求，开展安全性、可靠性设计；完成算法由抽象层次到实现层次的转换，确定算法的输入、输出接口，描述算法的实现过程，必要时对中间参数进行描述；开展验证方案设计；结构设计过程中产生的派生需求应反馈至需求分析过程并评估影响；重新评估可行性和风险。

2) 详细设计：软件承制单位依据结构设计，详细描述可编程逻辑器件软件的单元，并作为软件实现的依据，建立与结构设计的匹配关系。对各单元进行详细说明，包含各单元地址分配、控制方式、接口、存储器空间、时序说明、性能指标、测试要求等内容；描述各单元的设计原理和所采用的技术方法及过程；详细说明各单元在实现时采用的设计输入方法；必要时，列出厂商、版本等 IP 核属性；完善安全性、可靠性设计，并分析详细设计是否符合安全性与可靠性设计要求；完善验证方案设计；标识出未被使用的功能并评估其对安全性的影响；约束软件的设计、固化和操作，若存在无约束的情况，评估其对安全性的影响并标识；详细设计过程中产生的派生需求应反馈至结构设计过程或其他过程，并评估影响。

编写可编程逻辑器件软件设计说明，进行内部评审。将通过评审和批准的可编程逻辑器件软件设计说明纳入配置管理。

④ 软件实现阶段

实现阶段包括编码、仿真测试环境设计与实现、功能仿真、综合与布局布线、网表验证以及编程下载。

1) 编码：软件承制单位依据设计说明开展编码活动，形成源代码或原理图。

2) 仿真测试环境设计与实现：编制仿真测试计划和仿真测试说明，并依据仿真测试说明设计仿真测试环境，编制仿真测试向量集。

3) 功能仿真：对源代码或原理图开展单元级别和配置项级别功能仿真，设计测试用例。应通过统计语句、分支、状态机等覆盖率信息保证仿真测试的充分性。仿真测试覆盖要求见表 4 - 10。

表 4 - 10　可编程逻辑器件软件仿真测试覆盖要求

可编程逻辑器件软件关键等级与代码覆盖	A	B	C	D
语句覆盖	100%	100%	AM	AM
分支覆盖	100%	100%	AM	AM
条件覆盖	100%	100%	AM	AM
表达式覆盖	100%	100%	AM	AM
状态机覆盖	100%	100%	AM	AM

注：1. "AM" 是指没有强制的规定，可协商确定，但应与可编程逻辑器件软件产品的质量要求相一致；

　2. 对由于测试条件限制覆盖不到的语句、分支，必须逐一进行分析和确认，并提供分析报告。

4) 综合与布局布线：在完成编码与功能仿真后开展综合与布局布线，完善设计说明。

5) 网表验证：开展时序仿真、静态时序分析，必要时，开展门级仿真和逻辑等效性检查。

6) 编程下载：将程序固化在可编程逻辑器件芯片或配置芯片中。

软件实现阶段一般进行内部评审。将软件源程序和相应测试文档纳入配置管理。

⑤ 设计确认阶段

软件承制单位在真实的目标板、系统或在交办方批准的替代环境上开展配置项确认测试。编制确认测试计划、确认测试说明，识别被确认的每项需求，设计测试用例。软件承制单位通过确认测试对每项可编程逻辑器件软件需求进行确认，分析实际结果与期望结果的差异，明确需求与确认行为及结果之间的匹配性。对于某些无法通过测试实施确认的特性或需求，可采用分析、审查、评审等方式开展确认，并将结论纳入确认测试报告。

⑥ 系统联试阶段

对可编程逻辑器件软件配置项进行设备级软硬件集成和测试，通过后参加分系统和系统级的系统联试，进一步对可编程逻辑器件软件进行验证，编制系统联试大纲、系统联试细则和系统联试分析报告。

系统联试大纲和细则中必须明确可编程逻辑器件软件测试目的、测试内容和测试项目，覆盖软件需求规格说明和设计说明的全部要求，对可编程逻辑器件间、软件配置项间、各分系统间的接口进行重点考核；对难以全面覆盖正常飞行任务的可编程逻辑器件软件产品，要制定科学合理的测试方案，进行充分的地面测试和考核验证。

系统联试大纲和系统联试分析报告需进行正式评审。将通过联试的软件产品和联试文档纳入配置管理。

⑦ 验收交付阶段

依据可编程逻辑器件软件研制任务书，对配置项研制过程中形成的程序、文档、测试结果进行检查确认并验收。通过验收评审后，编制可编程逻辑器件软件验收报告。软件承制单位按研制任务书或合同规定向交办方交付产品，以及软件质量履历书等文件，必要时提供培训与支持。

可编程逻辑器件软件验收评审为正式评审。将可编程逻辑器件软件产品和验收相关文档纳入配置管理。

⑧ 运行维护阶段

严格控制可编程逻辑器件软件技术状态变化。可编程逻辑器件软件需要进行改正性维护和改善性维护时，要进行安全性分析和影响域分析，并在更改后的运行环境中进行回归测试。

软件承制单位建立和实施可编程逻辑器件软件质量问题分析和纠正措施制度，并建立可编程逻辑器件软件质量信息数据库，对在试验、测试和使用过程中因可编程逻辑器件软件发生的质量问题，严格按质量问题归零的有关要求进行归零。软件承制单位详细记载可编程逻辑器件软件开发过程中技术状态变化及发生的质量问题。

（4）软件第三方评测

A、B 级软件，关键 C 级（含可编程逻辑器件软件）在参加飞行任务和型号研制转阶段前，必须通过具备评测经验和相关资质的第三方软件评测机构进行的测试，其结果作为型号出厂评审和转阶段评审的重要依据。对需第三方评测的软件，在系统需求分析与设计阶段确定评测任务承担单位，并下达软件评测任务书。软件承制单位根据评测要求，配合第三方软件评测工作，提供必要的软件、数据、文档、环境等条件。软件承制单位修改软件后，及时提交第三方软件评测单位开展软件回归测试。软件承制单位对第三方软件评测过程中的问题进行分析，并提交交办方技术负责人审批。对于关键和重要问题，需提交主管软件的系统副总设计师审批。

软件第三方评测，一般情况下进行静态分析、代码审查和动态测试。动态测试包括功能测试、性能测试、接口测试、人机交互界面测试，以及边界测试、强度测试、余量测试等。对于第三方评测的具体要求，包括测试充分性要求等，通过评测任务书予以明确。

可编程逻辑器件软件第三方评测需开展编码规则检查、代码审查、功能仿真、时序仿真、静态时序分析、逻辑等效性检查等，其中代码审查检查管脚分配、逻辑资源占用率，检查是否存在可靠性安全性设计隐患、是否存在冗余代码；功能仿真的语句、分支、条件、表达式和状态机覆盖率应达到 100%，对覆盖率达不到要求的应对未覆盖部分逐一分析和确认；静态时序分析和时序仿真应覆盖最大、最小和典型工况并开展跨时钟域分析。A、B 级软件和关键 C 级软件的测试项目中除常规测试项目外，必须包括强度测试、余量测试和边界测试。

软件评测机构必须对测试结果和评价结论负责，评测工作完成后，必须向被测方提交完整的测评报告和测试结论，建立评测档案，对测试通过的飞行软件出具软件评测合格证。为保证第三方评测的质量，软件评测机构的专业人员须了解软件开发过程。

已通过第三方评测的软件更改后，须进行第三方的回归测试。

（5）软件验证

软件验证包括对研制各阶段软件产品及相关文档的分析、评估、审查、复核和评审等工作。

根据软件生命周期和软件产品的范围、规模、复杂性、关键性等因素，确定软件生命周期内需要验证的软件产品，选择具备资格的独立于该软件产品研制的人员执行软件验证任务，制定软件验证计划并列入软件研制计划流程。工程各系统按软件研制阶段顺序实施软件验证工作，对阶段产品的准确性、完整性、一致性、可实现性，及其与系统要求和标准的符合性等进行验证，并将软件验证报告作为转阶段评审的输入。

软件研制各阶段的验证要求如下：

1）系统需求分析与设计阶段：对系统初步危险分析报告、软件安全性需求及其与系统设计的一致性、软件等级进行复核、分析；对与安全相关关键软件的外购、重用软件进行审查；对软件需求规格说明、系统设计说明、软件研制任务书、选用的编程语言、编译器和操作系统的安全性和可靠性验证确认结果进行评审。

2）软件需求分析阶段：对软件需求的完整性、正确性、一致性和可测试性进行评估；对安全关键功能的时间、吞吐量和空间进行分析与评估；对软件故障树分析报告、软件失效模式和影响分析报告、软件需求规格说明文档、确认测试计划进行评审。

3）软件设计阶段：对安全关键需求流向进行追溯分析；对设计逻辑、数据、接口进行复核；对安全关键模块与其他模块的隔离性进行审查；对设计报告、基于模块的软件故障树分析报告、软件失效模式和影响分析报告进行评审。

4）软件实现阶段：对源代码、单元测试用例进行审查；对安全关键单元的测试计划、测试说明、测试报告进行评审。

5）软件测试阶段：对测试中发现的问题进行综合分析和复核；对确认测试计划、测试说明和测试报告进行评审。

6）系统联试阶段：对系统试验验证的充分性进行评估；对试验中出现的问题进行分析。

7）验收交付阶段：对软件配置项进行验收，对软件进行出厂/所专项评审。

8）运行维护阶段：要对软件更改的影响域进行分析；对软件技术状态变化进行评审。

（6）可编程逻辑器件软件验证

可编程逻辑器件软件验证包括对可编程逻辑器件研制各阶段软件产品及相关文档的分析、评估、审查、复核和评审等工作。

根据可编程逻辑器件软件生命周期活动和可编程逻辑器件软件产品的范围、规模、复杂性、关键性等因素，确定可编程逻辑器件软件生命周期内需要验证的可编程逻辑器件软件产品，选择具备资格的独立于该可编程逻辑器件软件产品研制的人员执行可编程逻辑器件软件验证任务，制定可编程逻辑器件软件验证计划并列入可编程逻辑器件软件研制计划流程。工程各系统应按可编程逻辑器件软件研制阶段顺序实施验证工作，对阶段产品的准确性、完整性、一致性、可实现性，及其与系统要求和标准的符合性等进行验证，并将验证报告作为转阶段评审的输入。

可编程逻辑器件软件研制各阶段的验证要求如下：

1）系统需求分析与设计阶段：对可编程逻辑器件软件安全性需求及其与系统设计的一致性、可编程逻辑器件软件等级进行复核、分析；对与安全关键软件相关的外购、重用软件进行审查；对研制任务书（含可行性及风险分析）等材料进行评审。

2）可编程逻辑器件软件需求分析阶段：对需求的完整性、正确性、一致性和可测试性进行评估；分析需求和研制任务书的可追踪性，审查需求及其变更情况，对软件需求规格说明、安全性可靠性需求、失效模式和影响分析报告进行评审。

3）可编程逻辑器件软件设计阶段：确认设计说明与软件需求规格说明、研制任务书的一致性，对安全性可靠性设计、设计说明等进行评审。

4）可编程逻辑器件软件实现阶段：开展功能仿真、时序仿真、静态时序分析，必要时开展门级仿真、逻辑等效性检查，对仿真测试开展评审。

5）设计确认阶段：保证确认测试覆盖所有任务要求和所有需求；对设计确认开展评审。

6）系统联试阶段：对系统试验验证的充分性进行评估；对试验中出现的问题进行分析。

7）验收交付阶段：对可编程逻辑器件软件配置项进行验收，进行出厂/所专项评审。

8）运行维护阶段：要对可编程逻辑器件软件更改影响域进行分析；对技术状态变化进行评审。

（7）软件配置管理

在整个软件生命周期过程中，必须使用正版开发工具（操作系统、编译工具等），加强对开发、试验、配置管理用计算机的管理，专机专用，定期使用最新版本的正版杀毒软件进行病毒检查和清除病毒，防止计算机及软件遭受计算机病毒的侵袭。

软件承制单位须按照相关规范制定软件配置管理计划，建立软件开发库、受控库和产品库，实施软件配置管理。软件产品的存储必须使用稳定可靠的介质。软件文档的代号由设计师提出，经标准化部门审查确定，并统一登记和管理。跨单位的软件合作项目的文档代号由交办方或双方协商确定。受控库和产品库必须严格分开，并由专人负责管理。产品库纳入档案部门管理。

经过评审和确认测试的软件须处于受控状态，更改必须履行严格的审批手续，更改后要进行回归测试，并更改相应文档，必要时要重新进行评审。涉及软件任务书、功能、性能和外部接口的更改属于重大更改，须通过正式评审，报系统总设计师批准。如果程序的更改涉及工程的总体指标，或涉及系统间接口的更改，须经工程总体审批。

经过评审和批准的软件配置项管理须纳入受控库管理。通过验收评审的待发放软件产品必须纳入产品库管理。通过验收评审的软件及其文档必须交档案部门归档。

用于确认测试、第三方评测和系统联试的软件必须取自受控库，出厂/所的软件必须从产品库中提取。出库前使用最新版本杀毒软件进行病毒检查和清除病毒，防止带病毒软件产品出库。参加大型地面试验和执行飞行任务的软件，必须统一从档案部门借调封装，交由试验队统一按产品管理。

在发射基地确需对程序进行更改时，必须严格履行更改审批程序，经系统总设计师审批，并报工程总设计师认可后，由试验队指定人员执行更改，更改后进行代码级的软件更改影响分析和回归测试，并经专题评审后方可使用，任务结束后更改相应文档并重新归档。

（8）软件可靠性与安全性

软件可靠性与安全性工作贯穿于整个软件生命周期，在软件研制与运行维护的各个阶段同时开展软件可靠性与安全性工作，并建立软件可靠性与安全性追踪系统，记录软件的可靠性与安全性需求及其实现过程。

工程各系统须制定软件可靠性和安全性设计准则，并通过系统分析与设计、分系统分析与设计、软件容错和可测试性设计、软件失效模式与影响分析、软件潜在分析、软件安全性分析以及软件复核、评审、测试和追踪等措施和手段保证软件的可靠性与安全性。

软件系统安全性工作应按照相关标准要求，应用初步危险分析表和系统级的初步危险分析的结果，进行软件需求危险分析并记录成文，确定软件不安全工作模式，对软件系统进行初始的安全性评价。在方案设计评审时，提出安全性关键软件/可编程逻辑器件软件清单，并在研制任务书或其他文件中明确系统对各软件配置项的安全性可靠性要求，给出软件应该重点防范的系统危险事件、失效容限以及安全性保障水平等要求。

在软件需求分析阶段依据系统/分系统安全性可靠性要求等开展软件安全性需求分析，并提交相关的软件安全性分析报告，作为软件验收评审的输入。对于 A、B 级软件进行硬件-软件接口分析（HSIA），软件失效模式、影响与危害度分析（SFMECA），软件故障树分析（SFTA），软件共因失效分析（SCCFA）等，形成软件危险因素表，并针对危险因素制定应对措施，明确软件安全性可靠性需求。A、B 级软件需求中，根据任务书给出的系统危险事件及失效模式，确定软件的安全关键功能，明确完成的规避失效风险的技术措施。

在软件设计与实现过程中，针对软件安全性可靠性需求开展设计、实现，开展概要设计（初步设计）危险分析、详细设计危险分析、软件编程危险分析、软件与用户接口分析等，明确安全关键模块，设计实现覆盖任务书、需求中的所有可靠性、安全性等要求。

在各种测试中，针对所有安全性可靠性设计措施的有效性开展系统级、配置项级等测试、验证，并建立测试与设计阶段的演化关系，无法动态测试的，其有效性通过静态分析、代码走查等方式得到充分验证，确保软件的可靠性与安全性。

软件更改后进行软件更改影响域分析，对影响到软件安全性关键功能或性能的更改须重新进行相关的软件安全性分析与测试工作，保证不引入新的危险模式。

（9）重用与外包软件

借用其他任务或系统的软件，由设计人员对相关产品的技术参数、系统硬件接口、软件接口状态以及符合本工程产品保证要求的情况进行检查和分析论证，对适应本工程产品的情况出具相关的分析报告，报系统或分系统软件负责人批准。重用软件参加开发单位的系统测试，属 A、B 级软件的，要提交重用适用性需求分析报告，并进行第三方测试。

对外包协作的软件产品要遵循"谁外协、谁验收、谁负责"的原则，交办方确认软件承制单位的软件工程化程度和软件开发能力，明确软件产品保证和监督验收要求，跟踪监督其软件开发活动，确保软件承制单位严格执行产品保证总要求。

（10）在轨编程的控制

在飞行任务中需要在轨编程时，须经工程总指挥和总设计师批准。在轨编程的管理由试验队中的飞控组负责，程序注入或执行前须在地面进行检查和仿真验证，确保安全可靠，并由产品保证专业人员全程跟踪记录。须编写在轨编程文档，并按要求归档。

4.3.2.9　地面试验与飞行任务

（1）试验与评定总计划

在方案阶段工程总体及各系统根据任务要求对产品的验证工作进行策划。按照相关要求选择和确定可行的验证方法。验证方法包括分析、试验、检验、演示、相似性旁证等，需重视试验对产品进行设计验证和质量检验的重要作用，配合其他验证方法完成各装配级别产品的验证工作。

工程总体及各系统在研制初期制定系统各阶段的试验与评定总计划（如地面应用系统试验与评定总计划），明确规定在研制各阶段的所有试验与评定的计划，以验证产品满足任务要求的能力，确定技术状态，减少研制风险。试验与评定计划经过正式的评审，各阶段的试验与评定报告作为转阶段的决策依据。

试验与评定总计划分为单机级、分系统级、系统级和跨系统级，包括方案设计阶段和初样研制阶段的研制试验、初样研制阶段的鉴定试验、正样研制阶段的验收试验、关键产品的可靠性试验、系统级产品的性能匹配试验、大系统对接试验、发射前合格认证试验、模拟飞行试验、系统兼容性试验等。

试验与评定计划的制定要充分考虑技术复杂程度、技术难度、风险、可靠性指标、试验的覆盖性、资源保障和经费等因素。基于相关标准中规定的各层级在各研制阶段的环境及可靠性试验基线，结合各层级在具体研制过程中需要进行的功能性能指标验证试验，编写各层级的试验矩阵，并在试验矩阵的基础上制定试验与评定计划。各项试验与评定计划由工程两总、工程技术专家和产品保证专家参与评审。

跨系统级试验的试验与评定总计划，由工程总设计师系统审核，报总指挥系统批准。

工程各系统的试验与评定总计划，经系统总指挥和总设计师审核后，报工程总体批准。各分系统、设备承制单位应按系统总体要求，根据承担项目特点制定各项试验与评定计划，并报上一级抓总单位批准。

试验与评定总计划在项目立项之后的方案阶段制定，在各研制阶段开始前可进行必要的调整，但任何对试验与评定总计划的重大更改，须经过相同的评审、审查、批准程序。

工程各系统在转阶段评审前提供试验与评定报告，说明计划执行情况、试验结果和分析评价结论，该报告是转阶段评审和决策的重要依据。

（2）试验大纲和试验准备状态检查

各级承研单位按照试验计划制定试验大纲，并通过评审。试验大纲对参试产品状态、试验保障工作、岗位职责、指挥和操作口令、试验程序、数据获取、结果分析处理、安全保障和应急预案等做出明确规定。重要试验均须对全体参试人员进行培训和演练，对故障和应急预案进行专项演练。

系统、分系统和设备的研制、鉴定和验收试验，须进行试验前准备状态检查和评审。系统级试验前由工程各系统组织进行试验准备状态检查和评审。系统间大型试验和发射测试由工程总体和各系统总体单位主管部门组织专家进行试验准备状态检查和评审。

（3）试验过程控制与结果分析

试验单位按照相关要求负责对试验过程进行控制，主要包括：

1）严格按试验大纲准备试验、实施试验，严禁违规操作，并防止误操作；

2）按照试验大纲对产品进行试验加载，按规定的程序收集并整理原始记录和试验数据，确保试验数据的完整性和准确性；

3）记录并分析试验过程中出现的试验故障，针对产品的故障模式采取纠正措施，并进行再试验验证；

4）对试验设备运行故障，试验条件加载超差，产品故障模式，因采取纠正措施引起的产品技术状态变化、产品性能超差及偏离等不合格情况及处理结果应有文字记录，并纳入产品试验数据包；

5）有安全性要求的试验项目须对参试人员、试验产品、试验设施采取安全措施，一旦出现危险趋势，应立即中断试验；

6）对整个试验过程进行质量监督和跟踪管理。

试验后须对试验结果进行分析，进行试验前后产品性能参数对比、与以往同类产品的试验结果对比，以便尽早发现产品的设计缺陷和制造质量缺陷。

（4）飞行任务保证

工程总体负责制定飞行任务大纲、发射场测发流程、飞控大纲和在轨测试大纲，作为工程各系统制定发射场工作流程、测试程序和发射联合操作程序的依据。

工程各系统根据飞行任务大纲要求，单独或联合制定发射场和测控工作流程、计划和质量保证措施，并在飞行任务实施前进行系统联试、跨系统联试，确保过程控制质量和效果。

工程各系统要进行故障预案的制定和演练，组织飞行任务前的系统联试、电磁兼容、接口协调测试试验。对执行飞行试验的参试人员的岗位职责、岗位操作进行培训和考核。做好发射场测试设备质量和计量校准的检查工作。对地面设备的质量状态进行综合评定。对通信线路、电力保障和设备设施维护保障、备件供应和安全保障做出计划安排。

4.3.2.10　地面设备质量保证

对用于地面检测、试验、搬运、吊装、供电、加注、指挥、测控、数传等地面保障设备和设施，工程各系统制定质量控制程序和产品保证计划，以保障地面操作和飞行任务的实施。工程各系统按照有关规定对地面保障设备和设施，进行定期或使用前的计量检定及状态检查，系统规划备品、备件、系统冗余和应急处置的保障措施，并进行操作演练和验证，确保设备完好、系统可靠，满足工程研制、试验、发射和运行的需要。

（1）质量保证要求

1）地面保障设备和设施的产品保证执行相关法规、标准和技术规范要求。工程各系统将有关要求纳入合同和技术文件，并实施监督、检查和验收。

2）各级承研单位制定质量保证大纲，建立明确的质量责任制度，制定操作和质量控制程序，实施有效的质量控制活动。

3）地面保障设备和设施使用中出现的问题，须由使用单位负责组织进行归零处理，地面保障设备和设施的承制单位给予配合。

（2）设计制造要求

1）地面保障设备和设施，除满足功能、性能要求外，还需具有保障性与可操作性等方面的要求，应有明确规定的技术指标和技术要求。

2）地面承力设备和设施，需要满足使用环境、强度和安全性要求。起吊设备、吊具的设计承载能力、安全系数等须符合相关标准的规定。

3）地面保障设备和设施的设计须与飞行产品兼容，设备均需有良好的接地措施。与飞行产品直接接触的元器件、材料不应有腐蚀性；机械和电气接口协调，不应导致产生机械和电磁损伤。

4）地面保障设备的设计制造，须满足产品研制生产的法规、标准和质量要求，对产品生产过程工艺、检验、试验等进行严格的质量监控。

5）需规定设备和设施的可靠性、维修性、安全性验证评估方法。按规定的程序对地面保障设备和设施研制进行评审和验证。

（3）交付验收要求

1）地面保障设备和设施交付，须办理正式的验收交付手续，按订货方的要求逐项进行验收，确保满足规定要求；

2）专用测试设备交付前须进行标定或检定；

3）设备设施交付时须有合格证、测试报告、操作说明和维护保养等相关技术文件资料。

（4）使用维护要求

1）地面所有的起吊和升降设备、吊具须明显标有最大安全工作载荷，使用时须严格控制在规定范围内；

2）地面加注设备在使用前验证其有效性；

3）制定地面保障设备设施使用和操作规程，按照规程进行操作和演练，需包括应急操作的验证；

4）按规定对设备进行定期或使用前的检定、校准、测试和检查，进行定期的维护保养和开机检查，以及关键焊接点的裂纹检查等，保持设备设施处于完好状态，保留相关质量记录。

4.3.2.11　表格化与计算机辅助管理

（1）表格化管理

各级承研单位结合工程的各项活动实行表格化管理，将工程的实施、检查、评审、审核以及质量记录等，通过表格的形式对工作程序、检查评审项目、执行记录等进行细化和具体化，增强操作性和工作的有效性，减少差错和遗漏，确保过程控制的质量和效果。

在设计、生产、试验、交付过程及产品保证活动的各个环节，各级承研单位针对不同产品特点（如机械、电子、机电、光学、无线电、软件等），按照所属系统总体单位提出的要求，对要求、执行、检查、记录等编制相应的过程控制通用表格或专用表格。在执行和实施过程中，逐项核查，逐项核销，并记录执行情况，相关人员签字负责。表格的填写与工作内容同步，填写完整、无误，按有关规定进行分类归档。

（2）计算机辅助管理

各级承研单位在项目计划、调度、质量、技术状态控制和技术工作方面，须开展计算机辅助管理，开展实时的数据分析工作，保证统计数据的准确性、及时性，提高工作效率和效果。承制单位须在产品交付的同时交付数据包。数据包中的项目和内容须采用计算机数据库技术，以满足汇总、统计和核查的要求。

数据包清单

1）数据包目录；

2）数据包更改单；

3）产品配套表（含地面设备及软件）；

4）用户需要的产品图样和技术文件（如装配图、电气原理图、设备安装图、技术方案、设计报告等）；

5）产品研制报告；

6）关键特性参数、重要特性参数清单；

7）关键件、重要件清单；

8）关键项目清单；

9）单点失效清单；

10）Ⅰ、Ⅱ类故障模式清单；

11）初步危险源检查单；

12）安全性关键项目清单；

13）残余危险清单；

14）危险分析表；

15）技术状态更改汇总表；

16）技术问题处理汇总表；

17）超差代料（偏离）处理汇总表；

18）装机元器件、材料清单；

19）未经上天飞行考核的元器件、材料清单；

20）接插件插拔记录表；

21）设备通电时间记录表；

22）有寿命要求的产品工作时间记录表；

23）工艺清单；

24）关键工序、重要工序清单；

25）装机和地面应用软件清单；

26）操作系统软件清单；

27）技术状态审核报告；

28）质量问题汇总表；

29）质量问题归零报告；

30）试验报告；

31）产品质量报告；

32）质量监督报告；

33）用户手册或操作手册；

34）用户需要的试验报告；

35）交付产品项目清单；

36）产品证明书和产品质量履历书等。

4.3.3　培训

人的意识和能力是影响质量的决定性因素，因此工程总体及各系统都十分重视参研人员的培养和参研团队的建设。培训是培养人才、建设团队的重要手段。在生命周期中，结合嫦娥四号研制特点，采用关键阶段、关键过程、关键事件开展培训，不断强化学习意识、工作质量和业务能力。

工程研制过程中，工程总体组织系统级培训，确保总体各项要求贯彻到整个系统，确保参研人员充分了解和理解系统级要求和规范。

除了工程总体组织的总体级培训外，各分系统开展分系统级培训，使各参试单位参试人员熟悉任务技术状态，掌握本职岗位工作，熟练开展相关操作，为任务实施奠定基础，具体包括产品保证培训、技术培训、软件工程化培训、岗位技能培训、应急操作培训等。通过培训，确保全体参研参试人员掌握满足任务需求的专业技术能力、统一操作规范、质量保证规范等任职能力。

探测器系统结合型号研制阶段特点及在研制过程中发现的问题，及时开展有针对性的技术培训。在型号研制的关键节点，如电测前、出厂前、飞控前，组织相关管理规章制度的宣贯。

运载火箭系统结合专业和产品特点，系统总结有益经验，分析历史上出现的典型质量问题，形成针对性培训教材，采取多种形式面向型号一线工作人员开展教育培训工作，层层传递质量意识和工作要求。

发射场系统积极开展任务形势分析，提前谋划组织计划、人员定岗、试验文书修订等工作。特别是针对嫦娥四号任务特点，积极开展参试队伍的培训与考核。按照紧贴实战、高于实战的标准，组织开展专家授课、士官大讲堂、专业知识培训、实装操作等针对性培训与训练。按照普考、抽考等方式，采取笔试、口试、实装操作、想定作业考核相结合的手段，先后组织专业知识授课及问题讨论50余次，组织针对性训练30余次，直至所有参试人员完成岗位训练和上岗考核，满足上岗要求。

测控队伍的培训与考核，采用工程经验丰富的同志和年轻同志相结合，工程实践和理论学习相结合，执行实战任务与评估考核相结合的模式，由总师和主任设计师严把技术关，紧紧抓住技术重点环节。对于年轻同志，给予充分的锻炼平台和机会，在任务准备和实战任务中，锻炼队伍，提升能力，考核成果。

为确保任务的可靠执行，确保"操作零失误，判读零误差"，地面应用系统组织所有上岗人员针对任务执行前的准备工作情况、本岗位操作流程的熟悉程度、操作的正确性、数据判读的准确性、故障的应对能力、安全的要求、记录的合格性、任务完成后工作的整理情况等内容进行实际操作考核。考核合格后发放上岗证书，包括一岗、二岗人员，以及兼岗人员，共发放岗位证书91份，保证所有上岗人员持证上岗。

4.3.3.1　研制初期培训

工程总体针对各个系统的主管设计师以上人员，在北京、西安、上海三地组织近50家承研单位（包括院所和高校），开展产品保证培训。由专家现场开展培训与宣贯，并进行现场考试。参加培训人员通过考核后由工程总体印发《关于嫦娥四号任务质量培训考核合格人员名单的通知》，并要求对未能参加集中培训和考试的人员，各单位根据自己承担的任务实际，自行组织本单位参研参试人员进行培训和考试，参研参试人员考试合格后方可上岗。

4.3.3.2　研制过程中培训

为确保嫦娥四号探测器正样阶段电测工作能顺利开展，落实各级人员责任，探测器系统编制《嫦娥四号探测器正样电测管理手册》，对研制团队开展了嫦娥四号探测器综合测试组织和计划、嫦娥四号探测器综合测试管理要求的培训；为确保嫦娥四号探测器正样热平衡及热真空试验顺利开展，保证工作规范、有序进行，编制了《着陆器、巡视器热平衡及热真空试验管理规定》，对热试验期间的工作规范、技术状态控制要求、安全性管理要求等进行了培训；对相关参研参试人员进行发射场技术状态及流程、计划流程、产品保证计划、技安工作计划等培训；此外，还组织开展了安全教育与培训、同位素源安全培训、加注操作等多次培训，确保了在关键环节嫦娥四号探测器工作能规范、有序进行，全过程质量、安全受控。

4.3.3.3 发射实施前培训

发射场工作项目众多，测试流程复杂，对工作项目的协调和技术安全工作提出了较高的要求。在实施任务前发射场系统针对一体化管理体系和技术安全工作开展了一系列深入培训，主要包括如何落实技术安全规定，进一步完善规章制度和监督机制、明确责任等。在探测器加电测试、火箭加电测试、火箭转ов后加电前、液氢车进场前、常规加注前等关键阶段和时段分别对各变电所、测试间、氢现场的配电盘、插座、接地、防爆电器情况进行技安检查培训；各系统开展"双想"（预想、回想）、风险分析，以及各阶段关键状态的梳理和检查。发射场系统制定的一体化管理体系培训目标设定见表 4-11。

表 4-11 嫦娥四号任务实施阶段发射场系统一体化管理体系培训目标设定

关键状态/环节	培训目标	实现情况
组织指挥	不发生误口令	√未出现误口令
测试操作	不发生误操作	√未发生误操作
设备设施	大型设备任务当日完好率100%	√大型设备任务当日完好率100%
任务软件	任务软件无缺陷	√任务软件无缺陷
数据判读	数据判读无遗漏	√数据判读无遗漏
不合格品控制	不发生己方责任的系统级问题	√未发生己方责任的系统级问题
	纠正措施落实率100%	√纠正措施落实率100%
关键技术状态把关	正确率100%	√正确率100%
故障排查和应急处置	技术问题解决率100%	√技术问题解决率100%
风险预防	风险规避率100%	√风险规避率100%
环境与职业健康安全	不发生环境污染事故	√未发生环境污染事故
	不发生责任安全事故	√未发生责任安全事故
	不发生违规问题	√未发生违规问题
评定结论	任务实施阶段一体化管理体系目标均实现	

针对嫦娥四号使用同位素源这一突出特点，工程总体与发射场等各系统一方面进行风险分析，印制安全防护手册，组织涉核防护基础知识宣贯，开展应急操作培训，消除参试人员疑虑；另一方面组织开展同位素源转运、吊装和模拟安装演练，梳理操作流程，明确职责分工，核实塔架、工装状态。为确保涉核工作安全可靠、万无一失，发射场系统对嫦娥四号所用的涉核检测设备进行了标校，对使用人员进行了操作与维护培训，并完成了嫦娥四号任务应急救护特需药品（核辐射急救药箱、核沾染洗消箱组等）的筹备工作；邀请核辐射医学专家到发射场现场开展"嫦娥四号任务涉核应急救护培训"工作；完成核辐射医学防护用品（个人辐射剂量监测报警仪、核沾染防护服、护目镜等）器材配发并及时开展针对性训练演练工作。

测控系统为使各参试单位参试人员熟悉任务技术状态，掌握本职岗位工作，熟练开展相关操作,组织了测控总体技术培训、相关系统技术状态培训、岗位技能培训和应急操作培训等各类培训。总体技术培训主要针对各参试单位的总体设计人员,使参试人员了解测控系统总体技术状态,熟悉整个任务过程和关键事件。相关系统技术状态培训主要针对各参试单位的总体设计人员,使参试人员了解外系统的总体技术状态,明确相关接口状态和约束条件。岗位技能培训主要针对各参试单位技术负责人和操作人员,使参试人员熟练掌握本岗位的操作过程,明确个人职责和岗位分工。应急操作培训主要针对各参试单位的总体设计人员、技术负责人和操作人员,使参试人员了解任务期间故障模式、应急处置流程和操作过程。

探测器系统、测控系统与地面应用系统对飞控试验队员进行探测器飞控工作流程、模式、管理要求培训,明确了"严格组织纪律、严格岗位规范、严格数据判读"的管理要求。组织飞控各岗位人员进行岗位培训和考核,确保各岗位人员清楚本岗位职责,熟悉本岗位工作内容、操作规程、岗位危险点、关键点、安全措施等,为确保飞行任务圆满成功奠定良好基础。

4.3.3.4　综合性培训

工程总体以及各分系统、参研单位在各自组织内部开展技术、安全、文化等方面的培训,提高参研人员的综合素质,有利于团队建设、内部沟通、内外部协调等方面系统、全面地建设。

针对新上岗人员,各系统各参研单位加强上岗前教育培训,避免新人员因经验不足、技术未吃透等原因对发射场工作造成不利影响。对新上岗人员培训要关注以下两点:一是参研人员在不同岗位间调岗后,需针对新岗位对人员进行培训,确保符合新岗位任职要求;二是一二岗同为新人的情况下,要特别重视新上岗人员培训工作。

针对嫦娥四号任务的特点、难点和质量控制关键点,各系统进行了深入的质量文化培训,把质量培训作为一项长期工作开展,使质量意识深入人心,形成"人人讲质量、事事重质量"的良好氛围。

4.3.4　质量强化管理

针对嫦娥四号任务特点,工程在方案阶段和发射实施阶段两个重要环节,在正常质量管理基础上,聚焦质量管理重点要素,采用阶段式质量渲染方法,制定更具针对性的质量工作决定,不断强化全员质量意识、落实质量要求。

4.3.4.1　方案详细设计与试验验证阶段质量工作要求

在嫦娥四号任务方案阶段,为贯彻落实探月工程重大专项领导小组"精心组织、精心设计、精心建造、精心试验"的要求,工程总体制定《嫦娥四号任务质量工作决定》,加强各系统嫦娥四号任务质量工作,实现工作无漏洞、产品无缺陷、结果无遗憾,确保研制工作顺利推进,确保任务一次成功。

(1)加强组织领导,全面落实工程质量责任制

各参研参试单位加强各级组织领导作用,严格落实抓总单位负总责和自下而上逐级负责的质量责任制度,认真开展研制、试验工作,加强组织保证及监督检查,对承担的产品和服务质量负全责,对上一级用户和抓总单位负责。

各单位建立健全产品保证工作系统;承担系统、分系统、设备及关键项目研制的单

位，设立与承担任务相适应的产品保证组织体系和技术体系，完善规章制度，明确职责，将工程质量责任逐级落实到各部门、各个岗位的全体人员，确保质量责任不留盲点。

各系统、各单位针对本系统本产品工作特点，总结探月工程有益经验，对全体参研参试人员，特别是新岗位、新人员，以多种形式开展培训，层层传递质量意识和工作要求，在生产试验中，始终贯彻质量第一的方针。

（2）严格技术状态管理

各系统、各单位针对嫦娥四号任务模式新、状态复杂的特点，严格做好技术状态管理，确保产品实际状态与文件确定的技术状态一致。

所有用于工程的上天产品以及地面测控、发射、数据接收和处理的软硬件产品均实施技术状态控制，在研制阶段初期开展产品技术状态清理和文件清理工作，并针对不同的产品状态实施相应的技术状态控制措施。

对于完全继承嫦娥三号任务的产品，针对调整后的任务需求，对产品适应新环境、新任务的可行性进行论证，并通过试验进行验证。

对技术状态存在更改的产品，严格更改控制，确保文、图、物一致，接口匹配，手续完备；对技术状态变化所引起的影响进行充分的分析、论证，并对更改进行跟踪确认，确保已批准的更改得到正确实施和验证。

对于新研产品，确保设计正确，地面验证工作充分、完整、有效，严格控制产品转阶段和评审工作。

各系统安排专人负责技术状态变化的管理和检查，严格按程序控制技术状态更改。系统转阶段时，技术状态变化作为专题进行评审把关。

（3）严格过程质量控制

各系统、各单位开展全过程质量控制，重点对新研产品的工艺设计、试验验证和有更改设备的可靠性以及外协外包产品的质量可靠性加以管控，确保飞行产品状态满足使用要求。

对新研产品重点关注工艺设计和试验验证的充分有效性。各系统、各单位针对任务的关键技术、关键过程、关键环节、关键产品，确定试验项目，并开展测试覆盖性评估，确保所有可测试项目得到充分有效测试；对不可测试项目明确控制措施，并检查落实。

对有更改的设备重点关注质量可靠性。各系统、各单位针对系统和产品特点制定可靠性工作计划，全面梳理可靠性工作项目；完成可靠性分析、建模、预计与分配，并将过程控制、验证与评估的相关工作纳入研制计划进行管理。

对外协、外包产品重点开展过程控制的监督检查。各承制单位依据各自任务特点和外协、外包单位产品保证控制情况，明确外包控制工作重点；对于承制既是单点失效又是不可检、不可测产品的外协、外包单位要进行重点检查；同时建立对外协、外包供方的产品保证要求传递与落实机制，对产品保证要求进行逐级确认和分解，开展产品保证策划，确保产品保证要求得到有效落实；加强外包产品过程控制，通过生产现场检查和过程中原始记录等数据包检查，及时掌握第一手资料、信息，开展在线产品保证工作。

（4）加强风险识别与控制

各系统根据所承担的任务特点以及不同的产品状态，对研制过程中的重要环节、关键技术和关键产品，明确风险分析与控制的工作目标、策略，按照策划、识别与评价、应对、监控的步骤，全面开展风险分析与控制工作，将其作为常规工作项目纳入产品研制流程进行管理，并随着研制工作的深入迭代，将风险消除或降低到可接受水平，提高工程可靠性。

（5）狠抓安全管理

各系统、各单位坚持安全第一、预防为主的方针，杜绝安全事故，保证研制工作顺利推进。

各系统、各单位对各级产品的研制、使用和保障进行危险分析；对可能给人员、设施设备和公众造成危害的产品和试验进行安全性设计，特别关注加注、发射环节，制定安全风险消除措施和应急预案，开展培训和演练。

承担放射性同位素热/电源研制及使用的单位须具备相应的辐射安全许可和资质，建立健全本单位的安全管理组织机构及应急管理组织体系，制定标准规范，开展安全教育和演练；配备监测及防护设备设施，定期监测与评价；相关操作人员均持证上岗，做好辐射防护、定期体检。

（6）强化软件工程化和产品保证

各系统、各单位针对嫦娥四号任务中沿用、修改的软件和 FPGA 产品多的特点，梳理已有软件和 FPGA 产品的技术状态，明确调整后的任务需求，贯彻《探月工程软件工程要求》《探月工程软件评审实施细则》和《探月工程可编程逻辑器件项目开发实施细则》，加强软件和 FPGA 产品的工程化管理，提高产品可靠性和安全性。

各系统、各单位对所有软件项目实施配置管理，特别要对 A 级、B 级及关键 C 级的软件配置项所属的各软件配置管理项进行从严管理；由专人负责，并建立、健全"三库"（开发库、受控库、产品库）制度。明确软件基线，控制技术状态变更，按照软件工程化要求开展相关测试工作，确保修改正确并对原有软件功能、性能没有损害。A、B 级软件更动后重新进行第三方评测。

（7）加强元器件质量控制

有关系统和单位针对嫦娥四号的特点，清理元器件使用情况。对新研产品按程序开展选用审批工作，必要时制定专项元器件质量保证方案；对未投产单机必须使用的超期元器件，特别关注使用情况，在开展超期复验的同时，根据元器件在产品上的具体使用情境分析潜在影响，进行风险预判，制定专项元器件质量保证方案，并做好故障预案。

（8）加强长期贮存产品质量控制

有关系统和单位对长期贮存产品的质量进行严格控制。各单位对产品健康状态进行监测，做好先期投产产品的贮存和相关测试工作，确保贮存条件满足要求，测试数据比对正确；同时要深入识别不同类别产品中的寿命敏感器件、材料和工艺，密切监视其变化趋势，定期评估，实时掌握状态变化及所带来的影响，并及时按相关规定加以控制。

各单位在产品设计报告中，将产品生产后所进行的全部试验、测试数据进行比对，并识别相应指标波动变化，分析数据漂移结果；将已投产产品的贮存监视情况、贮存期间的各次测试数据及比对结果等纳入产品数据包。

（9）加强搭载试验项目及国际合作载荷的质量控制

搭载试验项目重点做好飞行过程安全管理、故障预案，严控星箭分离等关键环节风险。

相关系统开展国际合作载荷接口状态控制、关键过程点检查及相关数据包的分析工作，保证验收测试的充分性和有效性。

对搭载试验项目和国际载荷开展过程控制和专家把关，做好接口技术状态的确认，确保产品质量不影响嫦娥四号主任务安全可靠实施。

（10）抓好质量问题举一反三

各系统、各单位对嫦娥四号任务研制过程中发生的质量问题，严格按照"双五条"标准，进行技术归零和评审把关；同时梳理嫦娥三号任务以及其他型号出现的质量问题，比对嫦娥四号任务，层层排查和剥离，开展举一反三，制定出改进措施和风险预案，通过改进设计、加严元器件选用控制、加强地面试验验证等措施，确保产品质量和可靠性。

（11）严格执行重大质量和安全信息报告制度

各系统严格执行重大质量和安全信息报告制度，落实信息报告责任人；发生质量问题，及时逐级上报；发生严重质量问题、质量事故以及安全事故等在 2h 内上报工程总体，并在 24h 内提交有关问题的书面报告。

（12）落实监督检查

各系统、各单位在贯彻落实各项要求的同时，延伸到分供方和协作配套的各级研制单位，确保研制工作顺利推进，实现高质量建造的目标。

各系统逐级检查要求的落实情况，工程总体组织专家进行监督检查。

4.3.4.2　发射实施阶段质量工作要求

在工程已全面进入总装、测试、大系统联试和发射准备阶段，工程总体提出以质量为核心，以大系统联试和发射实施为主线，以飞控为重点，按重大工程、首飞标准，全面做好后续各项工作的质量要求。

（1）全面落实责任制

各系统两总对本系统的质量、技术负总责，并逐级分解落实责任制，层层落实分系统、各单机、各环节责任人。各研制单位行政正职为产品质量第一责任人，签署产品质量承诺书。系统试验和联试明确责任单位、责任人。各单位确保技术文件正确、完整、有效，签署人员承担相应责任。

（2）严格技术状态控制

各系统严格控制技术状态变化。按照正样（试样）产品基线开展全面复查，对已更改的确认符合"论证充分、试验验证、各方认可、审批完备、落实到位"五条原则；对后续确需更改的，要提高一级审批。各系统复查确认地面设备、设施的技术状态满足任务要求。

（3）加强测试和试验的控制

各系统开展测试覆盖性复查，确保所有的技术要求都应测试、检查全覆盖，所有可测试项目都进行了充分有效测试并比对分析；特别是长期贮存的产品，对其历史数据进行比对分析，确保满足任务要求。对于不可测试项目，复查是否有满足要求的证据。精心组织大型试验，加强试验大纲、试验方案、实施细则的评审，确保文件的正确性和有效性；严格实行操作程序化、过程记录表格化，及时进行数据判读，对异常情况和疑点及时报告，确保试验的有效性和覆盖性；严格多余物预防与控制，加强极性检查确认，做好静电防护工作。

（4）加强软件产品保证

探测器、运载火箭系统对飞行软件（含 FPGA 软件）的确认测试和系统测试进行覆盖性检查，重点是功能、性能、安全性、可靠性，以及软硬件接口；对软件落焊过程的记录进行复查，确认软件取用符合规定，版本与产品库一致；确保回归测试充分性。发射场、测控、地面应用系统软件，按照软件工程化管理，确保测试充分、满足任务要求。

（5）开展元器件质量复查

各系统清理元器件装机使用情况，开展装机元器件质量保证过程的合规性确认，重点开展代料、超期、目录外、新品和首飞元器件以及降额、装机合格证复查；开展本型号和其他型号相关元器件质量问题归零和举一反三复查。

（6）严格外协产品管控

各承研单位遵循"谁外协、谁验收、谁负责"的管理原则，复查外协产品的技术状态、质量状态及质量记录、产品履历、数据包等，对外协产品确认其故障模式和使用约束条件，并复查其二次外协验收要求的落实情况。

（7）有效落实可靠性措施

各系统全面落实、复查可靠性工作计划规定的项目，确保针对关键项目和Ⅰ、Ⅱ类单点故障采取的措施可靠。加强地面通电老炼测试，探测器累计不少于 1500h，中继星不少于 1200h，运载火箭系统不少于 300h，以尽早暴露问题，剔除早期失效，消除隐患；复查研制过程中的质量问题归零和其他型号相关质量问题举一反三的有效性。

（8）做好风险分析和故障预案

各系统、各单位识别发射与飞行过程中的风险和故障模式，深入开展风险分析，制定并完善风险控制措施和故障预案，开展故障预案评审、演练和效果评估，确保风险可控，预案有效。

（9）加强国际合作载荷和搭载试验项目质量控制

工程搭载相关系统确认产品及数据包交付状态。搭载试验项目及国际合作载荷的责任单位严格产品技术状态控制，严格产品验收、出厂评审，确保接口匹配和产品安全性。微小卫星搭载项目单位着重做好发射和飞行过程的安全管理、故障预案，严控星箭分离等关键环节风险。

（10）加强同位素热/电源质量和安全管控

同位素热/电源研制相关单位严格按照技术任务书和相关产品保证要求完成正样产品制备、验收和测试，确保产品质量可靠；在产品研制、运输、存储、安装各环节严格遵守国家有关法律、法规和标准，保证产品和人员安全，做好场所与环境控制以及应急响应。

（11）重视产品操作安全

各系统、各单位强化安全教育，指定安全责任人；对参研参试人员，特别是进行危险作业的人员开展安全培训，使其熟知各项安全规则和应急措施，持证上岗；严格按照规范和程序操作，各系统对试验设备安全性状况进行确认，充分识别产品搬运、吊装、对接、加电及试验操作等过程中的危险因素，制定相应措施，杜绝人为责任事故。

（12）严格执行信息报告制度

各系统指定信息报告责任人。发生质量问题，及时逐级上报；特别是质量事故和重大质量问题，应在 2h 内上报工程总体，并在 24h 内提交书面报告。

（13）落实问题整改与监督检查

针对独立评估专家组提出的问题和质疑，各系统要认真分析、逐条形成答复意见或完成必要的复核复算和补充试验。各单位根据产品保证检查专家组提出的意见建议，完成整改落实，各系统总体要对系统内单位的整改落实效果开展监督检查。将独立评估、产保检查、整改落实以及复查工作结论等内容纳入出厂评审或执行任务能力评估报告。

4.3.5　质量监督

为加强探月工程过程质量控制，强化飞行产品研制生产质量监督，确保产品质量，探月工程总体聘用质量监督验收代表（以下简称"质量监督代表"）、软件专家组和产保检查组，对探测器系统、运载火箭系统及相关研制单位进行监督。其成员由具备资格的总体技术专家、研制单位技术专家以及聘请的技术专家、质量专家等担任，履行工程总体委托的质量监督验收职能，对研制生产过程、产品、试验、技术服务的质量依法进行监督验收，确保工程研制过程和产品质量满足工程研制总要求、产品保证总要求和合同的规定。

4.3.5.1　监督范围

质量监督验收的范围包括承制单位及其转承制单位、配套单位，重点对以下内容进行监督：

1）工程研制过程执行有关法规标准和工程规范的情况；

2）产品保证总要求执行情况；

3）技术状态更改、超差、代料以及技术问题处理情况；

4）质量问题归零和其他型号举一反三情况；

5）产品研制试验和鉴定验收试验情况；

6）产品质量控制、关键工序控制情况；

7）研试文件、质量记录、数据包等的完整性和可追溯性；

8）监督验收过程发现的问题及其处理情况。

在产品出厂前，质量监督代表综合以上监督内容的有关情况，出具监督验收结论。

4.3.5.2　质量监督代表的职责和权限

质量监督代表的职责主要包括：

1）按照工程总体确定的强制检验点，对有关研制生产活动进行现场监督；

2）对研制过程执行有关法规标准和工程规范的符合性进行过程监督；

3）对技术状态更改、超差、代料以及技术问题处理的合理性进行监督审核；

4）对质量问题归零和其他型号质量问题举一反三的有效性等进行监督审核；

5）对产品研制试验、鉴定验收试验过程和结果的正确性进行现场监督；

6）对产品质量控制、关键工序控制的有效性进行监督验收；

7）对研试文件、质量记录、数据包等完整性和可追溯性进行审查和审核。

质量监督代表的权限主要包括：

1）有权按照监督验收计划和工程总体的强制检验点清单，对研制生产过程影响质量的活动进行跟踪监督；

2）有权查阅与监督验收内容相关的工程技术文件、管理文件和质量文件；

3）有权参加重要的研制试验和鉴定验收试验，了解试验结果和存在的问题；

4）有权参加质量问题归零相关的分析试验和评审活动；

5）有权作为用户代表参加与工程质量相关的会议和评审；

6）有权报告监督验收工作情况，并针对监督验收过程发现的不符合项发出监督验收问题通知单或监督验收报告，要求有关单位做出说明和整改。

4.3.5.3　质量监督代表管理

工程总体负责质量监督代表的管理，包括聘用和考核等工作。

（1）聘用程序

质量监督代表由工程总体或各系统总体单位、研制单位推荐，经过工程总体遴选，报工程两总系统批准后，正式聘用，并颁发聘用证书，明确任务和聘用期限。

（2）考核程序

每年年终对质量监督代表的工作质量进行考核，考核内容包括：

1）监督验收计划和强制检验点监督验收工作情况及其效果；

2）按期、节点出具质量监督验收报告的情况；

3）发现和预防出现重大质量问题、质量事故的情况；

4）被监督验收单位对质量监督代表工作的评价。

4.3.5.4　软件研制过程监督

工程总体对工程软件的研制过程进行监督管理，对相关法规、标准及工程规范的落实情况进行监督检查；对关键节点进行审核把关，必要时组织复核复查，并组织跨系统的接口协调与验证。设立软件专家组，组织专家组开展工程软件研制、软件工程化和产品保证工作的技术咨询和评审把关。

各系统主管部门对软件研制过程和产品保证工作进行指导和审核把关；对软件研制管理中存在的重大问题，组织咨询、培训和监督检查；组织所属单位对本系统重大软件质量问题进行"举一反三"。

各软件承制单位应按照工程总体规定和相关法规、标准及工程规范，开展软件的研制和管理工作，过程中接受并配合工程总体、各系统主管部门、各系统的监督和审查；设立软件产品保证岗位，加强研制过程管理和测试、验证工作，配合工程总体、各系统和第三方评测机构的技术和管理活动；应根据评测要求，配合第三方评测工作，提供必要的软件、数据、文档、环境等条件；对软件研制过程中出现的质量问题，按照"双五条"归零标准进行技术归零和（或）管理归零。

4.3.5.5　产保检查

工程总体根据工程需要委派质量监督代表，长期或临时聘请技术或质量专家，开展技术咨询把关、产品保证审核和质量监督活动。主要包括：对工程相关的技术方案、产品设计图样、技术文件、试验数据进行审阅和检查；对工程各系统设计、生产、试验活动及其结果进行过程跟踪和质量监督检查。可越级对承担工程任务的各级分供方进行质量监督检查。

监督检查方式包括：

1）独立开展的咨询、检查、评审。

2）组织开展过程跟踪和监督检查，以及对重要系统和产品承制单位的产品保证审核。

3）参加承制单位组织的内部评审、技术评审；参加承制单位组织的生产、试验前准备状态检查；参加承制单位重要产品质量监督检查、产品保证审核、质量验收、质量问题归零评审等。

4）联合组织产品出厂质量评审、执行任务能力评估等。

4.3.5.6　监督验收报告和问题的处理

工程总体将质量监督验收报告报工程两总系统审阅。对监督验收过程发现的重大问题，明确相关职能部门进行处理。

工程各系统和各研制单位对收到的监督验收问题通知单或监督验收报告进行研究，提出问题分析、归零计划和纠正措施，反馈给质量监督代表，并报工程总体。

工程总体对监督验收问题的分析处理和整改效果进行验证，确认不符合项完成整改，并满足任务要求。

建立质量信息通报制度，对监督验收过程发现的重大问题，在全系统通报，以实现质量信息共享并开展质量告警和质量教育。

4.4　风险管理

风险是工程全寿命周期实施过程中面临的不确定性，并且这些不确定性可能对工程目标的实现产生正面或负面的影响。一方面，为了实现工程目标，必须勇于探索、敢于面对风险；另一方面要把风险的负面影响控制在尽可能低的程度。风险管理，就是积极地开展风险识别与分析、风险处理、风险控制、风险评估、残余风险应对等来平衡风险。在航天工程中，影响最大的主要是带来负面影响的风险，因此本节风险管理的主要对象是带来负面影响的风险。

嫦娥四号研制是为实现研制目标而开展的复杂工程系统，任务难度大、模式新、周期紧、状态复杂，具有很强的创新性，受到多个方面因素的约束，同时要面对各系统、各单位、各相关方之间可能存在的不协调性，因此在工程研制过程中，蕴含着很多风险。工程遵循"系统策划、识别全面、分析准确、措施有效、风险受控"的原则，通过风险识别、风险评估和制定风险应对措施计划，在工程研制建设过程中进行动态风险监控，保证在轨飞行任务目标的最终实现。在寿命周期全过程风险管理中，关键是必须确保风险项目识别充分、风险综合等级评价合理、风险控制措施有效，通过各个阶段的深入工作，将风险消除或降低到可接受水平。

4.4.1　风险管理策划

4.4.1.1　总体思路

按照嫦娥四号研制总要求，工程总体组织嫦娥四号任务工程全系统开展风险管理专项工作。各系统根据所承担的任务特点以及不同的产品状态，全面开展风险识别与分析工作，形成本系统风险识别与分析报告，上报工程总体。基于各系统的风险分析基础，以及嫦娥四号任务的特点、难点和关键点等方面要素，开展总体风险识别与分析工作，制定风险管理策划，并从风险的后果严重性、发生可能性等方面对风险进行综合评价，制定风险控制措施。

4.4.1.2 风险管理策划

嫦娥四号工程实施初期，在工程全系统中组织开展风险分析与控制专项工作，按方案与试验验证阶段、正样阶段、发射实施阶段，从风险识别与分析、风险处理与控制、风险评估与应对等三个方面开展风险管理策划工作。

针对风险识别与分析阶段，工程总体组织各系统认真梳理技术、进度、质量等各方面风险，提出应对策略和措施，形成各系统和工程总体风险识别与分析报告。研制过程中，依据风险识别与分析报告，采取设计、验证等措施，并通过风险控制和风险评估，检验检查风险处理的过程和效果，对残余风险要有明确的应对措施，完成各系统和工程总体风险分析与控制总结报告。在发射阶段，进一步识别发射实施风险，开展风险控制工作，对残余风险制定应急预案，确保风险管理有效实施，为工程任务的成功实施提供保障。主要策划内容包括以下几个方面：

1）组织机构与职责：为有效进行任务研制全过程的风险管理工作，建立风险管理组织机构——嫦娥四号任务风险管理工作组，明确岗位和职责。岗位设置上，设组长、技术指导、副组长、成员。

工作组的主要职责为：负责组织开展工程任务风险分析识别和控制措施制定的相关工作，并监督检查控制措施的落实情况；关注研制过程中工程总体和各系统任务的动态变化情况，组织完善技术风险的识别和控制工作；负责监督工程总体和各系统任务的关键环节、重要研制过程的质量控制情况，并可根据需要适时参与；负责组织完成工程任务风险的控制总结工作，确保控制措施落实的全面性、有效性。

2）风险分析与控制目标：风险项目识别充分，风险综合等级评价准确，风险控制措施有效，通过工程总体和各系统的深入工作，将风险消除或降低到可接受水平，确保嫦娥四号任务的圆满成功。

3）风险管理的流程：通过风险识别、风险评估，制定风险应对措施计划，在工程任务实施过程中进行动态风险监控，保证在轨飞行任务目标的最终实现。

4）工作项目：对工程总体和各系统风险分析与控制工作具体项目进行策划，包括：任务特点、难点和关键点分析；技术状态变化分析；质量问题归零和举一反三的检查与分析；故障预案充分性及其验证情况分析；测试覆盖性分析；"十新"分析等（注："十新"分析，指对嫦娥四号任务中的新技术、新材料、新工艺、新状态、新环境、新单位、新岗位、新人员、新设备和新流程进行分析）。

5）风险评价准则：对风险后果严重性和发生可能性分别划分为5个等级，并明确各等级的划分标准。综合严重性和可能性等级，制定风险综合评价矩阵和综合评级表的标准，明确风险评价等级为Ⅰ～Ⅴ共5项综合等级，其中Ⅰ、Ⅱ级为低风险，Ⅲ级为中风险，Ⅳ、Ⅴ级为高风险。

4.4.2 风险识别与分析

工程总体和各系统在深入剖析任务特点和主要技术状态变化的基础上，以技术风险的识别与分析为重点，采用多层次多维度技术风险分析法，即从总体、系统、分系统等多层次以及工程特性分析、技术特性分析、技术状态变化分析、任务保障链分析等多个维度对工程风险进行系统全面的识别与分析，见表4-12。

表 4 - 12 工程风险多维度识别与分析

风险分析维度	具体工作内容
工程特性分析	分析内外部环境因素和约束，对任务的特点、难点和关键点进行定性分析和描述，识别出影响工程目标实现的风险因素
技术特性分析	包括新技术特性分析、综合技术特性分析、动态技术特性分析、敏感技术特性分析等，同时分析各项技术特性潜在的风险因素，识别可能的失效模式，定位其带来的主要风险点，提出风险应对措施
技术状态变化分析	梳理继承性关重件产品相对嫦娥三号任务的技术状态差异，以及其他进行适应性改进的新型关重件产品的主要技术更改，识别由于技术状态变化导致的技术风险并制定相应的控制措施
任务保障链分析	为确保任务实施阶段风险可控，在着巡组合体任务、中继星任务在轨飞行和科学探测具体阶段划分的基础上，分析各阶段的关键事件（动作），明确工程相关各系统的保证条件要求

4.4.2.1 工程特性分析

工程特性分析主要是从嫦娥四号工程任务面临的内外部环境因素和约束，对任务的特点、难点和关键点进行定性分析和描述，识别出影响工程目标实现的风险因素。比如嫦娥四号工程着巡组合体在工程特性分析中识别出以下风险：面临着陆区地形复杂、不能对地直接通信需中继转发、产品长期贮存、为完成科学目标更换载荷、新增科普载荷、研制过程状态多等风险，分别进行定性描述。

4.4.2.2 技术特性分析

（1）新技术特性分析

嫦娥四号需要实现月球背面软着陆和巡视探测，需研制中继通信链路进行测控通信，因此在工程设计中首次应用了大量新技术。针对此类新技术，需要分析潜在的风险因素、识别可能的失效模式、定位其带来的主要风险点，并通过科学合理地设置研制程序等措施，有效规避新技术导致的研制风险。

（2）综合特性分析

嫦娥四号是多学科多专业技术成果的综合，部分技术特性在不同的系统间高度关联，局部的细微问题或异常，可能导致系统级功能的衰减甚至任务的失效。因此，针对在不同系统间关联性较强的技术，梳理潜在风险因素，识别可能对其他系统带来的故障风险，并通过加强接口安全性设计、开展充分的地面试验验证等手段，规避由综合技术特性带来的研制风险。

（3）动态特性分析

在探测器飞行过程和在轨运行期间，与各阶段关键动作密切相关的机构产品动态特性和航天器飞行过程中的关键动作对嫦娥四号任务的成功至关重要。如果对动态特性研究和分析不透、地面验证试验条件不真实、试验程序和方法考虑不周、风险识别和控制不到位，将会导致相关质量问题的发生。因此，针对动态特性较强的技术，应明确其所属系统、梳理潜在风险因素、分析可能引起的失效模式和主要风险点，并通过过程质量控制、充分进行地面试验验证等手段，有效规避此类技术风险。

（4）敏感特性分析

有些宇航产品对生产过程敏感，可能造成推进系统、热控流体回路部件堵塞，导致机械产品卡滞、电子产品短路、静电敏感器件损伤等；有些材料和器件对深空特殊工作环境敏感，可能导致单粒子效应下的器件失效、因静电积累影响材料性能等。针对敏感特性较强的技术，应明确其所属系统、潜在风险因素、可能的失效模式和主要风险点，并针对性提出风险应对措施。

4.4.2.3　技术状态变化分析

相比嫦娥三号任务，嫦娥四号工程主要技术状态更改及其影响情况分析见表 4 - 13。

表 4 - 13　工程总体需关注的主要技术状态更改及其影响分析

序号	存在状态更改的技术名称	主要更改内容	影响分析和验证措施
1	软着陆方案与策略更改	需更改动力下降制导策略及方案、导航方案；增加大容量存储器，为测距测速处理器增加滤波算法、提高微波发射功率等，以适应下降过程更大的航迹高程变化，满足自主定位精度要求	方案调整后，接近段基本垂直下降，测距敏感器指向在小范围内波动，避免原方案月面起伏对系统的影响；同时缩小着陆区范围，可预先选择相对较平坦区域。但针对此技术状态更改的有效性，需补充进行充分的地面试验验证，并进行综合性专题研究，开展第三方独立评估等
2	中继星 4.2m 高增益天线设计方案更改	为建立两器与中继星之间可靠的中继通信链路，适应新的频率和使用方式，天线的馈源组件部分需进行适应性修改设计	新技术状态可能带来产品超重等影响，且未通过充分的飞行试验考核。研制中将加强设计验证，设置关键和强制检验点，通过辐射模型星，利用地面测控台站进行在轨标定等来进行充分测试。结合综合性专题研究和第三方独立评估等验证技术可行性
3	……	……	……

4.4.2.4　任务保障链分析

为确保工程实施阶段风险可控，分析从发射到在轨测试，以及科学探测阶段等全链路执行过程的关键事件（动作），明确工程相关各系统的保证条件要求。

嫦娥四号探测器任务阶段由发射段、飞行状态建立段、地月转移段、近月制动段、环月飞行段、动力下降状态准备段、动力下降段、月面工作段等 8 个阶段组成。根据任务飞行程序和工作流程，识别顶层重大事件和关键环节，并对其保证条件进行了分析（见图 4 - 14）。

嫦娥四号中继星任务由发射段、状态建立段、地月转移段、月球到 L2 转移段、任务轨道捕获段、任务轨道准备段、动力下降保障段、月面工作保障段等 8 个阶段组成。根据任务飞行程序和工作流程，识别顶层重大事件和关键环节，并对其保证条件进行了分析（见图 4 - 15）。

4.4.2.5　风险识别结果

通过上述四个层次的风险识别与分析，确定 10 个主要风险项目：

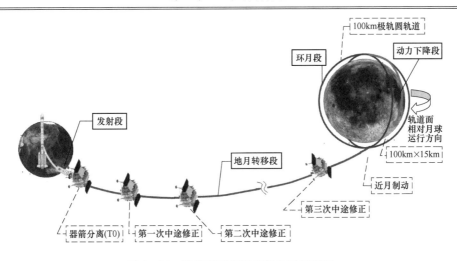

图 4 - 14　嫦娥四号探测器任务飞行流程

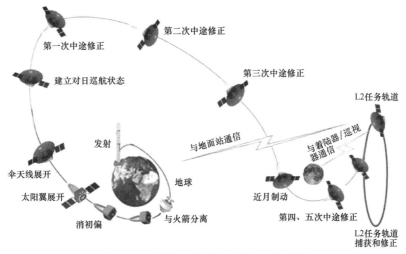

图 4 - 15　嫦娥四号中继星任务飞行流程

1）月球背面软着陆方案设计；
2）低频射电天文观测科学目标实现能力；
3）RHU/RTG 产品研制、安全性设计及全过程风险控制；
4）两器分离与月面巡视探测；
5）中继星研制与地月中继通信链路设计；
6）CZ - 4C 运载火箭首次在西昌卫星发射中心发射；
7）CZ - 4C 火箭运载能力与轨道设计；
8）发射窗口搜索与轨道设计；
9）科学目标可实现性；
10）工程研制进度。

4.4.3　风险处理与控制

在系统性开展风险识别与分析的基础上，为将风险影响降低到可接受的程度，工程总体与各系统研究制定并实施了风险控制措施，详见表 4 - 14。

表 4 - 14　工程总体风险项目控制表

序号	风险项目名称	所属系统	风险项目描述	风险后果描述	风险可能性	风险严重性	风险综合评级/是否可接受	采取的处理措施	采取措施后的可能性	采取措施后的严重性	采取措施后风险综合评级/是否可接受
1	月球背面软着陆方案设计	探测器系统	相对 CE-3 任务月球正面的虹湾着陆区，目前已识别出的主要不同为月球背面相比正面在着陆航迹高程起伏大，地形更加崎岖不平。可能存在地形对大阴和通信链路的遮挡，给安全着陆和月面生存存来一定的风险	影响任务成败	c	E	VI/不可接受	1) 针对该风险，修改动力下降策略，接近段基本上是垂直下降的过程，使得引人测距修正时，测距敏感器指向月面的位置在小范围内波动，避免了原有 CE-3 方案月面起伏状对系统的影响；2) 缩小小轨道倾角比冲和推力误差，通过在机标定减小一次轨道修正误差，环月可能增加一次轨道修正，缩小着陆区范围，预先选择相对较平坦区域。目前选择的着陆区的坡度、相对平均值的高程差等关键参数同 CE-3 相当，降低着陆安全风险；3) 月面工作段增加着陆器/巡视器自主休眠功能等，应对由于地形造成的中继链路的遮挡带来的灾难性后果	b	E	III/可接受
2	工程研制进度	工程总体、五大系统、搭载项目	工程研制周期紧，组织体系复杂，新参研单位多，国际载商多，合作国家多，同时面临着初样、正样研制，工程建设等多专线工作并行，交叉耦合，相互约束的形势，涉及工程各大系统和众多参研单位	发射窗口推迟一年，从而造成嫦娥四号产品因贮存期而重新设计，生产，造成经济损失	d	D	IV/不可接受	1) 加强新技术体制的设计与仿真验证，充分利用地面试验等手段进行考核，摸底；2) 进一步梳理关键短线和制约因素，针对技术短线，组织专题研究；3) 专家评审把关，组织开展第三方复核复算，产品保证检查等；4) 创新系统工程方法，空域保发技术，质量，进度匹配，耦合	b	D	III/可接受
3	…										

复杂系统任务的多层次多维度风险识别与综合风险控制方法

针对嫦娥四号两器一星、两枚火箭、两次发射的任务特点以及难度大、模式新、周期紧、状态复杂、实施风险高的研制特点，工程基于"系统策划、识别全面、分析准确、措施有效、风险受控"的基本原则、"设计可靠、验证充分、预案完备"的风险控制理念，组织全系统开展风险识别与控制专项工作。在工程总体层面提出深空复杂系统多层次多维度风险识别与综合风险控制方法，通过工程总体和各大系统在多层次各个阶段开展风险管控工作；从工程特性分析、技术特性分析、技术状态变化分析、任务保障链分析等四个维度对工程风险进行系统全面的识别与分析；采用总师系统责任制的综合性专题研究、权威专家第三方独立评估、飞控复杂任务过程风险控制、关键过程和关键项目风险控制等多种风险综合控制方法，将风险消除或降低到可接受水平，确保了工程任务的圆满完成。

其中，针对空间同位素热/电源研制，开展从研制到在轨使用全过程的风险控制技术研究，基于研制工作的复杂性、困难性，以及全过程极高的安全性要求，融合核、航天和电子等行业质量与可靠性管控方法，充分识别全过程风险因素并制定针对性控制措施，确保空间涉核产品性能稳定、安全可靠、风险可控。

根据工程总体制定的产品保证大纲要求，运载火箭、探测器系统围绕可靠性薄弱环节的技术风险，开展了大量针对性风险控制工作。例如，针对零窗口发射、月背软着陆动力下降、两器分离、月面移动、中继通信等关键事件，开展系统级 FTA 分析和确认；针对长期贮存产品，在开展可靠性专项分析的基础上，明确长期贮存要求，在评估后确定重新投产或部分更换的产品；开展同位素热/电源寿命试验、巡视器抬升机构长期静压试验、中继星伞状天线解锁展开可靠性验证等专项试验验证。此外，探测器系统从着陆区变化的风险控制、两器分离的风险控制等 10 个方面开展风险识别与控制；针对中继星平台，重点针对"展得开、对得准、链路好、耐低温"等 4 个关键环节进行风险识别与控制。

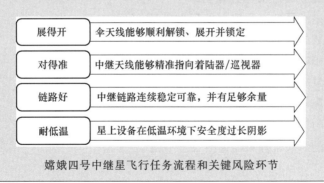

嫦娥四号中继星飞行任务流程和关键风险环节

4.4.4　风险评估与应对

在研制过程中，对风险的控制情况及时进行评估，进一步策划并采取应对措施，特别是转阶段中必须评估。评估的主要流程（见图 4 - 16）如下：

1）成立风险评估小组，制定评估方案；

2）风险评估小组通过阅读资料、召开会议、现场检查等方式开展风险评估工作；

3）编写风险评估报告初稿，征求各相关系统或单位意见；

4）根据反馈意见，对风险评估报告初稿进行修改完善，形成评审稿并组织评审；

5）评审通过后报总师系统，通过例会或函审方式审议风险评估报告；

6）风险评估报告经工程两总审批通过后正式印发。

7）根据风险评估报告，更新风险管理策略，进一步采取风险应对措施。

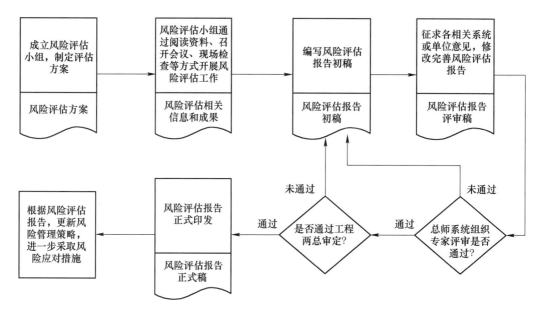

图 4-16　风险评估流程图

评估的内容主要包括：

1）实施的风险应对措施是否有效；

2）风险等级是否降低以及降低的程度；

3）是否出现新的或存在未被发现的风险；

4）对于进一步降低风险等级需要采取的措施；

5）对于残余风险要进行确认，并有保留残余风险的结论；

6）提出残余风险应对的预案；

7）工程整体的风险管理策略是否得以贯彻和遵守；

8）工程整体的风险管理策略是否需要改进。

4.5　应急管理

4.5.1　总体思路

航天器研制、试验、发射等过程中不可避免地存在一些对人或环境产生一定危害的突发事件，因此必须规范突发事件应对活动，保护人员生命财产安全，维护国家安全、公共安全和社会秩序。嫦娥四号工程既面临其他航天型号任务普遍存在的突发事件可能，也面临着一些新的突发事件可能，前者有火箭残骸坠落失控、推进剂存储使用过程中发生泄漏或爆炸、试验失败、各系统设备发生故障、运输过程中失控、发生掉落或倒塌等事故，后者则主要体现在同位素热/电源研发、运输、安装、使用过程中可能发生的放射性事故。因此，嫦娥四号工程研制过程中，把应急管理作为一项重要过程，由工程总体组织协调各系统，按照国家法律法规的规定和相关规范标准，开展应急管理。

嫦娥四号工程应急管理包括制定应急预案、应急演练，以及发生突发事件时的应急处置过程。由于突发事件发生的概率通常是比较低的，但一旦发生危害通常也会比较大或者难以控制，因此应急预案的编制是至关重要的。只有在完整、准确、有效的应急预案指导下，应急演练才能有效，发生突发事件时的应急处置也才能确保果断且有效。同时，应急演练也是十分重要和必要的，只有应急预案，而不对预案进行认真的演练，就不能在真正发生突发事件时熟练地进行处置，影响到预案的实施效果甚至引起预案的失效，导致工程目标无法实现。

4.5.2　应急管理依据

嫦娥四号工程应急管理工作的主要依据是《中华人民共和国突发事件应对法》（第 69 号主席令）、《国务院办公厅关于印发突发事件应急预案管理办法的通知》（国办发〔2013〕101 号）、《国家核应急预案》等法律法规，《航天发射试验突发事件应急预案要求》等行业标准，以及各系统、各参研单位的内部标准或要求。

4.5.3　应急管理组织

工程总体在方案阶段组织各系统开展应急预案的编制，并及时组织应急演练；各系统主管单位负责具体编制本系统应急预案并举行应急演练，报工程总体审核批准，工程总体应加强指导、审核和监督。

针对试验失败、发生爆炸等重大事故应急需求，工程总体与各系统主管单位应成立两个委员会——事故调查委员会、事故审核委员会，分别对突发重大事故进行分析调查和审核确认。

4.5.4　应急预案的编制

编制应急预案，应首先成立预案编制工作小组，吸收相关业务人员、有关专家和有现场处置经验的人员参加。工作小组成立后应着手开展预案策划工作，包括危险分析、应急能力评估、预案编制规划等过程。开展危险分析，首先进行危险的识别，对可能存在的突发事件风险逐条记录、形成危险清单；在危险识别基础上开展危害分析，评估危害产生的范围和程度；在危害分析基础上开展风险分析，对可能发生的最坏情况进行分析评估，评定突发事件风险等级。开展应急能力评估，对应急资源、应急队伍、综合能力三方面进行评估。在危险分析和应急能力评估基础上，策划制定应急预案。嫦娥四号工程的应急预案包括总体应急预案、系统应急预案及相应的操作实施细则。

完成预案策划后，正式开展预案的编制工作。预案应包括预防工作、应急准备、应急响应、恢复工作等基本要素。

预案编制完成后，工程总体或各系统组织召开应急预案的讨论和评审，对预案的完整性、准确性、可读性、符合性、适用性、协调性等方面综合进行评审和验证。通过评审和验证后，工程总体批准正式生效。

4.5.5　应急培训和演练

各系统、各单位应根据应急管理中自身角色和职责，组织开展各种形式的预案宣贯和预案培训工作。应急预案的宣贯应以预防为主要目的，因此要覆盖所有参研参试人员，采取安全讲座、警示教育等形式，提高参研人员的安全意识，使得安全理念、安全文化深入人心，在研制过程中自发地提高警惕，从根本上降低突发事件发生的概率。培训则应更加聚焦，解决的是突发事件发生时要确保能按预案和操作实施细则熟练应用问题，具体应采取编发培训材料、举办培训班、开展工作研讨等方式，对与应急预案实施密切相关的管理人员、应急执行人员、专业救援人员等组织开展应急预案培训，有时宣贯和培训也可联合开展。在培训后要适时开展应急演练，按照已建立的应急演练制度，可根据实际需要开展实战演练、桌面推演等。应急演练确保相关人员广泛参与、加强处置联动性，演练设计应形式多样，同时确保节约高效。应急演练结束后，应当组织演练评估。评估的主要内容包括：演练的执行情况，预案的合理性与可操作性，指挥协调和应急联动情况，应急人员的处置情况，演练所用设备装备的适用性，对完善预案、应急机制、应急措施等方面的意见和建议等。各系统组织的重大应急演练，工程总体应进行现场监督。

4.5.6　应急管理案例

本节主要介绍在嫦娥四号任务中发射场针对同位素热/电源的应急保障管理、推迟24h发射情况下特燃特气的保障、地面应用系统故障应急管理三项应急管理案例。同位素热/电源在研制、运输、安装、使用过程中的应急管理，在第6章进行详细介绍。

4.5.6.1　发射场针对同位素热/电源的应急保障管理

嫦娥四号任务中携带同位素热/电源，是发射场系统面临的特殊风险。由于发射场人员对同位素热/电源特性缺乏深入掌握，易产生不必要的畏惧心理，导致发生"三误"（误指挥、误操作、误口令）问题可能性增大；参试人员近距离接触核源，存在着辐射超标的风险；如同位素热/电源管理不善、操作不当，也会存在跌落等风险，耽误任务进程，影响任务安全。因此发射场系统高度关注同位素热/电源这一特殊重大危险源，采取多项措施确保卸车、贮存、转运、吊装、安装等过程安全可靠、万无一失，杜绝辐射剂量超标等严重安全事件。

一是未雨绸缪，扎实开展条件建设。同位素热/电源进场前，检查厂房监控、门禁、供配电系统，修缮隔离围栏、警卫岗亭，开展空调联试、行吊配重、接地阻值测试等例行试验，确保满足贮存条件；梳理涉同位素热/电源岗位，标校辐射监测设备，配备辐射剂量卡，建立定岗人员辐射剂量台账，确保参试人员身心健康。贮存期间，划定控制区域、设置警示标识、建立产品台账，全时段视频监控、不间断警卫执勤，严控进出人员、车辆，详细审查登记，确保存放绝对安全。

二是有备无患，充分做好应急准备。按涉核操作、火箭紧急关机、火箭场区内爆炸、火箭飞行段爆炸 4 种事故模式，组织制定涉核突发事件应急预案，并开展桌面推演。对嫦娥四号所用涉核检测设备进行了标校；邀请专家到发射场开展涉核应急救护培训工作。

三是有的放矢，积极组织宣贯培训。及时印制涉核安全防护手册，组织涉核防护基本知识宣贯，开展应急操作培训，消除参试人员疑虑；结合工作进程开展同位素热/电源转运、吊装和模拟安装演练，梳理涉核操作流程，明确职责分工，核实塔架、工装状态，确保涉核操作与管理万无一失。

4.5.6.2　推迟 24h 发射情况下特燃特气的保障

航天发射是高风险的工作，由于各种原因，可能发生推迟发射的情况。根据嫦娥四号任务的特点，其最长发射推迟时间为 24h。对发射场系统来说，推迟 24h 发射，推进剂和特种气体（简称"特燃特气"）的保障量要求会发生较大变化，尤其是低温推进剂液氢和氦气的保障要求，需要重点考虑。

针对低温加注后推迟 24h 发射保障要求，发射场人员系统梳理特燃特气的消耗环节和数量，果断提出调配使用 3 辆液氢槽车（正常任务 2 辆）、5 个氦气集装箱（正常任务 2 个）参加任务，并在任务前对低温加注系统和氦气供气系统进行部分设备改造，以适应新的要求。对增加液氢和氦气保障量后的模式进行全面分析，细化梳理，制定新的使用方案和操作规程文书，进行有针对性的演练，有效规避了低温加注后推迟 24h 发射情况下液氢和氦气保障量不足的风险。

一是根据嫦娥四号任务推迟 24h 保障需求，制定液氢、氦气保障方案，提前开展相关资源调配准备工作，详细完善液氢槽车加注相关规程预案，认真对液氢槽车停放位置和设备状态进行仔细确认，对液氢槽车的使用顺序、操作流程进行了细化。

二是提前开展供气系统适应性改造；协调液氢生产厂家在液氢开机生产前进行一次全面的设备检修维护，提前完成原料及备件等物资筹措。

三是液氢车在场区铁路停放期间加强警戒力量，设立隔离带，严禁无关人员靠近产品车辆；加强产品及罐车技术状态检测，严密防范出现推进剂泄漏、人员中毒等情况；每天检查防溜设施及制动锁状态，确保状态良好、确保安全。

4.5.6.3　地面应用系统故障应急管理

地面应用系统可能存在的突发事件主要是执行任务期间数据接收设备发生故障，导致探测器和科学载荷数据无法可靠接收，从而直接导致工程目标无法实现，因此必须确保在执行任务期间有效应对可能发生的故障。

数据接收分系统最重要的任务是可靠接收中继星下传数据。为了提高数据接收的可靠性，在系统设计中，设置了北京密云 50m 口径天线数据接收地面站和云南昆明 40m 口径天线数据接收地面站互为备份，同时接收探测器的下传数据。对于单个地面站也进行了系统的故障分析和预案制定；对数据管理分系统等，重点分析了供电故障、各分系统应用软件的关键配置项、硬件设备的关键件以及网络通信系统在任务执行期间可能发生的故障模式、故障原因和影响程度，制定了故障的检测方法和应对处理措施。

地面应用系统开展了全面的故障分析，制定故障预案，形成嫦娥四号任务地面应用系统故障分析与处理预案 7 项，具体如下：

1）嫦娥四号任务地面应用系统数据接收分系统天线故障应急预案；

2）嫦娥四号任务地面应用系统数据接收分系统数传接收机故障应急预案；

3）嫦娥四号任务地面应用系统数据接收分系统天线故障实施实时应急预案；

4）嫦娥四号任务地面应用系统数据接收分系统密云站供电故障预案；

5）嫦娥四号任务地面应用系统数据接收分系统昆明站供电故障预案；

6）嫦娥四号任务地面应用系统数据管理分系统岗位操作故障预案；

7）嫦娥四号任务地面应用系统总部供电故障预案。

为了使地面应用系统各个故障应急预案更具可操作性，培训各岗位人员对故障应急处理的操作流程，提高应急处理能力，各分系统依据嫦娥四号任务地面应用系统故障分析与处理预案进行了故障应急处理的专项实战演练工作；依据《嫦娥四号探测器任务地面应用任务演练大纲》开展系统演练，训练并提高了各岗位人员的应急处置能力和操作水平。

4.6　综合管理

4.6.1　利益相关方管理

嫦娥四号工程贯彻"以国为重、整体最优"的价值导向，建立了与利益相关方之间多样式沟通机制，与主管部门、合作伙伴等相关方，共同创造合作共赢的氛围。利益相关方管理的具体过程包括利益相关方的识别、需求与期望的识别与分析、需求与期望的满足、评价与纠偏。

工程把利益相关方的管理融入全过程中，在管理思想上，坚持发展观念和系统思想。发展观念是指利益相关方的需求与期望不是静止的，需求与期望的识别也不是一次性的，而是一个动态的发展和迭代过程。一方面在工程论证阶段，要对工程既定的或潜在的利益相关方进行充分的识别，对他们的需求与期望进行识别与分析，并对满足其需求的方法和过程进行充分的考量，把利益相关方的需求融入工程目标中，融入工程管理和研制过程中，使工程有一个基本的立足点，以指导工程后续整体的管理和研制（这一点在第3章已有详细的论述，体现的是需求的识别与分析过程）。

另一方面，要把利益相关方管理贯彻到研制过程中。在论证阶段，利益相关方需求和期望确定后，工程进入研制阶段。在研制过程的方案和试验验证、正样设计、发射实施等各阶段中，都要反复对利益相关方进行进一步细化或再识别，以对需求与期望进一步聚焦，使其更加清晰地展现出来。在这一过程中，要始终与各相关方保持持续有效的沟通，对利益相关方的需求与期望的符合程度进行监控，确保工程的开展不偏离利益相关方的需求与期望，特别是不能偏离工程进度、质量、成本、成效等重要方面的关键需求与期望。如果通过评价分析与再识别发现了偏离，应采取措施进行协调与纠正，使研制工作重新满足利益相关方的需求，否则就可能对工程某一方面甚至整体产生不利的影响，带来难以预估的风险，这一方面是要在研制过程中迭代进行的。

工程研制过程中对利益相关方的管理充分体现了系统思想的实践与运用。系统思想指出万事万物都不是孤立的，存在着这样或那样的联系，因此工程研制过程中，必须考虑到与各个方面的联系，兼顾考虑所有利益相关方的需求与期望。由于工程的利益相关方较多，各方站在不同角度，有着不同的诉求，因此就不可避免地存在着一定的利益冲突，是工程实践需要解决的。工程在考量利益相关方的需求与期望如何满足时，必须考虑工程和需求之间、各需求之间的联系，要进行综合权衡，达到最优效果。

沟通是嫦娥四号工程利益相关方管理的主要方法。在工程的各个管理过程中，工程总体积极与相关方进行充分、有效的沟通，建立了有效的内外部沟通机制。为了解利益相关方的需求和期望，工程总体通过多种方式进行沟通，包括会议、文件（请示、报告、批复、批示等）、电话、面谈，同时运用各种成熟的沟通、分析方法和工具进行管理，如头脑风暴、水平对比、主动调查、满意度调查等。

为更好地满足利益相关方的需求，实践中工程研制各个单位引入质量管理体系的理念和方法，以增强顾客满意为目的，树立以顾客为关注焦点的质量原则，满足工程利益相关方各项需求。同时自上至下贯彻"以国为重"的价值导向，统一思想，加强工程全体参研参试人员对嫦娥四号工程的重要意义的理解，确保国家下达的工程任务需求得到充分满足。

4.6.2　竞争择优

针对嫦娥四号任务难度大、资源和经费有限的任务特点，需要对管理机制进行创新和优化，同时也为更好地发挥工程的社会带动作用，工程总体探索引入竞争择优机制对嫦娥四号中继星、火箭、科普载荷进行遴选。通过这一机制的建立，嫦娥四号工程调动了社会参与的积极性，有限的资源得到优化配置，保障了工程研制所用技术的先进性，同时节约了研制经费。

系统级产品竞争择优机制

工程总体按照《关于在探月工程中引入竞争机制的决定》，面向清华、哈工大、北航等相关高校及中科院、航天等领域相关研究力量，通过公开招标、设计方案征集、多方案优选或优化组合、联合研发等方式，适度引入竞争机制等手段，形成了适度开放、有限范围内竞争择优的良好环境，不断探索创新探月工程的组织管理模式。

在方案选择标准上，工程总体重视对任务特点和需求的分析，结合分析结果建立科学、合理的综合评价机制。例如，中继星的主要目标是在地月 L2 点稳定运行，完成对地对月的中继通信任务，强调简单可靠、长寿命。因此在中继星选型上，更注重成熟度和可靠性，并论证提出了中继星的技术指标。工程总体以此为依据，委托第三方机构对提出建议书的四家小卫星平台进行竞争择优。制定评价标准，包括方案的满足度、方案可行性及技术成熟度、研制基础和研制条件、研制经费的合理性，以及研制内容、计划和分工等方面的匹配性，通过专家遴选投票最终确定研制抓总单位。由此，在确保中继星技术指标不变的情况下，有效压缩了研制周期和项目经费。

4.6.3　信息管理

工程研制单位采用系统思想的工程理念，以"动态管理"方法为指导，有效实施计划监测、对比分析、查找偏差、提出改进方案和实施有效控制等工作，并做好上述各环节的信息管理，及时对实际进度与计划节点进行比较和调整，实现进度控制的目标。信息报告制度，采用定期报告、节点报告、重要事件报告"三结合"方法。其中，定期报告分周、月度、年度三种；节点报告是指项目总体承研单位在每个节点末期，以书面形式报告该节点执行情况，内容包括节点进度情况、计划进度和实际进度、两者之间的偏差情况、偏离原因、处理措施等；重要事件报告是指严重影响工程进度、质量、经费、方案调整的事件。

4.6.4 成果管理

嫦娥四号工程科技成果按照《探月工程知识产权全过程管理办法》以及《月球与深空探测科学数据管理办法》进行管理。各承担单位依照国家有关法律法规和上述管理办法，对各单位在嫦娥四号工程研制期间产生的知识产权进行管理，以达到有效保护和促进运用的目的。

工程总体是嫦娥四号知识产权总体负责单位，对各承担单位在项目中的知识产权工作进行指导、监督和考核。各承担单位相关部门应负责探月工程的知识产权相关工作，配合工程总体做好项目的各项知识产权管理。工程总体汇总各系统在工程实施过程中产生的知识产权情况，形成知识产权报告。对科技成果进行统计，形成成果树。鼓励相关部门、科研机构和院校积极开展科学数据研究、成果转化和推广应用工作。同时，支持社会各界参与相关科学研究和应用探索。

4.6.5 国际合作与交流

国际合作是增强我国科技创新储备、丰富科学目标及科学研究内涵、加强人文交流的重要手段。嫦娥四号工程建立完善相关合作机制，积极为构建空间探索领域"人类命运共同体"做出努力，是不断提升中国航天的影响力和话语权的一次生动实践。

在嫦娥四号工程中，国家航天局本着"共商、共建、共享"的原则，坚持"开放共享，合作共赢"的理念，广泛与世界各国开展多层次、多形式的国际合作，开创了探月工程国际合作的新局面。其中与瑞典、德国、荷兰、沙特阿拉伯开展了富有成效的科学载荷合作，联合研制有效载荷、联合开展科学研究。为更好开展与外方团队的对接，推进载荷研制，工程总体为每个国际载荷成立中外双方参与的联合工作组，并设立中方首席专家。

此外，国家航天局主动公开科学数据，与国际同行共享嫦娥四号科学成果，为人类和平利用太空、谋求共同发展做出了典范。嫦娥四号工程等一系列国际合作任务的顺利实施，标志着中国探月在国际航天领域日益展现新作为、新姿态，为深入推进中国航天以及其他各行业国际合作探索了成功模式，积累了丰富经验。

4.6.6 公共关系管理

为确保嫦娥四号任务顺利实施，工程总体及时开展与北京、上海、新疆、云南等相关省、市地方政府的沟通协调，得到了地方政府的大力支持。例如，在执行嫦娥四号探测器发射任务期间，新疆维吾尔自治区人民政府为中科院新疆乌鲁木齐 VLBI 观测站（乌鲁木齐南山站和喀什站）妥善提供了通信、供电和安全等保障，加强了对这两个区域通信线路、供电线路和相关设施的巡查、监视和维护，确保在任务期间不发生线路中断等问题；加强了周边无线电信号监测和管制，避免周边发射基站对两个区域任务设备造成无线电干扰；加强了两个区域的安全巡查，落实、指定安全保障负责人和值班负责人，确保安全。

各地方的大力支持和保障，是嫦娥四号工程任务能够顺利实施的重要条件。

工程总体利用"两微一网"（中国探月与深空探测网、中国探月工程微博和微信公众号）平台，同时协同中央主要媒体、国家航天局新闻宣传中心、社会新媒体平台，构建多元化、分层次、有特色的大宣传格局，把握节奏、权威发声、及时报道，打造探月与深空探测权威信息发布平台和专业科普宣传阵地（见图 4 - 17）。嫦娥四号工程实施期间，开

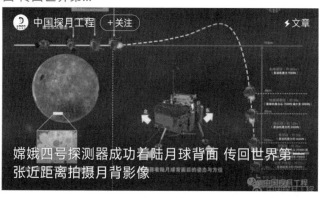

图 4 - 17　关于嫦娥四号任务的网络交流

展了全方位、立体化、有节奏的科普宣传工作，紧跟工程实施进展，创新融合媒体工作模式，突出探月精神时代特色。工程总体共发布嫦娥四号任务相关科普宣传文章上百篇，进一步扩大了工程影响及科学推广，引起良好的社会反响。工程总体积极配合媒体采访、答复公众或媒体信函，宣介工程研制与实施情况，使嫦娥四号工程获得了社会各界的理解、关注、参与和支持。

在国际上，我们严格执行同位素国际通报制度，在联合国大会上通报同位素热/电源的使用情况（见图4－18），获得了国际社会的赞赏和高度评价。

联合国 大会

A/AC.105/1207

Distr.: General
10 December 2018

Original: Chinese

和平利用外层空间委员会

2018 年 12 月 6 日中国常驻联合国（维也纳）代表团致秘书长的普通照会

中国常驻联合国（维也纳）代表团谨提及《在外层空间使用核动力源的原则》（联合国大会第 47/68 号决议）原则 4。原则 4 规定，向外层空间发射载有核动力源的空间物体的国家应通知联合国秘书长，各国如何能够获得在发射前进行的安全评估的结果。据此，谨通知如下。

嫦娥四号计划于 2018 年 12 月发射，执行月球背面探测任务。该探测器将携带五个同位素热源，以解决探测器在月夜极低温环境下的生存和供电问题。中方已经为嫦娥四号进行了全面的安全评估。相关信息可在下面互联网网址获得：www.cnsa.gov.cn/n6443408/n6465645/n6465648/c6804536/content.html。

V.18-08469 (C)　　171218　　171218

请回收

图 4－18　同位素热/电源使用情况通报内容

4.6.7　资源保障

嫦娥四号工程在方案论证初期就对所需资源进行识别和规划，包括参研参试单位或人员、所需专家顾问、条件保障设施、时间资源、其他所需的行业或地方支持等。

工程总体负责对工程大系统所需的资源进行识别、获取、管理，并对系统间的资源冲突进行协调，各系统、各研制单位按照研制总要求或研制任务书等总体文件，在各自层级开展资源规划活动，包括识别、获取、管理各研制过程所需的资源，进行分系统、单机产品间的资源协调。研制过程中资源保障的主要解决方法是加强沟通与协调、开展竞争择优等。

由于嫦娥三号等前期型号任务已有一定的资源保障基础和经验，嫦娥四号工程的资源管理和保障的方案较为成熟，因此资源保障活动的增量部分，主要是中继星及其发射用火箭、国际合作搭载项目、科学研究搭载项目等资源的管理和保障。

特别是在国际合作方面的资源保障，嫦娥四号工程做了一次有开拓性意义的探索，具体在第 7 章中进一步介绍。

第5章 科学目标实现管理

科学目标实现分三个阶段，即方案论证阶段提出载荷需求；研制阶段完成科学目标、实现方法研究；应用阶段开展科学探测数据研究。

根据嫦娥四号人类首次月球背面着陆与巡视探测的总体目标，工程总体组织近百位来自高等院校、科研院所的科学家，以及工程总体技术人员、有效载荷专家，对嫦娥四号的科学目标进行系统、深入论证，根据月球背面探测的特点，经过多轮迭代，最终形成嫦娥四号科学目标。嫦娥四号工程两总系统高度重视科学研究产出，为推动科学探测数据尽快得到应用，实现"快出成果、多出成果、出好成果、出大成果"的目标，采取基于寿命周期的科学、技术、工程深度融合科学研究模式，如图5-1所示。通过组建科学家、工程师、管理者等组成的核心团队，集中优势力量，加强协同配合，开展科学研究，使月球背面科学探测更稳妥、数据获取更便捷、科学研究方式更多样、科学数据挖掘更充分。

工程科学目标的实现与有效载荷配置及其指标、探测数据、探测器/卫星平台运行情况等密切相关，其相关管理过程对科学目标的实现起着关键作用。

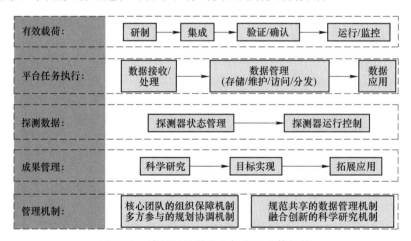

图5-1　嫦娥四号科学目标实现总体架构

5.1　科学目标可实现性管理

科学目标的实现是工程圆满成功的重要标志。科学目标的实现不仅仅在于有效载荷功能，还在于载荷指标、具体安装位置、工作模式、反演算法以及地面接收处理能力等等。为确保科学目标的顺利实现，在研制过程中和发射前，对相关影响因素进行了管理、控制和评估，最终确认科学目标可实现。嫦娥四号任务建立了科学目标可实现性独立评估的管理模式，通过来自天文学、月球科学、有效载荷专业技术、数据处理技术等方面的科学家和技术专家对工程科学目标、各载荷科学探测任务、有效载荷总体设计、地面应用系统的数据接收和处理等方面进行综合评估，提出科学目标可实现性的专项意见。

嫦娥四号任务科学目标可实现性采取载荷指标确认、反演算法确认、定标结果确认、科学试验验证、地面接收处理能力确认、专题研究、独立评估等活动进行管理和确认。

5.1.1　有效载荷配置及指标确定

5.1.1.1　载荷配置

根据月球背面的地形地貌、环境及地质构造等特点，结合我国已经开展并取得的月球探测科学成果，在论证过程中首先确定了嫦娥四号的科学目标，即月基低频射电天文观测与研究；月球背面巡视区形貌和矿物组分探测与研究；月球背面巡视区浅层结构探测与研究；月球背面环境探测研究等。

（1）有效载荷需求分析

为圆满实现嫦娥四号任务的科学目标，在工程论证之初，即开展有效载荷的配置论证。考虑到嫦娥四号任务的继承性以及首次月球背面探测科学的创新性，载荷配置种类和功能采取继承与创新相结合、国际与国内相合作的方法。为获得更多原创性科学发现，结合着陆器和巡视器的工作特点，进行载荷配置。着陆器由于降落后原地不动，开展就位探测，原则上配置无区域要求或区域要求不严格的载荷。巡视器在月球背面开展巡视勘查，可配置具有样品多样性和区域广泛性要求的载荷。

针对人类第一次造访月球背面，且其地形崎岖复杂，我们要近距离观察月背地形地貌，且所获图像范围应越广泛越好，需要配置光学相机，且相机视角范围要对着陆区域和巡视区域 360°覆盖。因此在着陆器上配置地形地貌相机，以便在着陆后即可开展拍摄成像。相机充分继承嫦娥三号任务着陆器上已经过任务验证、技术成熟度好的地形地貌相机，按该载荷视场角范围，嫦娥四号任务上配置数量与嫦娥三号任务相当。借鉴嫦娥三号任务，在巡视器上配置全景相机，以便实现巡视区 360°高清环绕成像，即用于科学研究，也辅助用于巡视器路径规划。

针对着陆区为月球南极-艾特肯盆地，其古老月坑物质研究是追溯月球起源的重要手段，开展着陆巡视区矿物组分探测，需配置光谱、质谱等物质成分分析设备。嫦娥三号备份红外成像光谱仪可用于嫦娥四号任务，同时考虑质谱仪等设备现有成熟度难以保证可靠安全在轨探测，暂不考虑该载荷。

针对月球背面电磁辐射环境洁净的特点，嫦娥四号拟在月背开展低频射电天文观测，需要配置具有<300kHz 电磁波探测能力的探测载荷。同时，为了互相验证和进行干涉测量，可在多个探测模块上进行配置。考虑到巡视器装载能力较小，不再配置该载荷。在着陆器和中继星上各配置一台相应载荷。在国际合作谈判过程中，荷兰提出了同样的载荷配置建议，并与中继星研制团队达成了共识，因此确定在中继星上配置荷兰研制的低频射电探测仪。在着陆器上配置中方研制的低频射电频谱仪。

针对嫦娥四号着陆区为撞击坑，其地质结构与撞击坑形成对于月球演化历史研究具有重要作用，对区域地质构造进行探测，需配置雷达等探测设备。嫦娥三号的备份测月雷达可用于实现这一目标。且考虑到探测区域的广泛性，借鉴嫦娥三号经验，测月雷达安装在巡视器上。

针对月球背面空间环境，通过国际合作交流，多个国家提出了一些新的载荷配置建议。比如德国提出的月表中子与辐射剂量探测仪、瑞典提出的中性原子成像仪等，若在嫦娥四号探测器上配置，将国际首次开展月面的中子及中性原子的探测，具有很强的创新性，其所获成果也将为后续载人登月任务设计提供参考和借鉴。考虑到两台载荷的探测需求及两器的载荷资源分配，在着陆器上配置月表中子与辐射剂量探测仪，在巡视器上配置中性原子探测仪。

此外，借鉴嫦娥三号任务，在嫦娥四号着陆器上配置降落相机，以辅助进行着陆器降落过程自主导航。

在国际合作交流中，沙特提出搭载1台微型相机进行环月拍摄。为支持更多的国家参与月球探测，在主任务两器一星均无环月探测计划的情况下，利用哈尔滨工业大学研制的龙江号微卫星（环月大椭圆轨道开展超长波天文观测）进行搭载。

在科普载荷征集过程中，最终选定生物科普试验载荷，考虑到其试验需求和探测器资源配置，确定将该载荷安装在着陆器上，开展月面密闭环境下的动植物发育和生长试验，并进行可视化传输，实现科普教育以及月球环境下的生物试验。

在搭载的技术试验项目征集过程中，中山大学提出了激光角反射镜搭载需求。考虑到其实现科学目标需要地面激光发测站配合，而探测器将在月球背面着陆，对地不可见，因此该载荷安装在地月L2点运行的中继星上，开展超地月距离的激光测距试验，并为未来引力波探测进行先期技术试验。

（2）有效载荷配置确定

工程立项实施后，在工程实施方案阶段，各拟配置载荷开展载荷的详细方案设计，对载荷功能、性能、可靠性等进行详细设计，并提供载荷的经费及成熟度等信息。探测器系统根据自身的重量、体积、功耗、通信等资源限制，按照载荷设计方案进行工程可实现性初步分析，研究提出载荷搭载意见。工程总体根据载荷配置需求及探测器系统意见最终确定载荷种类，并组织专家组对载荷的方案进行评议，确定载荷的技术方案和研制单位。

嫦娥四号任务，共配置12种14台套有效载荷，实现四个方面的科学目标。

①月球背面巡视区形貌和矿物组分探测载荷

（a）降落相机

降落相机1台，安置在着陆器的底部，在着陆器落月下降过程中，获取2km～4m各个高度时段降落区域的月球地形地貌光学图像，用于分析着陆区月表的地形地貌和区域地质情况，确定着陆点地理位置和着陆区的地形特征，为后续的巡视器探测目标选取提供参考数据。

（b）地形地貌相机

地形地貌相机1台，在着陆器支架上安装，获取着陆点月表光学图像，用于月表地形地貌的调查和研究。地形地貌相机采用静态拍照模式，成像距离范围约为5m至无穷，相机指向机构方位角每隔18°调整一次，共调整20次，俯仰角每隔15°调整一次，共调整5次，每个角度拍摄静态图像6幅，实现对着陆区周围360°范围内的全景成像，获取着陆区石块、撞击坑的分布特征，着陆区背景等地形地貌信息。

（c）全景相机

全景相机2台，安装在巡视器桅杆上，利用双目立体视觉原理获得目标的三维立体图像，成像距离为 3m 至无穷，能够获取着陆区和巡视区高分辨率月表三维图像，借助桅杆的 360°方位运动能力和一定角度的俯仰运动能力，实现对着陆区 360°全景成像，精确探测着陆点及巡视器行走路线周围的月表地形地貌特征，探测数据用于开展巡视区地形地貌研究、巡视区撞击坑调查与研究、巡视区月球地质构造解析和综合研究。

（d）中-沙微型对月成像相机

中-沙微型对月成像相机 1 台，安装在龙江二号微卫星上，由沙特研制，通过卫星姿态调整，拍摄月球表面图像。

（e）红外成像光谱仪

红外成像光谱仪 1 台，安装在巡视器上，光谱范围在可见近红外为 450～950nm，在短波红外为 900～2400nm。对巡视区月表开展红外光谱分析和成像探测，获取巡视区周围的探测目标 450～2400nm 全波段的光谱及 450～950nm 波段范围的高光谱图像数据，用于巡视区月表矿物组成和分布的分析，开展巡视区能源和矿产资源的综合研究。

红外成像光谱仪可探测的月表矿物包括分布在月海玄武岩和高地斜长岩中的辉石、斜长石，月海玄武岩中的橄榄石、钛铁矿等矿物；可识别钛铁矿、二氧化钛含量，可区分斜方辉石、单斜辉石以及橄榄石等矿物。

②月球背面巡视区浅层结构探测载荷

测月雷达 1 套，安装在巡视器上，完成巡视路线上月球次表层结构探测，用于巡视路线上月壤厚度和结构探测，以及巡视路线上月壳浅层结构探测。测月雷达是一种工作在无载频毫微秒脉冲状态的时间域探测雷达，采用收发分置天线，发射机产生超宽带无载频毫微秒脉冲，经发射天线向月面下辐射，接收天线接收反射信号经过接收机放大采样后获得相应的探测数据。月壤探测深度不小于 100m，厚度分辨率为米级。测月雷达在巡视器行进时开机探测，可以获得巡视器行进线路上连续的月壤厚度及其结构和月壳浅层岩石结构的探测数据，通过后续数据处理进而获得月表次表层内部分层结构，并获得月球浅层物质介电常数、密度、损耗角正切和钛铁含量等的特性参数信息。

③月基低频射电天文观测载荷

（a）低频射电频谱仪

低频射电频谱仪 1 台套，安装在着陆器平台上，是空间低频射电观测仪器，主要是在月昼期间对太阳低频射电特征进行探测。低频射电频谱仪采用三分量（矢量）有源天线单元实现太阳和空间电磁信号的接收，三天线单元分别接收电磁波信号的三个相互垂直的分量，根据电波传播理论，通过对三分量观测数据的后期分析和处理可以获得低频电磁波强度、频谱、时变、偏振（极化）特性、辐射源的方位等信息。通过来自太阳及其行星际空间、银河系空间等低频电场探测，给出太阳爆发时低频电场的幅度随频率变化的特性；通过观测月球电离层对太阳爆发时电场的截止特性，研究着陆点上空月球电离层的特性。

（b）中-荷低频射电探测仪（NCLE）

中-荷低频射电探测仪 1 台套，安装在中继星上，由荷兰研制，中方与德方组建联合工作组推进载荷研制。该载荷主要任务是试验性探测来自太阳系内天体和银河系的射电辐射，在低频波段 1～80MHz 频带内同时获得多频点天空背景射电巡天图像；在 0.1～40MHz 波段监测地球、木星等太阳系行星射电低频辐射或爆发；在 0.1MHz 以上的波段开展灾害性空间天气事件和太阳射电爆发的探测；监测月球轨道空间背景电磁辐射环境。

④月球环境探测载荷

（a）中性原子探测仪（ASAN）

中性原子探测仪1台套，安装在嫦娥四号巡视器上，由瑞典研制，中方与瑞方组建联合工作组推进载荷研制。该载荷主要任务是试验性观测巡视探测点的能量中性原子及正离子。在月表开展能量中性原子和正离子探测，包括能量、成分、通量等信息，确定太阳风反向散射能量中性原子和离子的分布函数，及其与月表地形地貌和地方时的关系。

（b）月表中子与辐射剂量探测仪（LND）

月表中子与辐射剂量探测仪1台套，安装在嫦娥四号着陆器上，由德国研制，中方与荷方组建联合工作组推进载荷研制。该载荷主要任务是试验性测量月表的综合粒子辐射剂量和LET谱，包括带电粒子、γ射线和中子；试验性测量月表快中子能谱和热中子通量。确定月球表面复合辐射场的剂量率的时间变化和LET谱；确定在月球背面粒子通量和时间变化。

⑤科普载荷和技术试验载荷

（a）生物科普试验载荷

生物科普试验载荷1台，安装在着陆器顶部。月面密闭环境下，载荷内密封1个大气压的空气，温度保持10～40℃，采用独立控制方式，实现载荷内电源管理、热控、照片采集、主动存储和传输等。通过对搭载的植物种子和虫卵孵化等重要生命活动的监测和展示，普及月面环境下光合作用、生态循环等生物学知识。

（b）激光角反射器

激光角反射器1台，安装在鹊桥号中继星上。采用3反射面两两垂直的空心反射镜，通过接收地面激光测距台站的脉冲激光并平行反射回地面站，被望远镜接收和探测，根据脉冲的飞行距离，精确得到地面台站与中继星之间的距离。

（c）超长波射电天文观测仪

超长波射电天文观测仪1台，安装在龙江二号微卫星上。采用超长波测量技术和三维基线宽视场综合成像方法，获取超长波段天空图像，研究射电低频辐射性质；观测太阳和系内行星的超长波射电活动等。

5.1.1.2　有效载荷指标确定

工程任务的科学目标确定后，为实现科学目标，需确定有效载荷科学探测任务和主要技术指标。科学目标论证组组织科学家、有效载荷总体、单机研制论证单位等联合工作，分析探测目标对象特性，分析可用探测手段，确定科学探测任务；单机论证单位对目标对象的可探测视场范围、探测精度、探测数据等进行评估分析，与国内外类似产品的技术指标进行横向、纵向对比，提出技术指标体系；论证组组织对单机论证单位提出的各项指标的价值、先进性、可实现性等进行分析，对所需重量、功耗、安装位置等平台资源与探测器平台进行迭代，进一步细化技术原理、技术路线、研制进度等工程可实现性分析，最终确认技术指标体系。

5.1.2　有效载荷研制过程管理

有效载荷是科学研究的关键，科学目标能否圆满实现，决定于载荷的详细方案设计及研制过程，必须进行严格管理，确保有效载荷的功能、性能实现和质量与可靠性。

嫦娥四号有效载荷研制管理，成立有效载荷分系统总体，由专门的队伍进行管理。

5.1.2.1 有效载荷研制组织管理

有效载荷作为探测器系统的一个分系统，建立了分系统级的两总系统，成立项目办公室，针对每一个载荷建立产品保证团队。有效载荷分系统组织机构图见图 5-2。

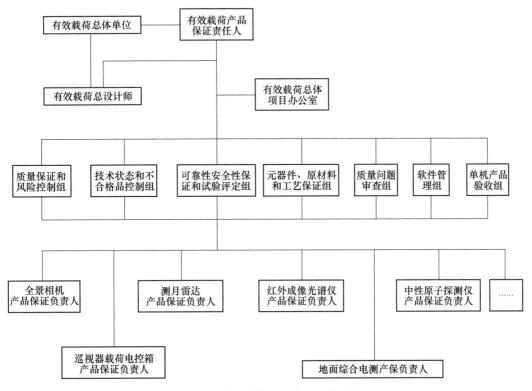

图 5-2 有效载荷分系统组织机构图

（1）管理理念

针对有效载荷参与研制单位多、各单位管理模式不同的特点，为规范管理，建立了统一的管理理念。在系统设计方面要分析全面，在载荷任务分解方面科学合理，在总体方案设计方面，各模块间要适度耦合，在试验验证方面，做到充分有效。确保设计结果正确可信、研制过程规范可控、保证体系有效运行、技术状态管理规范。对于国内载荷，要做到按航天标准层层把关；对于国际载荷，要严控技术状态和接口安全。

（2）研制准则

嫦娥四号有效载荷数量多，接口个性化强，无法直接面向平台接口，需要采用紧耦合系统对有效载荷进行集中管理。有效载荷分系统通过载荷电控箱统一与平台接口，电控箱中包含载荷公共部分和各载荷电子学单元，其中公共部分一般含有公共电源、计算机、接口单元、遥测遥控单元和存储器等，一般采用双机冷备方式，以提高系统可靠性。

针对紧耦合系统的可靠性和安全性，有效载荷总体通过以下途径进行设计和验证：

1）在分系统供配电设计上，坚持故障隔离原则，使用独立供电控制电路，保证载荷电控箱公共部分供电的独立性，在单一载荷失效情况下，可以通过载荷电控箱对失效载荷进行供电切除，不影响其他载荷工作。并设计专项试验，对故障隔离能力进行验证。

2）减少紧耦合系统中公共通信总线的使用，对于必须公用的通信总线，设计掉电隔离保护措施，防止掉电载荷影响公共通信总线。在研制过程中，公共通信总线在不同数量负载下，均进行信号完整性检测，设置强制检验点。

3）紧耦合系统中，对于备份的电路单元，使用高阻电路耦合，防止潜通路发生，单机研制过程中需进行潜通路强制检验。

4）加强降额和裕度设计和检验，在降额设计、抗辐照裕度等方面严格按照产保要求进行证据检查；在可验证的刚度裕度、热环境裕度和电磁干扰裕度方面，通过单机和系统级环境试验验证；在可测量的时序裕度、测量精度裕度等方面，加强分系统级测试检验，确保降额和裕度设计满足产保要求。

5）加强分系统可靠性关键项目和安全性关键项目的识别和控制工作，并根据载荷分系统的特点，建立可靠性模型，充分利用分系统的试验数据开展可靠性定量评估，根据安全性关键项目控制措施落实情况、安全性设计与验证情况，开展安全性定量评估。

5.1.2.2　有效载荷指标确认

工程任务的有效载荷一旦确定，工程总体根据科学目标实现需求，确定有效载荷的关键性能指标，并以任务书形式下达探测器系统，传递给有效载荷分系统，由具体载荷研制单位开展详细设计。

科学载荷的功能和性能指标纳入工程基线管理范畴。首先在方案设计前，由上一级系统给下一级系统或单机下达功能基线（包括功能和性能指标等技术要求）。在方案研制阶段，通过设计确认、仿真验证和测试试验等方法确认产品的技术指标，并经过评审，复核功能基线的满足情况。同样，在初样设计前，上级系统下达分配基线（研制基线），明确初样阶段的技术指标，通过设计确认、仿真验证、测试和联试、环境试验、定标试验等方法确认产品的技术指标，并经过评审，复核分配（研制）基线的满足情况。在正样设计前，上级系统下达产品基线（生产基线），明确正样阶段的技术指标，通过设计确认、仿真验证、测试和联试、环境试验、定标试验和地面科学验证试验等方法确认产品的技术指标，并经过评审，复核分配（研制）基线的满足情况。

在正样产品交付探测器系统后，工程总体组织专家组，开展有效载荷质量复查、科学目标满足度检查等工作，进一步确认有效载荷指标。

5.1.2.3　探测数据反演算法确认

为准确分析探测数据，得到正确科学结果，各有效载荷建立探测数据与科学结果联系函数，用以将科学数据推演出真实环境下的科学结果。

通常，载荷的反演算法是在定标试验中，获得的已知探测对象参数与输出数据之间的映射关系，反演出输出与标准参数的响应函数，即得到该载荷的反演算法。某些情况下，地面设备不能完全模拟在轨实际情况，还需要进行一定的仿真或在轨测试，根据仿真结果或在轨测试结果，对数据反演算法进行校正，从而获得较准确的反演算法。利用反演算法，对载荷输出的原始数据进行处理，得到准确的探测对象参数，进而得到正确的科学结论。

5.1.2.4　定标结果确认

在初样和正样研制过程中，由载荷研制单位编制定标试验大纲，对鉴定件和正样件开展载荷定标试验，定标试验大纲由载荷分系统总体单位进行评审。

载荷的定标即在规定条件下，用一个可参考的标准对载荷进行测试，确定载荷的输出与参考标准的对应关系。定标试验要尽可能模拟在轨实际情况，建立在轨探测模拟环境，利用已知的探测对象（如粒子、光等）参数输入，获得仪器的响应输出，根据输入－输出关系得到仪器的响应函数。为保证科学数据和科学成果的准确性，在条件允许情况下，载荷需开展在轨定标。

定标结果由载荷分系统总体单位组织进行研讨评议，确认结果的有效性和可信度。

5.1.2.5　有效载荷科学试验验证

为考察各有效载荷的探测能力，评估其数据质量，对各有效载荷鉴定件（或电性件）开展地面科学验证试验。科学验证试验由地面应用系统组织，载荷研制单位参加。

地面应用系统制定科学验证试验大纲，明确试验目的、组织及职责、试验准备、设备布局、测试项目、试验流程、安全要求等，并与载荷研制单位共同确定验证试验的地点和条件，做好试验准备。必要时，需结合探测器总装过程进行大背景情况下的测试验证。按照大纲完成验证试验后，进行试验数据处理分析，采用确定的反演算法对数据进行推演，检验能否得出预计的科学结论，从而验证试验测试结果的有效性、相关算法的科学合理性以及被验证载荷的探测能力。

在嫦娥四号任务中，对于继承类载荷，如全景相机、红外成像光谱仪和测月雷达等，在嫦娥三号已经完成的地面科学验证试验基础上，做了补充验证。对于新研载荷，利用鉴定件开展了相应的地面科学验证试验。

5.1.2.6　地面数据接收处理能力确认

通过对有效载荷在轨或月面各阶段工作模式、探测内容及工作流程，分析有效载荷各阶段数据量和总数据量。结合中继星中继数传能力，预计各阶段所获科学数据的传输时间，从而估算有效载荷所需的数据接收能力，与地面应用系统的数据接收能力及事后处理能力和数据存储能力整体分析，确认是否满足任务要求。对于地面应用系统技术状态变化情况，需专题分析对数据接收和处理能力的影响，并对满足任务要求情况进行确认。

5.1.2.7　科学目标可实现性专题研究

在工程研制阶段，工程总体确定了科学目标可实现性专题研究项目。由主管地面应用系统和有效载荷的副总师及应用首席科学家牵头，对影响工程科学目标的因素进行分析研究，包括研制进度是否符合工程要求、载荷指标的满足情况、定标试验情况、科学试验验证情况、地面系统建设情况等，从而分析各科学目标是否将会得到实现，以及实现程度如何、目前差距、不足及风险等，并提出改进措施建议。若存在问题，工程总体将按照建议督促相关单位进行调整改进，促进科学目标更好实现。对于国际载荷的科学目标可实现性，在载荷首席专家自评估基础上，由工程总体组织专家评审确认。

5.1.2.8　科学目标可实现性独立评估

为确保嫦娥四号圆满实现预期科学目标，在工程转正样后，工程总体组建独立评估专家组，开展科学目标可实现性独立评估。通过开展评估方案总体策划、独立评估活动、意见整改落实、评估总结等环节，给出评估意见，确定科学目标是否可实现。

（1）评估工作目标

独立评估工作围绕嫦娥四号科学目标的实现，与地面应用系统科学目标可实现性分析相结合，识别影响科学目标实现的重大技术薄弱环节，对有效载荷能否实现科学目标进行分析，指导科学目标可实现性分析工作，给出评价结论。

（2）评估工作专家组组成

根据嫦娥四号的科学目标设计，从射电天文学、月球科学、有效载荷专业技术、数据处理技术等方面邀请专家组成独立评估组。

（3）评估方式及内容

评估的组织采用分级自评和现场检查相结合的方式。

1）关于有效载荷单机，主要评价有效载荷的功能、性能及技术指标等能否满足其科学探测任务的需要；有效载荷仪器定标情况；有效载荷科学验证试验情况；有效载荷数传分析情况；研制过程中重大问题及解决情况；有效载荷在轨工作期间故障预案情况；风险识别和安全性分析情况；规范管理情况等 8 个方面。

2）关于有效载荷分系统，主要评价电控箱功能、性能及技术指标情况；有效载荷分系统对各有效载荷的功能、性能及技术指标等复核验收情况；有效载荷仪器定标和数传分析情况；载荷分系统总体联试测试情况；规范管理情况等。

3）关于地面应用系统，主要评价有效载荷的功能性能及技术指标复核情况；有效载荷地面科学验证试验情况；数据接收与处理能力分析情况；有效载荷探测任务和可探测内容分析情况；科学目标分解与可实现性分析及预期取得的成果分析情况；研制过程中出现的重大问题及解决情况、风险识别和安全性分析情况；规范管理情况等。

结合自评情况，评估工作专家组制定"嫦娥四号任务科学目标可实现性独立评估专家检查单"，并组织现场检查。评估专家组以听取承担单位的科学目标可实现性自评估报告、查阅相关资料、与研制单位进行交流等方式对科学目标可实现性进行独立评估，提出相关的意见和建议，每个项目都形成"嫦娥四号任务科学目标可实现性独立评估纪要"等材料，被评估单位对纪要和专家意见认真做出答复，结合具体工作进行落实。

全景相机独立评估会议纪要

独立评估专家组听取了××（单位）关于嫦娥四号任务全景相机科学目标可实现性自评估报告，查阅了相关资料，与研制单位进行了交流。经讨论，形成如下评估意见：

（1）评估情况

通过对全景相机指标复核复算，全景相机设计的功能、性能、技术指标满足任务书要求，正样产品按照要求开展了长期贮存的管理和测试，符合总体下发的产品保证要求，接口满足 IDS 表的要求，工程上已经实现设备的性能和功能。

完成了全景相机定标试验和科学验证试验；针对着陆区的环境特点，分析了在轨工作模式、参数及数据量；开展了风险识别和安全性分析；制定了在轨工作故障预案，可满足科学探测任务要求。

全景相机产品研制过程全程受控，承担单位在组织管理、质量管理、计划管理、外包管理等方面规范有效，研制过程中未出现质量问题。

（2）主要问题和建议

1）建议增加超分辨工作模式和大动态范围工作模式，并进行地面验证；

2）建议进一步优化两器互拍时相机曝光模式设置方案；

3）建议增加对相机彩色通道进行绝对辐射标定；

4）建议进一步确认长期贮存后，固封胶不存在对相机可靠性的不利影响；

5）建议进一步分析着陆点的工作环境（如温度、目标反射率等）对相机工作模式和参数设定的影响。

（3）待办事项

尽快与探测器系统协调，精确测量全景相机在月球车桅杆上的安装几何关系。

（4）独立评估工作效果

通过对主要有效载荷单机、有效载荷分系统、地面应用系统的全面独立评估，总结梳理出问题和建议，被评估单位结合具体工作和实际情况进行落实，以保证科学目标的顺利实现。

通过独立评估工作，相关领域科学家提早介入了嫦娥四号科学探测工作，为未来数据快速分析、早出成果打下良好基础。独立评估专家针对月球背面着陆区环境特点，从嫦娥四号着陆区光照、物质成分、温度环境等方面的综合影响，在科学探测任务、探测参数等方面为科学探测规划提出了优化建议，明确了工作模式、参数及数据量，为科学目标的更好实现奠定了基础。

5.1.2.9　科学目标可实现性分析

在发射实施阶段前，工程总体从四个方面对科学目标可实现性进行综合分析（见表 5-1）。一是工程可行性分析，包括：产品研制情况、技术状态管理、产品保证情况（重点分析软件及 FPGA 研制情况、可靠性安全性分析）、技术风险与控制情况、系统级联试情况等；二是科学探测任务可实现性分析，包括：载荷单机工作原理分析、探测目标和探测环境特性分析及针对性设计、载荷工作模式和探测内容分析、科学探测流程和过程分析、在轨运行期间的风险识别及预案分析等；三是定标及地面验证试验的复核，包括试验大纲、细则和试验结果的符合性分析；四是项目管理情况分析，包括组织管理情况、质量管理情况、计划管理情况和外包管理情况等，最终给出科学目标可实现性结论。

表 5-1　科学目标可实现性分析

序号	分析内容	项目
1	工程可行性分析	产品研制情况
		技术状态管理
		产品保证情况
		技术风险与控制情况
		系统级联试情况
2	科学探测任务可实现性分析	载荷单机工作原理分析
		探测目标和探测环境特性分析
		载荷工作模式和探测内容分析
		科学探测流程和过程分析
		在轨运行期间的风险识别及预案分析

序号	分析内容	项　目
3	定标及地面验证试验的复核	试验大纲
		细则
		试验结果的符合性分析
4	项目管理情况分析	组织管理情况
		质量管理情况
		计划管理情况
		外包管理情况

5.1.3　在轨科学探测规划管理

嫦娥四号在轨科学探测规划程序为：科学需求分析、探测计划、操作控制、状态监视判断、探测数据接收等，涉及科学家队伍、工程研制队伍、飞控队伍等，为使更多队伍融合协调，建立了相应的组织机构，明确了责任链条，建立了相应协同决策机制，保证了利益相关方的需求以及探测工作的顺利实施。中继星、着陆器科学探测规划结合工程测控任务实施，巡视器科学探测规划结合遥操作任务实施。

5.1.3.1　组织机构

在工程两总的统一领导下，成立了长期管理办公室（简称长管办公室）和测控通信指挥部。测控通信指挥部下设飞行控制组、组织计划组和月面遥操作决策支持小组，负责中继星、着陆器和巡视器飞行控制工作的组织指挥、计划协调等工作。组织机构如图 5 - 3 所示。

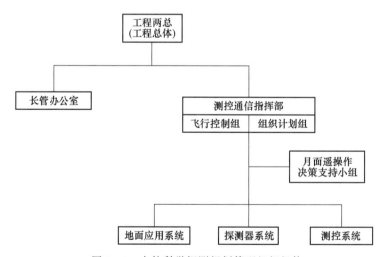

图 5 - 3　在轨科学探测规划管理组织机构

5.1.3.2　组织职责

任务实施期间，参试各系统、单位按照职责分工，在工程两总的领导下，在测控通信指挥部以及飞控组、组织计划组的统一指挥下，协同配合开展飞控工作。

（1）长管办公室

为更好地组织好长管期间的飞控工作，成立嫦娥四号任务长管办公室，挂靠在工程总体。办公室成员包括工程总体、探测器系统、测控系统、地面应用系统、科学研究核心团队和相应主管部门机关的有关人员。长管期间，各相关机构和系统按照责任分工开展相关工作。任务长期管理办公室负责协调科学探测和飞控计划，跟踪"两器一星"在轨运行状态；建立日常沟通协调机制；遇重大控制、重大故障及时向工程两总报告，协调相关单位提出的科学探测建议。

（2）测控通信指挥部

负责测控系统任务实施组织指挥、计划协调和技术状态确认把关；按照实施方案和决策程序，负责组织飞行控制决策及实施工作；统筹制定飞行控制计划，负责具体实施；负责向工程两总和上级主管部门报告工作进展情况；完成工程两总和上级主管部门交办的其他工作；组织任务实施的有关保障工作。

（3）飞行控制组

负责各类飞控技术状态研讨、确认和复核；负责审核各类飞控方案、预案和协同程序；统筹制定飞行控制计划；审议确定控制策略及控制参数；负责飞控有关在轨测试及试验组织实施及状态复核确认；评估航天器在轨控制执行情况，制定后续飞控工作计划；研究提出故障或意外情况下的飞控应急处置方案；负责实时评估任务实施期间各类技术状态；向测控通信指挥部报告工作进展情况；完成测控通信指挥部交办的其他工作。

（4）组织计划组

负责测控通信指挥部实施飞控工作的组织、计划与协调；负责制定测控通信指挥部组织实施方案，并组织落实；负责具体承办测控通信指挥部会议和重要活动；负责拟制测控通信指挥部各类试验文书；负责完成测控通信指挥部交办的其他工作。

（5）月面遥操作决策支持小组

负责月面巡视器重要控制策略的审定、异常情况的判断和正常控制及异常处置的实时决策。针对月球背面复杂地形环境下巡视探测需求，小组按照需现场会商决策判断的具体决策内容及决策判据，根据任务进展现场决策。在巡视器 3 个月寿命期内对紧急飞控事件和无预案故障提供快速决策支持，对单元规划等常态化飞控事件进行快速确认，确保巡视器寿命期内巡视探测任务各系统协同并行、有序高效地开展工作。

（6）参试各系统

①测控系统

负责测控通信系统总体技术方案制定和总体技术协调；负责统筹陆上、海上测控站，进行资源调配、网管及多任务管理；掌握任务中测控通信系统设备工作情况，监视测控网以及飞行器与测控通信系统有关的工作状态；负责测控通信系统异常情况的分析和技术协调，提出相应故障处置预案。

承担全区组织指挥的实时调度工作；负责飞控现场各项工作的统一组织指挥；负责计算初始轨道根数，并提供初始轨道根数选优结果；负责探测器着陆前的状态监视判断、轨道确定与控制，以及故障情况下的应急处置等任务；负责完成落月后天线展开、中继链路建立等月面初始化工作，按照月面工作程序组织完成两器释放分离、两器互拍等协同控制任务；月面工作阶段，负责完成着陆器日常管理和控制以及科学探测等任务，完成巡视器日常管理并按任务整体规划开展月面地形建立、视觉定位、任务规划、路径规划等遥操作任务，进行月面巡视科学探测；负责中继星状态监视判断、轨道确定与控制，以及故障情况下的应急处置等任务；负责各中心、站（船）间的数据交换和图像接收显示。负责组织VLBI 各观测站参加着陆器、中继星测定轨任务。

在长管期间，牵头开展长管全阶段的测控通信指挥部的相关工作，制定"两器一星"在轨飞控实施方案、科学探测飞控实施方案，提出处置策略和处置方案建议；定期组织"两器一星"在轨状态评估；负责地面测控站跟踪计划制定和实施。

②地面应用系统

负责按照任务要求提出月面科学探测需求，制定"两器一星"科学探测计划和有效载荷运行计划；完成科学探测数据的接收处理与转发，对科学探测数据进行处理、管理和解译；受工程总体委托，管理科学探测数据并按规定分发数据产品，组织开展科学应用研究。

③探测器系统

负责探测器及中继星各分系统状态监视、分析、评估与确定；校核测控系统生成的飞行过程各类计划，参与飞控实施过程中有关注入文件的校核与会签；提出巡视器月面测试段的试验计划，完成月面地形建立、视觉定位、路径规划等月面测试任务；复核测控系统提出的月面探测阶段各类规划结果；任务中着陆器、巡视器、中继星异常情况的分析和技术协调，提出各类故障处置预案；内场巡视器验证器综合仿真验证工作的具体组织实施。

长管运行阶段，在巡视器月昼工作期间，对巡视器在轨状态进行确认，重大控制、重大故障时提供技术支持。

5.1.3.3 工作组织模式

针对嫦娥四号探测器任务控制目标多、持续时间长、阶段性较强的特点，以及嫦娥四号探测器运行特点，将飞控工作任务划分为在轨测试和长管运行 2 个阶段；按飞控事件重要性和密集程度划分为重大、重要和一般 3 种飞控工作模式。飞控模式转换前，测控通信指挥部组织飞控组召开会议，评估航天器在轨飞行情况及平台状况，研究决策飞控工作模式转换安排，报请工程两总和机关审核批准后组织实施。

1）重大飞控工作模式：指在轨测试和长管运行期间重大飞控事件（含重大事件和重大故障情况）的工作模式。

2）重要飞控工作模式：指长管期间科学探测任务密集、重要飞控事件（含重要事件和一般故障情况）的工作模式。

3）一般飞控工作模式：长管运行阶段正常运行情况下的工作模式。

在长管期间，重大飞控事件原则上由探月工程嫦娥四号任务两总决策，其他飞控事件由嫦娥四号任务总师系统负责，嫦娥四号任务测控通信指挥部具体实施。

（1）重大飞控工作模式

在重大飞控工作模式下，原则上测控网采用 24 小时不间断跟踪模式。各系统试验队在飞控现场联合开展飞控值班，实施 24 小时不间断值班。各系统飞控决策岗位和关键分系统岗位在指挥厅定位；中继星、着陆器、巡视器相关飞控决策支持和状态监视岗位在机房定位；自探测器动力下降前一天开始，巡视器相关飞控决策支持和状态监视岗位在遥操作厅定位；中继星、着陆器相关数据校核岗位在试验队机房定位，巡视器相关数据校核岗位在遥操作厅定位。

从发射入轨至探测器转长管前，各系统试验队岗位参试人员集中值班，关键岗位加强值班力量。月面遥操作决策支持小组在遥操作厅集中定位联合值班。每日上午召开测控通信指挥部和飞控组交接班例会，总结前一天工作完成情况，部署当天工作计划，每天提交日工作简报。

发生异常情况后，相关系统试验队第一时间通过调度系统向指挥中心报告，现场参与异常分析处置工作。

（2）重要飞控工作模式

重要飞控工作模式期间，原则上测控网采用 24 小时不间断跟踪模式。各系统试验队在长管厅和遥操作厅等场所联合开展飞控工作。其中，着陆器和中继星飞控在长管机房及试验队机房实施，巡视器飞控在遥操作厅及试验队机房实施。遇有重要飞控环节，启用第一指挥厅开展飞控工作。

（3）一般飞控工作模式

长管运行阶段，原则上着陆器、巡视器月夜休眠期间测控网每天跟踪中继星约 8 小时，月昼期间每天跟踪时间根据巡视器月面遥操作飞控需求确定，重要控制及应急处置期间增加跟踪弧段。鉴于月球背面地形复杂、应急处置要求较高，巡视器三个月寿命期后，测控通信指挥部组织相关系统研究确定长管飞控工作模式，报请工程两总审核批准后组织实施。

各系统试验队参试人员在本单位远程支持场所定位参加值班。月面遥操作决策支持小组人员在本单位远程支持场所定位。实施月计划工作模式，每月召开两次月面遥操作决策支持小组例会。第一次召开时机为月昼唤醒前，小结上一月昼工作完成情况，部署当前月昼工作计划；第二次召开时机为月午期间，小结月午前工作完成情况，调整后续工作计划；每月昼休眠后，向飞控组提交月工作简报。

5.1.3.4　工作制度

探测器任务准备和实施期间，测控通信指挥部采取"现场集中办公"和"分散召集会商"两种工作方式，为强化协同配合，规范工作秩序，提高工作效率，以文件形式明确测控通信指挥部工作制度。

（1）计划制度

重大和重要飞控工作模式下，组织计划组及飞控组每日拟制工作计划、飞行控制计划，长管期间按月拟制工作计划，各参试单位（系统）严格组织落实和检查，重要计划调整及时报测控通信指挥部值班领导。

（2）值班制度

重大和重要飞控工作模式下，根据飞控工作安排，测控通信指挥部及下设组织计划组、飞控组分两个班次在飞控现场实行轮流值班，每日召开交接班会并履行交接班手续，长管飞控模式下，相关系统试验队在本单位远程值班，必要时在长管厅、遥操作厅联合开展飞控值班。

（3）会议制度

测控通信指挥部及下设组织计划组、飞行控制组以会议形式研究确定后续工作计划，决策重大飞控事件处置措施，协调解决各系统有关问题。各类会议实行签到制度，由专人记录会议内容，形成会议纪要。

（4）请示报告制度

测控通信指挥部成员严格按照职责分工、决策程序处置有关飞控事件，并通过调度、电话或会商系统及时报告。测控通信指挥部以简报、电报的形式向工程总体和上级主管部门报告阶段飞控工作实施情况，遇有重要情况及时上报。

（5）岗位责任制度

测控通信指挥部实行岗位责任制，各系统均设置飞控决策岗及决策支持岗，分别由测控通信指挥部副指挥长及相应系统成员担任。探测器任务实施期间，参试各单位（系统）应明确各专业支持岗位设置及职责，确定各试验场所定位人员，并指定各岗位带班责任人。

（6）请销假制度

任务实施期间，严格落实请销假制度，确需离开岗位的，副指挥长向指挥长请假，其他成员向所属系统负责人请假，并安排替岗人员。测控通信指挥部及下设组织计划组、飞控组按计划正常召开的会议原则上不得请假，确有特殊原因，应提前指定委托人参会，并交代会议相关事宜。

5.1.3.5　飞控决策模式

嫦娥四号探测器任务飞控处置与决策主要由工程总师系统、测控通信指挥部和飞控组进行。工程总师系统负责有关需决策事项的总体技术状态审核把关。测控通信指挥部为飞控决策实施的责任主体，负责组织飞控组提出飞控实施意见建议。对于有方案预案的飞控事件，由测控通信指挥部严格按照方案预案组织实施。对于无方案预案的飞控事件，区分事件的重要及紧急程度，依据相应的决策模式进行报批或及时报告。

重大飞控工作模式下，参加飞控决策和支持的人员视情实行 24 小时不间断轮流值班。相关测控通信指挥部成员单位分别派出飞控责任人，在指挥中心飞控决策区就位，代表本系统提出飞控决策意见。测控通信指挥部负责人作为飞控决策和组织实施的主要责任人，组织各系统飞控负责人负责飞控决策工作。

正常情况下的飞控决策，由测控通信指挥部按照飞控实施方案和飞行控制计划实施。异常情况下的飞控决策主要分为以下三类：

1）飞控决策模式一：有方案预案的一般飞控事件

由测控通信指挥部按预案直接决策并组织实施，实施过程中及时上报情况。

2）飞控决策模式二：有方案预案的重大飞控事件

由测控通信指挥部组织飞控组按预案提出处置与决策意见，原则上在实施前应向工程两总汇报并履行相关手续（审核），若事件时效性要求较高，可先行组织实施，然后适时汇报情况。

3）飞控决策模式三：无方案预案的飞控事件

由测控通信指挥部组织飞控组研究制定应急处置意见，及时向工程两总汇报并履行相关手续（审批），然后组织实施，必要时可视情在汇报前先行采取防止事态恶化的应急控制措施，设法保证航天器安全。

5.1.3.6　巡视器路径规划管理

为圆满完成嫦娥四号探测任务月面遥操作工作，在飞控组框架内，成立月面遥操作决策支持小组。

（1）职责

月面遥操作决策支持小组主要任务职责为：负责遥操作导航单元规划结果的确定和发布；负责月面巡视过程中巡视器的重要状态确认；对遥操作相关的紧急飞控事件提供决策支持；对遥操作相关的无处置预案故障提出处置意见。

（2）工作模式

月面遥操作决策支持小组在测控通信指挥部和飞控组的组织下开展工作。巡视器月面遥操作实施过程中，决策支持小组成员在指挥中心就位，采用现场会商和会议研究等方式开展工作，对巡视器重要状态和导航单元规划结果进行审核确认。遇紧急或故障情况，由决策支持小组研究提出处置意见，经飞控组审核确认，报测控通信指挥部批准后实施。

（3）实施程序

月面遥操作决策支持小组主要负责对巡视器活动机构规划结果比对和路径规划结果复核验证等进行决策。

①活动机构规划结果比对

测控系统和探测器系统并行开展活动机构规划，规划结果比对一致性判断准则由飞控组组织制定。月面决策支持小组在指挥中心集中定位，依据指挥中心监显系统中的双方计算结果进行现场比对，审议确定后由指挥中心调度通报策略选用结果并组织实施，具体流程如图 5-4 所示。

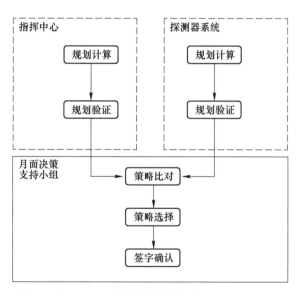

图 5-4　活动机构规划结果比对流程

②路径规划结果复核验证

探测器系统和测控系统并行开展路径规划，相互复核进行验证，月面决策支持小组依据双方计算结果及复核结果，审议确定后通报策略结果并组织实施，具体流程如图 5-5 所示。

5.1.3.7　有效载荷科学探测管理

（1）组织指挥

为了保证任务执行的准确和高效，地面应用系统的总体承担单位成立支撑保障领导小

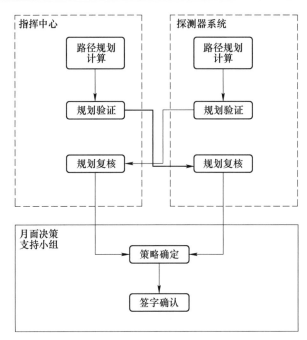

图 5-5　路径规划结果复核验证流程

组，保障任务的执行。

地面应用系统设立任务执行指挥部，指挥长由地面应用系统总指挥担任，全面负责组织指挥工作；设 3 名副指挥长，分别负责组织地面应用系统的任务执行、与 VLBI 系统任务协调、有效载荷在轨测试支持及协调。设立总调度，负责任务的日常调度工作。指挥部成员由各相关单位人员组成。指挥部下设任务保障组和任务执行组，每个组设若干小组，各个小组定岗、定员、定责开展工作。

①任务保障组

任务保障组为地面应用系统的任务执行提供组织协调、安全保障和后勤支持，负责内外协调、任务调度、安全保密、电力通信和后勤保障工作。

②任务执行组

任务执行组是地面应用系统任务的技术实施队伍，负责任务实施过程中的总体技术以及实施过程中内部和外部的技术协调。图 5-6 为地面应用系统各任务执行小组的工作流程。

任务执行组下设总体技术与业务计划小组、科学规划与研究小组、地面段任务工作小组、空间段任务工作小组、通信网络与技术支撑小组，各小组的职责分工如下：

（a）总体技术与业务计划小组

该组由地面应用系统总体、各分系统技术人员和各工作组代表组成，负责地面应用系统的业务运行和计划管理工作。其主要职能包括：负责组织科学计划、探测计划的会商和会签；负责与测控系统的任务协商和技术协调；负责地面应用系统业务运行的调度指挥。

（b）科学规划与研究小组

该组由月球科学方面的科学家和地面应用系统的技术人员组成，负责科学任务的制定和科学目标的实现，主要职能包括：科学数据质量评价；科学任务的规划和探测目标的确

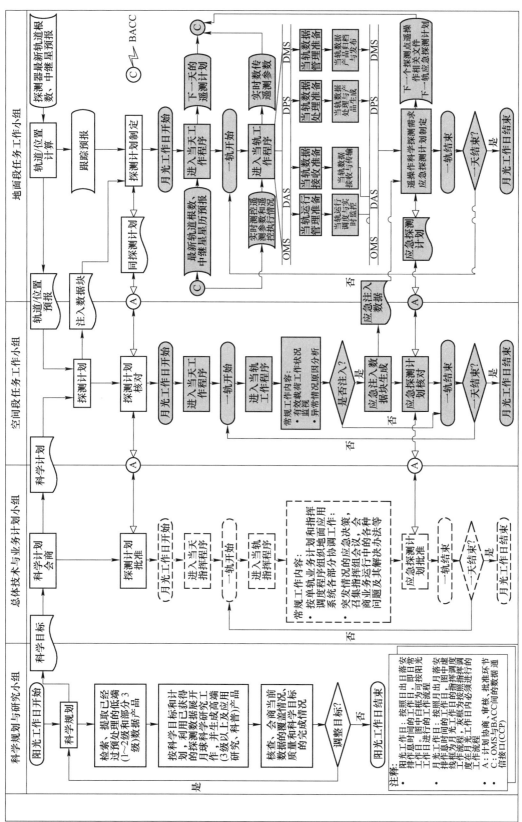

图 5 - 6　地面应用系统各任务执行小组的工作流程

定；组织空间段任务工作组和地面段任务工作组制定科学计划；科学研究产品的生成。

（c）地面段任务工作小组

地面段任务工作组由各分系统的技术人员组成，负责管理和运用地面应用系统的软硬件设备，完成地面应用系统的各项任务。主要职能包括：使用测控系统提供的轨道数据，生成预报文件；负责数据实时处理，向总体技术与业务计划小组提出初步的科学探测需求，用于决策；按照批准的指令上行和数据注入申请表单生成探测计划（包括有效载荷的遥控指令发送计划；有效载荷的数据注入事件的注入计划；根据数传天线的开关机时间制定的地面站数据接收计划）。探测计划文件由相关有效载荷责任人签字确认，地面应用系统总师批准后，发送至指挥中心；负责地面应用系统软硬件设备运行状态的实时监视控制；负责数据处理与产品生成、归档和发布等；参与科学计划的会商和探测计划的会签；负责与测控系统的技术接口协调。

（d）空间段任务工作小组

空间段任务工作组由运行管理分系统负责人召集，探测器各有效载荷仪器工程师和运行管理分系统工程师参加，负责有效载荷的运行管理。空间段任务工作组的主要职能是：根据科学计划，组织中继星有效载荷人员编写指令上行和数据注入申请表单，交指挥部审批；负责监视有效载荷的运行状态，检查数据处理结果，分析故障原因，提出应急方案，交指挥部审批；参与科学计划的会商和探测计划的会签；负责与有效载荷的技术接口协调。

有效载荷仪器工程师由有效载荷分系统派出，在地面应用系统业务运行场所从事在轨测试工作和业务运行期间的有效载荷技术支持工作。主要任务包括：负责有效载荷在轨测试；负责提出有效载荷指令和数据注入需求；负责有效载荷故障诊断和恢复。

（e）通信网络与技术支撑小组

该组负责维持地面应用系统通信系统、网络系统、空调和供配电系统等。为了更好地组织和协调任务执行期间各个岗位的工作，在每天的值班岗位中设总值班长、总部和各接收站值班长，具体负责当日任务的执行。

（2）任务方案

地面应用系统任务的启动，首先由科学目标规划与研究小组制定科学计划，然后根据测控系统提供的嫦娥四号中继星的轨道根数信息，生成探测计划。其中，探测器有效载荷的数据注入计划和指令发送计划发送给测控系统，由测控系统上行至中继星转发；轨道跟踪计划和数据接收计划发送给各分系统。各分系统根据探测计划执行运行任务，如图 5-7 所示。

数据接收分系统根据计划，驱动地面站接收、记录中继星下行数据，同时将帧数据发送到总部，并对接收到的探测数据进行落地存储。

地面应用系统总部接收地面站发来的帧数据，并对其进行处理，显示和监视探测器有效载荷的工作情况；对于巡视器遥操作任务，利用全景相机实时处理结果，进行探测点选取，提出科学探测需求。地面站完成当天的数据接收后，再将完整的探测数据传输到总部，用于数据预处理和数据产品生产。

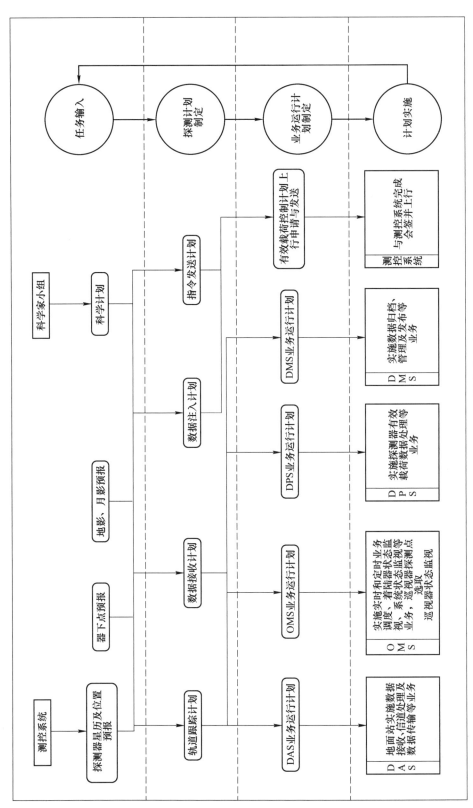

图 5-7　地面系统任务方案

5.2 科学数据管理

科学数据是指深空探测活动中所获得的科学与应用信息，包括地外天体遥感、就位探测与感知、空间观测等。科学数据管理按照《国防科工局 国家航天局关于印发＜月球与深空探测工程科学数据管理办法＞的通知》（科工月〔2016〕1090 号）进行管理。包括科学数据的处理、存储、申请、发放、应用研究、成果管理等管理机制。

5.2.1 数据管理组织

科学数据实行归口管理、分级负责的管理模式。工程总体负责科学数据实施管理，地面应用系统作为业务支撑单位。

工程总体主要职责包括：

1）拟制科学数据有关规章制度。

2）在中国探月与深空探测网（www.clep.org.cn）建立和维护科学数据信息平台，按月发布科学数据动态信息。

3）对科学数据使用申请进行技术评议。

4）确定公开发布数据的种类。

5）汇总形成科学成果清单并发布。

6）开展科学数据有关的国际合作与交流。

7）协调工程研制单位汇交科学数据。

8）监督检查科学数据发布和使用。

9）协调解决科学数据研究使用中出现的问题和需求等。

地面应用系统主要职责包括：

1）制定科学数据接收、处理、解译、数据格式等技术操作细则。

2）接收航天器发回的原始科学数据，处理解译后对生成数据产品存储。

3）形成数据产品清单以及对应的应用规范说明。

4）根据工程总体技术评议情况，完成相应科学数据的准备和发放。

5）按月生成数据动态信息等。

5.2.2 科学数据产品分级及申请权限

探测器发回并经预处理的数据分为 0、1、2 三级，对各级数据描述如下：

0 级：Level0A，经地面调解、帧同步、解扰、信道译码、分路解帧等处理后形成的探测仪器源包数据。Level0B，在 0A 级基础上经过多个地面接收站数据合并（适用时）、排序去重复、去除包结构、解压缩（适用时）后形成的探测仪器采集数据。

1 级：Level1，在 0B 级数据产品的基础上进行温度、电压、电流等仪器参数的数值转换，并按探测周期重新组织的数据。

2 级：Level2，在 1 级数据产品的基础上利用定标结果进行校正，并提供几何信息的数据。

0 级数据产品格式为二进制文件；1 级和 2 级数据产品格式一般采用 PDS 标准格式。

地面应用系统在接收到原始探测数据后，经为期 5～6 个月的数据处理周期，形成首批科学数据。之后对探测器持续工作发回数据进行不间断的处理，并按月形成动态更新信息。在首批科学数据形成后，科学载荷单机及以上的研制单位，经技术评议后可使用该载荷全部级别的科学数据。其他用户经技术评议后可以使用 1、2 级科学数据，并注明是否需要该类型数据后续数据。在首批数据处理期满 12 个月后，结合数据发布和研究等情况，工程总体确定公开的科学数据种类。

5.2.3　科学数据发放程序

国内用户应具有相应的科研条件，有明确的数据研究计划与目标。用户在数据信息平台注册登录后，填写并提交《月球与深空探测工程科学数据申请表》。工程总体于 10 个工作日内完成《月球与深空探测工程科学数据申请表》的技术评议后，将数据发放意见通知地面应用系统。地面应用系统于 10 个工作日内完成发放数据的准备，生成下载链接并以电子邮件通知用户并抄送工程总体。下载链接地址的数据存放时间不少于 1 个月。公开发布的科学数据，用户可注册登录数据信息平台后直接下载。

对于国内有效载荷，在其首批 1 级或 2 级科学数据生成后期满 12 个月时，由地面应用系统向工程总体提交公开发布申请，待工程总体确定并批准公开发布的数据种类后，地面应用系统在探月工程数据信息平台上，每月逐批对已制作完成且期满 12 个月的相关科学数据产品进行公开发布。对于国际合作载荷，在其首批 1 级或 2 级科学数据生成后期满 12 个月时，工程总体按照合作协议的有关要求，商协议合作方研究确定数据公开发布事宜，并向地面应用系统通报有关要求，地面应用系统据此在探月工程数据信息平台上予以公开发布。对于公开发布的国内有效载荷和国际合作载荷科学数据产品，工程总体在中国探月与深空探测网（www.clep.org.cn）的"月球与深空探测科学数据与样品发布系统"上同步发布，并推动做好数据镜像相关工作。

5.2.4　推广应用和成果管理

鼓励国内部门、科研机构和院校积极主动开展数据研究、成果转化和推广应用工作。同时，支持社会参与相关科学研究和应用探索。在用户论文发表及学术交流等活动中，应注明"科学数据由中国国家航天局提供"；论文发表后 3 个月内，应登录数据信息平台进行报备。形成的研究成果和产品，按照国家和主管部门知识产权相关法律法规、制度进行管理，由工程总体汇总并在数据信息平台公布。

5.2.5　面向核心团队的数据发布

为加快科学成果产出，嫦娥四号工程提前组建了"科学数据处理方法和探测区地质背景研究""月球背面巡视区形貌、浅层结构和矿物组分研究""月球低频射电环境研究""月表中性原子及粒子辐射环境研究"等 4 个核心科学家团队，制定了数据发布细则。

1）嫦娥四号任务的科学数据包括中继星、着陆器、巡视器所搭载的全景相机、地形地貌相机、降落相机、红外成像光谱仪、测月雷达、低频射电频谱仪、低频射电探测仪（NCLE，中国-荷兰合作）、月球中子及辐射剂量探测仪（LND，中国-德国合作）、中性原子探测仪（ASAN，中国-瑞典合作）等有效载荷探测数据及其相关的工程参数，以及有效载荷性能、指标及其地面和在轨定标等相关数据；

2）嫦娥四号任务地面应用系统负责在接收到在轨测试及科学探测期间的探测数据后1个月内完成数据处理，形成 Level 0B 级科学数据；之后，对探测器发回的数据进行持续处理，并按月对各级科学数据分批进行动态更新；

3）各团组制定研究方案，确定明确的数据研究目标、计划与人员分工，团组组长代表团组和核心团队主任签订数据使用和保密承诺，提出数据使用需求；

4）以团组为单位申请数据。各团组组长或副组长作为申请人在"月球与深空探测科学数据与样品发布系统"在线填写数据申请表，核心团队办公室组织审核后报核心团队主任审批；

5）《嫦娥四号任务科学研究核心团队数据申请表》通过团队主任审批后，核心团队办公室将数据发放意见发地面应用系统，后者于2个工作日内完成发放数据的准备，并按照"月球与深空探测科学数据与样品发布系统"平台要求，将数据发相关研究团组；后续每月例行从地面应用系统获取动态更新数据，不再办理申请和审批手续；

6）不在地面应用系统管理的数据，如探测器和载荷相关的工程参数、定标数据等数据，由工程总体协调相关单位提供给有关研究团组。

5.2.6　面向国际载荷的数据发布

为进一步推动科学数据研究工作顺利开展，同时考虑到本次任务搭载了多台国际合作载荷，中国国家航天局与各合作国签署了合作谅解备忘录约定，并在此框架下，由工程总体、中方合作单位及外方研制单位在联合工作组（TCT）层面签署了各载荷合作实施协议，并对数据共享规则等进行了约定。为确保中外科学家能够在可行合理的范围内，"快速、公开、平等"地使用科学载荷探测数据，明确了嫦娥四号任务科学载荷数据申请与发放程序、国际合作载荷数据共享流程等管理要求。

（1）国际合作载荷范围

国际合作载荷包括月表中子及辐射剂量探测仪 LND、中性原子探测仪 ASAN、低频射电探测仪 NCLE 和沙特微型成像相机 KLCP。

（2）载荷数据申请和发放流程

1）数据申请流程。按照对核心团队的数据发布程序"以团组为单位申请数据"的规定，由各载荷中方首席专家将数据使用需求报至所在研究团组组长或副组长，由后者作为申请人，在"月球与深空探测科学数据与样品发布系统"在线填写数据申请表，工程总体进行形式审核通过后，逐级报核心团队主任、工程总体单位领导审批。

2）数据发放流程。数据申请审批通过后，由工程总体将签署后的审批表发地面应用系统，后者据此在2个工作日内完成数据准备，并将数据直接交接给本数据申请单对应的载荷中方首席专家或其书面授权的代办人员，并同步向外方首席专家提供。

3）其他要求。首次申请成功后，载荷中方首席专家或其书面授权的代办人员，无须再次办理数据使用申请，可每月例行从地面应用系统直接获取动态更新的各级别科学数据（第一批 0B 级数据处理时间不超过1个月）。

（3）向外方提供的载荷数据范围和有关责任方

1）向外方提供的载荷数据范围。按载荷合作实施协议规定，向外方提供的相关数据应包括：载荷原始数据，空间数据包传输协议格式，探测器或中继星的相关时间、位置、姿态等数据，以及载荷数据分析所需要的其他数据。

2）向外方提供载荷数据的责任主体。按载荷合作实施协议规定，国际载荷的相关数据由载荷中方首席专家所在单位向外方提供。各载荷中方首席专家获取数据后，应同步向外方提供数据。

3）成果联合发布。按载荷合作实施协议中"数据成果由联合工作组统一发布，中方由国家航天局统一发布"的规定，各载荷中方首席专家组织联合工作组的中方技术团队，与外方共同对双方利用在轨探测数据所取得的研究成果的正确性、原创性等进行确认。在此前提下，及时向工程总体提出具备联合发布条件的研究成果具体内容，并配合工程总体完成联合发布的相关工作。

4）数据公开。根据各载荷合作实施协议中"六个月，向 TCT 之外的其他科研人员公布数据"的要求和《国防科工局 国家航天局关于印发＜月球与深空探测工程科学数据管理办法＞的通知》，在首批数据处理期满 12 个月后，结合数据发布和研究等情况，工程总体确定公开的科学数据种类，各级别载荷数据将在地面应用系统完成处理 6 个月后，通过数据发布系统公开接受核心团队中相关团组科学家或国内其他科研人员提出的使用申请，随后再经 6 个月，由工程总体组织研究确定可直接公开（即由申请人直接选定数据并自行下载）的科学数据。对审批通过的申请，由地面应用系统直接与申请人通过电子邮件或光盘等便利的形式进行交接（对核心团队科学家提出的数据申请，只需办理一次审批，后续可由申请人每月例行获取动态更新的各级别科学数据）。同时，由各载荷中方首席专家负责协调外方研制单位，通过适当渠道在国外公开数据。

5.3　科学目标实现效果管理

嫦娥四号在月球背面着陆与巡视探测属于国际首次，所获得的科学探测数据在国际上都是第一手资料，所取得的月球科学的研究成果均具有"首创"意义。这些原创性科学成果是人类宝贵的财富，对推动经济建设和社会发展具有重要意义。

5.3.1　科学成果管理的基本要求

嫦娥四号工程科学成果按照《探月工程知识产权全过程管理办法》以及《月球与深空探测科学数据管理办法》进行管理。各承担单位依照国家法律法规和管理办法对嫦娥四号工程中产生的知识产权进行管理，以达到有效保护和促进运用的目的。

工程总体是嫦娥四号知识产权总体负责单位，对各承担单位在项目中的知识产权工作进行指导、监督和考核。各承担单位知识产权管理部门负责探月工程的知识产权相关工作，配合工程总体做好项目的各项知识产权管理。工程总体汇总各系统在工程实施过程中产生的知识产权情况，形成知识产权报告。对科技成果进行统计，形成成果树。参与嫦娥四号科学研究和管理的人员应当提高知识产权意识，遵守知识产权管理制度，协助所在单位做好相关知识产权工作。鼓励国内部门、科研机构和院校积极主动开展数据研究、成果转化和推广应用工作。同时，支持社会参与相关科学研究和应用探索。

用户在国内和国外论文发表及学术交流等活动中，注明"科学数据由中国国家航天局提供"；论文发表后 3 个月内，登录数据信息平台进行报备。形成的研究成果和产品，按照国家和部门知识产权相关法律法规进行管理，由工程总体汇总并在数据信息平台公布。

嫦娥四号科学研究核心团队办公室负责收集嫦娥四号任务科学成果的汇总，形成并动态更新成果列表。

5.3.2　成果交流和研讨

为推动科学研究有序高效进展，核心团队以成果交流和研讨会的方式，组织各组成员以及关心嫦娥四号科学进展的有关领导、专家学者等交流研讨，包括研究进展、研究成果、方法和技术等。大型交流会每年举办一次，小型交流会不定期举办。

（1）科学研究交流会

在嫦娥四号探测器发射前，工程总体组织召开了嫦娥四号任务科学研究第一次学术研讨会，参加会议有来自中科院、高校、航天科技集团、澳门科技大学等单位及高校的 100 余名专家。会议解读了《月球与深空探测工程科学数据管理办法》，介绍了嫦娥四号任务有效载荷配置、数据接收和处理能力以及有效载荷的探测原理、技术指标、探测模式等。会议提出拟组建嫦娥四号科学研究核心团队，加强成果产出的人、财、物保障。四个团组组建负责人分别介绍了"科学数据处理方法和探测区地质背景研究""月球背面巡视区形貌、浅层结构和矿物组分研究""月球低频射电环境研究""月表中性原子及粒子辐射环境研究"方面的科学问题、数据需求、研究方案和思路。为推动嫦娥四号科学研究做了动员，激发了科学家的研究热情。

"嫦娥四号"任务科学研讨会召开

"嫦娥四号"将在 2018 年 12 月择机发射，实现人类首次月球背面软着陆和巡视探测，将进一步深化人类对月球的科学认知，推进人类文明进步。为做好"嫦娥四号"任务科学研究工作，加强应用研究科学家对探测器载荷的深入了解，促进"嫦娥四号"任务在科学研究方面"早出成果、多出成果、出好成果、出大成果"，2018 年 10 月 25 日，国家航天局探月与航天工程中心与中科院月球与深空探测总体部联合组织召开"嫦娥四号"任务科学研讨会。

来自中科院有关科研院所和北京大学、山东大学、中国地质大学、重庆大学等十几所高等院校 90 多名专家参加了会议。

会议就此次任务的科学目标实现、科学探测载荷工作模式、数据处理与分析方法以及科学研究思路等开展先期研讨，明确后续科学研究工作方案。应用研究科学家与工程技术专家在会上进行了充分的交流。与会专家一致认为，"嫦娥四号"任务为月球科学和月球空间环境研究提供了非常好的机会，充分利用"嫦娥四号"任务第一手科学探测数据，做好月球背面科学研究，是我国科学家义不容辞的责任。会议决定，探月与航天工程中心与中科院月球与深空探测总体部将联合组建"嫦娥四号"科学研究团队，集中优质科学研究力量，在探测区地址背景、巡视区形貌及浅层结构和矿物组分、低频射电环境、中性原子及粒子辐射环境等研究领域争取取得更多更好的研究成果。

（2）成果交流会

①结合月球与深空探测国际会议，召开专场交流会

2019 年 7 月 22 日至 24 日，第四届月球与深空探测国际会议（LDSE）在珠海国际会展中心顺利召开。会议以月球科学和行星科学前沿、月球与深空探测术及有效载荷新技术、未来月球与深空探测的科学愿意为主题，进一步推进了该领域的国际交流与合作，展示了中国探月工程成果。国内外航天界、科研院所、大学和港澳台的总参会人数达到 460 人，其中境外专家 60 多名。会议中设立的嫦娥四号专题分会场成为本届会议的主要热点，共展出了 22 篇口头报告和 21 篇科学成果报告，专家分别从物质成分、地形地貌、浅层结构，以及空间环境等几个方面详细介绍了嫦娥四号的最新研究进展，国际众多机构和专家都对嫦娥四号取得的科学成果表示肯定。

第四届月球与深空探测国际会议（LDSE）
——嫦娥四号科学成果交流会专场

2019 年 7 月 24 日，由中国国家航天局和中国科学院联合主办的第四届月球与深空探测国际会议（LDSE）在珠海国际会展中心圆满闭幕。三天时间里，来自世界 18 个国家和组织近 400 名代表齐聚一堂，围绕月球与深空探测领域科学前沿、最新技术、最新成果以及未来科学探测愿景，交流学术思想，碰撞智慧火花，共同描绘月球与深空探测事业国际合作宏伟蓝图和广阔空间。本次会议共安排了包括 4 场特邀报告在内的 176 个学术报告，以及 85 份海报展示和 3 个展台展示。参加会议人员更加广泛，交流研讨内容更加深入。

　　本次大会取得了丰硕成果，分享了各国在空间探索领域的发展规划，加深了各个国家与组织在月球与深空探测领域的沟通交流，为国际合作的深入拓展与和平利用空间发挥了积极作用。通过本次大会，国际月球与深空探测领域技术交流更加深入，科学成果更加开放，合作愿景更加广阔，扩大了我国月球与深空探测事业的国际影响力。

　　后续，中国愿同国际社会一道，按照"开放、包容、合作、共赢"的原则，以"规划对接、联合设计、协同实施、成果共享"的方式，在月球与深空探测国际合作中秉持诚意，勇于开拓，持续推动人类科技进步和社会发展，共建人类命运共同体。

②年度嫦娥四号科学成果大型交流会

2019 年 11 月 23 日，探月与航天工程中心与相关单位联合组织召开嫦娥四号任务科学成果交流会。来自数十家单位 100 多名专家参加了会议。会议安排了嫦娥四号任务科学家委员会和 4 个核心科学家团队报告年度工作情况、科学载荷在轨飞控实施情况、科学载荷任务规划与数据获取和处理情况汇报，选取已经发表的优秀论文进行会上交流，并评选优秀论文和优秀科研工作者或优秀科研团队，激励研究团队、促进成果交流、促进成果产出。科学团队展示了中性原子探测数据、月表中子与辐射剂量探测数据的初步分析结果，对后续研究予以了很高的期待；分析并展望了宇宙早期演化、太阳系行星射电学、太阳低频射电爆发等研究领域的前景发展。与会专家学者对嫦娥四号取得的科学成果和科学发现给予了充分肯定，并进行了开放交流和科学展望。

嫦娥四号任务科学成果交流会在京举行

2019 年 11 月 23 日，国家航天局探月与航天工程中心和中科院月球与深空探测总体部联合组织召开嫦娥四号任务科学成果交流会。旨在促进嫦娥四号成果交流、互相借鉴，提升科学研究水平。自 2019 年 1 月 3 日，我国嫦娥四号探测器成功实现国际首次月球背面软着陆以来，在月球背面复杂空间环境与地质条件下正常工作已超过 300 天，玉兔二号月球车行驶里程不断刷新纪录，累计已超过 300m。目前，嫦娥四号着陆器和玉兔二号月球车处于第 12 个月昼工作期。在轨工作期间，获得了 13 种国内外科学和试验载荷的原始科学数据约 1.7TB。以嫦娥四号任务科学研究核心团队为主的中外科学家通过对数据的分析，取得了可喜的科学成果。

来自中科院国家天文台、国家空间科学中心、上海天文台、地质与地球物理研究所、地球化学所、空天信息研究院、西安光学精密机械研究所、上海技术物理研究所等，中国地质科学院，航天科技集团有限公司中国空间技术研究院、北京航天自动控制研究所、东方红卫星有限公司，北京航天飞行控制中心，北京大学、中国地质大学、浙

江大学、同济大学、山东大学、中山大学、哈尔滨工业大学、武汉大学、北京师范大学、吉林大学、厦门大学、澳门科技大学、香港城市大学等30多个单位的110余名专家参加了会议交流。

会上报告了探测器近一年在轨工作的飞控实施情况、科学载荷探测任务规划和数据处理情况及核心团队年度工作进展，并对核心团队已在《Science》等国内外学术期刊陆续发表及被录用的20余篇科学成果进行了集中展示及交流。

嫦娥四号在轨工作近一年来，科研团队根据搭载的红外成像光谱仪、测月雷达、全景相机、地形地貌相机等科学仪器取得的探测数据，重构了嫦娥四号月球背面下降轨迹，对着陆点进行了精确定位；获取了着陆区形貌、构造、成分等基本地质信息，发现个别探测点成分（月壤/岩石）以橄榄石和低钙辉石等矿物组分为主，并对其来源做出初步判断。这些成果对揭示月球南极附近艾特肯盆地的地质演化乃至月壳早期演化历史、月球深部物质结构及形成机理等科学问题具有重要科学价值。

科研团队展示了中性原子探测数据、月表中子与辐射剂量探测数据的初步分析成果，对后续研究予以了很高的期待。根据中继星、着陆器搭载的低频射电频谱仪探测数据，科研团队分析并展望了宇宙早期演化、太阳系行星射电学、太阳低频射电爆发等研究领域的发展前景。

5.3.3　成果推广与宣传

嫦娥四号工程在国际上首次实现了月球背面地形地貌、矿物组分、空间环境、低频射电天文等方面的探测，获得了多项原创性科学成果。嫦娥四号研制团队非常重视科学成果的推广、宣传乃至应用，充分挖掘科研成果背后的价值，发挥更大的效用。

嫦娥四号科学家团队各研究团组组长每月在工作简报中汇总统计本团组研究成果，并附各论文的摘要，依据研究方向、成果类型、成果亮点等分类归纳。各组成员在论文发表后2日内，形成本成果的科普宣传素材报送工程总体，内容包括成果简介、成果亮点、研究过程、研究意义等，包括必要的图片或视频等，在探月工程"两微一网"上通过文章、资源共享等方式进行宣传报道，让业界乃至更多的人了解了嫦娥四号的科学研究成果。

中国探月工程微信

嫦娥四号最新成果——在月球背面发现碳质球粒陨石撞击残留物质，探究"月外来水"

近期，中国科学院国家空间科学中心空间天气学国家重点实验室刘洋研究员团队，联合夏威夷大学、澳门科技大学、北京大学和香港理工大学等国内外合作者，基于嫦娥四号巡视器获取的具有超高空间分辨率影像与光谱数据，首次在月表原位识别出了年龄在一百万年内的碳质球粒陨石撞击体残留物。研究成果以"嫦娥四号在月球上探测到富含碳质球粒陨石的撞击残留（Impact remnants rich in carbonaceous chondrites detected on the Moonby the Chang'e - 4 rover）"为题，发表在《Nature - Astronomy》。

　　嫦娥四号在月球背面的第 9 月昼，玉兔二号月球车"偶遇"了一个 2m 大小的新鲜撞击坑，并对这个撞击坑进行了详细的光谱探测（见下图）。对成像光谱仪获取的高光谱影像数据的详细分析发现，撞击坑中心的疑似"残留物"与坑内及坑外的典型月壤、岩石碎块的光谱呈现明显不同的特征，与碳质陨石光谱具有很高的相似度。基于辐射传输模型的光谱定量反演结果显示，该残留物中碳质陨石组分质量比达到 40% 以上。利用数值模拟对该撞击坑的研究结果显示，一个直径 15cm 的疏松撞击体以 15km/s 的速度（月表的典型撞击体速度）撞击月表可以形成上述观测到的小撞击坑形貌特征，并有残留物分布于撞击坑中心。

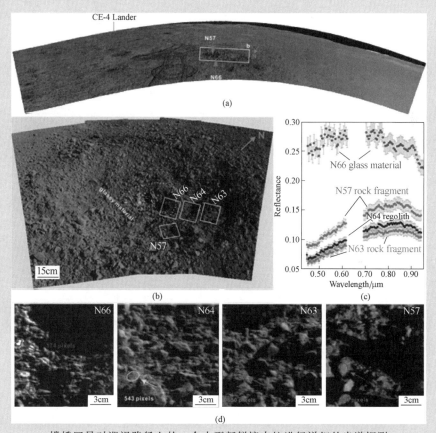

嫦娥四号对巡视路径上的一个小型新鲜撞击坑进行详细的光谱探测

　　研究撞击残留物质将对月球水的起源、地月系统撞击体成分和类型的演变历史提供重要参考，并有望对太阳系轨道动力学的演化进行进一步约束，增进我们对内太阳系撞击历史的了解。

　　研究表明，富含挥发分的碳质小行星的撞击可能仍然为现在的月球提供水源，并且认为碳质小行星可能是目前地月系常见的撞击体类型，支持内太阳系的撞击体类型从早期以普通球粒陨石为主向后期碳质球粒陨石为主进行了转变。通过分析嫦娥四号年轻月球样品中可能存在的撞击体残留物，可以对此进行进一步的科学验证。

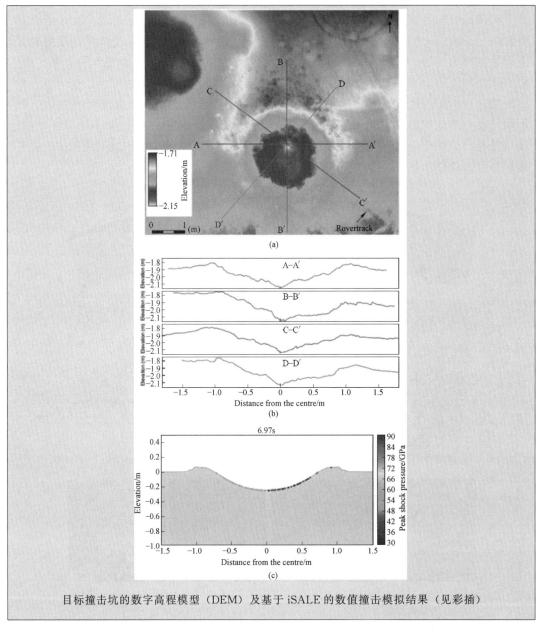

目标撞击坑的数字高程模型（DEM）及基于 iSALE 的数值撞击模拟结果（见彩插）

国内诸多主流媒体也及时进行了跟踪报道，有力地推动了成果的推广与应用。

嫦娥四号再次唤醒"复工"，实现"双四百"突破

在遥远的月球背面，经历 14 天的月夜后，太阳光再次照射在嫦娥四号着陆器和玉兔二号月球车上，嫦娥四号着陆器和玉兔二号月球车再次"复工"，分别于 18 日 23 时 38 分和 19 日 7 时 30 分自主唤醒，进入第 16 月昼工作期。经地面确认，两器状态良好，工况正常，按计划开展新一轮科学探测工作。玉兔二号月球车向新的目标点行驶探测，再次开启在月球背面的探索之旅。

在本月昼工作期，嫦娥四号着陆器搭载的月表中子及辐射剂量探测仪、低频射电频谱仪将按计划开机工作，开展既定科学探测。玉兔二号月球车搭载红外光谱仪、全景相机、中性原子探测仪、测月雷达等科学载荷将陆续开机，开展巡视探测，支撑科研团队深入了解月球背面。

目前，玉兔二号月球车已在月背存活 400 多天，累计行驶里程 405.44m，至此，玉兔二号月球车实现工作天数和行驶里程"双四百"的突破。在月球背面复杂的气候条件下，嫦娥四号着陆器和玉兔二号月球车已经度过了 15 个月昼月夜，为人类提供了关于月球背面地质结构、气象条件、辐射环境等大量科学数据。

经过近 3 年的研究，科学团队在着陆区地形地貌、巡视区浅层结构和物质组成、月表空间环境等方面取得了重要进展，近 130 篇高水平论文成果发表在《国家科学评论》《天文研究与技术》《Nature》《Science》《Geophysical Research letters》等国内外顶级或权威期刊上，提升了人类对月球的认知。

嫦娥四号实现月球背面探测

correspondence

Lunar farside to be explored by Chang'e-4

To the Editor — The Moon's farside eluded human observation until 4 October 1959, when the Soviet Luna 3 spacecraft flew by. Luna 3 photographed a surface in stark contrast to the lunar nearside; subsequent orbital exploration confirmed that the farside is characterized by thicker crust[1] and far fewer maria (volcanic plains)[2]. Despite this contrast, the 20 landings on the Moon before 2019 were all on the nearside (Fig. 1), because of the difficulty of communication between Earth and the farside. In 2018, a satellite (Queqiao) was successfully deployed to provide the communications relay capability for farside operations by the Chinese Lunar Exploration Program. This enabled the successful farside landing by Chang'e-4 on 3 January 2019, in the Von Kármán crater[3] on the floor of the South Pole-Aitken basin (Fig. 1).

Because the South Pole-Aitken basin, approximately 2,500 km in diameter and 13 km deep (refs. [4,5]), is thought to have formed from an impact that penetrated through the Moon's distinctive plagioclase-rich crust, the basin may expose fragments of the lunar mantle[6,7]. It also contains some of the relatively few farside maria. Therefore, exploration of this region may address some fundamental questions, such as on the nature of the lunar mantle, the cause of the greater crustal thickness on the farside, and how farside maria differ from their nearside counterparts. Furthermore, better constraints of the age of this basin may inform our understanding of the early impact flux on the Moon, and therefore also on Earth.

The Chang'e-4 landing site[3] is located at the eastern edge of the mare-containing Von Kármán crater, within the ejecta field of the nearby Finsen crater. This location was selected to optimize the likelihood of being able to investigate the crustal stratigraphy and regolith development, and to access material from farside maria, the deep crust, and possibly the mantle. Chang'e-4 and its rover, Yutu-2, carry a landing camera, a terrain camera, a panoramic camera, a visible and near-infrared imaging spectrometer, and ground-penetrating radar[8]. These instruments will enable analysis of the topography, regolith, shallow structure and rock and mineral compositions of the landing and roving sites. This information will be valuable for future farside missions, such as ones aiming to return samples. Preliminary analysis of in situ data from the first two lunar days reveals the morphological characteristics (Fig. 2) and underground structure of the landing site. The boundary between impact ejecta and underlying basalt is clearly identifiable, and there is potential evidence of excavated deep mafic material, which could reveal the mineralogy of the lunar mantle.

Chang'e-4 will also investigate the potential of the lunar farside as a platform for astronomical observations[9], using a low-frequency radio spectrometer[8]. The Moon has only a thin ionosphere, so radio-frequency measurements down to 500 kHz are possible at the surface during the day, and at even lower frequencies at night[10]. The farside is shielded from radio interference from Earth, as well as from solar emissions during the lunar night[10], so it is expected to be an excellent location for low-frequency radio astronomy.

The scientific achievements of the Chang'e-4 mission will advance our understanding of both the Moon and the wider solar system. □

Weiren Wu[1], Chunlai Li[2*], Wei Zuo[2], Hongbo Zhang[2], Jianjun Liu[2], Weibin Wen[2], Yan Su[2], Xin Ren[2], Jun Yan[2], Dengyun Yu[3], Guangliang Dong[4], Chi Wang[5], Zezhou Sun[6], Enhai Liu[2], Jianfeng Yang[7] and Ziyuan Ouyang[2,9]
[1]Lunar Exploration and Space Engineering Center, Beijing, China. [2]Key Laboratory of Lunar and Deep Space Exploration, National Astronomical Observatories, Chinese Academy of Sciences, Beijing, China. [3]China Aerospace Science and Technology Corporation, Beijing, China. [4]Institute of Tracking and Communication Technology, Beijing, China. [5]National Space Science Center, Chinese Academy of Sciences, Beijing, China. [6]China Academy of Space

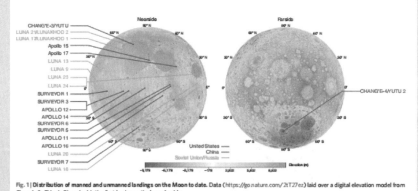

Fig. 1 | Distribution of manned and unmanned landings on the Moon to date. Data (https://go.nature.com/2tT27ez) laid over a digital elevation model from Chang'e-2. China's Chang'e-4 is the first lander on the lunar farside.

由于地球和月球之间的距离很近（仅 38 万千米），地球对月球巨大的引力导致了地球对月球的“潮汐锁定”，无论何时从地球的任何地方观测，都只能看到月球的一面，也就是近地面。另一面也就是远地面，也就是背面，也被称作“月之暗面”。由于“潮汐锁定”的现象，月球背面一直躲避着人类的观察，直到 1959 年 10 月 4 日，苏联发射的月球 3 号飞船飞过了月球背面，并拍下了第一张月球背面的全景照片。月球 3 号拍摄的月球背面照片与月球近地面形成鲜明对比，背面的地壳更厚，平原更少，陨石坑更加密集。

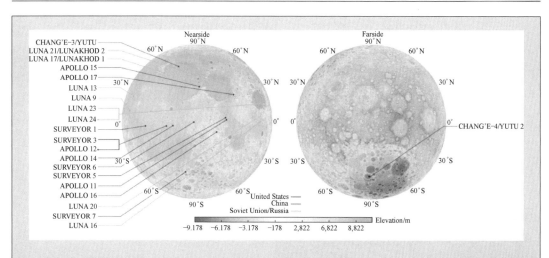

左图：月球正面，右图：月球背面；蓝色为美国进行的登陆探测，共 11 次，绿色为苏联/俄罗斯进行的登陆探测，共 8 次，红色为中国进行的登陆探测，共 2 次（见彩插）

2018 年 5 月，中国成功部署了一颗卫星——鹊桥，鹊桥位于月球背后 6.5 万千米外的地月拉格朗日二点附近，负责地球与着陆器、月球车的通信，为中国月球探测计划的远程作战提供通信中继能力。在这一基础上，嫦娥四号于 2019 年 1 月 3 日在月球背面南极-艾特肯盆地内的冯·卡门撞击坑内成功软着陆。这是第一次有人类制造的探测器在月球背面实现软着陆，是人类航天史上的历史性时刻。嫦娥四号着陆的月球南极-艾特肯盆地，直径约 2500km，深约 13km，是由小天体以一个贴近月球表面的小角度倾斜撞击形成的。

南极-艾特肯盆地是月球上最大的撞击坑，也是太阳系内已知最大的撞击坑。而且深度达到 13km，很可能会暴露出月幔的碎片。探测该盆地可以帮助我们了解太阳系中的超大型撞击事件的过程，挖掘出月壳深处甚至月幔的物质，这些物质会是我们研究月球内部成分的钥匙。而且，南极-艾特肯盆地的年龄非常古老，它形成于 39.2 亿年前，是月球上最古老的大型撞击盆地之一，月球的年龄也只有 45 亿年，对该盆地的探测可以使我们了解月球上的早期撞击通量，因此也可以了解地球上的早期撞击通量。

嫦娥四号登陆点位于冯·卡门火山口的东部边缘。选择这个位置是为了优化能够研究月壳地层和风化层开发的可能性，以及从远处的月海平原、深部地壳和可能的地幔中获取材料的可能性。

嫦娥四号和它的月球车玉兔二号，携带着陆相机、地形相机、全景相机、可见和近红外成像光谱仪以及地面穿透雷达。这些仪器将能够分析着陆场地及附近的地形、风化层、浅层结构以及岩石和矿物组成。这些信息对于未来的远期任务非常有价值。

嫦娥四号还将利用低频无线电光谱仪研究月球背面作为天文观测平台的潜力。月球只有一个很薄的电离层，因此白天可以在地面进行低至 500kHz 的射频测量，夜间的频率更低。月球背面不受地球无线电干扰以及月球夜间太阳辐射的影响，因此它将成为低频射电天文学的绝佳位置。嫦娥四号任务的科学成就将促进我们对月球和更广泛的太阳系的理解。

嫦娥四号工程的技术突破与科学进展

SCIENTIA SINICA Informationis

评述

嫦娥四号工程的技术突破与科学进展

吴伟仁[1]，于登云[2]*，王赤[3]，刘继忠[1]，唐玉华[1]，张熇[4]，张哲[1]

1. 探月与航天工程中心，北京 100190
2. 中国航天科技集团有限公司，北京 100048
3. 中国科学院国家空间科学中心，北京 100190
4. 北京空间飞行器总体设计部，北京 100094
* 通信作者. E-mail: yudyun@sina.com

收稿日期: 2020-04-23; 接受日期: 2020-06-10; 网络出版日期: 2020-12-03
国家中长期科技发展规划重大专项 (探月工程) 资助项目

摘要 嫦娥四号工程首次实现人类探测器在月球背面着陆巡视和中继通信，在国际月球探测史上树立了新的里程碑。本文简要介绍了国际月球探测态势，回顾了嫦娥四号工程的实施历程，对工程在地 – 月中继通信、月球背面高精度着陆、空间同位素电源研制等方面所实现的重要技术突破进行了阐述，并总结了在月球背景形貌、矿物组分和环境探测等方面取得的多项原创性科学研究成果。本文可为后续深化月球和行星领域探测与科学研究提供借鉴。

关键词 嫦娥四号，技术突破，科学进展，设计与分析，任务实现

1 引言

月球作为距离地球最近的天体，是人类深空探测的首选目标，人类已先后实施了 118 次探测活动，除 20 多个探测器实施了月球正面着陆探测以外，其他都是对月球的环绕和飞越探测[1]。月球背面是人类在地球上始终无法观测的未知世界，其最为神秘、最古老的撞击坑，加之始终背对地球，屏蔽了来自地球的电磁干扰，是开展射电天文观测的理想场所，不仅有助于研究解决宇宙的暗黑时代以及黎明时期等重大科学问题，而且对研究月球和太阳系早期历史和演化也具有重要意义[2~6]。美国、欧洲都曾设想着陆月球背面，但由于月球背面无法直接对地通信，且地形崎岖复杂、技术挑战大，因此至今从未涉足该区域。

近年来，欧洲航天局提出了月球南极探测规划，拟在月球南极建立"月球村"；俄罗斯制定了月球南极探测计划，拟通过月球 -25 至月球 -28 共 4 次任务的实施，在南极建立"月球基地"；印度在 2019 年实施月船 2 号月球南极着陆失败后，又计划在 2021 年前后发射月船相关 3 号任务，再次进行南极着陆探测；

引用格式: 吴伟仁，于登云，王赤，等. 嫦娥四号工程的技术突破与科学进展. 中国科学: 信息科学, 2020, 50: 1783–1797, doi: 10.1360/SSI-2020-0103
Wu W R, Yu D Y, Wang C, et al. Technological breakthrough and scientific achievement of Chang'e-4 project (in Chinese). Sci Sin Inform, 2020, 50: 1783–1797, doi: 10.1360/SSI-2020-0103

　　嫦娥四号工程自 2018 年成功实施以来，已取得多项技术突破和重要的阶段性科学成果，获得授权发明专利 150 余项；在《中国科学》系列、《Nature》《Science》等国内外主要刊物和会议上发表论文 140 余篇；出版专著 4 部，这些成果不仅促进了我国空间射电天文学、行星科学等的发展，实现了全月面到达、自主精准着陆、地月 L2 点中继、高精度高可靠发射、多目标月球测控通信、空间同位素电源国产化等能力，而且带动了新能源、新材料、新工艺、人工智能、先进电子等技术的进步，对推动航天强国和科技强国建设，提高民族凝聚力，具有重大现实意义和深远历史影响。在探月工程中，嫦娥四号首次面向全国大、中学生开展了科普载荷搭载实验，极大地激发了青少年的探索热情。还首次搭载了德国、沙特等多个国家的科学载荷，建立了科学数据的国际合作共享机制，嫦娥四号着陆点被国际天文联合会命名为"天河基地"，成为阿波罗 11 号着陆点被命名为静海"基地"之后的第 2 个"基地"。嫦娥四号研制团队被英国皇家航空学会授予 2019 年度唯一金奖，这是该学会成立 158 年来首次为中国项目授奖；嫦娥四号任务被国际月球村协会授予 2019 年度优秀任务奖，被美国航天基金会评为 2020 年度唯一的太空探索奖。这些成果的取得，显著提升了我国的国际地位。

　　嫦娥四号工程创新性强、技术难度大、任务复杂度高、国际影响大，自实施以来，实现了多项技术突破。主要表现在国际首次实现了月球背面与地球间的连续可靠中继通信、国际首次实现了月球背面复杂崎岖地形自主避障和高精度着陆、首次实现了我国空间同位素电源的国产化、首次突破了火箭多窗口可靠发射和组合导航滤波优化技术、实现了月球探测六目标测控和 Halo 轨道中继星的高精度长期控制、突破了国际首颗环月

微卫星系统技术等 6 个方面。

　　嫦娥四号工程共装载了 13 台套科学探测与实验仪器，其中，在着陆器和玉兔二号月球车上，共搭载了 8 台科学载荷和 1 台生物科普实验载荷。到目前为止，着陆器和玉兔二号月球车已在月面稳定探测 17 个月昼，创造了世界月球车最长巡视工作纪录，获取了大量探测数据，为开展月球科学研究提供了宝贵的第一手资料，在国际上首次实现月球背面形貌、矿物组分和环境探测，获得多项原创性科学成果。主要表现在揭示了月球背面地下 40m 深度内的地质分层结构、初步揭示了月球的深部物质组成、获得了月球背面空间环境数据、首次获得了空间低频射电频谱信号数据和开展了系列的科学试验等 5 个方面。

月表次表层结构剖面示意图（网络版）

5.4　科学研究管理机制

　　嫦娥四号高度重视科学研究产出。完善的科研机制，调动全国相关科学家的积极性，让优势人才加入科学应用研究的队伍中来，发挥不同科学家的优势，形成集体力量，从而推动科学探测数据尽快得到应用，实现"快出成果、出好成果、多出成果、出大成果"的科学产出目标，产出有影响力的科学成果。

5.4.1　核心团队的组织保障机制

　　为做好嫦娥四号任务科学目标论证和科学研究工作，嫦娥四号任务设立了首席科学家，负责组织科学研究，实现科学目标。为有利于嫦娥四号任务有效载荷科学探测数据尽快得到应用，工程总体组建了以首席科学家为主任的"探月工程嫦娥四号任务科学研究核心团队"，广泛吸纳国内外相关科学家，形成了工程总体、科学家、工程技术及载荷研制专家、科学探测数据处理专家四位一体的核心团队，如图 5-8 所示，并在实践中不断完善管理过程和管理方法，形成了适合我国月球与深空探测任务科学研究的组织管理模式。

5.4.1.1　核心团队职责设置

　　为加强组织，核心团队设主任一人，由嫦娥四号首席科学家担任核心团队主任；设立两名副主任，协助主任工作；设立嫦娥四号任务科学家委员会，委员会主任由探月工程总设计师担任，负责指导科学研究工作；设核心团队办公室，负责核心团队组织管理和协调

图 5-8 核心团队组织图

工作。根据工程科学目标和有效载荷科学探测任务规划，核心团队设 4 个研究团组，共 28 个单位、117 名专家，人员构成包括国内（含港澳台地区）和国外（主要为合作载荷团队人员）在月球科学、空间物理、地球化学、天文学等相关方面优秀的科学家，还包括工程技术专家和载荷专家，各团组设立组长一人，副组长 1~2 人，负责各团组组织协调工作。

（1）核心团队主任/副主任主要职责

核心团队主任/副主任主要负责策划核心团队的组建方案；召集并主持核心团队联席会议；组织审核和监督检查各团组的研究方案；对各团组科学探测数据申请进行审批；组织申请相关的研究项目和经费；组织对各项研究计划落实情况和研究进度进行监督检查。

（2）研究团组组长/副组长主要职责

研究团组组长/副组长主要负责组织研究并部署本团组的研究目标、研究分工、研究任务、研究方案、研究计划等；组织提出相关载荷科学探测规划建议；配合核心团队主任开展相关研究项目的申请和实施；组织本团组做好科学探测数据应用的基础性准备工作，以便在获得探测数据后立即开展研究；组织对本团组研究进度的监督检查。

（3）核心团队各研究团组成员权利与职责

核心团队各研究团组成员有优先获得相应有效载荷探测数据及工程参数，以及有效载荷性能、指标及其他地面和在轨标等相关数据的权利；团组成员要提出各自的优势方向、研究任务和计划；研究成果应注明数据来源；研究成果的署名，应包括数据各级产品预处理单位和有效载荷研制单位的主要人员，作者排序依据贡献情况与相关单位协商解决；研究成果（文章、专著、专利、软件著作权等）应在成果发表 2 周内报核心团队办公室备案。

（4）核心团队办公室职责

核心团队办公室负责核心团队日常工作的组织管理和支撑服务，制定和修订核心团队管理办法；协助相关部门协调落实经费和项目支持渠道，组织核心团队申请研究项目/课题；根据项目经费来源的相关规定，结合嫦娥四号科学研究的特点，制定相应的项目管理办法，细化管理要求、流程和具体模板；汇总统计研究成果；审查各团组提交的科学探测数据申请，并报核心团队主任审批；组织对各团组工作进行考核和评价；协助组织科学研究成果宣传。

5.4.1.2 核心团队工作要求

1）嫦娥四号任务期间，各研究团组每月组织一次小型研讨会，对巡视器遥操作路径规划策略等与载荷探测方案相关事项、数据需求等进行研讨，提出相关意见建议，经组长签署后向核心团队办公室提交简报，简报作为对各研究团组考核和评价的重要依据；

2）核心团队每季度组织一次研讨会，交流研究成果，总结经验和问题，提出有关建议，主任签署后向工程总体提交总结报告；

3）每年工程总体组织一次学术研讨会，各核心团队进行成果交流，会后形成研究成果总结报告；

4）核心团队按照工程总体要求，开展研究成果宣传活动。

5.4.1.3　核心团队管理成效

通过团队的科学管理，使科学、技术、工程相融合，提升了科学研究的支持和保障，同时也推动了技术和工程的发展。让探测数据第一时间发布到核心团队成员手中，使得数据第一时间得到应用，使科学研究的规划目标、行动目标相一致，使团队成员统一思想、统一沟通、统一行动，为嫦娥四号科学研究提供了人才保障。核心团队的组建，使首席科学家能够以此为抓手，在第一时间组织开展科学数据的有效性验证和科学研究，把科学研究由分散、自发的方式转到研究目标明确、有规划、有计划、有分工、有重点的集中统一的组织模式，同时也有利于凝聚和培育我国月球科学与其他相关学科的研究队伍。核心团队的模式，使科学研究有了强有力的承担载体，研究成果得到了统一的管理，更加有利于掌握嫦娥四号的科学研究成果，有利于统一宣传，进一步提升嫦娥四号的国际影响力。

5.4.2　多方参与的探测规划协调机制

科学探测任务遵循"统一指挥、专业支持、多方参与"的原则，形成了探测规划协调机制，科学家深度参与载荷在轨运行，在载荷科学探测路线规划、探测目标选择等方面，提出探测建议，工程师根据探测器运行情况及环境，提出探测约束，管理者综合科学家、工程师意见进行协商。多方参与的规划协调机制，实现了嫦娥四号在科学、技术、应用方面的深度融合。

嫦娥四号在轨运行寿命期内，在每个月夜期间，由科学家核心团队主任或副主任召集，核心团队办公室组织召开一次小型研讨会，工程总体、各研究团组组长/副组长及嫦娥四号任务飞控组代表、地面应用系统代表、探测器系统代表、有效载荷分系统和部分单机代表参加。由飞控组汇报"两器一星"及科学载荷飞控和月夜休眠设置情况；地面应用系统汇报上个月昼各科学载荷工作情况、科学数据处理情况和下一月昼探测及巡视规划并提出；各研究团组组长汇报当前科学研究进展、取得的成果、存在问题及后续研究计划；核心团队办公室通报上一次会议决议落实情况及各研究团组月度简报；会议就上述内容进行研讨，科学家提出下个月昼的载荷开机建议及巡视路径规划建议，经综合研判形成探测计划，地面应用系统将建议纳入后续探测实施计划予以考虑，飞控组具体实施，如图5-9所示。

5.4.3　融合创新的科学研究机制

嫦娥四号人类首次落月背，意义重大、国际关注，如何更多地取得原创性成果是科学研究的核心工作。嫦娥四号重视科学研究和科学产出，形成了科学家与工程系统设计师相融合、国内与国外科研团队相融合、多渠道科学研究经费相融合的"三融合"创新机制。

5.4.3.1　科学家与工程系统设计师相融合

在论证阶段，科学家、工程系统设计师团队共同论证，科学家根据科学研究需要，提出拟选着陆区和探测目标。工程师根据科学家提出的探测需求，与科学家充分交流，研究

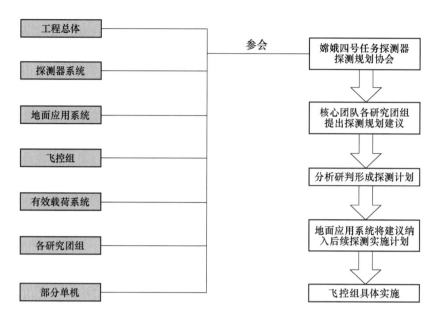

图 5-9　多方参与的探测规划协调机制图

提出载荷配置方案，并根据相关技术发展现状，制定指标先进的载荷技术方案、安装需求和在轨工作模式等，以便各载荷在最大程度上实现其科学目标。工程系统设计师队伍根据科学家提出的着陆区和工程师提出的安装需求、在轨工作模式等，结合其自身的探测能力和地面测控通信条件等，分析其实现各种科学探测的可能性，并在设计上尽量优化，以便最大程度地满足科学探测需求，一次任务实现更多的科学目标。

　　在载荷研制阶段，负责实现各载荷科学目标的科学家和工程首席科学应用专家与载荷工程师保持密切沟通，跟踪载荷的研制情况，并参与载荷的定标试验，确定更加准确的载荷探测数据反演算法。工程系统设计师队伍也始终关注载荷的研制，根据载荷的方案详细设计，结合探测器能力，提出载荷研制要求，确定载荷与探测器的接口，并在研制过程中，通过与载荷的沟通，不断完善优化载荷在轨工作模式，使科学载荷实现科学目标最大化。

　　在探测器在轨运行阶段，科学家通过核心科学家团队工作机制，直接参与载荷的在轨探测计划的制定，载荷工程师和工程系统设计队伍结合探测器和载荷的在轨运行状态，提出科学载荷的工作需求，地面应用系统生成科学探测计划，由嫦娥四号任务飞控组形成实施计划并执行。

　　在科学数据研究阶段，科学家在获得科学探测数据后，结合载荷工程师提供的地面定标结果和探测器在轨运行的工程数据开展研究，必要时需与载荷工程师和地面应用系统数据处理的设计师沟通，开展数据处理方法的研究，以便获得更准确的数据产品和科学成果。

5.4.3.2　国内与国外科研团队相融合

　　在嫦娥四号工程方案设计过程中，按照领导小组"面向社会开放"的原则，以国家航天局名义向国际社会发布了嫦娥四号任务国际合作意向公告，在国内外广泛征集搭载项目和载荷。在收到 10 多个国家的载荷合作项目意向后，工程总体组织相关人员对来自沙特、德国、荷兰和瑞典等国家科学载荷的科学价值、工程可行性以及载荷的技术成熟度、设计方案、研制进度等进行了分析沟通，最终确认了合作载荷，并以联合研制的方式签订合作协议。合作双方建立联合研制团队，各方均设一个首席专家和工作组成立联合团队，相互配合完成载荷研制。

国际载荷交付后，主要由中方团队负责参加整器/星的各种试验，试验中发现的问题由中外双方联合团队共同研究解决。中方团队与外方团队密切沟通，确定国际合作载荷的数据处理方法。在轨运行阶段，中方团队负责国际合作载荷的状态监视，在轨运行问题及时与外方进行沟通协商、共同分析，并由外方完成相关试验验证后，商中方确定解决措施。

国际载荷科学数据由中方代表以核心科学家团队渠道申请获得，并第一时间转发外方团队，双方共同开展数据研究，共同形成科学论文，并联合署名发表。

在嫦娥四号任务三年任务期里，嫦娥四号有效载荷团队卓有成效地完成了 3 个国际合作载荷研制任务。目前，三种国际载荷陆续进入长管工作阶段，已经开展了多项人类首次的科学探测，取得了预期的进展。随着在轨探测的深入，将有更加丰富的科学成果陆续产出。

5.4.3.3　多渠道科学研究经费融合

科学研究除了本身的科研问题之外，还与资金、人才等需求分不开。按照探月工程以往实施惯例，嫦娥四号任务立项经费只包含工程研制及实施费用，科学研究经费渠道分散且不连续。为确保嫦娥四号在月球背面获得的第一手科学数据充分应用，多出成果、出好成果，工程主管部门和工程总体从民用航天、自然基金等渠道多方沟通协调，为推进嫦娥四号任务科学数据研究筹措资金。在民用航天项目中，增加科学研究经费支持。2019 年国家自然基金委以重点项目群方式，紧急启动并支持设立"嫦娥四号数据科学解译及着陆区地质背景研究""嫦娥四号巡视区次表层结构高精度成像""嫦娥四号巡视区深部物质研究""冯·卡门撞击坑区域地质构造演化历史研究""月球背面低频电磁波辐射环境观测研究""月表中性原子及粒子辐射环境研究"等 6 个研究方向，对嫦娥四号的科学研究打通了"最后一公里"，有效提高了科学家参与的积极性和获得感，为嫦娥四号工程科学研究工作提供了强有力的支撑，也为后续深空探测工程积累了经验。

第6章 同位素热/电源协同创新管理

放射性同位素（RTG），是由放射性同位素的衰变释放的热能转换为电能的装置。

由于月球与太阳的运动关系问题，月昼和月夜交替周期长，为14个地球日。由于长月夜极低温（约−190℃）问题，探测器（电子元器件）缺乏能源难以生存，必须采用保温措施，以便在月面长期开展探测工作。

嫦娥四号任务在采用同位素热源进行探测器温度维持的同时，还研制了小功率同位素电源，用于月夜温度采集工作。由于研制难度大、进度风险高、剧毒放射性同位素钚238使用安全要求高，其产品研制全过程都受到工程领导层的高度关注。

在空间产品研制过程中，考虑其研制周期、难度及工程任务进度风险，国家航天局从政府层面加强航天与核行业间协调，建立了高效的沟通协调机制；通过研制过程管控，使该产品按计划高质量完成交付，并在嫦娥四号任务中实现安全应用，为嫦娥四号在月面极低温环境生存及月夜温度采集做出了重大贡献。

6.1 组织模式

6.1.1 管理组织架构

RTG为国内首次研制，且产品研制标准要符合核与航天的双重标准。为确保产品质量和进度，国家航天工局作为航天行业主管部门及探月工程大总体主管部门，组织成立了多部门参与的空间同位素热/电源综合协调组，对重大事项进行协调管理，如图6-1所示。综合协调组日常事务由探月工程总体单位负责。

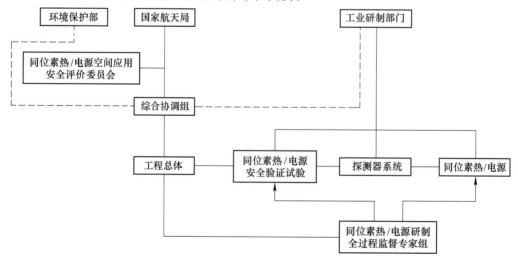

图6-1 空间协调组织模式

　　研制队伍由工程总体和工业研制部门组成，并分级负责产品的研制和管理。研制过程由工程总体负责监督管理。

　　为确保产品质量和应用安全，工程总体在监督管理过程中成立了研制全过程监督专家组，对研制过程进行监督。

　　为确保潜在事故下的热/电源产品的辐射安全，国家航天局在产品交付使用前或任务发射许可审批前，专门成立空间应用安全评价委员会，以便最终确保热/电源产品在飞行任务中的应用安全。

　　国家航天局作为工程牵头实施部门，在研制过程中，组建专题协调组，开展重大问题协调，推进研制工作，并负责热/电源应用任务发射许可的审批。

　　生态环境部负责热/电源研制过程中的环境评价审批及引进热源产品转移及运输过程相关资质审批。

　　工程总体负责与产品相关的系统间接口协调，研制过程监督及产品应用安全审查。

　　工业研制单位负责研制、集成和安全试验验证。

6.1.2　研制组织模式

6.1.2.1　研制组织架构

　　参照航天型号产品两总管理组织模式，建立了"两总"系统，由研制单位的主管部门领导担任研制的项目总指挥；建立了研制项目管理机构，对热/电源的研制资源调配及研制计划、质量负责，并确保安全规范操作；任命具有研究经验的专家担任项目总设计师，负责设计、制造及试验验证等技术工作，并确保产品质量和可靠性以及安全应用。研制组织架构如图 6-2 所示。

　　设立同位素热/电源研制任务项目管理办公室，负责两总日常工作，并督促和协调各项行动计划的落实，以实现热/电源研制任务进度、质量、安全等的有效控制。

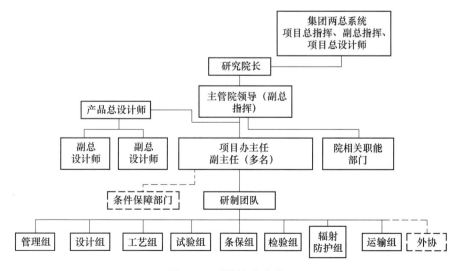

图 6-2　研制组织架构

6.1.2.2　安全监督组织架构

　　自设计开始，涉核监管部门即派专人开展过程监理，参与各过程的审核把关。同时，嫦娥四号任务的主管部门和工程总体为确保 RTG 在任务中的安全应用，分别成立相应的组织开展过程监督和最终安全使用评价，如图 6-3 所示。

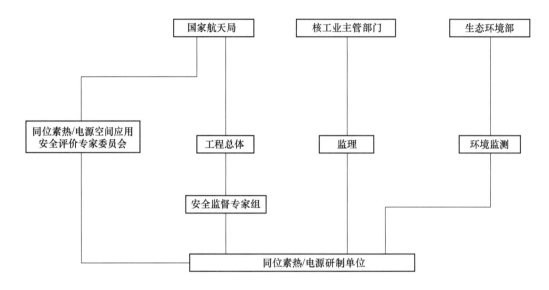

图 6-3　空间安全监督管理组织机构图

　　核工业主管部门（国家原子能机构）委托专人，对空间同位素热/电源研制生产全过程进行安全监理。

　　生态环境部在同位素热/电源研制前对研制单位的操作资质进行评价。在生产和存贮过程中，定期对所在单位的环境进行监测，确保全过程对人和所在环境不造成污染。

　　国家航天局组建由航天、核技术及核安全领域专家组成的空间同位素热/电源应用安全评价专家委员会，在交付使用前或航天任务发射许可审批前，对研制单位提交的空间同位素热/电源安全使用评价申请材料进行审查，对 RTG 的安全使用进行评价，给出明确的是否可用于空间安全使用的评价意见，确保 RTG 在空间任务中的应用安全，避免或减小发生辐射事故的影响。

　　工程总体受主管部门委托，负责研制生产全过程的管理和监督。为确保产品研制过程受控，技术指标和安全性指标满足相关要求，工程总体成立由核能专家和航天专家共同组成的"研制全过程安全监督专家组"，对 RTG 研制过程中的关键节点进行评审把关，对产品研制中的重要试验过程进行监督，对试验结果进行审核，并参与研制单位组织的相关评审把关工作。发现问题时及时向工程总体报告监督过程中发现的问题，并与相关责任单位沟通，协助责任单位开展问题分析及处理。

6.1.3　安全监督组织模式

6.1.3.1　研制全过程监督组织模式

　　为确保 RTG 产品质量，满足任务使用要求，在轨安全可靠工作，在研制过程中针对不同阶段，工程总体对产品生产过程进行严格的质量监督。

工程总体单位在 RTG 研制过程中，组织关键节点评审，确认系统及产品研制单位所组织评审的有效性，检查被评审者待办事项的落实情况。

RTG 研制单位在研制过程中，根据探测器系统下发的 RTG 单机产品技术要求，编制输出文件，组织一般节点评审并将评审情况向上一级单位汇报，对委托第三方检测机构实施的产品检验，下发试验大纲并监督检验。

安全监督专家组由工程总体组织，采取集中和分散相结合的工作方式。对由工程总体组织的评审把关工作，专家组需集中参与。对由研制单位组织的评审把关工作，由专家组组长协调确定 1～2 名合适的专家参与。监督过程中遇重大问题，由专家组组长及时召集会议，集中讨论，对问题进行深入分析，提出措施建议。

6.1.3.2　空间应用安全评价组织模式

工程总体负责制定空间同位素热/电源安全使用评价指标要求；对 RTG 研制过程进行监督；受理研制单位的空间安全使用评价申请，并对申请材料进行形式审查；负责组织空间安全使用评价工作，出具《探月工程嫦娥四号任务同位素热/电源产品空间安全使用评价意见》。

RTG 产品研制单位需遵守国家有关法律、法规及规章，严格按照任务需求，制定相应的安全措施，确保 RTG 产品的研制符合使用要求；接受工程总体委派的监督专家审查，并配合开展相关工作；完成正样验收试验后，编写最终产品的空间安全使用分析报告及相关材料，确保所提供材料真实有效；通过主管部门上报空间安全使用评价申请。

6.1.4　应急组织模式

由于 RTG 辐射特性，在研制和使用过程中，需做好充足的准备，防范紧急事件发生，造成辐射污染，影响人和环境安全。

其中在原料制备、检测和试验过程中，应急工作由研制单位按照相关要求制定相关制度，并组织专门队伍开展应急准备及实施工作。

发射阶段应急是嫦娥四号任务层面需要重点关注的问题。包括国家核应急组织和任务层面核应急组织。

6.1.4.1　发射阶段核应急组织

由于发射阶段发射情况的不确定性，地域影响相对较广泛，可能涉及跨国界的应急实施及相关国际义务履行，影响重大，由国家核应急办制定同位素热/电源应急预案，并依托国家核应急协调委组织相关力量，开展应急准备和发射事故发生后发射场外的应急响应工作及发射场内事故处理指导工作。发射阶段应急组织如图 6-4 所示。

发射阶段核应急组织包括现场核应急指挥部和现场响应组织（信息处理组、辐射监测组、防护医学组、回收去污组和通信保障组等）。

（1）现场核应急指挥部

现场核应急指挥部为国家核应急办牵头成立，包括总指挥 1 名、副总指挥 2 名和成员若干，其中总指挥由国家核应急办主管领导担任，副总指挥由国家核应急救援辐射防护现场技术支持分队队长和国家核应急办指派的其他人员担任。

现场核应急指挥部的主要职责：

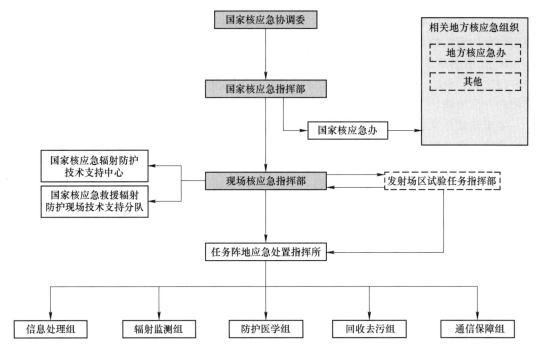

图 6 - 4　发射阶段 RTG 核应急组织机构图

1）执行国家核应急指挥部的相关决定；

2）与发射场区任务指挥部进行协调、联络，对核应急响应工作提供综合保障；

3）通过国家核应急办和相关地方核应急组织建立接口；

4）对发射场区试验任务指挥部及受影响地区地方政府的应急工作给予辐射防护技术支持；

5）在事故响应过程中，视现场需求调动国家核应急救援辐射防护现场技术支持分队其他支援力量，在力量不足时向国家核应急办申请启动国家级核应急响应力量；

6）通过国家核应急办开展包括国际通报、公共信息发布、专家支持和现场支援等响应行动。

（2）应急处理指挥所

在现场核应急指挥部的领导下，具体负责开展现场核应急响应行动，由国家核应急救援辐射防护现场技术支持分队副队长担任。

应急处置指挥所的主要职责：

1）执行现场核应急指挥部和试验任务指挥部的相关决定；

2）指挥协调各应急专业组的现场响应，提出受影响人员的防护行动措施建议；

3）与试验场区协调、联络，协调一致开展应急响应行动。

（3）国家核应急辐射防护技术支持中心

为嫦娥四号任务发射阶段的核应急响应提供远程技术支持。

（4）国家核应急救援辐射防护现场技术支持分队

为嫦娥四号任务发射阶段的核应急响应提供后续支持，除发射现场外的其他分队成员在发射期间进入应急待命。

（5）信息处理组

信息处理组的主要职责有：

1）负责执行辐射防护现场技术支持任务所需的相关数据的收集、处理；

2）为国家核应急辐射防护技术支持中心的相关分析评价提供数据输入；

3）通过科学研判分析，提出应急对策和执行防护措施的初步建议。

（6）辐射监测组

辐射监测组的主要职责有：现场辐射和污染监测、放射源搜寻、取样、实验室监测分析、监测结果汇总和上报。

（7）防护医学组

防护医学组的主要职责有：

1）制定和执行应急辐射防护与医学救援程序，开展相关应急准备工作；

2）在应急状态下，负责应急工作人员的辐射防护指导、辐射剂量的监测与控制；负责现场医学救护，负责车辆、设备和人员的表面污染监测。

（8）回收去污组

回收去污组的主要职责有：

1）与辐射监测组共同搜寻放射源或其残骸；

2）回收放射源或破损碎片；

3）污染物清除。

回收去污组与嫦娥四号应急组织中的残骸收集回收组协同开展工作。

（9）通信保障组

通信保障组人员主要职责有：

1）建立现场核应急分队各响应组之间的通信联络并保证畅通，保证信息传递正确无误；

2）负责保障各专业组现场响应所需的工作条件（如动力、车辆等）。

6.1.4.2　发射场内任务层面应急组织

在任务层面，考虑发射的安全性，针对潜在发射事故，组织成立现场应急小组。在嫦娥四号任务中，由于 RTG 的应用，现场任务应急小组在做好常规应急的同时，还要充分考虑与辐射安全相关的综合应急及与国家核应急组织之间的接口。

在发射现场，任务层面依托于发射场任务组织指挥机构。在发射场指挥部的领导下，由基地指挥所组织，阵地指挥所具体实施，主要负责发射场内的应急工作。应急机构组成与指挥关系如图 6 - 5 所示。

1）阵地领导小组负责 RTG 突发事件的组织领导，突发事件处置信息的收集和先期决策，并贯彻落实发射场指挥所指示；

2）阵地指挥所负责组织突发事件处置的准备工作，负责突发事件信息的收集、上报和贯彻落实上级指示，负责突发事件现场处置的组织指挥；

3）专家组由环境监测专家、生态环境保护专家、核与辐射专家、环境评估专家等组成。专家组的主要工作是参与突发辐射事故应急工作；指导突发辐射事故应急处置工作；为应急指挥决策提供科学依据；

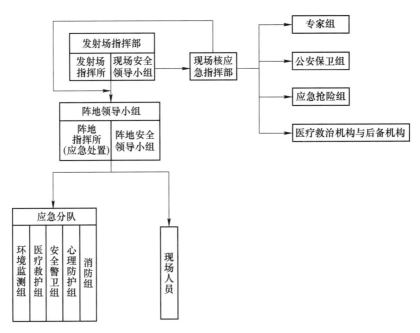

图 6-5　发射场内任务层应急组织机构图

4）公安保卫组由地方公安和发射场保卫人员组成，负责场区外围人员疏散和搜索，负责追缴丢失、被盗的放射源；

5）应急抢险组由核辐射专业抢险操作人员组成，负责现场伤员的搜救，核泄漏应急处置，核丢失、被盗等搜索工作，事故后污染区域的洗消及其他涉核应急处置工作；

6）医疗救治机构与后备机构具有放射救治条件的专业医疗救治机构与后备机构，承担放射事故的医疗救治任务，与现场医疗救护组衔接，共同完成事故现场救援、伤员分类转送、接收及救治的处置过程；

7）环境监测组由地方环保部门及发射场环境监测人员组成，负责对事故发生点周围进行辐射监测；协助公安保卫组监控追缴丢失、被盗的放射源；

8）医疗救护组负责人员的隔离、救治和医疗后送；负责医疗救治、辐射防护、剂量监测及医学应急信息的报告与相关数据库管理；根据监测结果提出公众防护建议；提出并指导和落实求援人员和公众的辐射防护措施，包括隐蔽、撤离、服碘防护、通道控制、食物和饮水控制、过滤和去污等；

9）安全警卫组由保卫及警卫人员组成，负责事故现场警戒，保护事故现场，疏散无关人员；

10）心理防护组由心理医生或心理咨询师组成，对可能受到辐射的人员进行心理疏导，对其他人群进行核辐射心理教育；

11）消防组由发射场消防人员组成，对指定区域实施消防作业；

12）现场人员指发射塔现场设备操作人员，负责现场断水断电，有处置条件情况下的应急处置工作。

6.2 研制过程管理

基于核与航天"两条线"的研制过程管理实践，RTG 研制以航天产品管理为主线，结合核安全监管理念与方法，形成了我国独有的 RTG 产品研制体系。

6.2.1 综合管理

6.2.1.1 研制流程管理

RTG 因其技术难度和放射性辐射特性，研制过程极其复杂。为科学制定研制管理流程，采取"两条线"方式进行研制过程管理。一是放射性产品管理线，严格按照国家法律法规和核行业管理规章，开展放射性产品操作、运输、存储、使用、应急的管理程序和要求进行审批和操作，确保研制过程安全。二是航天产品管理线，严格按照航天产品管理规范，特别是按探月工程管理要求及嫦娥四号任务产品保证总要求等，开展产品设计、生产、试验、交付、应用等全流程的过程管理，确保产品质量和可靠性。

两条线管理流程

放射性产品管理线

- 操作（含用料、制备）；
- 运输；
- 存储；
- 使用（含试验、安装、发射等过程）；
- 应急。

航天产品管理线

- 设计；
- 生产；
- 试验；
- 交付；
- 应用。

"两条线"的管理方法厘清了涉核产品与一般航天产品管理的界面，过程更加明晰，有利于安全实施和节点控制，为空间同位素热/电源的研制探索了一种管理畅通、实施高效的最佳管理方式，确保了研制进度和安全应用，满足了嫦娥四号任务需求。

6.2.1.2 许可审批管理

由于 RTG 的研制流程涉及多个环节，不同环节的主管部门不同，为实现同位素产品相关审查环节的快速审批，按照放射性材料的审批程序，由生态环境部负责热源引进环节转移和运输许可的审批。RTG 研制环节，由国家原子能机构进行研制及运输等环节的审批。发射前，需对 RTG 可否用于嫦娥四号任务进行审查，由国家航天局根据任务特点和 RTG 的安全性保障结果进行审批。

在 RTG 研制过程中，按照各种许可的申请时机，提前准备相关材料，并做好与主管部门的沟通，确保各环节审批通畅，流程优化，减少审批周期，尽快完成研制和交付。

许可审批事项

引进环节许可审批（生态环境部审批）

• 操作许可（环境评价）；

• 运输许可（引进产品到达港口——研制单位）。

研制阶段许可审批（国家原子能机构审批）

• 生产许可；

• 运输许可（研制单位——发射场）。

应用阶段许可审批（国家航天局审批）

• 发射许可。

6.2.2　计划管理

RTG 研制任务，时间紧、任务重、难度大，国内缺少可资借鉴的经验，亟须进行周密策划。研制团队按照航天系统管理经验，研制过程按方案、初样、正样分为 3 个阶段，按阶段核定里程碑节点、年度工作与考核计划，并明确项目范围和责任单位，制定关键技术攻关、专项工作计划、产品保证工作计划、风险识别表等，规定了 RTG 研制过程中的关键检验点与强制检验点，形成了项目全生命周期策划。研制计划以 RTG 初样和正样产品为主线，涵盖零部件采购、工艺验证、鉴定级试验等内容，充分考虑涉核工作的风险，确保进度可控，如图 6-6 所示。

研制重要节点的确定，采用了航天型号产品"转阶段"管理方法，在方案转初样、初样转正样时，通过转阶段评审后，开始下一阶段研制工作。

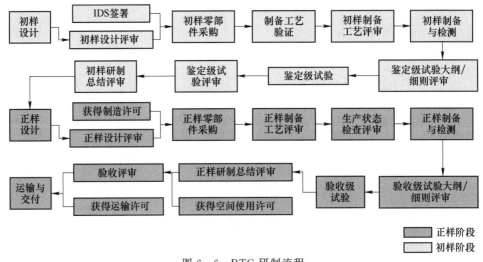

图 6-6　RTG 研制流程

6.2.3　产品保证管理

工程总体成立研制全过程监督专家组，对 RTG 研制过程中的关键节点进行评审把关，对重要试验过程进行监督并对试验结果进行审核。

产品研制单位按照《嫦娥四号任务产品保证总要求》建立产品保证体系。产品保证大纲在核工业质量管理体系基础上，补充完善产品可靠性、安全性、维修性、"十新"以及技术状态管理等内容。

为达到航天不带任何问题上天的原则，保证产品的安全性与可靠性，并确保 RTG 的使用安全，在初样阶段开展了鉴定级试验。鉴定级试验包括储存运输环境、力学环境、紧急事故影响、特殊类型放射性物质匹配共四大类 18 项专项试验。试验过程中，开展了试验大纲评审、试验实施细则评审、初样产品检验、鉴定级摸底试验、试验条件准备、正式鉴定级试验实施细则评审、鉴定级试验现场专家鉴定、鉴定级试验总结等多个环节。

针对试验中出现的质量问题，按照航天技术归零标准"定位准确、机理清楚、问题复现、措施有效、举一反三"的要求，结合核工业技术的特殊性进行归零工作。采用仿真技术重现故障发生过程，合理改进与验证，使产品最终达到安全质量要求。

结合航天与核工业质量要求，对参研人员资质进行梳理和能力评定；相关人员持岗上证，进行岗前培训和实操演练；对关键设备、关重件、关键工序实施"定工艺、定设备、定人员"的三定原则；对关重件外购产品进行外购工艺评审、生产准备状态检查、强制检验点见证；编制制备技术工艺卡，严格按照工序操作。

6.2.4　质量监理

为确保 RTG 在各个研制阶段风险可控，质量稳定，满足型号任务的使用及安全性要求，RTG 的用户单位需对产品生产过程开展质量监理。

6.2.4.1　质量监理内容

监理范围为研制的方案设计、初样研制、正样研制、产品交付与验收等各阶段的产品生产过程。具体监理内容见表 6-1。

6.2.4.2　质量监理要求及措施

（1）方案设计阶段

①监理要求

RTG 技术要求、方案设计、工艺总方案、试验方案通过评审，评审结果合理、有效，对会议提出的待办事项逐条落实，形成闭环。

②监理措施

在研制方案阶段，对研制单位下发 RTG 技术要求。RTG 技术要求包含的功能性能指标、空间意外安全性技术指标，研制过程中不可测项目所设置的强制检验点、强制检验点测试时机、检验方法和检验标准，需进行的环境试验项目及要求，产品的交付与评审要求，产品的标志、包装、储存和运输规定，质量保证规定等项目。其中，使用单位根据探测器系统下发的 RTG 单机产品功能及安全性要求，提出性能技术指标，空间意外安全性技术指标由安全监督专家组组织相关单位进行确认。

使用单位根据所提出的功能、性能与空间意外安全性技术指标，完成技术要求的编制。RTG 技术要求形成后由工程总体组织评审，探测器系统、安全监督专家组、研制单位相关人员参加评审，同时可邀请独立专家共同评审。

RTG 技术要求通过评审确认后，研制单位根据技术要求形成方案设计报告、试验方

表6-1 监理工作内容矩阵

序号	研制阶段	监理工作内容	工程总体	探测器系统	安全监督专家组	使用单位	研制单位
1	方案设计	技术要求评审	△	○	○	□	○
		方案设计评审	○	△	○	○	□
		工艺总方案评审	○	△	○	○	□
		试验方案评审	△	○			□
		检查方案设计评审、工艺总方案评审的有效性	△	□			□
		方案设计转初样阶段评审 方案设计阶段总结评审	○	△	○	○	□
		方案设计转初样阶段评审 初样阶段评审	○	△			□
		检查方案设计阶段转初样阶段评审的有效性	△	□			□
2	初样研制	工艺总结报告、工艺规程评审		△		△	□
		强制检验点监督检查		○	○	○	□
		鉴定试验大纲评审	△	△		△	□
		鉴定试验细则评审		○	○	○	□
		鉴定试验监督	△	○	○	○	□
		鉴定试验总结评审	△	○	○	○	□
		初样阶段转正样阶段评审 初样阶段总结评审	○	△	○	○	□
		初样阶段转正样阶段评审 正样阶段设计评审	○	△		○	□
		检查初样阶段转正样阶段评审的有效性	△	□			□
3	正样研制	正样产品生产前状态检查	△	△		△	□
		强制检验点监督检查		○	○	△	□
		安全性试验分析报告与总结评审	△	○	○	○	○
		申请颁发空间安全使用许可证	△	○		○	○
		交付试验大纲、试验细则评审		○		△	□
		交付检验监督		○		△	□
4	产品交付与验收	产品出厂前评审		○	○	△	□
		产品验收检验	○	○	○	△	□
		验收评审	○	○	○	△	□

"△"表示：责任单位或评审组织单位；"○"表示：参加评审或协助完成的单位；"□"表示：被评审或被检查的单位。

案，同时进行工艺策划，制定工艺总方案。其中方案设计报告、工艺总方案形成后由探测器系统组织评审，工程总体、安全监督专家组、使用单位相关人员参加评审，同时可邀请独立专家共同评审。

方案设计报告、工艺总方案的评审，探测器系统需将评审情况向工程总体汇报，工程总体对评审的有效性进行监督检查，检查内容包括评审专家组成是否合理，评审会议中提出的问题、待办事项等是否得到落实，研制单位在评审有效性得到确认后才能进行后续工作。

试验方案形成后由探测器系统组织评审，工程总体、安全监督专家组、使用单位相关人员参加评审，同时可邀请独立专家共同评审。

（2）初样研制阶段

①监理要求

方案设计转初样研制阶段评审后，评审专家组形成评审意见，研制单位将评审意见落实，并在完善后的方案设计阶段研制总结报告和初样详细设计报告中体现。

工艺总结报告、产品制备工艺规程评审后，评审专家组形成评审意见，研制单位将评审意见落实，并在完善后的文件中体现。

研制单位根据技术要求规定的强制检验点检验项目、检验方法进行检验，检验结果满足技术要求内判定标准，并由检验单位代表、研制单位质量管理人员、使用单位和探测器系统代表共同签字确认。检验结果的复制件交付使用单位、探测器系统，检验中图像和资料存档保存。

鉴定试验项目覆盖 RTG 技术要求内安全性指标要求，检验方法合理有效，检验结果满足技术要求内判定标准，有完整的试验数据记录和检测报告。

②监理措施

由方案设计转初样研制阶段中，首先进行转研制阶段评审。研制单位根据方案设计阶段的研制情况编制方案设计阶段研制总结报告，同时完成初样详细设计报告，由探测器系统组织评审，确认产品研制情况是否具备转入初样研制阶段的条件。工程总体、使用单位、安全监督专家组可派相关人员参加评审，同时可邀请独立专家共同评审。

在方案设计阶段转初样阶段评审过程中，评审专家对方案设计阶段研制总结报告中的专项验证试验的落实情况与试验结果进行检查；对初样详细设计报告产品设计的功能、性能及空间意外安全性指标的符合性等进行检查。

转阶段评审后，探测器系统需将评审情况向工程总体汇报。工程总体对评审的有效性进行监督检查。

转阶段评审完成后、初样产品生产前，研制单位形成工艺总结报告、产品制备工艺规程。文件形成后，由探测器系统组织评审，工程总体、安全监督专家组、使用单位相关人员参加评审，同时可邀请独立专家共同评审。

工艺总结报告、产品制备工艺规程评审通过后，在初样产品生产过程中，研制单位对技术要求中规定的强制检验点实施检验。检验前，研制单位通知使用单位，由使用单位组织本单位与探测器系统相关人员进行现场监督检验，确实无法现场检验的须提供相关检验文件。强制检验点现场检验其测试方法与技术要求不一致的，或检验不合格的，现场监督人员有权即刻停止检验，并上报工程总体。

研制单位的质量管理人员在产品交付验收时提交关强制检验点检测记录表审查,并纳入质量报告中。

初样产品生产后进行产品鉴定试验,鉴定试验是开展储存、运输、发射、在轨等正常事故环境试验。研制单位根据技术要求编制试验方案、试验大纲等试验依据文件,鉴定试验大纲形成后由工程总体组织评审,探测器系统、安全监督专家组、使用单位相关人员参加评审,同时可邀请独立专家共同评审。

鉴定试验大纲评审通过后,研制单位将鉴定试验大纲下发第三方检验机构,委托其进行鉴定试验。第三方检验机构根据试验大纲编制鉴定试验细则。鉴定试验细则完成后,由使用单位组织评审,探测器系统相关人员参加评审。

由工程总体组织,使用单位、探测器系统、研制单位、安全监督专家组、核安全部门参加,共同对鉴定试验进行现场监督,确认试验项目的完整性、试验条件的符合性。对于任何紧急事故影响试验条件与通过评审的试验大纲不一致的,或试验条件不满足要求的,现场监督人员有权即刻停止试验,并上报工程总体,待各方会议评审后确定。试验后,第三方检测机构进行详细的数据判读,并出具检测报告。

研制单位根据鉴定试验完成情况形成鉴定试验总结,由探测器系统组织评审鉴定试验总结,工程总体、安全监督专家组、使用单位相关人员参加评审,同时可邀请独立专家共同评审。

(3)正样研制阶段

① 监理要求

初样转正样研制阶段评审后,评审专家组形成评审意见,研制单位将评审意见落实,并在完善后的初样阶段研制总结报告和正样详细设计报告中体现。

RTG 正样产品的生产条件满足:研制单位生产人员具备上岗操作资质,生产设备与原材料与初样阶段鉴定件产品一致,工艺操作文件齐备,生产环境满足操作工艺文件规定的环境条件,测试设备在校验有效期内,产品生产的安全性符合安全生产要求,有意外事故保障、应急措施。

强制检验点检验项目、检验方法进行检验,检验结果满足技术要求内判定标准,并由检验单位代表、研制单位质量管理人员、使用单位和探测器系统代表共同签字确认。检验结果的复制件交付使用单位、探测器系统,检验中图像和资料存档保留。

RTG 安全性试验分析与总结报告通过评审,研制单位取得空间安全使用许可证。

② 监理措施

在初样转正样研制阶段中,首先进行转研制阶段评审,主要为初样阶段研制总结报告和正样详细设计报告的评审,由工程总体组织,探测器系统、使用单位、安全监督专家组相关人员参加评审,同时可邀请独立专家共同评审。评审内容主要为检查初样研制总结报告中对于初样阶段识别出的专项验证试验的落实情况与试验结果,研制过程中强制检验点、归零或验证试验中不符合项的落实情况等。正样详细设计报告中,检查产品设计的功能、性能及空间意外安全性指标的符合性等。

RTG 正样产品投产前,研制单位在制造、装配、试验前提出生产前检查的主要内容和管理方法,由工程总体组织探测器系统和使用单位相关人员,对研制单位产品正样阶段的生产准备状态进行全面系统的检查。

正样产品生产前状态检查主要从人员配备、生产设施、材料、输入文件、工作环境等方面进行检查，对其是否符合产品基线要求做出评价，同时着重检查产品生产的安全性以及意外事故保障、应急措施等，符合要求后方可进行正样产品生产和试验。

正样产品生产过程中，研制单位对 RTG 技术中规定的强制检验点实施检验，监督检验措施同初样阶段。

研制单位在正样研制阶段完成安全性试验分析与总结报告，由工程总体组织报告评审，探测器系统、安全监督专家组、研制单位相关人员参加评审，同时可邀请独立专家共同评审。

研制单位编写空间安全使用许可申请材料，提交工程总体；安全监督专家组根据由方案设计至正样产品的研制过程中的监督情况，给出监督意见，提交工程总体；工程总体组织安全评价委员会，根据空间安全使用许可申请材料对 RTG 产品进行安全评价，确定是否由国家主管部门颁发空间安全使用许可证。

（4）产品交付与验收阶段

①监理要求

RTG 验收大纲可覆盖技术要求提出的产品性能指标及文件数据包要求，产品性能满足技术指标要求，数据包齐备。使用单位根据验收大纲规定的检验项目、检验方法进行检验，检验结果满足验收大纲判定标准，并由研制单位代表签字确认。产品验收通过研制单位、使用单位、探测器系统、工程总体共同评审确认。

②监理措施

在产品交付与验收阶段，使用单位根据产品技术要求编制验收大纲，签署完整后下发研制单位。

研制单位委托第三方检测机构实施 RTG 交付检验。研制单位根据验收大纲规定的检验项目编制交付试验大纲，编制完成通过研制单位单位内部评审确认后下发第三方检测机构。第三方检测机构根据交付试验大纲编制测试细则。交付试验大纲和测试细则由使用单位组织评审，探测器系统相关人员参加评审。

研制单位在交付检验前，提前通知使用单位。使用单位可组织本单位与探测器系统以及研制单位相关人员进行现场监督检验。第三方检测机构根据验收测试细则规定的检验内容和检验依据进行产品交付检验，检验记录保留完整，出具检测报告。对于交付检验中出现的超差或不符合项，研制单位应及时上报使用单位、探测器系统，处理措施未落实或未经使用单位、探测器系统认可前产品不能交付。

研制单位根据交付检验结果编制《产品研制总结报告》和《产品保证总结报告》，内容包括 RTG 交付检验结果、强制检验点控制检验情况以及产品研制生产质量控制情况等。由研制单位组织出厂前评审，探测器系统、使用单位相关人员参加，评审《产品研制总结报告》和《产品保证总结报告》，并检查研制单位航天产品数据包齐套性。出厂评审通过后，研制单位可进行产品交付申请。

RTG 产品运抵使用单位后，使用单位为确认长途运输后的状态进行验收检验。由使用单位组织本单位相关人员根据验收大纲的规定进行 RTG 性能检验和交付文件齐套性检查，工程总体、探测器系统、安全监督专家组派代表现场监督检验。检验过程中发现的质量问题，使用单位提出处理意见上报探测器系统批准。

验收检验后由使用单位对验收情况进行总结，形成 RTG 验收情况总结报告，由使用单位组织验收评审，工程总体、探测器系统、安全监督专家组、研制单位相关人员参加评审。

6.3　安全监督管理

RTG 研制过程中，由专业监理单位负责安全监理，以确保不对工作人员和公众的健康与安全造成影响。做好安全策划，通过完善相关管理制度和硬件措施保障过程安全，如，编制辐射防护大纲，制定辐射安全培训计划，编制环境、个人剂量等监测方案，编写工艺流程操作规范，制定应急预案和应急演练计划等。对操作场所进行符合性评估，并进行适应性改造，完善环境、人员监测设备及个人防护设备等。RTG 使用单位也要做好人员辐射防护、场所与环境控制、应急响应等。

6.3.1　安全监督管理要素

RTG 产品的研制及使用安全要素主要包括设施安全、辐射安全、放射性物质安全和运输安全等，主要包括以下八个环节。

（1）鉴定级试验

监督要素包括：试验计划、试验大纲等文件；人员资质与培训；试验设备的安全可靠性；计量器具的检定/标定；试验操作过程管理；试验记录；试验结果的评价等。

（2）产品制造

监督要素包括：许可条件；安全管理制度的建立与执行；质量管理体系的建立与运行的有效性，重点是质量保证大纲的程序、操作规程和试验方案编制与执行；设施安全运行；产品制造过程；工作场所监测；辐射防护管理；实物保护；放射性物质管理；辐射事故应急管理；异常工况处理管理；产品台账；消防管理；试验验证等。

（3）验收试验

监督要素包括：试验准备；人员资质与培训；试验设备的安全可靠性；计量器具的检定/标定；试验过程管理；试验结果；工作场所监测等。

（4）产品运输

监督要素包括：运输许可；管理制度；人员资质与培训；运输车辆；标志；辐射防护；实物保护；应急管理等。

（5）产品贮存

监督要素包括：贮存设施；贮存容器；制度建立与执行；存放管理；通风和温度检测；消防；场所监测；应急管理等。

（6）产品装配

监督要素包括：许可条件；质量管理体系的建立与运行；安装方案；辐射屏蔽；人员培训与资质；个人剂量监测；安装、调试过程；性能测试过程；工作场所监测；实物保护；异常工况管理；辐射事故应急管理等。

（7）产品安装

监督要素包括：放射工作人员管理；场内转运；个人剂量监测；工作场所监测；安装

方案及安全措施；异常工况管理处理；辐射事故应急管理等。

（8）火箭发射

监督要素包括：放射工作人员管理；辐射事故应急管理等。

6.3.2　安全监督管理要求

6.3.2.1　初样鉴定级试验

（1）试验文件

1）试验计划经审批有效。试验计划描述从研制到运行全过程所需要进行的各项试验，每个试验计划切实可行并能达到试验目的，试验目的能验证产品是否满足设计要求。按照产品的具体情况制定的试验计划考虑以下方面：

a）对试验产品的描述，如技术状态、与试验有关的基本参数、工作模式、安全性要求等。

b）对标准的试验基线进行试验剪裁，包括试验项目、试验顺序、试验要求。

c）根据试验目的引用的试验标准、采用的试验原理、试验流程和试验条件、选用的试验设备。

d）按照剪裁后的试验项目列出试验矩阵，该矩阵应表明产品的装配级、试验分类、测量参数和注释说明。

2）试验大纲或实施细则经审批有效。主要考虑以下方面：

a）产品技术状态、试验工况、试验设备配置。

b）试验条件和试验要求，如试验条件容差、加载控制方式、控制点位置、测试系统不确定度等。

c）试验设备要求，如设备能力、精度等。

d）产品工作模式，如主备份切换、通/断电、内压力、工质等。

e）产品测量参数、试验数据输出格式与记录要求。

f）试验通过/不通过的判据。

g）安全性要求（包括针对试验可能出现安全事故的预案要求）。

（2）人员资质与培训

1）检测人员应具备相应的资格和证书。

2）试验人员应经过相应培训或具备工作经验，熟悉设备使用。

3）试验前应对参试人员进行安全教育，明确试验危险源及其安全防护措施。

（3）试验设备

1）试验大纲和试验实施细则中，针对各存在操作安全风险的设备制定相应的管理措施。

2）吊车、吊具、高温实验炉、摆锤式冲击试验机、空气炮等使用过程管理满足试验大纲和试验实施细则要求。

3）各试验设备能力、精度能满足试验要求。

（4）计量器具的检定/标定

最高计量标准器具应经有关人民政府计量行政部门主持考核合格后使用，使用计量器具单位应当自行定期检定或送其他计量检定机构检定。

（5）试验过程管理

1）试验大纲和细则应在试验前条件检查中明确试验前设备状态确认要求、相关辅助系统确认要求等。

2）在试验前，检查确认各设备和辅助系统等满足试验大纲和试验实施细则要求。

3）试验样品的编码要求应与产品一致。

4）试验过程符合试验大纲和实施细则要求。

5）试验条件中关键指标偏差小于允许偏差。

a）储存及运输环境试验中振动试验的振动谱；冲击试验的加速度、脉冲作用时间、脉冲次数；过载试验的加速度、最大作用时间；大气压力变化试验的大气压力、变化速率；高湿度环境试验的相对湿度、温度、作用时间；环境温度交变试验的温度范围、相对湿度、作用时间、作用次数。

b）力学环境试验中加速试验的加速度、保载时间、加载速率；冲击试验的冲击谱加速度、频率、试验方向、试验次数；正弦振动试验的频率、加速度、试验方向；随机振动试验的振动谱。

c）事故模拟试验中耐热试验的温度、持续时间；自由落体试验的高度、方向、角度；重锤锤击试验的高度、重量；空气动力学过热试验的温度、持续时间；发射场火灾试验的温度、时间；高温高速撞击试验的温度、速度、角度、方向；热冲击试验的热源温度、水温；外压试验的压力；海水腐蚀试验的腐蚀速率等。

（6）试验报告

1）试验报告应经试验单位和研制单位审批有效。

2）试验记录中应有试验人员、记录人员签字。试验记录中应包括：试验参数、时间及试验特殊条件；试验方法、设备和程序；试验安装图或照片，示出试件在试验设备上的安装；试验所用设备的清单（设备名称、型号、制造商、出厂编号）及检定（校准）情况、试验场所、试验人员等；环境监控传感器相对试件位置图或照片；测试系统；试验中的性能检测数据；试验条件等。

3）试验按失效判据、试验大纲及试验报告要求进行结果分析，分析结果应包括下列内容：

a）试验的环境条件（包括温度、湿度、压力、噪声、加速度、速度、位移、振动和冲击）；

b）试件的响应（包括温度、湿度、压力、噪声、加速度、速度、位移、振动和冲击）。

（7）鉴定级试验结果不合格处理

若鉴定级试验结果不满足热源性能指标要求，按《航天产品质量问题归零实施要求》处理。

6.3.2.2　产品制造

（1）许可情况

RTG制造前应取得相应的安全许可证，且活动必须遵循安全许可证所规定的条件。

（2）安全管理制度的建立与执行

主要包括：安全生产责任制；辐射安全管理制度；安全生产检查及隐患排查治理制

度；安全生产例会制度；事故风险点安全管理制度；事故应急管理制度；安全生产费用管理制度；安全生产教育培训制度；防护用品管理制度；安全生产奖惩制度；事故/事件管理制度；特种作业安全管理制度；特种设备安全管理制度；放射性物品及危险品管理制度；职业卫生管理制度；承包商与劳务人员安全管理制度等。

（3）质量管理体系的建立与运行

研制单位和承（分）包单位应根据所承担的任务，建立相应的、能够确保质量保证体系有效运行的质量保证组织机构，明确组织机构内部各部门及人员的职责，编制组织机构图和职责分配表。

①文件管理

对受控文件的编制、审核、批准、发布、标识（编码）、复制、分发、定期审查与修订、原件保存与归档、文件废止与处置，以及外来受控文件的接收、复制、转发和原件归档等方面，制定和实施相应的控制措施和程序。

②工装和测试器具管理

对工装和测试器具的标定（检定）、搬运、使用、贮存、定期检查、维护与保养、修理、状态标识等，制定和实施相应的控制措施和程序。

③场地和环境管理。

对场地范围标记、安全设施及其标识、场地整洁与环境要求、安全保卫等场地与环境控制范围中的各个方面，制定和实施相应的控制措施和程序。

④检验、测量和试验管理

对检验、测量和试验人员，所用检验、测量和试验器具，被检验、测量和试验物项，检验、测量、试验大纲和程序，场地与环境条件，记录和报告，结果评定，偏差处理，状态标识等检验、测量和试验控制范围中的各个方面，制定和实施相应的控制措施和程序。

⑤不符合项管理

对不符合项的分类，发现和鉴别，标识和隔离，报告的格式和填写，处理方案的提出、审查和批准，处理和处理情况验证等不符合项控制范围中的各个方面，制定和实施相应的控制措施和程序。

⑥记录和报告管理

对记录和报告的分类与保存时间、表式、填（编）写、审核或批准、标识（编码）、收集与整理、建档、归档、编索、贮存与保管、借阅、移交和处置等记录和报告控制范围中的各个方面，制定和实施相应的控制措施和程序。

⑦质量控制监督管理

对质量控制监督人员的培训，质量保证分级，监督深度与内容的确定，监督大纲、监督程序和监督计划的制定，监督的实施，监督记录和报告，监督状态标识，以及监督后续行动等方面，制定和实施相应的控制措施和程序。

⑧质量保证检查

对质量保证监查人员的培训，监查计划、监查程序和监查提问单的制定，监查的实施，监查记录和报告，以及监查后续行动等方面，制定和实施相应的控制措施和程序。

⑨质量保证大纲管理

在完成全年质量保证监查计划后，每年至少由单位法定代表人组织和主持一次内部审查，对质量保证大纲及质量保证大纲程序的持续适用性和实施状况进行综合审查，并应确定内部审查控制的范围，参加人员、部门及其职责。

（4）设施安全运行

1）在正常的箱室工作压差下，采用含氧法或压力变化法测量泄漏率。

2）手套箱密封性检测结果满足 2 级密封性要求。

3）箱体及其附件应有足够的强度和刚性以防止箱内正压或负压超过正常值时引起箱体变形或密封性破坏。

4）每个手套箱设计排风量、换气次数等满足安全分析条件。

5）定期检查过滤器的有效性。

（5）工作场所监测

1）应在合格专家和辐射防护负责人的配合下（必要时还应在用人单位的配合下），制定、实施和定期复审工作场所监测大纲。工作场所监测大纲规定以下几个方面：

a）拟测量的量；

b）测量的时间、地点和频度；

c）最合适的测量方法与程序；

d）参考水平和超过参考水平时应采取的行动。

2）工作场所监测的内容和频度应根据工作场所内辐射水平及其变化和潜在辐射的可能性与大小来确定，工作场所监测的内容有以下几个方面：

a）能够评估所有工作场所的辐射状况；

b）可以对工作人员受到的辐射进行评价；

c）能用于审查控制区和监督区的划分是否适当。

3）对辐射工作场所中开放源的放射性核素等效年用量、最大等效日操作量及密封源的放射性活度，应进行调查和测量，并将结果记入场所监测档案。

4）最大等效日操作量不应超过许可限值。

5）各辐射分区的负压符合许可或审评承诺要求。

（6）辐射防护管理

1）制定并实施防护与安全大纲，该大纲应与其所负责实践和干预的危险的性质和程度相适应，并足以保证符合相关标准要求。

2）建立实施相关标准要求的防护与安全方针、程序和组织机构。

3）工作人员应学习有关防护与安全知识，接受必要的防护与安全培训和指导，使自己能按相关标准的要求进行工作。

4）放射工作人员应当具备下列基本条件：年满 18 周岁；经职业健康检查，符合放射工作人员的职业健康要求，持有《放射工作人员证》。

5）配备必要的防护装置和监测设备。

6）监测设备应在校准（检定）有效期内并得到定期维护。

7）应对任何工作人员的职业辐射水平进行控制，使之不超过管理限值。

8）外辐射个人剂量监测周期一般为 30 天，最长不应超过 90 天；内辐射个人剂量监测周期按照有关标准执行。

9）个人剂量监测结果异常的，应当立即核实和调查，并将有关情况及时报告辐射安全许可证发证机关。

10）应当安排专人负责个人剂量监测管理，建立辐射工作人员个人剂量档案。

11）个人剂量档案应包括个人基本信息、工作岗位、剂量监测结果等。

12）进入强辐射工作场所时，除佩戴常规个人剂量计外，还应当携带报警式剂量计。

13）采用实体边界划定控制区，或采用其他适当的手段。

14）在控制区的进出口及其他适当位置处设立醒目的、符合相关标准规定的警告标志，并给出相应的辐射水平和污染水平的指示。

15）制定职业防护与安全措施，包括适用于控制区的规则与程序。

16）按照行政管理程序（如进入控制区的工作许可证制度）和实体屏障（包括门锁和联锁装置）限制进出控制区；限制的严格程度应与预计的辐射水平和可能性相适应。

17）按需要在控制区的入口处提供防护衣具、监测设备和个人衣物贮存柜。

18）按需要在控制区的出口处提供皮肤和工作服的污染监测仪、被携出物品的污染。

19）监测设备、冲洗或淋浴设施以及被污染防护衣具的贮存柜。

20）定期审查控制区的实际状况，以确定是否有必要改变该区的防护手段或安全措施或该区的边界。

（7）异常工况处理管理

1）异常工况的处理应符合异常工况处理程序要求。

2）异常工况的发现、报告、处理、闭环等满足管理要求。

（8）产品台账

建立产品台账，并按照生态环境主管部门制定的编码规则，对生产的产品统一编码。生产的产品应当有明确标号和必要说明文件。其中，Ⅰ类、Ⅱ类、Ⅲ类放射源的标号应当刻在放射源本体或者密封包壳体上，Ⅳ类、Ⅴ类产品的标号应当记录在相应说明文件中。

（9）实物保护

1）制定、修订并组织实施实物保护的各项规章制度，其主要内容包括：保卫工作大纲、实物保护质量保证、保密、警卫与守护、实物保护区出入管理、突发事件应急管理、安全检查和奖惩办法等。

2）根据保护目标的重要程度和潜在风险等级，实施核设施的实物保护分级（一级、二级、三级）和分区（要害区/内区、保护区、控制区）保护，制定相应等级的保护措施。

3）制定措施以便发现和防止未经批准进入保卫区域。

4）设置入侵报警系统、视频监控系统、照明系统、通信系统、双路供电系统、巡更系统，并对这些系统进行定期维护以使其运行正常。

（10）废物管理

1）制定废物管理大纲。

2）应按有关规定对废物的分类收集、处理、整备、贮存、运输和处置（排放）活动的有关物项进行特性鉴定，确保符合国家有关法规、标准规定的要求和相应的接收准则。

3）应充分考虑废物包装容器的密闭性。

（11）辐射事故应急管理

1）应根据可能发生的辐射事故风险，制定应急预案，做好应急准备。

2）制定针对放射源或放射性污染严重物件的处置、遗弃、丢失或被盗事故的应急计划，同时还应考虑制定对应用单位辐射事故应急响应提供紧急支援的计划。

3）放射源和辐射技术应用单位的负责人、工作人员以及参与应急响应的消防、环境监测等人员，应进行与其在应急响应中所承担任务和职责相适应的培训和定期再培训。

4）培训一般包括以下内容：辐射危害和防护的基本知识；放射源和辐射技术应用中可能发生的辐射事故及其应急处理措施；国内外放射源和辐射技术应用中实际发生的典型辐射事故及其应急处理的经验教训；所涉及的应急计划或程序；急救和消防基本知识和操作技能；人员和场所去污的基本知识和操作技能；有关辐射监测仪表的性能和操作。

5）应设计不同情景的假想辐射事故进行演练。还应对应急响应中各项具体操作技能进行练习。

6）按应急计划规定的频度定期进行应急演练，对每一次的演练应认真进行评价和总结。

7）对参加应急处理或者受到事故照射的工作人员，应当及时组织健康检查或医疗救治，按照国家有关标准进行医学随访观察。

（12）消防管理

1）落实消防安全责任制，制定本单位的消防安全制度、消防安全操作规程。

2）对职工进行岗前消防安全培训，定期组织消防安全培训和消防演练。

3）建立消防档案，确定消防安全重点部位，设置消防安全标识，实行严格管理。

4）实行每日防火巡查，并建立巡查记录。

5）灭火器、通信报警设备等设施配备完备。

6）消防管线无老化问题。

7）灭火器材在有效期内。

8）保障疏散通道、安全出口、消防车通道畅通，保证防火防烟分区、防火间距符合消防技术标准。

9）制定消防灭火和疏散方案，并按照计划进行演练。

10）火灾探测报警系统正常。

11）每年查验灭火器材等消防设备设施。

6.3.2.3　验收试验

（1）试验准备

1）试验大纲或实施细则应经审批有效，应明确各项试验前试验设备、试验用密封容器和辅助系统等应具备的条件。

2）密封容器的密封性和抗振动性、抗冲击性在试验前经过验证，分别满足二级密封和鉴定级试验要求。

3）设备和辅助系统状态满足试验大纲和实施细则中的条件要求。

4）试验大纲或实施细则中应明确各项试验的风险和安全措施。

5）试验过程按要求采取安全防护和辐射防护措施。

（2）试验过程

试验条件控制和过程满足试验大纲和试验实施细则要求。

（3）试验结果

1）试验记录应经试验人员和记录人签字有效。

2）试验记录应完整，满足相关标准要求。

3）试验后外观、尺寸、泄漏率等满足要求。

（4）工作场所监测

建立实时监测系统，监测场所γ、中子剂量率水平变化。

6.3.2.4　产品运输

（1）许可条件

产品运输前应取得相应的安全许可证，包括活动和容器的许可，运输路线、行驶速度、拴系、监测等必须遵循安全许可或审评承诺。

（2）管理制度

建立了以下安全生产管理制度，且经审批有效：

1）有关安全运输应急预案；

2）从业人员、车辆、设备及停车场地安全管理制度；

3）安全运输作业规程和辐射防护管理措施；

4）安全运输监督检查和责任制度。

（3）运输单位要求

1）从事放射性物品道路运输经营的单位必须取得单位运输资质。

2）符合下列条件的单位，可以使用自备专用车辆从事为本单位服务的非经营性放射性物品道路运输活动：

a）持有有关部门依法批准的生产、销售、使用、处置放射性物品的有效证明；

b）有符合国家规定要求的放射性物品运输容器；

c）有具备辐射防护与安全防护知识的专业技术人员；

d）具备满足规定条件的驾驶人员、专用车辆、设备和安全生产管理制度，但专用车辆的数量可以少于 5 辆。

（4）人员资质与培训

1）从事放射性物品道路运输的驾驶人员、装卸管理人员、押运人员经所在地设区的市级人民政府交通运输主管部门考试合格，取得注明从业资格类别为"放射性物品道路运输"的道路运输从业资格证。

2）驾驶人员、装卸管理人员和押运人员应当按照托运人所提供的资料了解所运输的放射性物品的性质、危害特性、包装物或者容器的使用要求、装卸要求以及发生突发事件故时的处置措施。

3）托运人、托运代理人或承运人应当对直接从事放射性物质运输的工作人员进行运输安全和应急响应知识的培训考核；考核不合格的，不得从事相关工作。

（5）运输车辆

放射性物品道路运输企业或者单位应当按照有关车辆及设备管理的标准和规定，维护、检测、使用和管理专用车辆和设备，确保专用车辆和设备技术状况良好，并取得危险品运输资质。具体技术要求包括：

1）车辆技术性能符合国家标准《营运车辆综合性能要求和检验方法》（GB 18565）

的要求，且技术等级达到行业标准《营运车辆技术等级划分和评定要求》（JT/T 198）规定的一级技术等级；

2）车辆外廓尺寸、轴荷和质量符合国家标准《道路车辆外廓尺寸、轴荷和质量限值》（GB 1589）的要求；

3）车辆燃料消耗量符合行业标准《营运货车燃料消耗量限值及测量方法》（JT 719－2016）的要求；

4）车辆为企业自有；

5）核定载质量在 1 吨及以下的车辆为厢式或者封闭货车；

6）车辆配备满足在线监控要求，且具有行驶记录仪功能的卫星定位系统。

7）结构、限重、电气、防火方面符合《危险货物运输车辆结构要求》（GB 21668 －2008）要求。

（6）装卸

在装卸区域设置警告标志，禁止无关人员进出。编制并严格按照装卸作业方法指南进行装卸作业。

（7）辐射防护

运输放射性同位素和含放射源的射线装置的工具，应当按照国家规定设置明显的放射性标志或显示危险信号。

对驾驶人员、装卸管理人员和押运人员进行个人剂量监测，建立个人剂量档案和职业健康监护档案。

（8）实物保护

在放射性物品道路运输过程中，除驾驶人员外，还应当在专用车辆上配备押运人员，确保放射性物品处于押运人员监管之下。

（9）应急管理

托运人应当制定核与辐射事故应急方案，在放射性物品运输中采取有效的辐射防护和安全保卫措施，并对放射性物品运输中的核与辐射安全负责。

6.3.2.5　*产品贮存*

（1）贮存设施

1）贮存放射性同位素的场所，应当按照国家有关规定设置明显的放射性标志，其入口处应当按照国家有关安全和防护标准要求，设置安全和防护设施以及必要的防护安全联锁、报警装置或工作信号。

2）对放射性同位素贮存场所应当采取防火、防水、防盗、防丢失、防破坏、防射线泄漏的安全措施。

3）根据密封源类型、数量及总活度，应分别设计安全可靠的贮源室、贮源柜、贮源箱等相应的专用贮源设备。

4）产品贮存室应符合防护屏蔽设计要求，并设置适当的隔离区或禁区，半径一般为2m 以上。

5）产品贮存室应有专人管理。应有足够的使用面积，便于密封源存取，并应保持良好的通风和照明。

（2）贮存容器

1）放射性同位素的包装容器应当设置明显的放射性标识和中文警示说明；放射源上能够设置放射性标识的，应当一并设置。

2）工作容器应具备源位指示器，明确显示密封源处于贮存位置或工作位置。应设有防止密封源脱落或被无关人员打开的特殊结构。

（3）制度建立与执行

建立健全保卫制度，指定专人负责，落实安全责任制，制定必要的事故应急措施。

（4）存放管理

1）放射性同位素应当单独存放，不得与易燃、易爆、腐蚀性物品等一起存放，并指定专人负责保管。

2）贮存、领取、使用、归还放射性同位素时，应当进行登记、检查，做到账物相符。

3）对放射源应当根据其潜在危害的大小，建立相应的多层防护和安全措施，并对可移动的放射源定期进行盘存，确保其处于指定位置，具有可靠的安全保障。

（5）通风和温度检测

按照设计的通风量和通风次数对贮存场地进行通风，并监测实时温度，必要时设置报警。

（6）辐射事故应急管理

根据可能发生的辐射事故风险，制定应急预案，做好应急准备。按预案中的清单准备应急物资。

6.3.2.6　产品装配

（1）许可条件

RTG 制造前应取得相应的安全许可证，且活动必须遵循安全许可证所规定的条件。

（2）质量管理体系的建立与运行

质量管理体系的建立与运行符合相关规定要求。

（3）装配方案

RTG 电池装配、调试方案，性能测试方案等文件经审批有效。

（4）辐射屏蔽

1）放射源贮存室、装配实验室、测试实验室、操作屏蔽箱等屏蔽设计与安全分析条件相符。

2）屏蔽施工符合设计要求。

3）转运工具屏蔽罩设计和操作符合安全分析条件。

（5）人员培训和人员资质

1）单位应对操作人员以及辐射防护负责人进行辐射安全培训，并进行考核，考核不合格的不得上岗。

2）辐射防护负责人，以及设计、安装、调试等与辐射安全相关技术服务人员，应当接受中级或高级辐射安全培训。

（6）个人剂量监测

1）监测程序应包括以下内容：

a）制定监测计划，特别是要规定监测的类型、范围和周期；

b）选定监测方法；

c）准备监测仪器，包括仪器选择、调试、校准和维修；

d）实施监测，包括监测数据判读和初步处理；

e）剂量结果计算和评价；

f）监测记录及其保存；

g）对上述程序实施全面质量保证。

2）常规监测周期应综合考虑工作人员的工作性质、所受剂量大小、剂量变化程度及剂量计的性能等，一般为1个月，最长不得超过3个月。

3）任务相关监测和特殊监测根据辐射监测实践需要进行。

4）剂量评价应符合国家相关标准的规定。

（7）装配、调试过程

装配、调试工艺过程应与实施方案一致。

（8）性能测试过程

1）性能测试条件、过程应满足实施方案要求。

2）试验报告应经产品研制单位审批有效。

3）测试结果评价要求满足相关标准要求。

4）用移动屏蔽罩将产品、测试设备与测试操作人员分隔，移动屏蔽罩尺寸、材料和厚度应符合安全分析条件要求。

（9）工作场所监测

1）监测项应包括控制区的γ剂量率、中子剂量率。

2）监测频次：操作前对实验室各部位进行监测；每次改变RTG的状态前后相关部位进行一次监测。

（10）实物保护

实物保护制度、措施等应与产品制造设施要求一致。

（11）异常工况管理

1）异常工况的处理应符合异常工况处理程序要求。

2）异常工况的发现、报告、处理、闭环等满足管理要求。

（12）辐射事故应急管理

根据可能发生的辐射事故风险，制定应急预案，做好应急准备。按预案中的清单准备应急物资。

6.3.2.7 发射

（1）放射工作人员管理

1）持有《放射工作人员证》。上岗前应当接受放射防护和有关法律知识培训，考核合格后方可参加相应工作，培训时间不少于4天。

2）组织上岗后的放射工作人员定期进行职业健康检查，两次检查的时间间隔不应超过2年，必要时可增加临时性检查。

3）对参加应急处理或者受到事故照射的放射工作人员，应当及时组织健康检查或医疗救治，按照国家有关标准进行医学随访观察。

（2）场内转运

1）根据场地制定最优运输路线，拴系方式应确保热源运输不会从车上掉落。

2）RTG 及其容器转运前后的检查结果应无显著差别。

3）车辆应具有有效的检查合格记录；根据天气等情况计算车辆直行、拐弯等速度限值，行驶过程不得超过该速度。

（3）安装方案及安全措施

1）安装方案中应明确装配顺序、方式、人员训练、时间控制等，严格按照装配方案进行。

2）制定并落实防烫、防坠落等安全措施。

（4）辐射事故应急管理

1）应根据可能发生的事故风险，制定应急预案，做好应急准备。按预案中的清单准备好应急物资。

2）发射过程的坠落事故若已经或可能对我国局部区域产生辐射影响时，由国家核应急协调委参照国家核应急预案组织开展涉核航天器污染碎片搜寻与收集、辐射监测、环境去污、分析研判、信息通报等工作。

6.4 使用过程安全管理

RTG 研制完成后的使用，主要指从验收后至发射的全过程，包括：正样件的储存、运输、吊装、安装，不包含在轨运行。

6.4.1 使用过程安全要求

6.4.1.1 贮存

1）RTG 贮存场所应当采取防火、防水、防盗、防丢失、防破坏、防射线泄漏的安全措施。

2）RTG 贮存场所应具备强制风冷或其他散热装置，对热/电源表面温度进行控制，使其满足贮存温度要求，防止热/电源表面温度过高造成损坏。

3）长期贮存（＞30 天）的空间应放置于满足密封后漏率的密封容器内，容器内充入一定量的惰性气体，保护热源壳体的金属材料防止被氧化；每半年进行一次密封容器充放气，对内部惰性气体进行置换，因此，贮存场所还应具有气体置换装置。

4）RTG 贮存场所，应当按照国家有关规定设置明显的放射性标准，其入口处应当按照国家有关安全核防护标准的要求，实行 24 小时安保，设置安全和防护设施以及必要的防护安全连锁、报警装置或者工作信号，禁止无关人员在附近随意走动。

5）RTG 在贮存过程中，每季度对贮存区域以及周边公众活动范围若干典型位置进行环境辐射剂量监测，判断其是否满足环保部规定的环境辐射剂量约束值。

6）RTG 不得与易燃、易爆、腐蚀性物品等一起存放，建立放射源台账，贮存、领取、使用、归还热/电源时，应当进行登记、检查，做到账物相符。

7）有涉核操作进入贮存 RTG 的实验室应通过审批，进出人员实行登记管理。

6.4.1.2 运输

RTG 的运输应按照《放射物品运输安全管理条例》实施。

1）RTG 在运输过程中应装入专用的运输包装容器，运输包装容器制造活动的单位应当申领制造许可证；运输包装容器的设计、制造应当符合国家放射物品运输安全标准，并通过试验验证或者分析论证等方式，对设计运容器的安全性能进行评价。

2）托运 RTG 的单位应当编制放射性物品运输的安全分析报告书，报核安全监管部门审查批准。

3）运输 RTG 前应制定安全运输方案和运输应急预案。

4）通过道路运输 RTG 的，应当经公安机关批准，按指定的时间、路线、速度行驶，并悬挂警示标志，配备押运人员、安全监督员，车辆同乘人员必须携带个人剂量仪等；货包启运前，由启运地环保部门对放射源进行现场监测，并现场测试证明。

5）RTG 运输车辆必须是危险品专用车，保证专车专用，不得在运输的同时夹运其他货物，货包在运输车内有固定防滑措施。

6）RTG 运输所涉相关文件、记录保密存档 3 年。

6.4.1.3 RTG 吊装

RTG 吊装主要在两种情况下需要进行吊装操作：一是带运输包装箱出入产品贮存区，二是安装至探测器前由发射塔架场坪运输至塔架安装平台操作。

（1）吊装前的安全检查

吊装前应进行以下项目的安全检查：

1）吊装前，编制详细吊装操作细则，操作细则中应包含安全措施和事故应急救援预案。

2）应按规定负荷进行吊装，吊装机具经计算选择使用，严禁超负荷运行。

3）吊装前应对吊装机具进行检查，确保处于完好状态，对检查中发现问题的吊装机具，应及时进行检修处理。

4）标记起吊位置和吊装落点位置，并对吊装区域内的安全状况进行检查（包括吊装区域的划定、标识、是否有障碍物等）。

5）吊装现场应设置安全警戒标志，并设专人监护，非操作人员禁止入内。

6）划定安全区域，操作人员无操作动作时可撤离至此区域进行等候。

7）室外吊装操作在操作前核实天气情况，遇到大雪、暴雨、大雾及 6 级以上大风时，不应安排吊装操作。

8）当吊钩或吊装物品下面有人，吊装物品上有人或浮置物时，不得进行吊装操作。

（2）吊装安全要求

1）起吊前确认吊具等各部分连接状态是否牢固。

2）吊装 RTG 至指定位置上方未降落时，应有操作人员进行牵引、保护，使其缓慢落至规定位置，不得摇晃、撞击。

（3）异常工况处理

①吊装物品发生撞击、掉落

RTG 吊装的过程中，若发生掉落、撞击到周围物体等，可能使被吊装的箱体、转运容器表面发生凹陷等物理损伤。此时应继续吊装至可降落位置将吊装物品降落，对所吊装的物品进行表面污染测试，无论表面污染值是否超过相关标准，都应取出内部存放的 RTG。对取出的 RTG 进行表面污染测试，确认无表面污染后，观察其表面是否物理损伤，若无物理损伤可继续进行操作。若有机械损伤，应上报现场指挥，由现场指挥继续上报以确定该机械损伤是否影响后续使用。若确认 RTG 发生表面污染超过相关标准情况，由操作人员使用专用工具将其放入应急密封容器封存，并上报现场指挥。

②吊装过程吊车机械故障

RTG 吊装过程中，若吊车发生机械故障，无法继续移动吊装物品。为避免这种情况的发生，吊装前应仔细检查吊车状态是否正常，反复利用未装入 RTG 的容器进行试吊装，以确保吊装过程中吊车不发生故障。

6.4.1.4　RTG 安装

RTG 安装主要包含操作准备、RTG 转运至安装位置、RTG 安装、安装状态检查、撤收几项工作内容。

（1）安装前的安全检查

1）安装前，编制详细的安装操作细则和工艺规程，操作细则和工艺规程的制定应体现简便性原则，尽可能缩短操作人员受照射时间，此外操作细则中还应包含安全措施和事故应急救援预案。

2）同位素电源安装工装研制前，编制详细的安装工装研制技术要求；安装工装的设计应满足不影响同位素电源和探测器的安全性，同时便于拆卸。

3）安装前，进行充分的安装操作模拟演练，此外还应进行电源安装工装专项演练。

4）检查安装过程中所使用的工具、工装和测量仪器等是否完好，一旦发现问题，应及时进行检修或更换。

5）上发射塔架安装前，对携带上塔的工具、工装、仪器等列详细清单，根据清单核对携带上塔的工具、工装、仪器是否正确，防止遗漏、携带错误；安装完成撤收时，按对应清单逐一清点，防止遗落、丢失。

6）确认探测器与 RTG 连接的部件状态是否完好，避免安装中过程出现故障。

7）检查放置工具工装的塔架架板、操作人员站立的塔架踏板是否牢固，若有松动、晃动现象，应及时维修或更换。

8）安装操作现场的电线、电缆等必须固定在地面或墙面之上。

9）检查安装操作环境照明情况是否良好。

10）RTG 安装操作现场应设置安全警戒标志，并设专人监护，非相关人员禁止入内。

11）检查 RTG 安装操作现场是否有无关物品，及时清理多余物品。

12）确定各岗位人员操作过程所处位置，并划出安全区域，操作人员无操作时在此区域等候。

13）RTG 转移工装使用前应对工艺件进行拉力试验，保证安全裕度。

（2）安装过程安全要求

1）操作过程中，辅助操作人员应站立于操作岗侧面，进行提醒和保护，防止操作岗与探测器发生碰撞。

2）待安装的部件、安装使用的工具应带有防脱落绳，操作人员在手腕挂好防脱落绳后再进行操作。

3) 安装过程中拆下的部件应装入专用包装箱内，防止发生掉落、丢失等意外情况。

4) 安装前，用擦拭法对热源芯进行表面污染测试，若出现不合格的情况，须上报总体并启动相应的应急程序。

5) RTG 表面温度较高，避免直接接触，防止烫伤。

6) 使用工装、夹具转运 RTG 前，应先确认是否锁紧 RTG，防止转运过程中发生掉落。

（3）质量控制要求

1) RTG 安装各项操作应按照操作细则要求进行，各项工艺参数与工艺规程相符合。

2) 安装紧固件应测力矩，签署记录表格。

3) 安装过程中重要步骤完成后，应进行检验，留照相记录。

（4）异常工况处理

①RTG 掉落

RTG 转移的过程中，若发生掉落，可能会有局部的凹坑等物理损伤。首先进行表面污染测试，确认无表面污染后，用放大镜或显微镜观察观察热/电源本体无延伸的条状裂缝后，继续按照工艺流程进行操作。若确认 RTG 发生表面污染超过相关标准，由转运人员用夹取工具将热/电源放入应急密封容器封存，并上报现场指挥。

②RTG 安装工装掉落

用安装工装安装 RTG，在拆卸安装工装过程中，若发生部件掉落故障，立即报告现场指挥，在现场指挥的组织下，对设备进行故障定位。现场指挥组织实施故障对策，利用整流罩上的防掉落保护装置、操作岗手上的防掉落绳等控制掉落的部件处于稳定状态，防止进一步掉落到火箭整流罩内。回收掉落的部件后，将工装恢复到正常状态，重新确认后继续使用。

6.4.2　安全评价管理

根据《放射性同位素与射线装置安全和防护条例》，RTG 使用需取得相应认可的要求，制定了《探月工程嫦娥四号任务产品同位素热/电源空间安全使用评价要求》，由航天局成立的空间应用安全评价专家委员会进行评议。经国家航天局授权，由工程总体承担嫦娥四号任务产品空间安全使用评价组织工作。

安全评价流程（见图 6-7）如下：

1) RTG 产品研制单位在开展产品初样设计时，向工程总体提出空间安全使用评价需求。

2) 工程总体制定空间安全使用评价的工作方案，组织成立监督专家组。

3) 监督专家组按照工程总体授权，开展产品研制全过程的日常监督审查，并对产品研制的重要节点，如设计评审、质量评审、试验大纲和细则评审、鉴定试验、验收试验、验收、评审等活动进行专项监督审查，向工程总体出具专项监督审查意见。

4) 产品研制单位在完成鉴定试验和验收试验后，编制最终产品的空间安全使用分析报告，对产品的设计方案、安全验证情况、环境影响分析及意外情况的应急措施等进行详细阐述。

5) 工程总体适时组织成立专家委员会，以便及时开展空间安全使用评价工作。

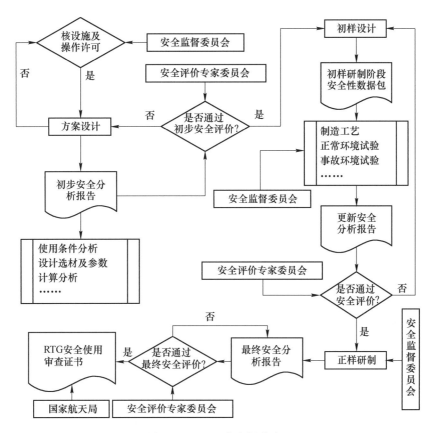

图 6 - 7 RTG 安全评价流程

6）产品研制单位通过主管部门提交产品空间安全使用评价申请及相关材料，如空间安全使用分析报告、正样产品详细设计报告、鉴定试验总结报告、验收试验总结报告、产品研制总结报告、产品保证总结报告、质量证书等。

7）工程总体收到空间安全使用评价申请后 7 个工作日内，完成申请材料的形式审查，通过后，组织专家委员会进行评价。

8）专家委员会通过会议答辩、现场考察、沟通等形式，按照《嫦娥四号任务空间同位素热/电源空间安全使用评价指标要求》，结合监督专家组监督审查意见，对申请材料进行评价，形成评价意见，并给出"同意"或"不同意"空间使用的结论。

9）工程总体在专家委员会评价意见形成后 15 个工作日内，向申请单位印发《探月工程嫦娥四号任务产品空间同位素热/电源安全使用评价意见》。

6.5 应急管理

RTG 应急管理是确保研人员和环境安全的重要一环，包括研制过程应急、使用过程应急、发射阶段应急等。

6.5.1　研制过程应急

研制过程包括生产、试验过程，针对可能发生的辐射事故，应按照《放射性同位素与射线装置安全和防护管理办法》有关要求制定应急预案，做好应急准备。辐射应急管理严格遵循国家核应急管理工作"常备不懈，积极兼容，统一指挥，大力协同，保护公众，保护环境"的方针，认真贯彻执行统一领导、各司其职、快速反应、高效处置的原则。

6.5.1.1　应急响应程序

在下列任何一种情况下，应立即启动应急程序：

1）流出物超标；

2）手套破裂导致工作场所及人员污染、气溶胶浓度超标；

3）转移过程中对场所及人员造成污染；

4）放射性气溶胶逸出造成前区污染；

5）场所内运送过程中的交通意外事故、放射源脱落；

应急响应程序包括以下内容：

1）非应急人员撤离现场；

2）辐射防护人员进行应急监测，包括：γ辐射或中子辐射水平、表面污染水平、放射性气溶胶和个人剂量；

3）对局部区域设置警戒线；

4）对被污染人员进行去污监测；

5）应急工作人员进入现场要穿戴好防护衣具，佩戴个人剂量报警仪、个人剂量计，必要时穿戴气衣，采用长柄工器具，防护人员密切监督和指导；

6）在应急状态下，除了为抢救生命或避免严重损伤，为避免大的集体剂量和防止演变成灾难性情况之外，应急工作人员的剂量控制由应急防护人员、应急办公室、应急领导小组根据各自权限进行控制。

6.5.1.2　应急状态的终止及恢复

下面三个条件同时具备时终止应急状态。

1）引起应急的原因已经确认，导致进入应急状态的事故处理规程已执行完毕，故障已排除；

2）制备活动和生产场所处于稳定状态，主要参数稳定在技术规范限值以内；

3）放射性释放控制在技术规范限值内。

应急事故后的主要恢复措施：

1）组织实施恢复活动，使制备活动和生产场所尽快恢复到正常状态，同时继续监测和保障工作人员安全；

2）定期报告恢复工作的进展；

3）按照要求将总结报告呈送相关部门。

6.5.2　使用过程应急

为保障RTG使用过程中遇突发辐射事件/事故时能快速、高效、有序地进行处理，组织救援，最大限度地减少人员伤亡和财产损失，把事故危害降到最低点，将"安全第一、预防为主"的方针落到实处。

6.5.2.1　辐射事件/事故类型

RTG 的使用过程涉及放射源的运输、吊装、安装及发射后，由于突发性的自然和人工因素造成的事故/事件，可能发生的辐射事件/事故类型如下：

1）RTG 掉落，内部放射性物质泄漏，造成工作场所污染；

2）RTG 丢失、被盗、失控；

3）RTG 货包在运输过程中发生意外；

4）探测器在空间运行时发生事故而重返大气层，RTG 重返大气层时产生的高温摩擦、与地面的高速撞击、耐高压、耐海水腐蚀等影响发生放射性物质泄漏。

6.5.2.2　应急预案

使用 RTG 的单位应当根据可能发生的辐射事故的风险，制定应急预案，辐射事故应急预案应当包括下列内容：

1）应急机构和职责分工；

2）应急人员的组织、培训以及应急和救助的装备、资金、物资准备；

3）辐射事故分级与应急响应措施；

4）辐射事故调查、报告和处理程序。

6.5.2.3　应急响应的启动

辐射事件/事故发生后，在场的工作人员应立即向部门及所辐射事件/事故应急领导小组汇报情况，应急领导小组组长发布启动应急预案命令，由辐射事件/事故应急领导小组根据事故类型组织相关救援小组进行现场处理。

6.5.2.4　辐射事件/事故的上报

事故发生部门应立即向单位安全主管部门报告，同时启动本部门的辐射事故应急方案，采取必要防范措施，单位安全主管部门向当地环境保护部门和公安部门报告。事故报告后出现新情况的，应当及时补报后续报告。造成或可能造成人员超剂量照射的，还应同时向当地卫生行政部门报告。

禁止缓报、瞒报、谎报或者漏报辐射事故。

6.5.2.5　应急响应行动

1）事故的控制缓解；

2）紧急辐射防护行动的实施，包括撤离和出入控制、场所的去污处理、人员去污及对辐射损伤人员的救治；

3）应急辐射监测。

6.5.2.6　应急终止

当事件/事故得到控制，事件/事故条件已经消除，事故的长期后果可能引起的照射已降至合理可行尽量低的水平时，由单位应急领导小组组长向上级环境主管部门申请应急终止，经环境主管部门批准后应急终止。

6.5.3　发射阶段应急

6.5.3.1　发射事故情景

火箭在点火起飞后，若自身故障或其他因素影响，不能按照预定轨迹飞行，将采用器箭自毁方式或地面安全遥控方式进行引爆，终止飞行任务。由于火箭携带了大量的易燃、易爆推进剂，将造成复杂环境下，同位素热源坠入地面，给落点区域造成污染风险。

火箭点火及飞行过程中，主要分为 5 个阶段（见图 6 - 8），本预案重点关注的是点火起飞段（情况 1：发射场区）和首区飞行段（情况 2：距场区 100km 内）。发射场针对上述两个阶段分别编制了专项应急预案。

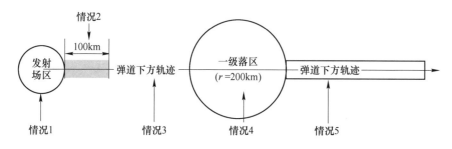

图 6 - 8　火箭点火及飞行过程主要阶段

火箭点火起飞段（点火至起飞后火箭飞出发射场区时段）主要应对下列 2 种灾难性突发事件：

1）火箭点火后紧急关机；

2）火箭起飞段在发射塔或场区内（距发射塔 2km 范围内）爆炸。

火箭首区飞行段（指落点在发射场区围墙以外、距场区 100km 以内的区域）主要应对触地爆炸和空爆两种突发事件。

基于火箭点火及飞行过程中的阶段划分，经与国外同类航天探测器用放射源事故情景相比较，基于本预案重点关注点火起飞段和首区飞行段，将嫦娥四号发射过程 RTG 事故景象分为以下三类：

事故情景一：发射场严重事故引起放射源散落或破损；

事故情景二：发射场外严重事故导致放射源坠落回地面，发生散落或破损；

事故情景三：发射场外严重事故导致放射源坠入水体。

6.5.3.2　可能的严重事故后果与应急响应的要点

放射性散落事故情景主要造成人员的外照射；放射源破损除造成人员外照射，也可能造成人员的内照射，但这类事故发生的可能性更小。

（1）事故情景下可能的辐射水平分析

RTG 潜在外照射主要是中子照射。对放射源进行回收操作时须进行剂量监测，并采取一定的外照射防护措施。

（2）事故情景下可能的内照射影响

放射性核素潜在内照射危害主要来自 Pu - 238。相关研究成果表明，高空释放的放射性蒸汽在数年内降落回地球，造成全球均匀的分布，对局部的影响不明显。对于西昌卫星发射基地 5000m 以上高度的释放，模拟结果显示，48 小时内粒子运行轨迹没有落地；对于冲击地面引起的局部核素释放，早期剂量贡献主要来自吸入内照射。因此，对于发射事故，最严重的后果是 Pu - 238 地面释放引起的人员内照射。

假想的严重事故景象及后果分为两类：

①发射场辐射事故

火灾、爆炸等严重事故导致热屏蔽层受损，热源包壳产生裂缝，少量 Pu-238 成为气溶胶释放到环境中。根据分析结果，发射阶段事故释放份额取总活度的 2.40E-04，得到总量为 1.02E+11Bq Pu-238 成为可吸入气溶胶瞬时释放到发射场空气中。假定发生地面释放，不考虑烟气抬升，得到不同风速条件下，距下风向不同距离处早期吸入剂量见表 6-2 和表 6-3。

表 6-2 嫦娥四号发射场假想释放事故后果（4m/s 风速）

距离/m	早期吸入剂量/mSv
500	72.7
1000	22.0
2000	7.7
3000	4.2
4000	2.7
5000	1.9

表 6-3 嫦娥四号发射场假想释放事故后果（1m/s 风速）

距离/m	早期吸入剂量/mSv
500	1.1E+03
1000	3.7E+02
2000	1.4E+02
3000	8.2E+01
4000	5.3E+01
5000	4.0E+01

因为火箭发射时对发射场周围公众进行了撤离隐蔽，因此发射场气溶胶释放事故对公众的影响是较小的。但应急响应人员须配备呼吸保护装备，以避免 Pu-238 释放引起的内照射。

②发射场外辐射事故

假定严重事故导致 RTG 热屏蔽层受损，包壳产生裂缝，少量 Pu-238 成为气溶胶释放到环境中，平均释放份额 5.3E-05，得到总量为 2.26E+10Bq 的 Pu-238 成为可吸入气溶胶释放到发射场空气中。假定发生地面释放，不考虑烟气抬升，得到不同风速条件下，距下风向不同距离处早期吸入剂量见表 6-4 和表 6-5。

表 6-4 嫦娥四号发射场外放射源假想释放事故后果（4m/s 风速）

距离/m	早期吸入剂量/mSv
500	16.1
1000	4.9
2000	1.7
3000	1.0
4000	0.6
5000	0.4

表6-5　嫦娥四号发射场外放射源假想释放事故后果（1m/s风速）

距离/m	早期吸入剂量/mSv
500	238.5
1000	84.8
2000	31.8
3000	18.0
4000	12.2
5000	9.0

针对嫦娥四号核应急响应，内照射防护重点是针对地面释放的防护和响应。

（3）应急准备与响应的重点

嫦娥四号探测器上使用的RTG通过了相关安全性能实验，自身安全性高，即使在发射阶段出现意外，造成放射性物质泄漏的概率极低，应急主要针对发射场发生严重事故时，开展放射源搜寻、源破损程度判断、回收、去污以及应急人员防护。

6.5.3.3　应急准备

（1）应急物资器材准备

为保证嫦娥四号任务发射阶段应急响应及时到位，在发射前，将相应的物资器材集中存放在发射场。应急物资器材的准备由核应急组织完成。

①通信装备

各响应组配备对讲机、卫星电话、移动通信电话等，以便现场核应急指挥部和应急抢险工作组等保持通讯畅通。

②辐射监测与放射源回收装备

配备表面污染测量仪、γ剂量率仪、中子剂量率仪、FIDLER探测器、红外热像仪等便携式测量仪表；长柄钳、废物收集桶与密封胶、塑料袋、便携式吸尘装置等放射源回收设备。

③人员防护与医疗救护装备

配备TLD个人剂量计、直读式电子个人剂量计等个人剂量监测设备；口罩、自供氧防毒面具、手套、脚套、连体防护服等防护装备；纱布、绷带及必要急救药品；配备辐射安全标识、隔离带等安全周界用品。

④其他保障物资

各岗位需要的开展应急响应工作所需要的物资、器材、照明、动力和车辆等。

现场辐射应急仪器设备

通信设备

- 传真机；
- 固定电话；
- 移动电话；
- 卫星电话；
- 手持GPS导航仪；
- 对讲机。

辐射监测与放射源搜寻

- Fidler 探测器；
- 便携式红外热成像仪；
- 表面污染测量仪；
- 背包式放射源搜索系统；
- γ 剂量率仪；
- 中子剂量率仪；
- 气溶胶连续监测仪；
- 大流量空气采样器。

人员防护与医疗救护

- TLD 个人剂量计；
- 电子式个人剂量计；
- 自供氧防毒面具；
- 防护面具；
- 口罩、手套、脚套；
- 连体防护服；
- 医疗急救箱。

放射源回收与清污

- 长柄钳；
- 镊子；
- 废物收集桶、密封胶；
- 源运输容器；
- 便携式吸尘装置；
- 塑料袋。

综合保障

- 应急监测车；
- 汽油发电机；
- 应急照明灯；
- 隔离带；
- 手持式风速仪。

（2）应急培训

在火箭发射之前，对核应急响应人员应进行培训，内容包括：火箭发射事故特点及防护措施、辐射事故后果预测评价、辐射监测、放射源搜寻、去污洗消等；并对用于应急响应的设备、器材和用品进行检查、刻度和维护。

核应急培训的对象是核应急分队成员，主要有工程总体、探测器系统、RTG 研制单位以及核应急实施单位的人员。

（3）应急演习

在发射之前，应急组织应开展核应急演习。应急演习的主要目的和作用是：

1）使应急指挥和响应人员熟悉应急响应预案与程序，并检验核应急预案及程序的可行性和有效性；

2）检验应急组织和应急人员的响应能力和技能；

3）发现应急预案（或程序）和应急准备的不足之处，以便改进。

对演习应认真进行评价和总结，根据演练结果修改或更新应急预案或程序。

（4）发射前应急准备

火箭发射前，核应急现场响应人员全部赴现场，携带必要的响应设备、资料表格和响应程序，保持设备与装备可用。技术支持中心在原地做好准备，技术支持中心保持相关应急评价软件运行、与相关接口建立联系、保持通信畅通，自火箭加注开始进入应急 on－call 状态。

发射前准备工作包括：

1）信息处理组与发射场区应急组织的测控组和气象组建立接口，获得发射场相关气象数据和经纬度数据；

2）技术支持中心预测评价组通过国家气象中心获得大尺度气象预报数据；

3）技术支持中心预测评价组发射前一日根据预置源项和气象预报数据，进行发射场事故后果试算，并将结果报告给现场核应急指挥部和国家核应急办，现场核应急指挥部与发射场区发射任务指挥部协同做好发射前防护准备工作。

6.5.3.4 应急响应

嫦娥四号任务发射阶段核应急组织的主要任务有：为发射场区指挥部提供核事故应急技术支持；当发生事故时提供现场救援，并开展辐射事故判断、现场辐射监测与放射源搜寻、辐射事故后果预测评价、现场防护与医学救护、放射源及碎片回收、场所去污、适时终止应急状态。

（1）应急组织的启动

1）现场核应急组织的启动。在发射前一小时，现场核应急人员进入待命状态。假设在发射过程中，一旦识别超过设计状态的事故并得到确认，现场核应急力量立即启动，核应急预案相应启动。

2）现场核应急响应小组和人员的通知和启动：现场响应负责人负责安排通知现场核应急响应小组和人员，命令有关小组和人员做好响应准备，并适时开展响应行动。

只要事故发生，不管现场发生在哪里，通信保障组首先启动，防护医学组将为任何现场行动提供安全防护指导。在灭火和人员救治后，基本的核应急响应流程是：信息处理组开展辐射防护信息收集；辐射监测组开展现场辐射水平和放射性污染监测，判断放射源容器的完整性，确定事故严重程度，确定采取的防护措施；如果放射源散落，则回收去污组开展搜寻和回收行动；如果容器失效造成环境污染，则回收去污组开展环境清污行动。

3）向国家核应急办报告。及时向国家核应急办通过电话和传真报告事故情况，说明事故发生的地点、事故现场状况、现场即时处理措施等。如需救援和技术支持，可在初始报告或后续报告中提出。

（2）后方核应急组织的启动

在接到现场核应急指挥部的启动命令后，技术支持中心和现场救援分队启动待命或响应。技术支持中心开展释放源项和辐射后果的分析计算，现场救援分队的其他响应人员根据命令立即赶赴现场。

6.5.3.5　通知和报告

应急通知是把核事故信息和应急指令通知现场有关人员，首先应通知核应急响应人员，要求应急响应人员迅速到达指定的位置按照核应急预案和程序执行应急响应任务。现场非应急响应人员如需要采取适当的应急防护行动，则同步通知。应急报告是现场核应急指挥部将事件和响应情况报告国家核应急办。通知和报告关系见图 6 - 9。

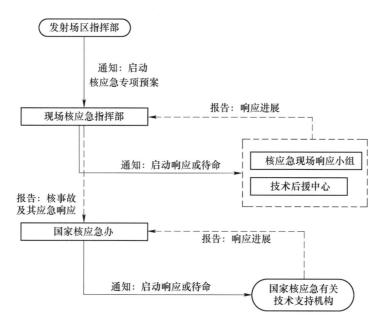

图 6 - 9　各核应急组织之间通知和报告关系图

（1）应急通知

现场核应急指挥部向现场响应负责人和响应人员通知事故地点、事故处理进展、现场各响应小组应采取的响应行动等。同时可直接通知后方待命的分队力量尽快赶赴现场。如基地非应急人员需要采取应急防护行动，则现场核应急指挥部报告发射场区指挥部，由发射场区指挥部发布防护行动通知。

国家核应急办根据现场需求向有关技术支持单位发出应急准备或赶赴现场支援的通知。

（2）应急报告

按照本预案中的核应急组织体系，现场核应急指挥部在事故情况下向国家核应急办报告。

向国家核应急办初始报告的条件：只要现场发生严重事故，有可能危及辐射装置安全性，不管是否已经发生放射性物质的泄漏，现场核应急指挥部都应向国家核应急办报告。

之后随事故及其响应情况，应向国家核应急办发出后续报告。

向国家核应急办报告的内容包括：事故及发展情况；是否有放射性释放；现场辐射水平和放射性污染情况；事故响应情况；支援请求；其他必要的信息。

6.5.3.6　各响应组的应急响应行动

（1）处置程序

应急处置过程中，应遵循《导弹卫星发射任务突发事件总体应急预案》规定的原则，尽量保护产品、设备、设施，处置流程如图 6 - 10 所示。

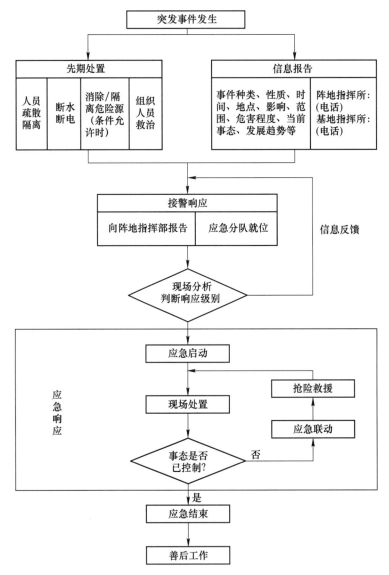

图 6 - 10　RHU/RTG 突发事件应急处置流程示意图

任务突发事件发生后的处置工作，分 4 个层次组织实施：

1）现场具备条件采取处置措施的，由现场人员立即采取措施进行处置。

2）Ⅳ级突发事件一般由阵地领导小组启动专项预案进行处置，需要时向发射场指挥所请求支援。

3）Ⅲ级突发事件，阵地领导小组在采取力所能及措施处置的同时，立即向发射场指挥所报告，由发射场指挥所报指挥部启动有关预案进行处置。

4）Ⅱ级以上重大突发事件，在国家核应急指挥部的统一指挥下开展处置工作。

（2）应急响应流程

火箭爆炸包括点火起飞段爆炸、飞行段爆炸和主动段空爆等（见图 6-11）。

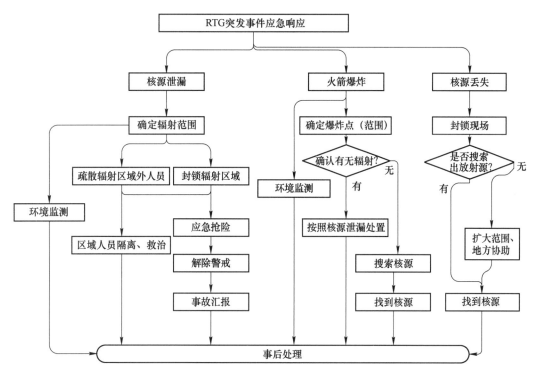

图 6-11　RTG 突发事件应急响应流程

1）按照《火箭（导弹）点火起飞段突发事件应急预案》《火箭（导弹）首区飞行段爆炸应急预案》和《火箭（导弹）主动段空爆应急预案》处置程序要求，先完成爆炸点（范围）确定。

2）进行辐射环境监测。在爆炸安全范围外开展辐射监测，初步确认是否有核泄漏。

3）若有核泄漏，确认泄漏量及人员安全距离。

4）若无核泄漏，环境监测组与抢险救援人员同步工作，搜索涉核产品，直至找到核源。

核源丢失包括场区内丢失和火箭爆炸后核源丢失，其属于重大辐射事故以上事故级别（Ⅰ级或Ⅱ级），由国家核应急指挥部组织开展相关工作。

场区内核源丢失处置程序为：

a）安全保卫组封闭现场及场区各出入口，对一切可能接触放射源人员进行登记，在放射源找到之前禁止其离开场区，禁止无关人员进入场区。同时设置隔离区，疏散隔离区内无关人员。

b）应急抢险人员穿好射线防护服，携带专用存储器，在可能造成放射源丢失的隔离区，由内向外逐步寻找，直至寻找到并将其放入专用存储器内，即恢复安全状态。

c）若未找到，即按被盗处理，向地方公安、卫生、环保部门报告，扩大封锁范围，协助对事故进行处理。

火箭爆炸后核源丢失处置程序：

a）按照《火箭（导弹）点火起飞段突发事件应急预案》《火箭（导弹）首区飞行段爆炸应急预案》和《火箭（导弹）主动段空爆应急预案》处置程序要求，先完成爆炸点（范围）确定。

b）封锁现场，设置隔离区，对现场人员进行登记，在放射源找到前禁止离开。

c）应急抢险人员穿好射线防护服，携带专用存储器，在可能造成放射源丢失的隔离区，由内向外逐步寻找，直至寻找到并将其放入专用存储器内，即恢复安全状态。

d）若未找到，即按被盗处理，向地方公安、卫生、环保部门报告，扩大封锁范围，协助对事故进行处理。

（3）应急响应行动

嫦娥四号核应急的响应行动依据放射源事故情景开展，嫦娥四号核事故的应急响应行动分为三类：发射场辐射事故响应、发射场外放射源陆上事故响应和发射场外放射源坠落入水体事故响应，见图 6-12 嫦娥四号发射事故应急响应行动图。

发射当日的响应行动包括：

火箭发射当天，技术支持中心预测评价组在国家核应急辐射防护技术支持中心待命，准备好不间断电源、备份服务器等应急设备，与现场核应急指挥部和国家核应急办建立通信联系。

火箭发射前两小时，预测评价组根据发射场最新气象数据进行环境后果评价，将结果及时报告现场核应急指挥部，并传递给发射场区指挥部。

数据传递方式为传真和电话。

6.5.3.7 紧急防护行动

在火箭发射前，发射场附近的公众已进行了安全疏散和隐蔽，因此，发射场事故紧急防护行动主要针对应急响应人员。发射场外事故除了针对应急响应人员开展防护行动以外，还通过安全周界设置、放射性清除等措施对公众实施防护。

（1）防护措施

应急工作人员必须身体健康，能胜任所执行的响应工作，有基本的辐射防护和应急知识，接受过相关培训。

控制应急响应人员可能接受辐射照射的方法和措施包括：

①开展应急照射的预评价

按响应行动的时效性要求，开展详尽程度不同的应急照射预评价。评价内容包括响应行动的安排、照射情景与照射途径的预测、内外照射剂量的测算、可能出现问题的分析及拟采取的防护行动的设计等。在时间允许的情况下，宜对响应行动现场的内外照射剂量率水平与表面污染大小进行测量，以估计应急工作人员可能接受的总剂量，即便是时间紧迫，也应进行可能接受剂量的粗略估算。

②开展个人和场所的辐射监测

应急工作人员应佩戴个人剂量计，包括热释光剂量计和设有剂量阈的、具有报警功能的个人剂量计。

在应急响应场所，根据实际情况和条件，进行外照射辐射水平和表面污染监测，以及

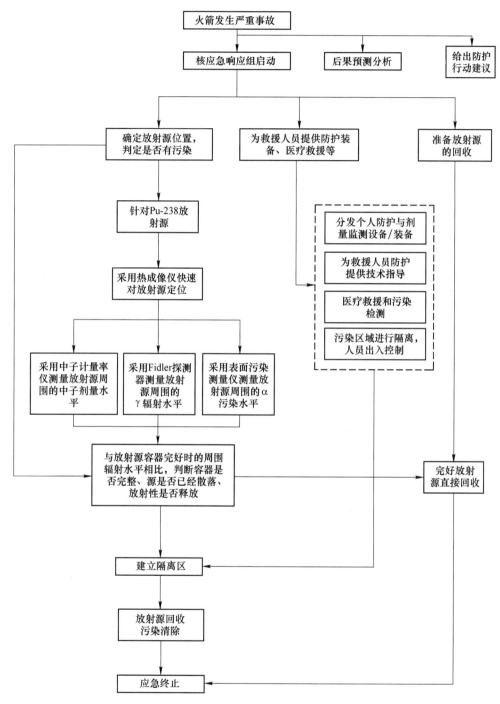

图 6-12　嫦娥四号发射事故核应急响应行动图

气载放射性的取样测量。

③尽可能使用屏蔽措施、控制受照时间和实施远距离操作

采用屏蔽和使用操作工具进行远距离操作以减少辐射照射，应由防护与医学组应急响应专业人员设计和指导屏蔽体的使用和实施远距离操作。

④佩戴个人防护衣具

为进入事故现场的应急工作人员以及在事故现场附近进行医学救护或去污行动等可能受到污染或照射的工作人员配备必要的防护衣具。

⑤放射性污染控制

根据辐射监测，标出污染区，并对污染场所实施出入控制，受污染的人员、车辆按程序进行去污。

⑥实施辐射防护现场监督和指导

对于可能接受超职业照射限值的应急响应行动，应接受防护与医学组的现场指导和监督，并得到现场指挥的批准。辐射防护人员应向执行响应行动的应急工作人员提供如何采取防护措施降低辐射照射的建议，对响应现场工作人员可能接受的辐射照射进行监测，并记录他们可能接受的辐射剂量。

为控制应急响应人员接受的应急照射，除遵照和采用上述基本方法外，还应特别注意：放射源未产生严重破损的情况下，潜在危害主要为 Pu-238 中子照射导致的一定的外照射，因剂量率较小，主要采取减小操作时间、增加操作距离的方法来控制辐射剂量。当放射源受到外力冲击产生破损时，除上述外照射危害以外，潜在的主要危险为 Pu-238 内照射危害。

因火箭事故可能伴有毒气释放，因此先期处置的应急响应人员必须佩戴自供氧防毒面具，确认现场危险可控后，其他应急响应人员配备防护面具，并配备个人剂量监测仪进入现场进行处置。

（2）应急响应人员照射控制

应急响应人员剂量控制值参照表 6-6 执行。

对于需要立即为控制事故和紧急抢救进行的行动，允许暂时放松职业照射限值：

1）除了抢救生命的行动外，应该尽一切合理的努力把工作人员所受剂量保持在100mSv 以下；

表 6-6　应急响应人员的剂量控制值

应急响应行动类型	剂量控制目标/mSv
可能的抢救生命的行动，例如扑灭火灾的行动 防止演变成灾难性条件的行动，例如防止或缓解引起爆炸的条件	500
防止严重损伤的行动。例如抢救可能的严重损伤威胁 避免出现大的集体剂量的行动	100
其他应急响应行动，例如事故中、后期较长时间处理受照射或受伤的人员；样品收集或分析；短期的恢复行动；局地去污等	遵照职业照射剂量控制标准

2）除抢救生命外，有效剂量不得超过 500mSv，皮肤剂量当量不得超过 5Gy；

3）紧急状态一过，就应恢复按实践的职业照射限值来控制，如周围地区的去污和废物处置等恢复工作。

如果应急响应人员必须接受超过 100mSv 的剂量，则预期剂量在 100～500mSv 之间，在个人签订"核应急响应人员接受急性照射同意书"后，由现场响应负责人批准；预期剂量超过 500mSv，在个人签订"核应急响应人员接受急性照射同意书"后，由现场核应急指挥部总指挥批准。

（3）辐射安全周界

事故发生时，在残骸落点附近 300～1000m 范围内的人员应迅速隐蔽，有条件的应迅速撤离至上风向。除考虑潜在辐射事故后果以外，还应考虑潜在火灾爆炸与化学危害的影响。

在核应急响应人员赶到事故现场后，应设置辐射安全周界。在有地面污染数据时，α 污染水平 $100Bq/cm^2$ 或 γ 剂量率 $100\mu Sv/h$ 以上的区域可作为辐射安全周界，即事故响应的内警戒区。在警戒区出入口应进行出入控制。

6.5.3.8　应急终止

（1）终止应急状态的程序

现场响应负责人根据火箭事故处理状态，征询现场专业组意见，在满足条件时提出应急状态终止的建议，并向现场核应急指挥部报告。现场核应急指挥部确认满足条件，批准应急状态的终止。

（2）应急状态终止的条件

现场核应急指挥部在批准终止辐射事故应急状态之前，必须获得足够的信息，确信放射源事故已切实得到控制，而且已恢复到安全状态，特别要确认满足下列条件：

1）放射源及碎片已进行了妥善的回收处理；

2）被污染的现场、人员、设备已进行了去污，达到可接受水平。事故现场污染的去除应尽可能地低。污染水平应控制在相关标准范围内；

3）已经采取了一切必要的防护措施。

为保证应急终止条件得到满足，现场应急人员应进行巡测、采样分析并进行评价。

6.5.3.9　善后工作

1）对事故现场进行清理，消除污染物的影响；对事故影响进行跟踪监测，继续排查隐患。

2）进行突发事件中伤亡人员的善后事宜，提供抚恤、补助及心理援助。

3）组织有关专家对受灾范围进行科学评估，提出补偿和对受破坏的生态环境进行恢复的建议。

4）对事故的起因、性质、影响、责任、经验教训等问题进行调查评估。对造成环境污染的辐射事故，要有计划地组织放射性监测，明确相关区域去污计划和去污产生放射性废物的处理，并提交书面调查报告。

第7章 开放合作项目管理

基于探月工程的推进和发展需求，嫦娥四号坚持"以国为重，追求超越、崇尚科学、整体最优"的价值导向，把开放、合作作为工程生命周期的重要内容，创新管理模式，开展了与德国、瑞典、荷兰、沙特等国家的科学载荷合作，实施了月表生物科普试验等技术试验任务，取得了很好的综合效益。

7.1 国际合作项目管理

为加强国际合作，让更多国家和组织参与中国的月球探测，共同推动对宇宙的认知，按照"共商、共建、共享"的原则，中国国家航天局顶层策划，与有意愿的国家和组织签署合作谅解备忘录，促进了国际交流和人文交流。

国际合作项目具有沟通事项多、不确定因素多、管理难度大等特点，通过合作实践，建立了策划、征集、确定、推进、数据共享、联合研究等管理模式，形成了双首席科学家联合工作架构，联合工作组和工程实施团队两级协调模式和国际规则和合作协议双约束协商一致机制，保障了国际合作项目顺利实施。

7.1.1 合作策划

中国政府一贯主张在平等互利、和平利用、包容发展的基础上，与国际伙伴共同和平探索、开发和利用外层空间及其天体。为此，国家航天局以积极开放的心态，结合"一带一路"倡议等，务实推进航天领域的国际交流与合作。近年来，与欧空局、俄罗斯、巴西、法国、意大利、阿尔及利亚、阿根廷等国家及国际组织建立双边航天合作机制，明确在空间科学、空间技术、空间应用等领域特别是在深空探测方面加强交流与合作，与相关国家共商空间探索大计。2013 年 12 月，中国国家航天局与英国航天局在北京签署了《中国国家航天局和英国航天局关于探索与和平利用外层空间合作的谅解备忘录》；2014 年 3 月，在中国、沙特两国元首的共同见证下，在北京签署了《中华人民共和国国家航天局和沙特阿拉伯王国阿卜杜勒阿齐兹国王科技城关于开展空间科学技术合作的谅解备忘录》，提出双方将致力于进一步加强中沙航天领域双边合作的共识；2014 年 10 月，中、德两国在柏林签署了《国家航天局与德国宇航中心关于探索与和平利用外层空间合作的谅解备忘录》；2015 年 5 月，中国国家航天局与墨西哥航天局在墨西哥城共同签署中墨航天合作谅解备忘录；2015 年 9 月，中、瑞两国在乌普萨拉签署了《国家航天局与瑞典国家航天局关于探索与和平利用外层空间合作的谅解备忘录》；2015 年 10 月，中、荷两国在北京签署了《中华人民共和国国家航天局与荷兰王国航天局关于探索与和平利用外层空间合作的谅解备忘录》；2018 年 3 月，中国航天局和俄罗斯航天集团签署了《中国国家航天局与俄罗斯国家航天集团关于月球与深空探测的合作意向书》。

为进一步扩大国际合作力度，探月工程重大专项领导小组研究决定，在嫦娥四号工程中面向国际合作伙伴，主动开放载荷资源、提供搭载平台，面向各国优秀科研团队征集技术创新性强、科学研究价值高、工程可实现性强的科学载荷合作项目。

7.1.2　项目征集

通过嫦娥四号工程实施方案深化论证，对运载火箭、探测器、中继星进行了系统优化，可以提供部分资源进行开放合作。2015 年，国家航天局通过向国际社会广泛发放意向书，并在国际宇航联大会、联合国外空委工作会以及 2016 年首次中国航天日主场活动（见图 7 - 1）等不同场合进行公开宣介，面向国际社会广泛征集拟在嫦娥四号探测器和中继星平台上搭载的各类先进科学载荷。

图 7 - 1　2016 年中国航天日主场活动

2015 年 9 月底，瑞典空间物理研究所向国家航天局提出，希望参与嫦娥四号任务国际合作项目搭载。同年 10 月，在国家航天局积极推动下，工程总体代表国家航天局与瑞典国家航天局，就瑞方中性原子探测仪（ASAN）合作事宜，进行了技术交流和商务会谈。随后，又组织中方科学家团队对该载荷科学价值、工程可行性进行了认真分析，并与瑞方就载荷技术成熟度、设计方案、计划安排等多次磋商，中方专家一致认为，该载荷科学价值突出、技术状态成熟、方案继承性好，且工程可行性强。

2015 年 10 月，德国基尔大学在了解到中方征集嫦娥四号国际合作载荷的信息后，向国家航天局递交了合作申请，包括拟在轨道器上搭载的太阳高能粒子探测器（HPT）和拟在着陆器/巡视器上搭载的月表中子与辐射剂量探测仪（LND）；同时，邀请中科院国家空间科学中心作为中方合作对接单位。2015 年 12 月，在确定嫦娥四号任务没有轨道器后，德方取消了 HPT 合作建议。2016 年 1 月—2 月，经中-德双方联合论证团队多轮沟通，初步协调确认了 LND 载荷主要技术接口。

2015 年 10 月，荷兰王国航天局局长率团访华，与国家航天局局长签署了关于两国共同探索与和平利用外层空间合作备忘录。同日，在此备忘录框架下，荷方在两位航天局长主持的合作讨论会上，向中方提议在嫦娥四号任务中继通信卫星上搭载一台超长波探测器，以在地月拉格朗日 L2 平动点附近开展低频射电天文探测实验，中方表示可就此合作意向的可行性开展深入论证。同年 10 月—12 月期间，荷兰内梅亨大学、荷兰射电天文所、中科院国家天文台、航天东方红卫星公司联合编制了载荷科学和技术方案，并通过了工程总体组织的审查。

2017 年 6 月，沙特阿拉伯王国阿卜杜勒阿齐兹国王科技城向国家航天局提出，为落实《中华人民共和国国家航天局和沙特阿拉伯王国阿卜杜勒阿齐兹国王科技城关于开展空间科学技术合作的谅解备忘录》，希望在嫦娥四号任务中搭载其研制的微小卫星。随后，工程总体组织双方联合论证团队开展了详细的技术对接。由于沙方的探测器设计刚刚启动，任务目标暂不明确，无法按照中方规定的时间节点提供相关技术文件，沙方提出将微小卫星搭载项目更改为一台环月小型光学成像仪的合作建议。工程总体组织中方技术团队与沙方开展了合作会谈和技术沟通，对其工程可行性进行了认真分析，并与沙方围绕载荷技术成熟度、设计方案、研制进度和质量保证等问题进行了多次会谈。

此外，还有 10 余个国家或国际组织提出希望在嫦娥四号任务中开展载荷设备级合作。例如，俄罗斯提出希望在着陆器上配置月尘仪，探测近月面尘埃（电荷和通量）以及等离子体电场的合作建议；意大利提出希望在着陆器上配置激光反射镜的合作建议等。工程总体组织开展了相关项目的合作会谈，历时 8 个多月，从技术先进性、科学目标创新性、工程可实现性经费及资源保障等方面对各项目进行了可行性论证和评估。

7.1.3　项目确定

2016 年 2 月，工程总体组织中外联合论证组、嫦娥四号工程研制团队和科学研究团队，从科学意义、技术先进性、工程可实现性、合作模式、计划安排等方面，对国际合作项目建议书进行了专家评审，并在与外方政府主管部门和研制团队进一步沟通协调的基础上，遴选确定了拟搭载的国际合作载荷（评审情况见表 7-1）。同年 4 月 9 日，国家航天局对上述载荷进行了专项评审，同意将其转入工程实施阶段；4 月 29 日，经工程总师系统第二次例会研究，决定将国际合作载荷纳入载荷分系统实施管理，并加强过程监督和质量检查。这些载荷将首次开展月球背面中子及辐射剂量、中性原子分布、地月 L2 点低频射电天文观测等科学研究，有望实现有限投入下的科学产出最大化。此举也同时开启了我国深空探测领域科技重大工程开放合作的新序幕，进一步提升了探月工程的国际影响力和社会效益。

表 7-1　国际合作载荷专家评审情况

仪器名称	技术先进性			工程可实现性	主要合作单位	计划安排
	技术指标先进性	科学目标创新性	任务功能适用性			
德国月表中子与辐射剂量探测仪（LND）	国际领先	重大	√	好	国家空间科学中心与德国基尔大学	完全符合

续表

仪器名称	技术先进性			工程可实现性	主要合作单位	计划安排
	技术指标先进性	科学目标创新性	任务功能适用性			
瑞典中性原子探测仪（ASAN）	国际领先	重大	√	好	国家空间科学中心与瑞典空间物理所	完全符合
荷兰低频射电频谱仪（NCLE）	国际先进	重大	√	较好	国家天文台与荷兰内梅亨大学	基本符合
沙特小型光学成像仪（KLCP）	国际先进	较大	√	较好	中国长城工业集团有限公司与沙特国王科技城	基本符合

在遴选确定国际合作载荷的同时，工程总体和有效载荷分系统通过梳理和识别国内外研制规范的差异，并结合嫦娥四号工程研制周期短、技术复杂性高等特点，对国际合作载荷的过程质量控制和产品保证工作提出了一系列要求，据此形成《嫦娥四号任务国际载荷管理要求》，作为国际合作的顶层约束文件，涵盖管理原则、组织机构及职责、产品保证管理、技术流程及计划流程管理、保密要求等内容，印发至有效载荷分系统、国际载荷联合研制团队、地面应用系统、探测器系统等相关各方执行。此外，考虑到各国际载荷的差异性，工程总体组织编制了各载荷技术约束性文件，形成《中性原子探测仪技术合作协议》等 4 份技术合作协议，从产品配套、功能、技术指标、性能、接口、可靠性安全性试验要求、数据包、里程碑、验收与交付、知识产权、经费、工作语言与工作方式等方面，对各载荷具体研制内容及合作方式提出细化要求，同时明确了在轨下行数据的使用和数据发布办法，以及技术流程和计划流程，并将上述协议作为政府间合作备忘录的技术性附件，由中国国家航天局、外方航天局作为共同见证方，组织中外双方研制单位和地面应用系统等相关单位签署生效。

7.1.4　项目推进

嫦娥四号任务中的国际载荷合作是一项涉及中外多方协同、工作界面复杂、极具开拓性的航天项目。为顺利完成国际载荷研制，工程总体在征求相关单位意见的基础上，对每台载荷均采用了中外方"双首席专家制"开展相关工作，同时明确国际载荷质量保证工作的重点是确保接口协调匹配性与接口安全性。针对其特殊的合作模式，综合中方及外方产品研制规范，工程总体重点关注其技术风险控制、关键特性管理、技术状态变化情况、产品功能性能符合性、可靠性保证、安全性保证等要素，既要确保国际载荷在任何工作模式下不影响探测器（卫星）本体安全，避免国际载荷故障对探测器（卫星）造成影响，还要确保国际载荷的研制交付不影响主任务的实施进程。为此，工程总体从组织体系、产品保证、研制流程等方面统筹做好各国际载荷研制管理，明确产品保证的基本原则是载荷自身可靠性由外方负责，研制过程以外方标准为主；载荷与分系统及探测器平台的接口安全性按中方标准执行，中方对其符合性进行检验后办理接收手续。工程总体指导中方首席专家和相关合作单位结合任务分工进行分解细化，并制定了针对性管理措施。

7.1.4.1　组织管理

嫦娥四号任务是探月工程中首次搭载多台国际载荷，因此在组织管理上与国内自研载荷存在显著差异。中国国家航天局基于与各合作国签署的政府间合作备忘录，负责对国际载荷研制试验及验收交付过程的统筹管理，并下设两级协调管理体系：一是工作协调机制，由探月中心牵头，会同中科院月球与深空探测总体部、中科院国家空间科学中心、中科院国家天文台、航天科技集团五院和外方研制团队等多家单位组成联合工作组，针对国际载荷研制试验与验收交付过程中遇到的各类问题进行沟通协调，并负责关键检验点检查、外方风险控制情况评估等工作；二是工程实施机制，载荷具体研制试验过程以外方团队为主、中方团队配合，设立中外双首席科学家负责制。载荷研制期间，中方首席科学家及时向有效载荷分系统报告进展情况，并视情提出需有效载荷分系统牵头协调解决的事项；载荷单机完成正样飞行产品生产后，中方首席科学家需配合有效载荷分系统，履行向探测器系统的正式交付程序，并参加探测器系统组织的总装总测、联调联试等后续工作（如图 7 - 2 所示）。

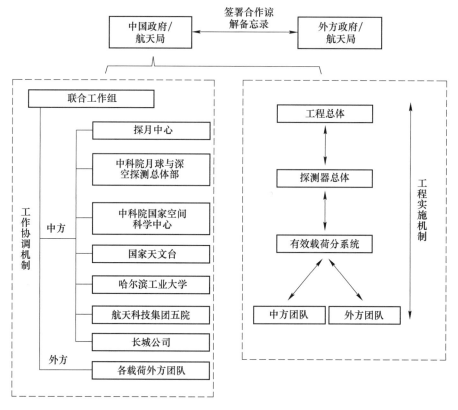

图 7 - 2　嫦娥四号任务国际合作载荷组织管理架构

7.1.4.2　产品保证管理

国际载荷的产品保证工作，由中方负责规范要求的落实、接口安全保证、技术状态控制、研制试验的确认等，外方负责按照本国的产品规范执行。单机的产品保证大纲和产品保证计划（及其过程中的更动情况）需提交中方研制团队。外方研制团队负责研制过程中的技术风险分析与控制，通过针对产品的特性分析识别关键项目，并制定设计、工艺和过程的关键特性管理措施。按照合作协议，国际载荷只向中方交付电性产品和正样产品（需完成验收级环境试验），产品鉴定状态由外方自行评估或试验验证。国际载荷根据自身科学探测目标并依据技术合作协议、IDS 表、产品技术规范等进行设计，通过评审确定技术状态基线，包括功能基线、研制基线和生产基线。研制过程中的技术状态标识、控制及纪实由外方团队负责。

产品交付中方时，有效载荷分系统和联合工作组对产品技术状态进行审核，包括功能技术状态审核和物理技术状态审核。国际载荷技术状态相对基线的更改和偏离需以评审的形式获得联合工作组和有效载荷分系统认可，与探测器的接口技术状态变化需获得探测器系统认可。各级总体需参加单机组织的研制流程中里程碑节点评审，包括外方组织的初步设计评审、关键设计评审、预集成评审等。另外，有效载荷分系统组织针对国际载荷的正样设计评审、正样研制总结评审及单机出厂评审等。国际载荷单机研制方负责产品数据包策划、建立和流转。产品交付时，提交技术合作协议中要求的数据包清单，供验收组审核。

7.1.4.3　计划进度管理

国际载荷研制进度管理，由有效载荷分系统负责，并根据工程总体和探测器系统总体下达的进度要求组织实施。由于国际载荷研制管理的特殊性，外方采用的研制流程及计划安排往往与国内载荷有显著差异，因此，如何实现其交付节点与有效载荷分系统进度的协调匹配，具有较大难度。

在工程总体统一指挥下，采用联合工作组机制，通过中外双方联合研制团队、有效载荷设计师系统、质量师系统以及指挥调度系统的共同努力，确保国际载荷研制进度与有效载荷分系统及探测器系统整体进度的协调匹配性。一是通过联合工作组平台，有效载荷分系统与探测器系统总体、外方研制团队等单位密切沟通协调，及时解决研制过程中出现的各类技术与管理问题，并针对其中涉及地面应用、测控等其他系统的棘手问题，及时报告工程总体，由工程总体牵头组织跨系统协调；二是主动优化各系统内部研制流程，科学统筹、精心安排，有效支持与国际载荷的对接及测试等工作；三是针对可能影响工程主线研制进度的重大问题，由中外双方航天主管部门及时进行沟通协调，优化资源配置，保证工程计划的协调匹配。

7.1.4.4　接口安全管理

为确保国际载荷的接口安全，工程总体以"确保国际载荷在任何工作模式下不会影响探测器（卫星）本体安全"为指导思想，分别组织制定了《月球中子及辐射剂量探测仪接口安全性控制要求》《中性原子探测仪接口安全性控制要求》等接口安全性控制文件，提出设计控制、过程控制和验收控制等三个方面的具体要求，从机械强度裕度、热接口、供电接口安全等方面对载荷安全性技术指标给出细化控制要求。

正样产品交付中方时，有效载荷分系统按照工程总体和探测器系统要求，组织完成产品接口安全性控制检查，通过外方提供产品内部局部照片、部分焊接工艺参数、涉及接口安全的元器件型号及指标等措施，对国际载荷的接口安全性进行全面的分析、设计确认、实物审查和验证工作，对不符合要求的接口设计和试验验证等提出修改意见并与外方协调一致。通过严格把关和过程检查，确保国际载荷在包括失效和短路等异常状态在内的"任何模式"下，不会影响探测器或中继星平台的安全性。

7.1.4.5 风险管理

国际合作载荷的风险可归纳为两类：即管理风险和进度风险。因欧方载荷是按照 ESA 或类似 ESA 产品保证规范研制的相对成熟产品，而 ESA 产品保证规范与中方的产品保证规范在具体内容上存在较大差异，特别是在过程管理方面不具备全面的总体监控条件。相对国内载荷项目质量和进度管控难度较大。因此，针对国际载荷确定合理且多方认可的考核准则，制定相应的具有可操作性的管理办法，充分发挥国际合作项目中国内团队的作用，是风险管控行之有效的具体措施。

技术成熟度不足的外方载荷难以按照中方进度要求完成全部研制程序，一旦产品质量与研制出现问题或研制交付进度不满足需求，将对探测器或卫星整体进度造成比较大的影响，特别是可能引起国家层面的关注。因此，需提前制定风险控制措施，在保证接口和整体安全性的前提下，适当放宽外方载荷的交付条件和节点。

嫦娥四号中继星荷兰低频射电频谱仪（NCLE）交付过程

荷兰低频射电频谱仪（NCLE）是鹊桥中继星上唯一的科学载荷，由荷兰内梅亨大学、荷兰国立射电天文所 ASTRON、荷兰航天创新方案公司 ISIS 与中科院国家天文台联合研制。作为一台全新研制的科学仪器，其技术及管理协调接口多、产品状态复杂、新技术密集度高、研制周期紧张且尚未经过飞行试验考核。载荷研制期间，中外合作团队始终勠力同心、积极推进各项工作。但由于研制难度大，载荷电性件、鉴定件和正样件均未能按照谅解备忘录和合作协议规定的时间交付，研制进度拖延，且交付中方的电性件、鉴定件及接口控制文件与协议中约定的设计指标存在多项不一致，鉴定件与正样件状态也存在较大差异，正样件技术状态迟迟未能固化，无法通过系统联试、整器总装总测等环节充分考核产品状态。在工程总体的统筹组织下，有效载荷分系统与中继星、探测器系统总体密切沟通协调，多次优化内部流程，最大限度地为联合研制创造便利条件；双方技术团队频繁交流互访，紧密团结合作，争分夺秒推动研制工作。同时，工程总体一方面通过现场会、视频会、邮件等方式加强与荷兰航天局、驻华使馆的沟通协调，通过其政府力量化解内部问题，优化资源配置，敦促相关单位加快研制进度；另一方面，组织有效载荷分系统集中精锐技术力量，并积极协调中继星总体，在可行合理的范围内，主动调整载荷接口指标和整星工作流程，尽最大可能支持荷方工作。最终，载荷正样件在通过工程总体组织、有关各方共同参加的系统性风险评估审定后，运抵发射场完成交付和装星操作，并按计划成功实施发射。

7.1.4.6 质量保证

国际载荷单机研制过程中的质量保证主要由外方团队负责，包括设计验证、采购控制、产品标识及可追溯性、洁净度及污染控制、多余物控制、静电防护控制、产品制造装配和总装控制、产品的包装贮存及防护控制、检验、测试控制、试验控制、文件和资料控制、记录控制等。产品交付载荷分系统前出现的质量问题由外方负责归零处理，交付后出现的质量问题严格按照《航天产品质量问题归零实施要求》完成归零工作。产品交付探测器前，单机产品研制过程中发生的质量问题，由外方研制队伍负责组织归零；分系统产品联试和试验中出现的质量问题，由载荷分系统组织载荷研制团队完成归零工作；产品交付探测器后，在 AIT 阶段总装、电性能综合测试和大型试验过程出现的质量问题，由项目办负责组织，载荷分系统和载荷研制团队完成归零工作。国际合作载荷产品交付流程如图7 - 3 所示。

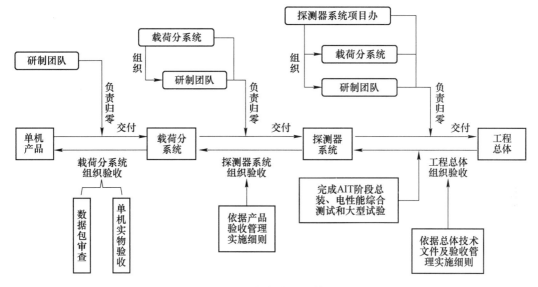

图 7 - 3　国际载荷产品交付流程图

国际载荷的验收包括产品数据包审查和单机产品实物验收环节。载荷分系统对单机产品验收时，必须对每台（套）单机产品数据包的完整性、正确性、可追溯性进行全面检查。具体数据包清单在各载荷合作实施协议中明确。载荷单机产品在交付前需首先通过各承制方组织的单机验收评审，确认产品质量及文件是否符合有效载荷分系统发布的验收大纲要求，单机验收测试细则需经过有效载荷分系统会签，通过评审后开具质量合格证明文件，即产品证明书。

单机产品交付分系统验收由有效载荷分系统组织。验收组由分系统项目技术负责人、质量师、单机产品保证工程师、专业产品保证工程师、检验等有关代表组成；依据产品验收大纲、单机产品证明书编写规定、质量履历书编写规定，检查产品证明书和产品质量履历书的正确性、完整性、规范性，以及与对应产品实物状态的一致性；依据产品验收大纲，对产品重量、尺寸等物理特性进行检验，对产品的功能、性能进行测试，确认是否符合规定的要求。

产品交付时应保证所用包装材料、方法、程序能起到对产品的防护作用。对产品包装、贮存、搬运和运输进行标识。交付要求如下：a）国际载荷单机承制方向载荷分系统交付单机产品；之后随载荷分系统其他产品一同由有效载荷分系统负责向探测器系统交付；b）交付产品应执行探测器系统的型号产品验收管理实施细则，并按规定附有产品证明书（或产品合格证）、产品质量履历书、产品质量评审证明书；随产品交付的配套件、备件、附件、工具等应配套齐全；c）提供有关检测及试验结果、质量归零、最终产品技术状态更改情况报告和使用维护文件。

7.1.4.7　可靠性保证

国际载荷单机可靠性保证工作主要由中方明确可靠性要求，外方负责可靠性保证工作实施，包括可靠性分析、预计和设计。根据载荷的实际情况，中方不对国际载荷进行可靠度指标分解，即对国际载荷不做可靠度指标要求，但单机设计需进行可靠性分析，通过可靠性预计明确实际的可靠度指标并提供有效载荷分系统和探测器系统。可靠性分析包括任务剖面分析、功能分析、继承性分析、FMEA 等内容。

对国际载荷可靠性保证要求如下：

1）单机需向有效载荷分系统提供 FMEA 报告。

2）单机需完成可靠性建模和可靠性预计。

3）根据单机的可靠性框图及选用的元器件、部组件失效率和产品寿命计算实际的可靠度指标。

4）可靠性预计方法由单机研制方自行选择参考依据和标准。

5）单机设计报告需提供可靠性设计情况说明，包括抗力学设计、热设计、电磁兼容设计、静电防护设计、空间环境适应性设计、降额设计等。

6）国际载荷单机可靠性验证与评估需通过可靠性分析及试验的数据支撑，由载荷外方研制团队向联合工作组提供验证的方法及结果。

7）可靠性试验必须包括探测器系统环境试验规范要求的各项组件级试验项目，试验条件和时间严格按照规范执行，单机交付总体时需提供试验报告。

8）其他可靠性试验项目由载荷外方研制团队安排。

7.1.4.8　安全性、空间环境适应性保证

根据单机提供的设计报告，研制方和有效载荷分系统共同识别国际载荷单机产品的一般危险源和故障危险源并纳入载荷分系统危险源清单，针对影响分系统甚至整器安全性的危险源制定详细的故障隔离措施。特别是机、电、热等接口安全性设计需落实在接口数据单中。单机需适应的空间环境包括太阳紫外辐射效应、原子氧效应、真空效应、电离总剂量效应、单粒子效应、位移效应等，具体保证措施由国际载荷研制方根据着陆区及运行轨道具体情况提出和实施。

7.1.4.9　元器件、工艺、软件等保证

国际载荷单机的各种元器件选用、各种材料和机械零件选用、采购和质量保证由单机研制方负责实施，载荷单机内部的软件和 FPGA 产品由国际载荷外方研制团队选择规范和标准实施产品保证管理。

按合作协议要求，外方提供的验收测试大纲和测试细则需包括软件和 FPGA 功能测试内容；外方需提供载荷产品的地面支持设备用于产品验收和其他必要的功能及性能测试需求。地面设备的产品保证工作由外方负责，联合工作组对相应方案进行审核。

7.1.5　数据共享

国际合作载荷科学探测数据按照《探月工程知识产权全过程管理办法》和《月球与深空探测科学数据管理办法》实施管理，以达到有效保护知识产权和促进数据共享的目的。

根据《月球与深空探测科学数据管理办法》要求，"对于国外载荷搭载中国航天器生成的科学数据、获取方式及权限按照政府间协议或相关协议执行"。为此，工程总体以中

外共同签署的国际载荷政府间谅解备忘录，以及合作协议中所规定的科学探测数据和共同研究成果由双方共享、联合发布的原则，积极稳妥地做好科学数据分发和管理工作。中外双方在协商一致的基础上，为提高科学成果产出，经过一定专有期后，向国际社会开放载荷科学数据及相关轨道参数和遥测数据。此外，为进一步明确数据交接和科学成果联合发布流程，确保中外科学家能够在可行合理的范围内"快速、公开、平等"地获取科学数据，工程总体在深入调研和充分征求各方意见的基础上，编制了国际载荷科学数据申请程序及相关管理要求，明确了数据申请与发放流程、研究成果联合发布程序和数据公开流程等一系列细化要求。

快速获取国际载荷探测数据是尽早开展相关科学研究的前提，也是外方研制单位十分关切的焦点问题。为有利于嫦娥四号任务有效载荷科学探测数据尽快得到应用，实现"快出成果、多出成果、出好成果、出大成果"的目标，探月中心与中科院月球与深空探测总体部成立了探月工程嫦娥四号任务科学研究核心团队（简称核心团队），并设立核心团队办公室，同时组建了"科学数据处理方法和探测区地质背景研究"等四个团组。进行数据申请时，先由各载荷中方首席专家填报数据使用需求，递交至所在研究团组组长，由后者作为申请人，在线填写数据申请表，经核心团队办公室审核通过后，逐级报核心团队主任审批。审批通过后，由核心团队办公室将数据发放意见告知中科院国家天文台地面应用系统，后者于 2 个工作日内向相关研究团组完成数据发放；同时，相关数据由中方首席专家所在单位发送至外方，其中德国月表中子与辐射剂量探测仪（LND）载荷、瑞典中性原子探测仪（ASAN）载荷的相关数据由中科院国家空间科学中心向外方提供；荷兰低频射电频谱仪（NCLE）载荷的相关数据由中科院国家天文台向外方提供；沙特小型光学成像仪（KLCP）载荷的相关数据由长城公司向外方提供。上述流程如图 7 - 4 所示。

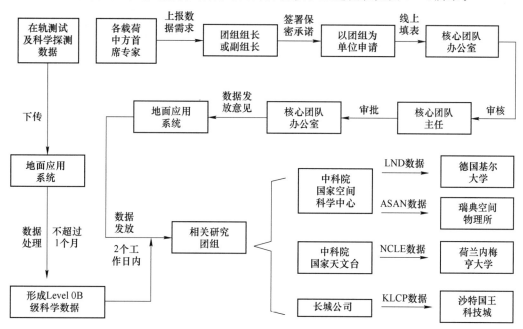

图 7 - 4 国际载荷数据申请流程图

同时，为不断优化探月工程科学载荷数据处理发布流程，工程总体设计了"1个月获取首批原始数据，1个月至少动态更新1次，1次审批周期获取"的快速动态交付机制，即由地面应用系统负责，在接收到探测数据后1个月内形成首批0B级原始科学数据，之后对探测器和中继星持续工作发回的数据进行处理，每个月对各级科学数据进行动态更新（必要时可实时动态更新）。载荷中方首席专家只需履行1次数据申请手续，即可按照既定的数据获取周期，直接获取后续同类科学数据。利用这些及时获取的科学数据，中外科学家团队联合开展了大量卓有成效的科学研究工作，产生了重大国际影响。

2018年6月14日，国家航天局在北京举办了嫦娥四号中继星任务国际合作项目——沙特小型光学成像探测（KLCP）载荷图像联合发布仪式［图7-5（a）］。国家航天局局长、沙特阿卜杜勒阿齐兹国王科技城主席共同为首幅月球雨海地区局部影像图和地月合影成像图［图7-5（b）］揭幕，国家航天局将载荷科学探测数据交付沙特阿卜杜勒阿齐兹国王科技城。这既是中沙两国在月球与深空探测领域的首个合作成果，也是中国嫦娥四号任务在轨获取的第一批科学探测成果，具有重大的现实意义。中、沙两国将以此次合作为契机，站在新的历史起点上，不断深化航天领域双边合作的深度和广度，为服务两国经济发展和社会进步，增进人类社会福祉做出更大贡献！

(a)2018年6月14日，国家航天局与沙特阿拉伯阿卜杜勒　　　　(b)沙特KLCP载荷拍摄的地月合影成像图
阿齐兹国王科技城在京举行沙特载荷图像联合发布仪式

图7-5　沙特载荷图像联合发布仪式和地月合影成像图

2019年4月18日，为履行中国与德国、荷兰、瑞典三国分别签署的嫦娥四号任务政府间合作备忘录和相应的技术合作实施协议，开展三台载荷第一批科学探测数据交付，同时集中宣传并有效展示中国航天国际合作的务实成果，国家航天局在北京举办了中-德、中-荷与中-瑞合作载荷科学探测数据交接仪式，中国国家航天局局长，德国、荷兰、瑞典驻华大使馆有关人员和中外联合研制单位代表等参加（如图7-6所示）。国家航天局向瑞典交付了中性原子探测仪数据、向德国交付了中子及辐射剂量探测仪数据、向荷兰交付了低频射电频谱仪数据。本次交接仪式的举办，标志着嫦娥四号国际合作载荷搭载任务取得圆满成功，中国与国际合作伙伴共同完成了国际首次月球背面软着陆探测任务，获取的科学数据有效加深了人类对月球环境、宇宙空间、太阳活动等方面的认知。中国也将在嫦娥六号、小行星探测等后续任务中，进一步拓宽合作层次、拓展合作深度，向全球张开双臂，欢迎更多国家参与中国的深空探测工程，加强深空探测领域基础科学研究的国际交流，推动人类科学事业发展，让航天探索和航天科技成果为创造人类更加美好的未来贡献力量。

图 7 - 6　嫦娥四号国际载荷首批科学探测数据交接仪式

7.2　技术试验项目管理

技术试验项目是在嫦娥四号任务实现既定工程目标和科学目标的前提下，为充分利用现有资源、提高工程效益而增加的科学技术试验项目。嫦娥四号任务面向包括港、澳、台在内的全国中小学、高校及社会各界，广泛征集科学技术试验项目，有效激发了社会公众，尤其是广大青少年"追逐梦想、勇于探索"的好奇心和科学热情。

针对技术试验项目的研制模式不同、管理体系差异大、协调工作繁重、不确定因素多等问题，工程总体制定了《关于明确嫦娥四号任务技术试验项目及其管理原则和工作要求》，明确了各技术试验项目的管理模式。此外，研制过程中以确保两器一星可靠性和安全性作为技术试验项目放行的首要管控准则，重点对技术试验项目的接口安全性进行严格控制。

7.2.1　项目策划

为充分发挥探月工程的牵引带动作用，激励国内广大青少年的科学探索精神，激发大中小学生和科技爱好者的参与热情，工程总体秉持开放、融合的理念，按照国家航天局提出的"激发探索热情、鼓励大众创新，面向社会开放"的要求，充分利用工程余量，在嫦娥四号任务运载火箭和探测器上主动开放部分资源，围绕空间科学普及与技术创新试验等主题，面向社会开放，广泛征集各类技术试验项目，有力扩大工程的社会影响力（图7 - 7）。

7.2.2　项目征集

嫦娥四号任务技术试验项目征集活动，得到国内大、中、小学生和广大科技爱好者的积极响应，众多高校、科研院所纷纷提出微小卫星、有效载荷或科学试验项目的搭载设想和初步方案。工程总体以提高嫦娥四号工程展示度和整体效益为原则，组织相关领域知名

国家国防科技工业局
教　　　　育　　　　部
中　国　科　学　院 文件
共　青　团　中　央
中　国　科　协

科工月〔2015〕1219号

关于月球探测载荷创意设计
征集活动的通知

各省、自治区、直辖市国防科技工业管理部门、教育厅(教委)、
团委、科协,新疆生产建设兵团教育局、团委、科协,教育部等
所属有关高等院校,中科院各院所及所属学校:

探月工程实施以来,在全国人民支持下,取得了嫦娥一号、
二号、三号,以及探月三期再入返回飞行试验的成功,攻克了一

— 1 —

图 7 - 7　嫦娥四号科普载荷征集活动的通知

院士专家对应征项目进行充分论证,遴选出创新性突出、综合效益高、可实现性强的优秀项目。

(1)科普试验载荷

2016 年 1 月,国家航天局牵头,会同教育部、中科院、共青团中央、中国科协等五部委联合开展了"月球探测载荷创意设计征集活动"新闻发布会(如图 7-8 所示),拟在嫦娥四号着陆器上开放 3kg 重量资源,面向社会公众特别是广大青少年,征集创新性突出、科普效果好,可用于探测活动、科学实验或技术试验的载荷创意,进而建立科普载荷方案备选库,为后续探月及深空探测任务提供参考和借鉴。

为使大家更好地了解工程背景和搭载需求,工程总体组织嫦娥四号工程研制团队,先后赴多所中学、大学宣讲,并进行网络直播互动,吸引了数万人在线参与,全国各地青少年积极参加了本次应征活动。

(2)微小卫星

随着微纳卫星功能和性能指标的逐步完善,在深空探测领域已呈现出广泛应用的趋势。2015 年 11 月,在技术试验项目征集活动启动后,哈尔滨工业大学充分发挥其长期从事微纳卫星研究,且成功研制和发射了紫丁香一号、快舟一号等多颗卫星的优势,联合中科院国家空间科学中心,以探索宇宙观测中的未知频谱范围,对黑暗时代超长波谱段进行探索性成像探测为目标,提出了搭载设想,并向工程总体提交了项目建议书。

图 7 - 8　嫦娥四号月球探测载荷创意设计征集活动新闻发布会

（3）激光测距技术试验项目

我国从 20 世纪 80 年代开始筹备月球激光测距实验，至 2017 年为止国内几个主要激光测距台站（长春人造卫星测距站、上海天文台、云南天文台）都已经具备同步轨道卫星的激光测距能力。中山大学提出，希望研制一台安装于嫦娥四号中继星的激光角反射器，与云南天文台共同开展超地月距离的激光测距试验，实现嫦娥四号中继星米级激光测距，提供中继星的精密定轨参考数据，并为新一代月球激光角反射器进行技术验证。

7.2.3　项目确定

工程总体组织有关单位对征集到的技术试验项目进行了充分论证，遴选确定创新性突出、综合效益高、可实现性强的项目。在专家遴选评审的基础上，工程总师系统研究确定最优搭载项目，随后开展关键技术攻关和详细方案设计。嫦娥四号上正式配置的三台技术试验项目包括：月表生物科普试验载荷（以下简称科普试验载荷）、月球轨道超长波天文观测微卫星（以下简称龙江号微卫星）和超地月激光测距角反射器（以下简称激光角反射镜）。

7.2.3.1　科普试验载荷

通过工程总体组织的初筛、初选和终审 3 个阶段专家评审和网络票选结果，共评选出20 个具有较好创新性、科普性和一定工程可实现性的优秀创意项目，其中一等奖 3 项、二等奖 7 项、三等奖 10 项。在对征集活动中获奖创意项目工程可实现性、科普展示效果等组织专家评估和认真遴选的基础上，经 2016 年 8 月 2 日嫦娥四号工程总师系统第四次例会审议，由教育部深空探测联合研究中心组织，重庆大学牵头研制的"月表微型循环生态圈"方案，因创意性和工程可实现性等优势，从全国 257 份作品中脱颖而出，经两总系统遴选，确定为嫦娥四号搭载的科普试验载荷。它以在探月工程任务中开展科普展示为主要目标，拟通过首次在月表进行生物组合体搭载试验，并完成以较高等生物构建太空生态圈的相关技术验证，普及生物学和宇宙空间环境知识，宣传我国探月工程成果，激发公众的深空探测和科学研究热情。在 2016 年全国科普日期间，工程总体组织其中 6 个入选项目参加展览，整个过程经网络直播和 30 多家媒体的宣传报道，引起社会各界广泛关注，获得高度评价。

2016 年 8 月 29 日，科普试验载荷初步方案设计通过工程总体组织的专家评审，评审提出载荷技术方案要围绕如何保证探测器平台安全，从热控设计、电源设计等方面进一步细化完善；同年 9 月 14 日，经嫦娥四号工程总师系统第六次例会审议，确定将其纳入探测器系统着陆器平台，在月面开展科学试验和科普展示；2017 年 7 月 13 日，经嫦娥四号工程总师系统第十次例会审议，正式将该科普载荷命名为"月表生物科普试验载荷"。

在工程总体、探测器系统的指导下，在相关科研机构的共同支持下，科普载荷研制团队先后开展生物筛选、培育实验 200 多项次，并围绕工程约束，确定了 6 项生物搭载原则：①符合载荷所宣传的科学理念；②符合科普载荷对展示内容的特殊要求；③资源需求小；④可适应高度的环境不确定性；⑤符合微型生态圈内的物种搭配原则；⑥有较高的公众接受度。围绕上述搭载原则，生物搭载方案先后经过 7 个阶段的优化，最终确定马铃薯、棉花、油菜、拟南芥、果蝇、酵母的组合搭载方案（见表 7-2）。

表 7-2　生物载荷搭载方案优化过程

阶段	物种组合方案	优化原因
1	鱼、蓝藻	工程实施难度较大
2	线虫、蓝藻	线虫体型过小，展示效果欠佳
3	乌龟、蚯蚓、仙人掌、齿子草	乌龟是宠物，受动物保护公约限制；齿子草不是国内物种
4	小麦、拟南芥、蜜蜂、蝙蝠蛾	受科普载荷资源限制，温度环境难以保障
5	马铃薯、拟南芥、蚕	
6	马铃薯、骆驼刺、小麦、风雨兰、果蝇	风雨兰未通过力学试验
7	马铃薯、棉花、油菜、拟南芥、果蝇、酵母	最终搭载方案

科普试验载荷由控制模块、温控模块、结构模块和生物模块组成。载荷重量不大于 4.0kg，工作温度 0~35℃。载荷通过嫦娥四号着陆器搭载至月球，其生物模块内的动植物样本组合体在月面密闭容器内的适宜条件下开展生物试验，并通过控制模块中的监视相机观察低重力、强辐射、月面自然光条件下动植物的生长发育状况和光合作用效果。载荷通过与着陆器的遥测接口、1553B 总线接口及数传通道向地面下传内部电压、电流、温度数据和监视相机获取的图像等数据。着陆器在月昼为载荷内部控制模块、温控模块正常工作提供所需电能。具体结构如图 7-9 所示。

7.2.3.2　龙江号微卫星

2016 年 2 月，工程总体组织专家对微卫星项目建议书进行了评估，与会专家一致认为该项目具有重要科学价值、工程意义和较强的方案创新性与工程可实现性。方案初步设计阶段，微卫星研制团队聚焦"月背超长波干涉成像试验任务"与"月球弱磁场及磁场涡旋探测"两个前沿探索任务，制定了总体技术方案。

本项目转入方案详细设计阶段后，原由沙特提出的在中继星上搭载微小卫星的合作设想取消，为本项目带来了增加搭载空间和重量配置的机会。为此，哈工大项目团队根据 2016 年 9 月嫦娥四号工程总师系统第六次例会提出的"针对双星搭载方案技术可行性开

图 7 - 9　科普试验载荷结构示意图

展深入分析"的要求，对原方案进行了优化设计，并经过工程总体组织的专家评审，成功由"子母星"升级为"孪生星"方案，利用发射中继星的 CZ - 4C 运载火箭剩余能力搭载两颗微卫星 [如图 7 - 10（a）所示]，由此提高月球编队任务的可靠性，并有望实现国际首次月球轨道编队飞行和超长波天文干涉测量，成为国际上第一个开展星-星低频空间干涉技术验证的空间系统。此外，为助力中国与"一带一路"沿线国家在航天领域的友好合作，在其中一颗微卫星上搭载了沙特研制的小型光学成像仪（KCLP）载荷 [如图 7 - 10（b）所示]。

(a)　　　　　　　　　　　　　　　(b)

图 7 - 10　（a）哈工大团队设计的微卫星；（b）微卫星上搭载的 KLCP 载荷

7.2.3.3　激光角反射器

　　2016 年 6—8 月，嫦娥四号工程总体先后组织国内院士专家，对中山大学联合中科院云南天文台论证提出的激光角反射器实施方案进行了评审。评审专家一致认为，在中继星上搭载激光角反射器的技术方案设计合理，具有较好的工程可实现性，通过本项目的实施，有望突破深空目标高精度激光定位、光束指向追踪控制、高频脉冲激光等技术，提升我国月球/高轨卫星激光测距能力。2016 年 9 月，经工程总师系统第六次例会审议，同意将其纳入中继星科学技术试验分系统进行搭载，其主要任务目标是开展超越地月距离的激光测距试验。

考虑我国激光测距研究现状与月球激光测距技术发展趋势，激光角反射器方案设计聚焦以下两项关键难题：一是突破角锥阵列结构限制，消除多个光学反射中心所导致的测距不确定度，为下一代月球激光测距所需的单体大孔径激光反射镜研制提供技术方案；二是进一步提升我国激光测距能力，重点攻克高重频脉冲激光技术和单光子探测器技术，为后续深空探测和下一代激光测距奠定技术基础。

7.2.4　项目推进

为使各技术试验项目的组织管理工作顺畅高效，顺利实现搭载目标，工程总体根据技术试验项目特点，以及与工程五大系统的接口关系，在各技术试验项目批复文件中将任务目标作为顶层约束，据此明确技术试验项目基本技术方案，提出对项目总体单位、工程相关各系统和主要协作单位的任务要求，以及项目研制周期、工作寿命、经费渠道等约束条件，并指导各项目总体单位进一步完善实施方案，任命行政线与技术线两总系统，组建研制队伍，将任务目标"横向到边、纵向到底"地层层分解到各级各岗位人员，制定配套管理文件，确保任务目标细化落实、措施有效、管理到位。

7.2.4.1　管理原则

为统筹做好技术试验项目研制过程管理，确保与工程主线研制流程协调匹配、风险受控，工程总体对各技术试验项目实施统一管理；同时，明确对技术试验项目的任务目标实现情况进行单独评价，不纳入主任务考核；最大限度减小其故障风险对主任务的影响，确保主任务安全；项目研制计划必须符合任务要求；所需实施经费由项目团队所属单位协调保障。

7.2.4.2　工作要求

技术试验项目团队加强与工程总体和相关系统的沟通、协调，保证技术接口、计划管理满足工程总体要求；工程相关各大系统对技术试验项目给予大力支持，积极协助项目团队完成各类技术和管理协调，确保技术试验项目和工程任务按计划协调推进。

在做好工程总体设计与五大系统研制管理工作的同时，为指导各技术试验项目总体单位依据任务目标扎实推进研制工作，工程总体在转阶段评审、出厂评审、微卫星加注评审等环节，对项目方案设计、初样研制、正样产品研制、发射场技术阵地测试等各重要研制节点的目标实现情况进行考核评价，并将其作为项目转阶段研制的重要依据。

7.2.4.3　过程管理

对各技术试验项目，采取针对性的风险控制措施，确保搭载任务不对主任务产生安全性影响。编制接口安全性控制文件，将研制关键过程设为强制检验点；工程各有关系统严格做好接口技术状态确认，采取有效措施控制关键环节的风险。其中，针对龙江号微卫星，严格控制星箭分离等关键环节和频率干扰风险；针对科普试验载荷，严格控制压力容器因过压爆炸、电池爆燃、供配电线路短路等风险；针对激光角反射器，严格控制对整星质心及敏感器视场造成的遮挡风险，以及激光光束对整星结构安全性的风险。

1) 计划管理。工程总体采用系统工程方法，对各项目研制计划进行科学管理，以保证其计划进度满足嫦娥四号工程主线要求。以"动态管理"方法为指导,通过计划监测、信息沟通、对比分析、查找偏差原因、提出改进方案和实施有效控制六个步骤的循环,对技术试验项目实际进度与计划安排进行比较和调整。技术试验项目信息报告制度,采用定期、节点和重要事件报告"三结合"方法。其中,定期报告分周、月度、年度三种;节点报告由技术试验项目总体承研单位在每个节点完成后,以书面形式报告该节点执行情况,包括计划进度和实际进度两者之间的偏差情况、偏离原因及处理措施,以及质量控制与安全性、可靠性验证情况等。重要事件报告是指,对严重影响项目进度、质量、经费以及可能造成技术方案调整的事件及时进行报告,如图 7 - 11 所示。

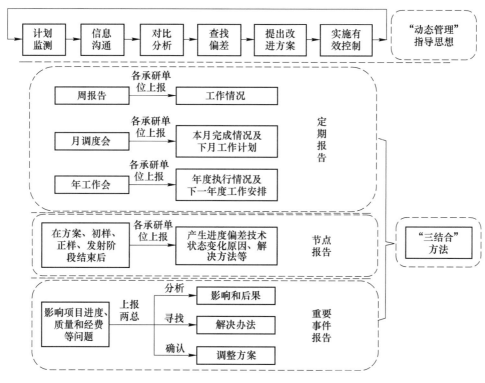

图 7 - 11 嫦娥四号任务技术试验项目计划管理方法

2) 质量管理。在各技术试验项目立项批复中,明确由各项目总体单位对其产品质量负责,并根据《嫦娥四号任务产品保证总要求》等相关文件,做好产品可靠性设计,强化全过程质量控制。转入发射实施阶段后,对技术试验项目质量控制提出了针对性要求。一是要求项目总体单位确认产品交付状态;二是对重点项目进行第三方独立评估;三是工程总体组织开展质量工作专项检查。此外,针对微卫星技术试验项目同时承担国际载荷合作任务的特殊性,在出厂批复文件中,进一步指出要"抓好质量与安全,确保本次搭载发射任务取得圆满成功"。

3) 技术状态管理。将技术状态管理作为技术试验项目研制过程管理的重要环节。一是明确研制基线,严格控制技术状态变化,对状态变化必须符合"论证充分、试验验证、各方认可、审批完备、落实到位"五条原则,对进入发射阶段后需更改的要求提高一级审批;二是严格产品验收、出厂评审,确保与工程相关各系统接口协调匹配。针对龙江号微卫星项目的特殊性，组织项目总体单位、运载火箭系统、发射场系统、测控系统和地面应用系统，围绕微卫星与运载火箭星箭对接和分离指令、与发射场技术区通信及发射区吊装等技术接口，分别开展了初样、正样阶段系统间接口协调，完成接口控制文件的编制和签署，确定了系统间接口技术状态。

4）接口安全管理。在技术试验项目批复文件中，明确要求各项目要在不影响主任务安全和主任务目标实现的前提下，取得圆满成功；要求项目总体单位加强与工程总体和相关各系统间的沟通协调，既要确保与相关各系统的接口协调匹配，更要做好产品安全性、可靠性设计。其中，针对龙江号微卫星，要求 CZ-4C 运载火箭总体协助微卫星总体完成搭载安全性分析，测控系统总体协助微卫星总体完成频率影响安全性分析。针对科普试验载荷，工程总体组织编制了《科普载荷接口安全性控制要求》，提出设计控制、过程控制和验收控制三方面要求，制定严格的接口控制文件，明确了机械强度裕度、供电接口安全等安全性指标；要求项目总体单位采取有效措施，确保满足行星保护的有关政策法规；载荷研制期间，组织专家组对压力容器安全性、供电安全性、热设计与试验等开展了多次专项审查，并将接口安全性作为"探测器系统设计"第三方独立评估工作的一项重要内容，进行再复核再确认；转入发射实施阶段后，工程总体明确其接口安全性应符合探测器系统相关文件要求，项目总体单位进一步做好"四查（查文件、查岗位、查设备、查状态）、双想（回想、预想）、两比（各阶段测试数据的纵向比对和产品间的横向比对）"等质量复查工作，确保其在靶场测试、发射飞行和月面工作等各阶段不发生液体泄漏等问题，与探测器平台的所有接口安全受控。通过严格的接口安全性管控，确保了搭载载荷接口协调匹配，圆满完成了技术试验任务。

7.2.5　项目成果

嫦娥四号在轨运行期间，成功开展了多项技术试验：龙江号微卫星独立完成地月转移、近月制动、环月飞行，突破了深空探测微卫星平台技术，实现环月轨道 $1\sim30\mathrm{MHz}$ 低频射电连续谱观测；科普试验载荷完成月面密闭环境下的生物生长试验，开展了以较高等生物构建太空生物圈的部分技术验证，普及了生物学和宇宙空间环境知识，激发了公众的深空探测和科学研究热情等。

（1）采用微纳卫星技术，开展月球轨道科学探测

龙江号微卫星与中继星一同发射，准确入轨，成为首个独立完成地月转移、近月制动、环月飞行的微卫星，开展了环月科学探测，验证了深空探测微纳卫星平台技术，推动了微纳卫星在深空探测领域的技术发展和工程应用；同时，实现了 VHF/UHF 业余频段月球轨道对地通信及 VLBI 测定轨试验，搭载的由高校学生研制的微型 CMOS 相机成功实现图片拍摄及下传，通过与多个国家高校、研究机构的合作，产生较大国际影响。

（2）开展地月距离的反射式激光测距试验

在中继星上搭载的激光角反射器，利用地面激光发射及望远镜系统，开展在地月 L2 点的反射式激光测距试验，为后续实施相关科学探测项目进行了技术探索和验证。利用中科院云南天文台改造后的 1.2m 望远镜和中山大学新建的珠海 1.2m 望远镜，实现了对 20 世纪美国发射的阿波罗 11、14、15 号和苏联发射的月球 17、21 号任务安置的月表激光反射器的激光测距试验，验证了地面测距系统的性能和可靠性，对提高深空探测激光测距精

度提供了方案。

（3）开展月面密封环境下的生物科普试验

在着陆器上搭载生物科普试验载荷，将动物、植物、微生物组成的生物组合体搭载至月球，通过对种子萌芽、植物生长发育等重要生命活动的监测，展示了月面环境下的生命现象。载荷在轨开机后，按照预定目标完成了拍照、放水等系列动作，确保了生物生长所需的水分、温度、光照等条件，成功实现在月面密闭环境下的植物培育试验，并在月球上萌发出第一片嫩芽（图7-12）。通过此次技术试验项目搭载，攻克了复杂力学环境下的生物固定技术，高真空、强辐照条件下的导光技术，小尺度、高湿度、宽温差条件下的自主温控技术等一系列关键技术，完成月表密闭环境下的生物培育试验。

图 7-12　生物科普试验载荷在月面萌发出的嫩芽照片（圆圈所示）

嫦娥四号工程技术试验项目的成功实施，尤其是其科学技术目标的实现，极大丰富了工程成果、促进了相关领域技术进步，推动了探月工程研制管理模式的创新发展，也为国家科技重大专项进一步面向社会开放、更好地履行历史使命，进行了一次有益的探索，积累了宝贵的实践经验。

7.3　开放合作项目管理模式

嫦娥四号工程总体克服了国际合作与技术试验项目种类多、技术状态复杂、接口安全性要求高等一系列现实困难，积极探索创新管理模式，确保了各类项目成功搭载发射、在轨正常运行。在嫦娥四号工程国际合作与技术试验项目研制管理实践中，凝练形成了基于开放合作的协同决策模式、基于合作共赢的项目管理模式和基于核心要素的轻型管理模式。

7.3.1　基于开放合作的协同决策模式

嫦娥四号任务肩负着开放合作的特殊使命。由于首次在探月工程任务中一次性配置多台国际载荷，且各载荷研制模式、管理体系各异，技术状态复杂、不确定因素多，需要研究制定专项管理规范、签订技术协议，完成与各相关系统的接口协调，并参照工程管理模式实施专项管理。

　　为确保国际合作载荷中外双方技术团队、管理部门沟通顺畅高效、求同存异、达成共识，及时化解合作中可能出现的矛盾和冲突，并协调双方相关力量提供充足有效的研制资源保障，工程总体在与外方在充分协商的基础上，建立了基于中外双首席专家负责制的国际合作载荷联合工作组平台体系和协同决策模式（如图 7 - 13 所示）。载荷研制过程中，中外双方技术团队据此开展深度交流合作，互相学习借鉴，协同攻关研制，快速形成决策意见。在轨运行期间，中外双方高效开展技术沟通，协商制定载荷开机探测计划，在轨探测数据经中方接收处理后，均委托中方首席专家及时转发外方研制团队，共同开展科学研究，联合撰写学术论文，取得多项原创性科学成果。

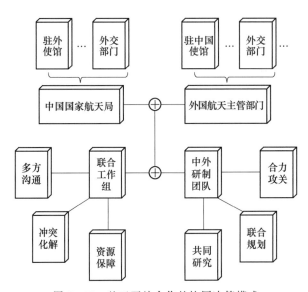

图 7 - 13　基于开放合作的协同决策模式

7.3.2　基于合作共赢的项目管理模式

　　嫦娥四号上搭载的国际合作载荷和技术试验项目，其技术成熟度和研制管理模式存在较大差异。工程总体在确保工程主线进度不拖、探测器平台接口安全的前提下，根据"风险共担、数据共享、双重首席、协同决策"的原则，建立了基于合作共赢的项目管理模式（见图 7 - 14）。

　　针对国际合作载荷，数据共享是双方关注的核心问题。工程总体与外方协商制定了"数据处理方法由中方确认，数据接收、处理、存储由中方负责，数据发布由中外双方共同实施，数据产权由中外双方共同拥有"的数据共享模式，并建立了基于中外双首席专家负责制的联合工作组组织架构与责任体系，为实现成功搭载、合作共赢的既定目标发挥了重要作用。特别是当荷兰载荷面临研制进度拖延、鉴定件与正样件状态差异较大、正样件技术状态未能固化，无法通过系统联试、整器总装总测等环节，充分考核正样产品技术状态的问题，工程总体兼顾各方利益，发挥联合工作组平台作用，组织有效载荷分系统与中继星、探测器系统总体及时沟通协调，多次优化内部流程，最大限度地为联合研制创造便

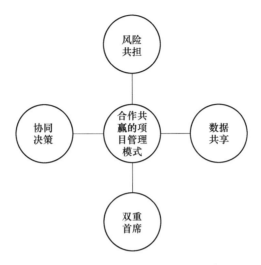

图 7 - 14　基于合作共赢的项目管理模式

利条件；同时，积极协调中继星总体，在可行合理的范围内和确保平台安全的前提下，主动调整载荷接口指标和整星工作流程，尽最大可能支持荷方工作。最终，载荷正样件在通过工程总体组织的系统性风险评估审定后，运抵发射场完成交付和安装，并按计划成功实施发射。

　　针对技术试验项目，在兼顾项目总体单位、搭载平台、相关大系统等各利益相关方对项目目标、接口安全、成果产出等期望需求的同时，从工程总体层面创新管理协调机制，提出一系列确保搭载任务安全可靠的控制措施。以龙江号微卫星为例，提出了项目总体和中继星、测控、运载火箭、发射场系统的任务要求，规定了系统间技术状态协调、接口指标设计所遵循的基本原则，明确了如何在确保搭载平台安全的前提下，有效实施质量与风险控制的具体措施。

7.3.3　基于核心要素的轻型管理模式

　　针对各类国际合作载荷和技术试验项目研制模式不同、管理体系差异大、协调工作繁重、不确定因素多等问题，工程总体采用基于接口控制这一核心要素的轻型管理模式（见图 7 - 15），即以确保嫦娥四号两器一星可靠性和安全性作为搭载放行的管控准则，重点对搭载载荷的接口技术状态进行严格控制，确保搭载项目不对主任务产生安全性影响。为此，工程总体要求搭载项目总体单位加强与工程总体和相关各系统间的沟通协调，既要确保与相关各系统接口协调匹配，更要做好产品安全性、可靠性设计；要求探测器系统加强接口安全性设计，从机械强度裕度、热接口、供电接口安全，以及环境试验要求等方面对载荷安全性技术指标给出细化控制要求，并在接口数据单签订、产品验收等环节，通过审查电路图与实物等方式，对接口安全性严格把关；此外，还要求各系统总体组织单机单位完成相关接口安全性控制复查并形成复查报告，提出接口安全性控制和可靠性验证要求，从整星与系统级层面对国际合作载荷的结构、热控、电源、星务及通信分系统各类接口开展针对性的安全设计，通过联试对接口符合性进行确认等。

　　有效载荷分系统组织开展了针对国际合作载荷的研制现场检查，并在交付探测器系统

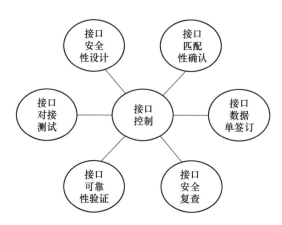

图 7-15   基于核心要素的轻型管理模式

前使用有效载荷电控箱鉴定件进行接口对接测试，开展多次分系统桌面联试，以确认接口的安全性、匹配性和功能完整性。

在中外双方团队和工程相关各系统的共同努力下，在研制周期十分紧张且部分载荷产品技术成熟度较低的情况下，各台国际合作载荷均顺利完成了正样产品研制，技术状态符合设计要求，并通过了工程总体组织的科学目标可实现性独立评估。

嫦娥四号工程总体在国际合作载荷研制管理过程中通过不断总结经验教训，探索形成了一套行之有效的管理模式和研制规范，为在我国深空探测领域后续工程任务中开展更为广泛、更深层次的国际合作奠定了坚实基础。

第8章 工程整体效益

嫦娥四号工程是我国航天领域技术挑战大、工程风险高的空间活动之一。2018 年 5 月 21 日，鹊桥号中继星成功发射，精确定轨，有效支撑地月测控中继通信；2019 年 1 月 3 日，嫦娥四号探测器安全着陆在月球背面南极-艾特肯盆地，两器成功分离并实施互拍，科学载荷开机工作，科学探测数据有效下传，科学研究协同开展，取得了较好的科学、技术、工程以及社会效益，扩大了国际影响力。

党中央、国务院、中央军委致电祝贺，高度评价这是我国由航天大国向航天强国迈进的重要标志之一，是新时代中国人民攀登世界科技高峰的新标杆新高度，是中华民族为人类探索宇宙奥秘做出的又一卓越贡献。

8.1 科学成果

截至 2022 年 1 月，探测器已工作了 39 个月昼，状态良好。开展了不同光照条件下原位光谱探测实验，获得了月壤和石块的光谱数据；获取了巡视路径的高分辨地形地貌影像、浅表层结构；测量了月表高能粒子辐射剂量及太阳风与月壤的相互作用。嫦娥四号共获取 3135.17GB 原始数据。经过近 2 年的研究，科学团队在着陆区地形地貌、巡视区浅层结构和物质组成、月表空间环境等方面取得了重要进展，相关成果发表在《国家科学评论》《天文研究与技术》《Nature》《Science》《Geophysical Research letters》等国内外顶级或权威期刊上，共 130 余篇，提升了人类对月球的认知。

（1）绘制了着陆区的高分辨率三维地形地貌图

利用降落相机、地形地貌相机、全景相机等获取了着陆区高达 5cm 分辨率的高程地形图，如图 8-1 所示。分析了着陆区撞击坑、石块的大小和空间分布，反映了着陆区月表的演化特征。

（2）揭示了南极-艾特肯盆地 36 亿年以来的地质演化历史

嫦娥四号测月雷达首次直接获得约 12m 厚度月壤数据；结合形貌等数据，获得了巡视路径以下约 400m 的地质分层结构，揭示了该区域多次撞击坑溅射物堆积和火山喷发的历史；证实了着陆区月表物质主要来自附近的撞击坑，而不是下伏的火山岩。该成果为月表早期地质演化带来了新的认识，同时也为未来月球背面着陆探测和采样返回提供了重要参考。

（3）原位探测了月球深部物质组成

通过对巡视路径的月壤和石块光谱数据的解译，获得其矿物组成、氧化铁含量等结果。这是首次在月球上原位探测到来自月幔或月壳下部的深部物质组成。研究成果对月球岩浆洋的结晶模型给出了重要约束条件。

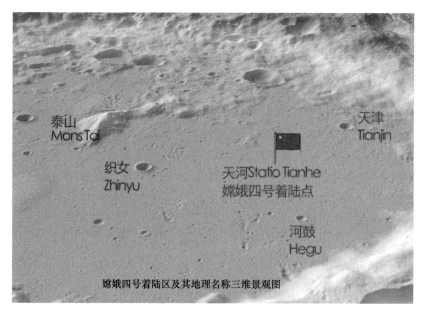

嫦娥四号着陆区及其地理名称三维景观图

图 8-1　着陆区的高分辨率三维地形图

（4）就位测量月表高能粒子辐射剂量和特性

利用月表中子与辐射剂量探测仪和中性原子探测仪数据，获得了月表高能粒子辐射谱、月表中性原子能谱结构和反照率，发现月表高能粒子辐射剂量比地球空间站内部高 1~2 倍，辐射剂量当量高 1 倍左右。这些成果促进了对月表辐射风险的认知，为未来开展月表探测，尤其是为载人登月提供了月表辐射危害的评估依据；为开展太阳风与月表的微观相互作用研究提供了测量数据。

8.2　工程技术成果

嫦娥四号任务的实施，带动了一大批技术进步，在各系统、多领域孵化出了一批技术成果，为后续任务的实施奠定了技术、人才和实践基础。

（1）圆满解决世界性难题，整体技术水平在当前国际探月活动中处于领先地位

嫦娥四号工程创新性强，首次着陆于地形复杂的月球背面，首次实现了地月 L2 点的中继通信。一是复杂度高，采用三个航天器、两型运载火箭，实施两次发射，并搭载了 2 颗微卫星和 4 种国际载荷；二是实施风险大，月球背面着陆和地月 L2 点中继通信未知因素多，无可借鉴的经验；三是两次发射任务关联度高，必须按计划发射，并确保全部成功。通过工程全线艰苦努力，系统之间接口协调匹配，系统指标性能符合设计要求，工程各项技术指标均满足设计要求。

（2）突破多项关键技术

突破了多项月球与深空探测关键技术，进一步完善了我国月球探测工程体系，实现了我国航天研发、制造、应用能力和水平的全面跃升，带动了信息、微机电、光电子、新能源等领域一批新技术及其产业化发展，引领了基础科学和高新技术进步，极大带动了我国

空间技术和空间应用的发展，并可广泛应用于后续月球与深空探测任务。

1）设计了基于地月 L2 点轨道的深空中继通信方案，突破了多约束耦合条件下的 Halo 轨道设计和控制、低信噪比返向中继链路快速捕获跟踪和可靠解调等关键技术，研制了用于深空探测的轻质大口径、耐低温、高增益中继天线，在轨指向精度高达 0.1°，实现了月球背面与地球的连续可靠中继通信。

2）制定了定时定点月面软着陆轨道控制策略，建立了近垂直轨迹的动力下降方法，突破了动力下降段粗/精避障异构融合、故障自主诊断和系统重构等关键技术，解决了月球背面复杂崎岖地形安全着陆的技术难题，实现了月球背面高精度软着陆。

3）攻克了 RTG 空间应用安全性综合试验及评价技术，突破了易于热源安装和大范围温控的结构设计、产品寿命验证等关键技术，研制了满足月球极端环境和使用安全要求的同位素电源；设计了基于 RTG 的月表温度自动测量方案，并获取了月球背面月表昼夜连续温度数据。

4）建立了多窗口优化发射轨道设计和组合导航滤波方法，突破了多干扰综合环境下的高精度制导技术，火箭入轨精度实现了数量级的提高；突破了氢氧推进剂加注后推迟发射的处置保障和末级常温推进剂高精度温控技术，具备了末级氢氧推进剂加注后推迟 24h 发射的工程能力。

5）设计了多目标深空测控方案，实现了同时对中继星、探测器等多目标近全天时的连续跟踪和可靠测控；突破了再生伪码测距和高精度测定轨等技术，解决了地月平动点轨道动力学约束弱等条件下的高精度轨道预报和维持难题。

6）建立了一种低频探测数据反演观测目标源强度特性的方法，突破了空间微弱低频射电信号探测技术，实现月球背面的低频射电天文观测；丰富了月球科学成果，促进了国际合作，提升了国际影响力。

7）突破了深空探测微纳卫星平台技术，研制了独立完成地月转移、近月制动、环月飞行的微纳卫星，实现了环月轨道低频射电连续谱观测。搭载了生物试验载荷，开展了月面密闭环境下的生物生长试验；研制了单体大孔径激光角反射器，开展了地月距离高精度激光测距试验。

8.3 生态效益

嫦娥四号工程的研制，落实国家法律法规，履行国际空间法律、制度的相关义务，明确了生态环保要求，制定了实施方案。

1）坚持系统思想，把节能贯穿研制全过程。通过系统优化设计，减少材料消耗和燃料需求，实现资源节约；采用科学方法进行产品的存储和运输；通过优化试验方案和方法，减少试验次数。既降低了环境污染，又降低了能耗。

2）严格进行污染源管控。针对研制、试验、生产和建设活动过程中产生的废水、废气、废液等"三废"物质和重点污染源、重点污染产生过程进行严格控制，实施集中管控和无害化处理，排放的污染物须达到法律法规要求，避免对周边生态环境造成污染。对运载火箭末级进行完全排放钝化处理，解决了解体产生空间碎片的问题，获得国际社会好评。

3）全过程控制涉核产品，杜绝核辐射影响。RTG 电源研制是国内首次进行大规模的放射性核素操作，核安全问题至关紧要。研制过程中综合考虑环境、场所、辐射剂量和"三废"处理等问题，以确保不对工作人员和公众的健康与安全造成影响。在工程实施方案策划期间，即对"获得核安全许可证"进行顶层策划，通过完善相关管理制度和硬件措施来进行保障，编制辐射防护大纲，辐射安全培训计划，环境、个人剂量等监测方案，工艺流程操作规范。制定应急预案和应急演练计划。对操作场所进行适应性改造，完善环境、个人等监测设备以及个人防护用品。RTG 电源研制和使用单位按规范做好人员辐射防护、场所与环境控制、应急响应。此外，针对产品使用过程，提出了贮存安全要求、运输要求、吊装与安装要求，以及使用过程辐射应急管理要求。

基于上述节能环保及安全防护措施，嫦娥四号工程取得了良好的生态效益（见表 8 - 1）。

表 8 - 1　工程节能环保及安全防护措施与成果

序号	措　　施	成　　果
1	节约资源的理念贯穿整个研制流程	形成《固体润滑产品节能型湿度控制方法》等节能减排相关工作文件，可用于指导后续航天型号研制
2	从设计源头识别并严格控制污染	通过优化试验方案设计，试验次数大大减少，减少了经费投入，降低了对环境的污染，并节约了资源
3	全过程控制涉核产品杜绝核辐射影响	RTG 电源产品未发生放射性泄漏，相关操作人员的实际辐射剂量均低于估算的最大受照剂量，未对参试人员身体健康造成不良影响
4	精心组织发射确保群众生命财产安全	未出现助推器残骸超落区范围的情况，确保了人民生命财产安全
5	开展火箭末级主动钝化以减缓空间碎片	运载火箭实施末级完全排放钝化的措施，未出现火箭末级在轨解体产生空间碎片的情况

8.4　成果转化应用

嫦娥四号工程瞄准当今世界发展水平，高起点地确定工程系统的功能与性能指标；针对新领域中所遇到的新问题，通过大量的设计分析、关键技术攻关和地面验证试验，突破多项核心关键技术，在总体设计、中继通信系统设计、制导导航和控制系统设计、RTG 电源的空间应用等方面取得了一系列自主创新的科研成果。这些成果可用于后续航天任务，有力地促进了航天技术的发展。嫦娥四号任务的成功对我国探月及深空探测起到了承前启后的重要作用，为后续载人航天、小行星探测等重大任务及国际业务合作奠定了坚实的基础。嫦娥四号中继通信技术经过在轨验证，技术方案可直接推广应用。

8.4.1　在深空探测领域转化应用

嫦娥四号中继星中继通信技术可用于后续月球中继、载人航天工程等重大任务，可提供全天候的中继通信服务。嫦娥四号的测控通信技术，为后续远距离深空探测任务的实施奠定了基础。通过嫦娥四号的充分验证，技术成熟，潜在经济效益巨大。

其着陆技术为后续探测器着陆提供了更多方案，对探测器在地外天体长时间生存和作业提供了有益借鉴和实践经验。

8.4.2　在其他航天领域转化应用

深空大口径天线技术及在轨指向精度标定技术，应用于其他卫星领域，可以支持我国后续深空探测任务所携带的大口径天线指向在轨评价工作，首次火星探测任务已经充分借鉴了嫦娥四号中继星在轨指向标定技术，为火星任务的成功实施奠定了重要的基础。

国际首次深空中继通信中快速扫描捕获、逼近理论门限大动态解调技术，可作为通用技术推广，为后续其他航天领域任务提供方法。

高增益可展开抛物面天线可应用于远距离通信和观测，提高异常判断能力和精度。

8.4.3　在国民经济领域转化应用

光谱技术的应用经验为地质结构的探测奠定了良好基础，为对地观测领域提供了新技术、新方法。另外，嫦娥四号相关技术在桥梁建设等交通设施领域也有广泛应用前景，为国民经济发展和经济建设做出贡献。

再生伪码测距技术具有消除无线电信号上行链路噪声的特性，能够增强测距信号下行链路有效功率，相比传统的透明转发测距技术有明显的优势，非常适合低信噪比条件下的深空探测任务使用。鹊桥的 USB 数字应答机是我国首台 S 频段全数字化深空任务应答机，首次实现了再生伪码测距功能，大大提高了测距能力，测距灵敏度从 $-115\mathrm{dBm}$ 提升到 $-140\mathrm{dBm}$ 以上，为未来深空任务应用奠定了技术基础，为再生伪码测距技术在深空探测中的广泛应用提供了支撑。

8.5　社会效益

8.5.1　科学普及

嫦娥四号任务作为人民的工程、开放的工程，举国关注，举世瞩目。通过构筑科普宣传阵地，深入的科普宣传，提升了工程的国际、国内影响力。通过创新形式的科普活动让更加广泛的大众参与到工程中来，共同分享任务实施的成果，尤其在青少年的心中播撒科学的种子，启迪科学梦想。通过科学普及，工程社会效益日渐凸显，延展了嫦娥四号任务的整体社会效益。

8.5.1.1　工程宣传

嫦娥四号任务实施期间，中央媒体、业界媒体、新媒体等广泛关注，工程参与人员在遵循保密制度的前提下，积极开展工程宣传，彰显了嫦娥四号任务的工程自信，如图 8-2~图 8-5 所示。工程总体协同主要央媒、航天局新闻平台、新媒体平台联动开展，构建多元化、分层次、有特色的大宣传格局，打造探月与深空探测权威信息发布平台和专业科普宣传阵地。把握节奏，权威发声，及时报道，引导舆论，嫦娥四号任务实施期间，开展全方位、立体化、分节奏的科普宣传工作，紧跟工程实施进展，创新融合媒体工作模式，突出探月精神时代特色，工程总体共发布嫦娥四号任务相关科普宣传文章近 100 篇，进一步扩大了工程影响及科学推广，取得了良好的社会反响。积极配合媒体采访，宣介工程实施情况，展示探月团队优良风貌。同时，从工程总师到一线科研人员，积极参与工程宣介，面向不同公众讲述探月故事，弘扬探月精神。

图 8-2　《人民日报》报道

图 8-3　中国探月工程总设计师吴伟仁接受采访

图 8-4　嫦娥四号科学成果宣传

图 8 - 5　嫦娥四号任务中的年轻人

8.5.1.2　创新科普形式，拓展科普阵地

中国探月与深空探测网、中国探月工程微博社会关注度大幅提升，相关话题长期登上微博热搜，掀起新一轮"探月热"。工程总体运营和指导的新媒体平台发表文章被央视、新华社、《人民日报》、《光明日报》等主流媒体高频转载或引用。新媒体生动形象、亲民开放，与官方平台相互配合、相互补充、相得益彰。构建"中央媒体＋中心两微一网＋社会新媒体"大科普宣传格局。拓展稿件来源，面向大众全网进行科普问题征集，根据不同题材，突出不同科普内容和科普形式，及时调整科普策略与侧重点，兼顾稿件内容的权威性、易读性和趣味性。推出探月工程系列漫画，线上联合开展"自拍影子""与国旗同框"等活动（见图 8-6），与各新媒体平台联动，与大众网友互动，启迪大众尤其是青少年的科学梦想。

嫦娥四号工程的实施过程，也是播撒科学种子的过程，在社会公众尤其是青少年中进一步提高了学习物理知识的热情，激发了对科学的好奇心。前期面向全国进行科普载荷方案征集，与重庆大学开展了富有成效的科普载荷合作，搭载数种植物种子，当种子在月球发芽的照片传回地球时，社会公众再次掀起一轮对月球科学的畅想和未来科技的憧憬，嫦娥四号也成了大众尤其是青少年的生动的"科普课堂"。

8.5.1.3　持续发力，办好"月亮嘉年华"等科普活动

筹备"月亮嘉年华"活动，直播活动当天线上观众逾 500 万人，在当年同类活动中名列前茅，如图 8-7 所示。与西藏航空、西藏教育厅等单位联合举办的"筑梦西藏，圆梦太空，爱我中华"航空航天爱国主义科普活动在拉萨成功举办，给藏区青少年带来了一场航天科普盛宴，在西藏当地取得了热烈反响，活动的社会效果显著。结合扶贫工作，在对口扶贫县举办探月工程科普展览，在当地文化宫建设"小小探月馆"，如图 8-8 所示。邀请藏区学生到现场参观发射，亲身感受航天重大工程的震撼，培育科学梦想。

图 8-6　我与国旗同框部分投稿照片

(a) 栾恩杰院士　　　　　　(b) 欧阳自远院士　　　　　　(c) 叶培建院士

图 8-7　"月亮嘉年华"活动照片

图 8 - 8　汉中科普扶贫展

8.5.1.4　拓展宣介活动，扩大科普覆盖面

传播和普及月球科学知识，提高民众科学素养，是我国开展月球与深空探测工程的重要目标之一。长期以来，由于我国没有自主的月球与深空探测数据，导致我们缺乏原创的月球科普图书、教学仪器等。基于中国探月工程提供的月球探测数据，可以推动原创月球科普图书和仪器产品的制作，提升我国月球与深空探测数据的可见度与影响力，让广大普通民众了解我国月球与深空探测事业的发展趋势，增强人民的民族自豪感，激发中小学生对月球科学探索的兴趣，有利于培养我国科技人员后续储备力量，可产生巨大的社会效益。

为普及航天知识、回顾我国探月历程，展示探月工程成果和科研人员风貌，联合中央电视台科教频道制作了大型科学纪录片《飞向月球》，介绍了我国实施的嫦娥系列任务的探测成果，包括全月影像和地形图，嫦娥三号着陆区的数据，以及着陆器、巡视器开展科学探测的活动记录，嫦娥四号预选着陆区的影像和地形数据。纪录片共5集，每集30分钟，该纪录片于2019年4月播出，取得良好的社会反响，如图8-9所示。本片内容涉及大量天文学、天体物理学、空间应用学、航天工程学等学科的知识详解。本片创新纪录片表达方式，用新技术营造出身临其境的浸入视觉效果，荣获第十五届精神文明建设"五个一工程"优秀作品奖。

图8-9　《飞向月球》纪录片

为了更好地进行科学普及，针对科学成果，出版探月工程科学丛书、《月背征途》等书籍，提升公众对中国探月工程的认识。科研团队代表在全国范围包括港澳地区开展学术交流和科普宣介，例如，嫦娥四号总师团队在高校、高中开展了主题思政公开课，启迪青少年的好奇心，是一堂爱国主义教育课程。在港澳地区的交流宣介受到港澳同胞的热烈欢迎和高度推崇，提升了他们对祖国的向心力和民族凝聚力。

8.5.2　社会带动

8.5.2.1　在技术上，带动了航天技术产业进步

嫦娥四号任务的实施，企业、高校广泛参与，推动了高校的教育、人才进步，带动了

其他相关学科和领域的技术进步。带动了上下游产业链，促进了元器件、原材料、精密制造、电子技术、惯性测量技术、同位素源应用技术等高新技术的进步，促进了相关学科发展以及科研成果的转化与应用。

通过嫦娥四号两器一星多状态多线并行研制管理，进一步提升了我国月球及深空探测的技术和管理能力，促进了我国航天技术产业的发展。

8.5.2.2 在管理上，带动了管理模式创新

嫦娥四号探测器研制创新性强、工程复杂度高、工程风险大、国际影响大，传统的宇航任务管理模式已难以保障任务的实施，研制中在借鉴其他型号管理经验基础上，提出了一套创新的研制管理思路、组织管理体系，开展了差异化质量管理、强化精细化风险管控，建立了开放合作的科学载荷研制管理模式，以及阶段交叉多线并行的进度管控方法，培养了一支综合素质高的人才队伍，形成了一套满足多状态、多线并行的研制管理方法。

8.5.2.3 在科学上，带动了基础科学的创新与发展

通过嫦娥四号任务的实施，促进了比较行星学、地球与行星科学、太阳系演化学、空间天文学、空间物理学等科学领域的创新和发展。

1）月球背面不受地球电磁干扰，有洁净的电磁环境，因此，开展月基甚低频天文观测，填补 100kHz～1MHz 频段的射电天文观测与研究的空白；

2）地球缺失了早期约 8 亿年前的岩石，影响了地球和太阳系其他行星特别是类地行星的早期演化历史的研究，而月球背面地壳最为古老，因此开展月球背面的着陆与巡视探测，可获取更古老的近距离的月表矿物岩石与地球化学的精细信息，这不但对月壳早期的形成与演化历史的研究有独特的贡献，更是对类地行星早期化学演化理论体系的研究有重大意义；

3）背面撞击坑的密度明显比正面大，通过高精度的巡视探测，可更好地了解月球和类地行星早期的撞击历史；

4）利用月球背面近距离的形貌构造和物理、化学特性等探测所获得的精细信息，开展与已有的正面探测成果的对比分析和综合研究，必将大大增加现有月球科学理论体系的可信度。

8.5.2.4 在教育上，带动了我国行星科学人才培养

嫦娥四号任务在月球背面开展软着陆和巡视探测，体现了人类对未知领域进行不懈探索的精神。实施嫦娥四号任务，广泛传播科学知识，将激发国人对科学事业的热情，进一步激励全社会弘扬勇于探索的精神。嫦娥四号吸引了更多的青年学子投身科技事业，造就了一批具有世界水平的科学家和研究团队。更重要的是，它激发青少年对科学探索的兴趣，培养富于科学探险精神的年轻一代，为我国的科技发展提供强大的基础和后劲，促进科学事业的可持续发展，这是嫦娥四号任务一项重要的投资价值回报。

8.5.2.5 在国际关系上，促进了人文交流

开展月球探测活动和月球科学研究，具有很强的科学性、探索性、开放性和全球性，国际合作的范围极其广泛，国际学术研讨、有效载荷的研制与测试、探测数据的分析与研究等国际活动十分频繁。通过国际合作，利用这个窗口，开展相关领域的合作，将促进航天科技工业和行星科学研究的发展，带动了人文交流，如图 8-10 所示。

图 8 – 10　嫦娥四号国际合作

工程面向社会开放，开展了与德国、瑞典、荷兰和沙特等国家科学探测载荷的合作，搭载了哈工大微卫星、重庆大学生物科普试验载荷、中山大学超地月激光测距试验项目，拉开了我国航天重大科技工程开放合作的序幕，激发了社会各界航天热情。工程的成功获得了国际社会的广泛赞誉，美、俄、欧、日、德等航天强国和组织纷纷发电发信祝贺，多家国际主流媒体在第一时间发布报道，如图 8 – 11 所示，赞赏嫦娥四号工程的伟大成就，显著提升了我国国际影响力和国际地位。

8.5.2.6　在精神上，提升了民族自豪感和自信心

2019 年 1 月 11 日，着陆器、巡视器在中继星的支持下顺利完成两器互拍，嫦娥四号任务取得圆满成功。党中央、国务院、中央军委致电祝贺，高度评价这是我国由航天大国向航天强国迈进的重要标志之一，是新时代中国人民攀登世界科技高峰的新标杆新高度，是中华民族为人类探索宇宙奥秘做出的又一卓越贡献。

2019 年 2 月 20 日，党和国家领导人在人民大会堂亲切接见了嫦娥四号工程参研参试代表，习近平总书记高度评价："这次嫦娥四号任务，坚持自主创新、协同创新、开放创新，实现人类航天器首次在月球背面巡视探测，率先在月背刻上了中国足迹，是探索建立新型举国体制的又一生动实践。"

每一次重大工程的实施都会极大地提升人民的民族自豪感和自信心，也必然产生强烈、深远的社会带动效应。嫦娥四号任务的实施，追逐着毛主席"可上九天揽月，可下五洋捉鳖"的夙愿，为中华民族伟大复兴做出了航天人的贡献。任务实施过程，受到全国各界的关注，任务成功后，在全国乃至华人世界引起强烈反响。新华社、《人民日报》、央视以及国外主要媒体给予充分报道，在网络热搜榜连续三个月名列前茅，嫦娥四号和玉兔二号微博话题全网累计讨论量超过 4.5 亿，媒体书写的"中国创举""中国纪录"刷屏，强烈地激发了人民群众的爱国热情和民族自豪感，中国航天再次成为人民互相传颂、讴歌、引以为豪的谈论话题。

嫦娥四号任务的圆满成功，在社会公众尤其是青少年中起到了良好的宣传教育传播作用。探月人用实际行动推动尊重科学、崇尚科学的价值追求，也是一堂面向公众的爱国主义、科教兴国的生动课程。此外，嫦娥四号任务实施过程中涌现的可歌可泣的事迹在社会上起到先进榜样的表率作用。奉献国家、敢于登攀的精神风貌对大众是一种无形的引导。同时，嫦娥四号任务中彰显的"软实力"起到文化活动的渗透作用。社会主义建设的各个领域是相通的，嫦娥四号任务实施过程中体现的工程文化，必然会影响其他行业的行为准则，对我国社会主义建设各项事业产生长远的影响。

图 8-11　国外关于嫦娥四号任务的宣传报道

8.6　国际影响

嫦娥四号任务开展了富有成效的国际合作,搭载的国际载荷获取了丰硕的科学数据,推动了月球科学的发展,增进了各国科学家的沟通互信,摸索了月球探测事业国际合作的新模式。中国在月球探索领域始终秉持共商、共建、共享的原则,欢迎世界各国和国际组织参与到中国探月工程中来,中方愿携手开展从任务级、载荷级等各个层面的国际合作,共同为促进月球科学发展、提升人类认知、构建人类命运共同体做出贡献。

中国的大国开放和友好的态度,在国际上受到广泛赞誉和响应。嫦娥四号搭载科学载荷征集公布后,收到多个国家和国际组织的合作意向。在工程任务成功后,实现人类探测器首次月球背面软着陆,国际各大媒体争相报道,嫦娥四号和玉兔二号的媒体关注度和报道热度经久不衰。工程的实施是中国航天在国际上的一次能力展示,也是航天人精神风貌的一次开放展示,向世界展示了大国工程、大国自信。

8.6.1　获得国际同行的高度评价,显著提升了我国科技影响力

嫦娥四号任务的成功获得了国际社会的高度评价,显著提升了我国国际影响力和国际地位,俄航局局长、美国宇航局局长、欧空局副局长纷纷给予祝贺和高度评价,联合国外空司司长迪皮蓬评价:"嫦娥四号任务是空间探索历史上一个令人难以置信的里程碑,这不仅是中国航天界取得的巨大成功,也是国际航天界迈出的一大步。"英国皇家航空学会授予嫦娥四号任务团队年度唯一的金奖,该奖也是英国皇家航空学会成立153年以来首次向中国项目颁发的奖项。国际宇航联合会授予嫦娥四号研制团队"世界航天奖"。此外,嫦娥四号任务获得国际月球村协会颁发的优秀探月任务奖,成为该奖项设立以来的首个获奖项目。

8.6.2　大力推进国际合作,提升了我国科学工程的国际组织力

在嫦娥四号任务中大力推进国际合作,是一次极具前瞻性和开拓性的创新尝试,在我国月球与深空探测领域,以至航天重大工程任务中均具有重要意义。

嫦娥四号任务中的多个国际合作项目均产生了巨大的带动效益。例如,我们成功帮助沙特阿拉伯实现在深空探测领域的重要突破。虽然 KLCP 载荷质量只有 630g,整体包络只有 $10.5cm^2$,但双方通过大量细致的工作,最终成功地完成了任务,顺利获取了清晰的月球雨海局部影像图,同时拍摄到包含波斯湾、红海、地中海和阿拉伯半岛等区域的清晰地月合影。这是阿拉伯国家首次成功开展月球探测,在中东地区产生了巨大轰动。同时,在本次合作过程中,中方技术团队严谨的工作态度、勤勉的工作精神给沙方团队留下了深刻的印象。沙特政府表示,在嫦娥四号任务中与中方合作取得了非凡的成果,对推动沙特的空间探索也具有里程碑式的意义,坚定了他们在月球、小行星探测等后续深空探测任务与中国政府持续合作、深化合作的信心与决心。

以嫦娥四号圆满成功为标志,探月工程四期和行星探测工程的国际合作也将全面拉开序幕,很多国家表示了合作意向。我们愿意同世界各国、组织机构开展多种形式、多个层次的国际合作。

8.6.3　取得多项原创成果，提升了国际月球探测的引领力

在嫦娥四号任务中，我们在国际上首次揭示了南极-艾特肯盆地 36 亿年以来的地质演化历史、首次原位探测了月球深部物质组成。同时，依托国际合作载荷，我们首次开展了月球背面能量中性原子和正离子探测，地月 L2 点甚低频天文观测填补国际空白；首次获得月球背面月表综合粒子辐射剂量等大量月球环境原始科学数据，改变了过去我国科学家只能依赖别国二手、三手数据开展研究的局面，带动了空间物理、空间天文、行星科学等基础学科的发展，引领了国际无人月球探测的发展，使我国月球科学研究迈入了世界前列。

8.6.4　产生重要国际影响，为构建人类命运共同体做出突出贡献

党的十八大以来，习近平总书记高屋建瓴，提出人类命运共同体理念，为探索没有国界的太空指明了方向，为深空探测长期可持续发展提供了理论支撑。本次任务中，我们与多个国家和国际组织在合作共赢的框架下开展了意义深远的国际合作，在"进一步增强我国经济实力、科技实力、民族凝聚力"的同时，也日益受到国际社会广泛关注，产生了巨大的国际影响力，有力提升了中国航天的话语权，为我国在世界航天的大舞台上举旗定向奠定了重要基础。

面对月球的共同资源，各国应联手开发利用，特别是嫦娥四号首次涉足月球背面，这将大大推进人类对月球和宇宙的科学认知。这既是中国为人类文明进步贡献的一个机遇，也是能否与更多国家一起携手创造奇迹、实现世界引领的一次挑战。工程总体从国家战略大局出发，秉持习近平总书记构建人类命运共同体理念，在探测器资源紧张的情况下首次开放部分资源。未来，我们将继续秉持开放、包容、合作、共赢的原则，更广泛地与各航天国家共商探月大计、共建合作平台、共享探测成果，共同探索宇宙未知、促进文明进步、增进人类福祉，携手创造更加辉煌的未来。

嫦娥四号任务积极的国际合作，增强了我国在月球乃至深空探测与科学领域的话语权和影响力。为人类和平利用太空、推动构建人类命运共同体、服务国家发展大局和增进人类福祉做出了重大贡献。

附　　录

附录　A

嫦娥四号任务科学目标可实现性独立评估专家评估检查单

项目名称：　　　　　　　研制单位：　　　　　　　评估时间：　　　　　　　评估地点：

序号	项目名称	主要检查事项	问题或建议
1		有效载荷的功能、性能及技术指标等能否满足其科学探测任务的需要	
2		有效载荷仪器定标情况	
3		有效载荷科学验证试验情况	
4		有效载荷数传分析	

续表

序号	主要检查事项	问题或建议
5	研制过程中出现的重大问题及解决情况，是否还存在遗留问题	
6	有效载荷在轨工作期间故障预案情况	
7	风险识别和安全性分析	
8	规范管理情况	

专家签名：

附录 B

型号：
所属系统：
研制阶段：

系统单点故障模式清单

序号	产品或功能标志	故障模式	代码	任务阶段	严酷度或风险评价指数	纠正、预防措施	补偿措施

单位：
填表人：
批准人：
填表日期：

Ⅰ、Ⅱ类故障模式清单

型号：
所属系统：
研制阶段：

序号	产品或功能标志	故障模式	代码	任务阶段	严酷度或风险评价指数	纠正、预防措施	补偿措施

单位：
填表人：
批准人：
填表日期：

附 录 C

初步危险源清单

型号名称及代号：

分析对象名称：

研制阶段：

所属上一级产品名称：

对应的初步危险（源）检查表表格编号：

序号	危险源编号	危险项目或产品名称	对应的危险（源）检查项目	可能发生危险的任务阶段或工作过程	危险事件或事故说明

单位：

填表人：

批准人：

填表日期：

危险分析表

型号名称及代号：
分析对象名称：
研制阶段：
所属上一级产品名称：
表格编号：

序号	图代号	危险源编号	危险项目或产品名称	可能发生危险的任务阶段或工作过程	危险事件或事故说明	危险事件或事故发生的原因或条件	危险事件或事故后果	危险严重性	危险可能性	风险指数	安全性改进措施		措施有效性验证方法	安全性改进措施效果			备注
											消除	控制		危险严重性	危险可能性	风险指数	

单位：
填表人：
批准人：
填表日期：

型号名称及代号：

分析对象名称：

研制阶段：

所属上一级产品名称：

表格编号：

安全性关键项目清单

序号	图代号	危险源编号	危险项目或产品名称	可能发生危险的任务阶段或工作过程	危险事件或事故说明	危险严重性	危险可能性	风险指数	采取的安全性措施概述	备注

单位：

填表人：

批准人：

填表日期：

残余危险清单

型号名称及代号：
分析对象名称：
研制阶段：
所属上一级产品名称：
表格编号：

序号	图代号	危险源编号	危险项目或产品名称	可能发生危险的任务阶段或工作过程	危险事件或事故说明	危险严重性	危险可能性	风险指数	危险发生后措施建议	保留理由及相关说明

单位：
填表人：
批准人：
填表日期：

附录 D

月球与深空探测工程科学数据申请表

申请人	自然人或单位法人		
单位类别	若申请人为法人，请选择研究院所、高校、军队、事业单位、其他。申请人为自然人的，应注明所在单位或本人身份	数据申请责任人	若申请人为法人，则填写数据使用责任人
通信地址		联系人	若申请人为法人，则填写单位联系人
电　话		E－mail	
数据需求	说明申请何时间段、何种载荷、何种类型的科学数据。若有与科学数据相对应的航天器的几何空间信息需求，一并列明		
研究与应用目标	说明主要解决何种科学问题，预期取得何种科学成果或应用目标		
研究内容	说明主要研究内容		
已具备的科研能力	说明科研团队基本情况、当前具备的科研条件、已取得或发表的空间科学研究成果		
预期成果	说明拟解决的科学问题或取得的科学成果，或可能发表论文、专著的情况		
用户承诺	1) 未经探月与航天工程中心书面授权，本用户保证不将所有科学数据以任何途径、任何形式发布给第三方 2) 论文发表后 3 个月内，登录数据信息平台进行成果报备 数据申请责任人： 　签署日期：		
申请单位意见	注：若申请人为自然人，不用填写 日期：　　　（单位盖章）		

（注：网上提交时，应将本页相关内容填写完毕，签字、盖章后扫描生成 PDF 格式文件，上传到数据申请系统中）

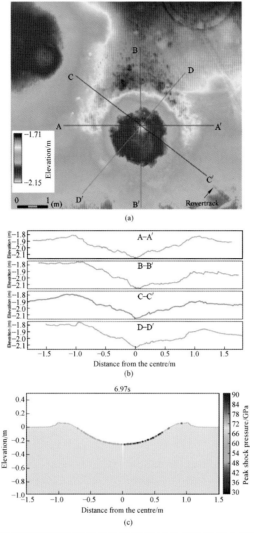

(a)

(b)

(c)

目标撞击坑的数字高程模型（DEM）及基于 iSALE 的数值撞击模拟结果（P276）

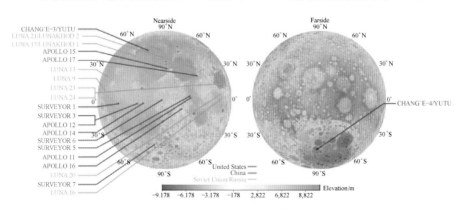

左图：月球正面，右图：月球背面；蓝色为美国进行的登陆探测，共 11 次，绿色为苏联/俄罗斯
进行的登陆探测，共 8 次，红色为中国进行的登陆探测，共 2 次（P279）